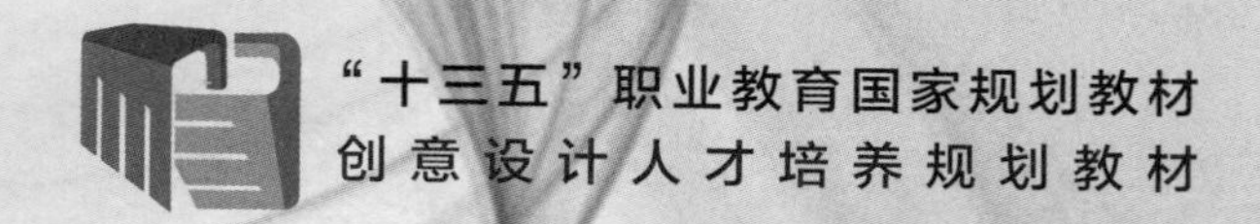

潘博 编著

An

Animate CC 二维动画设计与制作

微课版

人民邮电出版社
北京

图书在版编目（CIP）数据

Animate CC二维动画设计与制作 ：微课版 / 潘博编著. -- 北京 ：人民邮电出版社，2019.9(2022.12重印)
创意设计人才培养规划教材
ISBN 978-7-115-51601-5

Ⅰ. ①A… Ⅱ. ①潘… Ⅲ. ①超文本标记语言—程序设计—教材 Ⅳ. ①TP312.8

中国版本图书馆CIP数据核字(2019)第132549号

内 容 提 要

本书全面、系统地介绍了Animate CC 2019版的基本操作方法和动画制作技巧，包括初识Animate CC、Animate CC 基本工具的使用、基本动画制作、图层的应用、音视频的应用、交互动画制作、动画基础知识与运动规律、文档的导出与发布及综合项目制作9个单元的内容。

本书内容以Animate CC的实用功能为主线讲解知识和典型案例的制作。扫描各知识点处的二维码，读者可以快速打开微视频进行学习；应用案例、课后练习让读者学以致用，在实践中理解并巩固使用技巧。本书的最后一个单元安排了5个综合设计项目，让读者能通过综合运用所学知识和技巧，较完整地完成项目的设计与制作。

本书适合作为各类高等院校、高职高专院校、中等职业院校或培训机构相关专业的教材，也可作为动画制作爱好者的参考用书。

◆ 编　　著　潘　博
责任编辑　桑　珊
责任印制　马振武

◆ 人民邮电出版社出版发行　　北京市丰台区成寿寺路11号
邮编　100164　　电子邮件　315@ptpress.com.cn
网址　http://www.ptpress.com.cn
三河市君旺印务有限公司印刷

◆ 开本：787×1092　1/16
印张：16　　　　2019年9月第1版
字数：480千字　　2022年12月河北第11次印刷

定价：49.80元

读者服务热线：(010)81055256　印装质量热线：(010)81055316
反盗版热线：(010)81055315

前　言
FOREWORD

Animate CC 简介

Animate CC 是 Adobe 公司为了适应移动互联网和跨平台数字媒体的应用需求，由原 Adobe Flash Professional CC 更名而来的一款集动画创作和应用程序开发于一体的二维动画编辑软件，缩写为 An。Animate CC 提供了直观且丰富的设计工具和命令，我们可以借助这些工具和命令，创建应用程序、广告、栩栩如生的动画人物等多媒体内容，并使其在屏幕上“动”起来。通过使用代码片段和代码向导，我们无须手动编写任何代码即可为动画添加交互功能。Animate CC 在继续支持 Flash SWF 文件的基础上，加入了对 HTML5、WebGL 甚至虚拟现实（VR）的支持，为网页开发者提供了更适应现有网页应用的音频、图片、视频、动画等创作方案，其发布格式也具有很高的灵活性。Animate CC 为专业设计人员和业余爱好者制作短小精悍的动画作品和应用程序提供了很大的帮助，深受动画设计爱好者和网页设计人员的喜爱。

如何使用本书

- Step1 学习基础知识，快速上手 Animate CC。
- Step2 扫码观看微课视频，跟着视频学操作。
- Step3 软件功能解析+应用案例，边做边学软件应用，熟悉设计思路。
- Step4 课后习题，复习巩固。
- Step5 综合实训，全面应用。

配套资源

- 所有案例的素材及源文件。
- PPT 课件。
- 课程标准。
- 教学进度表。
- 自主学习卡。
- 题库。

本书资源读者可登录人邮教育社区（www.ryjiaoyu.com），在本书页面中免费下载使用。

全书微课视频，登录“微课云课堂”网站（www.ryweike.com）或扫描封面上的二维码，使用手机号码完成注册，在用户中心输入本书激活码（2fd501b5），将本书包含的微课资源添加到个人账户，获取永久在线观看本课程微课视频的权限。

此外，购买本书的读者还将获得一年期价值 168 元的 VIP 会员资格，可免费学习 50000 个微课视频。

教学指导

本书的参考学时为 64 学时，其中实训环节为 36 学时，各单元的参考学时参见下面的学时分配表。

单元	课程内容	学时分配	
		讲　授	实　训
第 1 单元	初识 Animate CC	2	0
第 2 单元	Animate CC 基本工具的使用	4	4
第 3 单元	基本动画制作	6	6
第 4 单元	图层的应用	6	6
第 5 单元	音视频的应用	2	2
第 6 单元	交互动画制作	3	3
第 7 单元	动画基础知识与运动规律	4	4
第 8 单元	文档的导出与发布	1	1
第 9 单元	综合项目制作	0	10
学时总计		28	36

由于作者水平有限，书中难免存在不妥之处，敬请广大读者批评指正。

编著者

2022 年 1 月

目 录
CONTENTS

1

第1单元 初识Animate CC

2

第2单元 Animate CC 基本工具的使用

3

第 3 单元 基本动画制作

4

第 4 单元 图层的应用

5

第5单元　音视频的应用

6

第6单元　交互动画制作

7

第7单元　动画基础知识与运动规律

8

第 8 单元 文档的导出与发布

9

第 9 单元 综合项目制作

第 1 单元　初识 Animate CC

在使用 Animate CC 制作动画前，首先应对该软件有个初步的了解。本单元主要介绍 Animate CC 软件的应用领域、运行配置需求、工作界面及文档基本操作等内容，特别是对 2021 年 12 月发布的新版本（2022 版，版本号为 22.0.2）新增的功能做了介绍。通过本单元的学习，为后续软件操作打下基础。

本单元学习目标：

- **了解 Animate CC 的发展历程、应用领域**
- **了解 Animate CC 新增及改进的功能**
- **熟悉 Animate CC 的工作界面（重点）**
- **掌握文档的类型及各自的特点（难点）**

1.1　Animate CC 二维动画制作概述

在二维动画制作领域，Animate CC 是一个比较新的名词，很多人没听过，但对其前身绝对如雷贯耳，它的前身就是 Flash。本节主要介绍 Animate CC 的应用领域及相比 Flash 而言新增的功能。

1.1.1　Animate CC 简介

Animate CC 是 Adobe 公司为了适应移动互联网和跨平台的数字媒体应用需求，由原 Adobe Flash Professional CC 更名而来的一款 HTML5 动画编辑软件，其缩写为 An。Animate CC 在继续支持 Flash SWF 文件的基础上，加入了对 HTML5 的支持，为网页开发者提供更适应现有网页应用的音频、图片、视频、动画等创作支持，并且依靠其格式发布方面的灵活性，确保用户可以在多地查看所创作的媒体内容，而且不需要任何插件。

1.1.2　Animate CC 的应用领域

Animate CC 继承了原 Flash 的矢量动画制作功能，我们依然可以用其创作基于时间轴的二维动画，并且利用其提供的众多实用设计工具，在不用写代码的情况下实现交互动画效果，轻松制作适用于网页、数字出版、多媒体广告、应用程序、游戏等的互动式 HTML 动画。Animate 主要应用于制作动画短片、网络广告、网络游戏、UI 动态效果等。

1. 动画短片

Animate CC 简单易学、容易上手，我们通过自学也能制作出很不错的动画作品；此外，Animate CC 也是一个矢量绘图工具，能实现较好的动画效果，所以非常适合制作简短的动画短片，如一些公益短片、宣传短片、故事短片都可以使用 Animate CC 来制作，甚至一些连载形式的动画片也是用 Animate CC 来制作的，如曾经火爆一时的“大话三国”系列动画片、“绿豆蛙”系列动画片，以及给许多“00 后”带来欢乐的“喜羊羊与灰太狼”系列动画片等，如图 1-1 和图 1-2 所示。

图 1-1 “绿豆蛙”系列动画截图

图 1-2 “大话三国”和“喜羊羊与灰太狼”系列动画截图

2. 网络广告

网络上的广告一般具有短小精悍、表现力强的特点，Animate CC 使用的是矢量动画技术，具有动画体积小、画面精美、多媒体表现力丰富、交互空间广阔、在网络上的传播速度快、方便用户观看等特点，所以 Animate CC 非常适合于制作网络广告。2015 年以前，有一些访问量的网页中都会有动态广告或图像，这些动态广告或图像基本都是由 Animate CC 的前身 Flash 制作的，因为 Flash 的表现方式比 GIF 动画要丰富许多，可以说当时的 Flash 广告是网络广告中时尚、流行的广告形式，如图 1-3 所示，甚至很多电视广告也采用 Flash 进行设计和制作。虽然现在很多网页上的广告使用的是 HTML5 技术，但 Animate CC 也可以生成 HTML5 形式的动画文件，所以网络广告也是 Animate CC 的一个重要应用领域。

图 1-3 网页上出现的动态产品广告

3. 网络游戏

在 Flash 时代，我们就可以利用 ActionScript 动作脚本功能制作一些有趣的在线小游戏，如看图识字游戏、贪吃蛇游戏、射击类游戏、棋牌类游戏等，如图 1-4 所示。这些游戏具有制作简单、体积小、无须安装的特点，曾经火爆一时。Animate CC 除了提供原来的 ActionScript 3.0 脚本语言外，还提供了 CreateJS 游戏开发引擎，可以开发更加复杂的跨平台游戏，如图 1-5 所示。

图 1-4　传统的 SWF 格式游戏

图 1-5　跨平台使用的 HTML5 游戏

4. UI 动态效果

随着移动互联网的发展及智能手机的普及，UI 动态效果越来越多地被应用于实际项目中。Animate CC 作为一款二维动画制作软件和跨平台交互动画制作软件，也经常被用于制作 UI 动态效果，以展示交互原型，增加产品的亲和力和趣味性，如图 1-6 和图 1-7 所示。

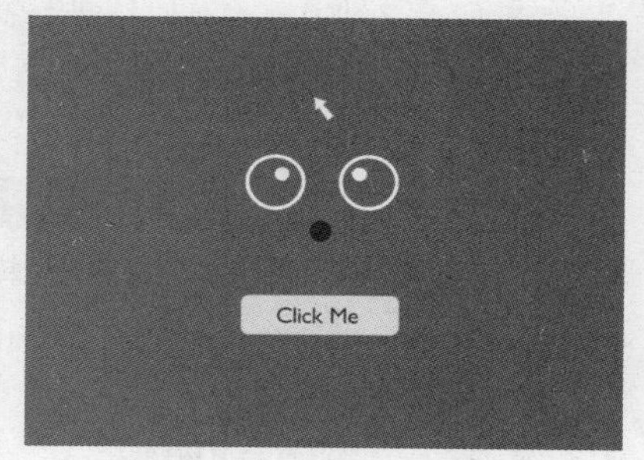

图 1-6　UI 动态效果 1

图 1-7　UI 动态效果 2

1.1.3　Animate CC 新增及改进的功能

Adobe 在 2021 年 12 月发布了 Animate CC 的新版本（版本号 22.0.2）。与 Flash 相比，Animate CC 拥有大量的新特性，特别是在继续支持 Flash SWF、AIR 格式的同时，还会支持 HTML5 Canvas、WebGL，并能通过可扩展架构去支持包括 SVG 在内的几乎任何动画格式。下面介绍一些主要的新增及改进的功能。

初学者可以先忽视这些新增功能，待对软件有一定的基础后再来查阅。

1. HTML5 Canvas 支持

Flash 的末期版本就增加了一种文档类型——HTML5 Canvas，新的 Animate CC 继续在 HTML5 的道路上不断增强功能，可以创建具有图稿、图形及动画等丰富内容的 HTML5 动画，对 HTML5 内容提供本地支持。这意味着可以使用传统的时间轴、工作区及工具来创建动画内容，只需单击几次鼠标，即可创建 HTML5 Canvas 文档并生成功能完善的 HTML 输出。

2. WebGL 支持

WebGL（Web Graphics Library）是一项在网页浏览器中呈现 3D 画面的技术。Animate CC 可为 WebGL 格式提供原生支持。用户可以在 Animate CC 内使用熟悉的“时间轴”“工作区”“工具”及其他功能，创建 WebGL 文件类型并发布 WebGL 内容，其中包含预设效果文件和发布设定。不过，WebGL 支持暂时是实验性质的功能，只以预览形式提供，并且包含有限的互动功能支持。

有别于过去需要安装浏览器插件，通过 WebGL 的技术，我们可以将 3D 元素与 HTML 元素进行混合和匹配，只需要编写网页代码即可实现 3D 图像的展示。WebGL 可以为 HTML5 Canvas 提供硬件 3D 加速渲染，这样 Web 开发人员就可以在浏览器中更流畅地展示 3D 场景和模型，甚至可以设计 3D 网页游戏等。

3. 转换为其他文档类型

不同的设备和平台可能具有不同的文档类型要求。为了便于将设计的动画广泛用于多个设备和平台而不需要重复制作，Animate CC 新增了不同文档类型的转换功能。可以根据设备要求，使用简单易用的文档类型转换器，将动画从一个文档类型转换为其他文档类型，单击菜单“文件”→“转换为”命令即可选择需要的文档类型，如图 1-8 所示。

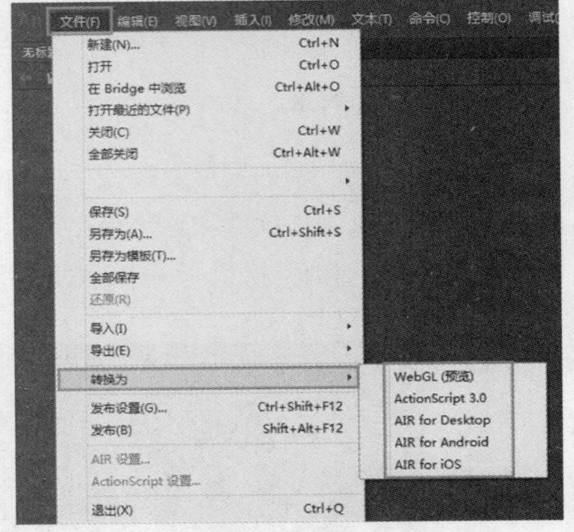

图 1-8 菜单中的文档类型转换

4. 舞台增强功能

Animate CC 引入了一些舞台增强功能，如图 1-9 所示，包括舞台居中设置、剪切舞台外部的内容、创建舞台轮廓以指明舞台边界、支持舞台透明画布背景等。

图 1-9 舞台增强功能

5. 新增矢量画笔及画笔库

Animate CC 新增了一个矢量画笔工具，并且自带了一个种类丰富的矢量画笔库，如图 1-10 所示。借助矢量画笔工具和画笔库，我们可以绘制各具特色的笔触效果，从而大大增强了 Animate CC 的绘图能力。

6. 宽度可变的形状描边

Animate CC 对轮廓和描边有更完善的设置，可以将原本粗细均匀的描边宽度设置为不均匀，根据自己的要求设置描边的粗细变化，并且可将这种变化记录为形状补间。此外，Animate CC 专门有一个宽度工具，类似于 Illustrator，可以在描边任意位置控制其宽度，如图 1-11 所示。

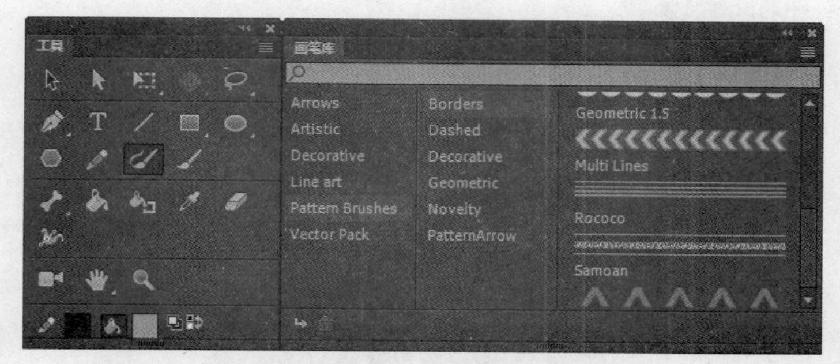

图 1-10　新增的矢量画笔及画笔库

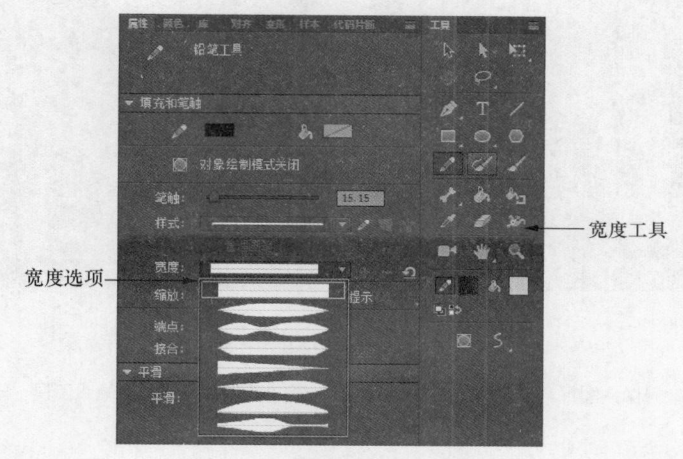

图 1-11　描边的宽度设置和宽度工具

7. 时间轴增强功能

Animate CC 对原时间轴也做了很多改进和增强，如图 1-12 所示，使其更便于设计人员和动画制作人员使用，具体改进如下。

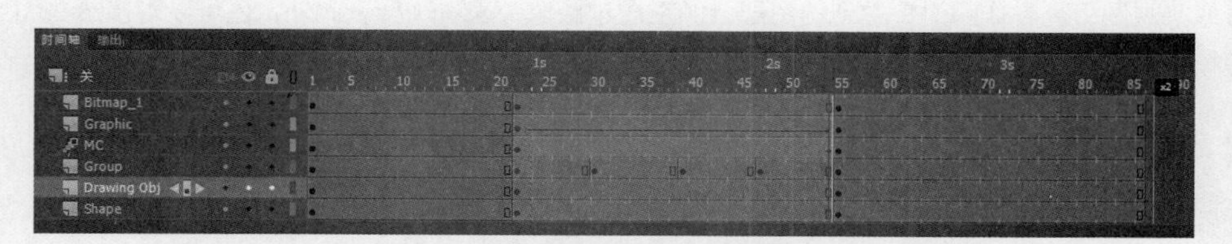

图 1-12　Animate CC 对时间轴做了很多改进

- 增强了调整时间轴视图大小的功能，使得时间轴缩放体验更流畅。
- 显示时间及帧编号：此功能可以更快地从帧转换为时间，便于我们知悉当前帧所处的时间位置。
- 缩放帧间距：可以更改动画的每秒帧数（Frames Per Second，FPS），而不必更改动画速度。在更改 FPS 以保持时间不变时，可使用“缩放帧间距”选项。
- 延长或缩短选定帧间距的时间：在时间轴上选择帧间距，然后向前或向后拖曳选定间距的右边缘，时

间轴上的帧会自动调整，无须对此帧间距内的其他关键帧进行手动调整。

● 在舞台上平移动画：通过使用新的“时间划动”工具直接在舞台上向左或向右拖曳，以查看整个时间轴，类似于使用播放头在时间轴上拖曳。

8. 新增虚拟摄像头及图层深度功能

以前，如果要制作画面缩放和平移的效果，需要对每个图层甚至每个对象同时进行缩放和平移，以模仿摄像头的运动，工作烦琐。现在，Animate CC 新增了虚拟摄像头，直接利用它可以快速模仿镜头的推拉摇移效果，如图 1-13 所示，它们对任何动画都是必不可少的。其具体功能如下。

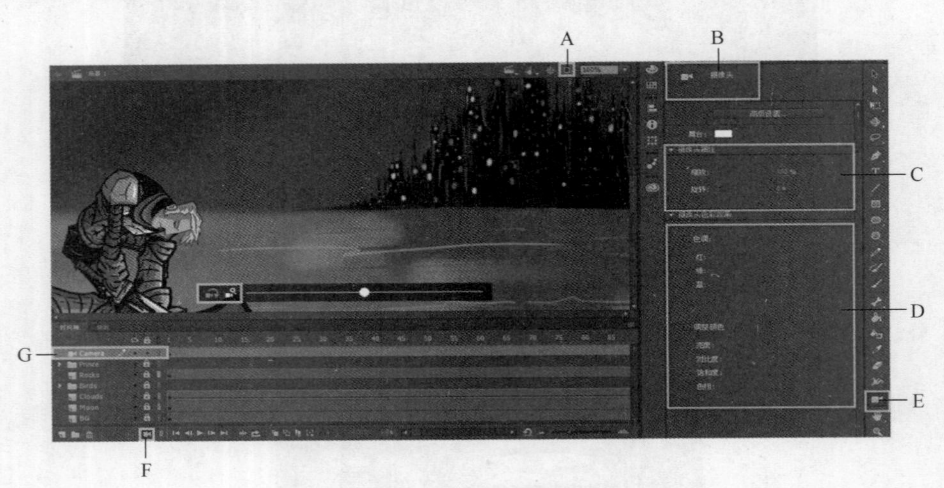

图 1-13　虚拟摄像头工作区

注：A. 舞台轮廓；B. 摄像头图标；C. 摄像头属性；D. 摄像头色彩效果；E. 摄像头工具；F. 摄像头图标；G. 摄像头图层。

● 放大感兴趣的对象以获得逼真效果：推镜头。
● 缩小帧，使查看者可以看到更大范围的图片：拉镜头。
● 修改焦点，将查看者的注意力从一个主题移到另一个主题：平移镜头。
● 旋转摄像头。
● 使用色调或滤镜应用色彩效果。

在摄像头视图下查看作品时，看到的图层会像正透过摄像头来看一样。此外，还可以对摄像头图层添加补间或关键帧。

Animate CC 还引入了图层深度及增强的摄像头工具，它通过在不同的平面中放置资源在动画中创建深度感，通过修改图层深度、补间深度，并在图层深度中引入摄像头来创建视差效果。例如，一名游戏设计人员或开发人员，需要为游戏创造身临其境的体验，通过在前景和背景图层中使用游戏的不同对象，可以控制这些对象的速度和位置；通过将摄像头聚焦在一个恒定的焦点上，可以在不同速度下移动对象以创建三维效果。

9. 全新的动画编辑器及缓动设置

Animate CC 针对补间动画的“动画编辑器”，可以在优化补间动画时提供更顺畅的使用体验，有助于更轻松、集中地编辑属性曲线。设计者可以用简单的步骤来创建复杂且具吸引力的补间动画，更便于模拟物件的真实运动轨迹。

此外，Animate CC 提供了一组标准缓动预设，适用于传统和形状补间，为 Animate 设计人员提供灵活性，如图 1-14 所示。设计人员可以从缓动预设列表中选择某种预设，然后将其应用于补间。Animate CC 还为动画设计人员提供了自定义缓动预设并在其他项目中重复使用这些预设的功能，以便减少手动工作量和缩短时间。借助增强的自定义缓动预设，设计人员现在可以轻松地管理动画的速度。预设和自定义缓动预设现已延伸到属性缓动，设计人员可以针对传统和形状补间保存自定义缓动预设。

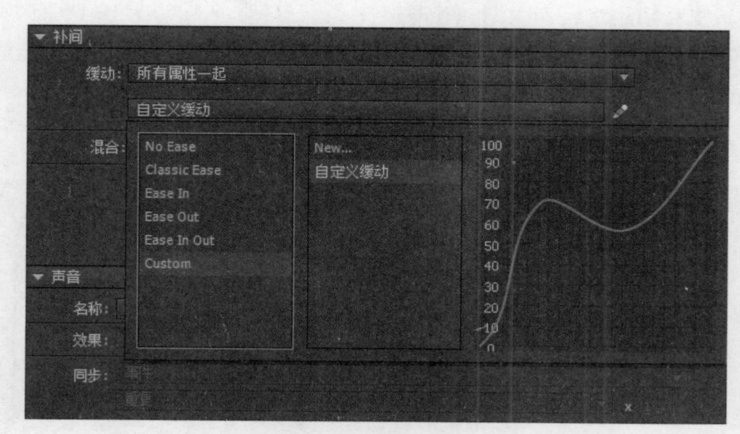

图 1-14　增强的缓动预设及自定义缓动功能

10. 脚本增强

Flash 的末期版本已增加了对 HTML5 Canvas 文档的支持，并内嵌了 CreateJS 脚本引擎，以便于开发交互式网页动画。Animate CC 进一步增强了脚本编写功能，如支持添加全局和第三方脚本。设计人员经常会使用适用于整个动画的 JavaScript 代码。以前，设计人员无法从 Flash 内部设置应用于整个动画的全局变量或脚本，但有了新版的 Animate CC 后，设计人员可以添加非特定于帧的全局脚本了。此外，Animate CC 还增加了固定脚本功能，使用该功能可以固定动作窗口中各个脚本的标签并相应地移动它们。此功能在设计人员还没有将 FLA 文件中的代码组织到一个集中的位置或者在使用多个脚本时是非常有用的，可以将脚本固定，以保留代码在动作面板中的打开位置，然后在各个打开的脚本中切换。

11. HTML5 Canvas 组件支持

组件提供一种功能或是一组相关的可以提高效率的可重用元素。Animate CC 不仅支持与使用原 Flash 的组件，在其新版中也支持基于 HTML5 Canvas 的组件，并提供了以下新功能。

● 打包、分发和安装 HTML5 自定义组件。

Animate 开发人员可以打包，将随时可供使用的打包组件分发给设计人员。Animate 设计人员可以安装分发的组件，而无须进行编码。

● 对 HTML5 视频组件支持“静音”和“海报”属性。

Animate CC 新版本为 HTML5 视频组件引入了两个新属性：“静音”和“海报”。设计人员可以使用“静音”属性启用或禁用视频组件的音频，并且可以使用“海报”属性在视频播放之前选择静态海报图像。

12. 使用 CC 库实现协作

在新版的 Animate CC 中，通过 CC 库可以在不同文档中共享元件或整个动画。这样，多名动画制作人员就可以实现无缝协作，从而简化游戏或应用程序的开发流程；并且，设计人员可以通过 CC 库在多个支持的应用程序（如 Adobe Muse 和 Adobe Indesign）之间实现动画资源的无缝导入，还可以使用链接的方式将库中资源与原始资源同步。

13. 自动嘴型同步

嘴型同步是指制作嘴型动画时，让嘴型与声音较好地协调。Animate CC 借助 Adobe Sensei（一种基于深度学习和机器学习的新技术）的支持，可以让嘴型与声音、语调自动同步。自动嘴型同步功能可基于所选择的语音图层，利用已有嘴型列表（在图形元件中绘制）并给它们标记相应的视位来实现。在图形元件上应用自动嘴型同步功能后，Animate CC 将对指定语音图层进行分析，然后在不同位置自动创建关键帧，以匹配语音的发音嘴型。如果需要，可以使用常规工作流程和帧选择器进行进一步的调整，如图 1-15 所示。

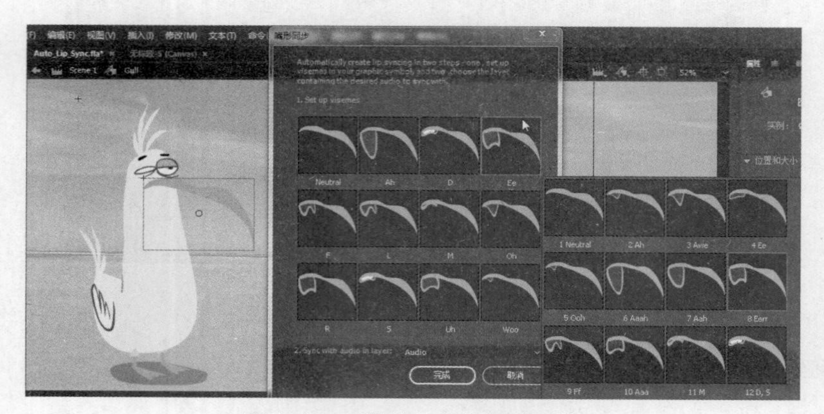

图 1-15　新增的自动嘴型同步功能

14. VR 创作和发布（测试版）

Animate CC 引入了 VR 360 和 VR Panorama 文档类型，我们可以轻松地创作全景或 360° 虚拟现实动画这种具有吸引力的内容；此外，还可以使用虚拟现实文档类型将 3D 模型内容（glb 文件）导入 Animate 项目中，并与 VR 输出交互。

15. 建立图层父子关系

Animate CC 现在可以将一个图层设置为另一个图层的父项，以使动画的一个图层或对象控制另一个图层或对象，当父图层上的对象移动时，子图层自动随它一起移动。这种功能特别适合于角色动画设计人员或游戏设计人员，使他们可以更轻松地控制人物不同部位的移动，从而加快制作动画的时间，如图 1-16 所示。

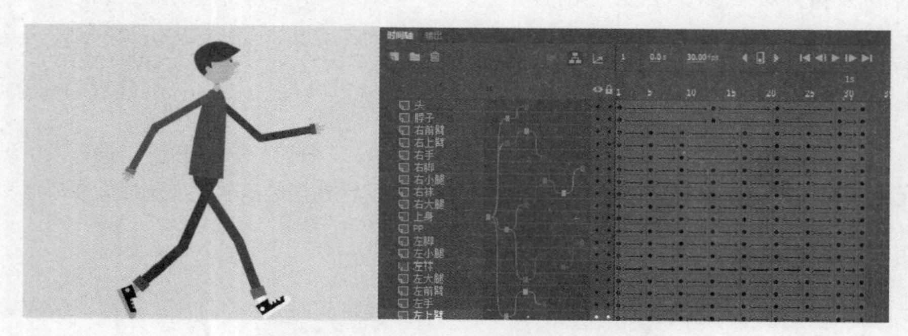

图 1-16　为一个角色设置的图层父子关系

16. 图层效果

现在 Animate CC 可以为整个图层或帧添加着色、滤镜等，可将多种滤镜效果同时应用于帧中的所有对象，包括图形元件和形状，而不必像以前那样只能给影片剪辑添加滤镜效果，因此提高了灵活性。

17. 改进了与 After Effects 的集成

现在，Animate CC 通过为 After Effect 提供一个插件，可以将 Animate FLA 文件直接导入 After Effects，以将它们合成视频或将其作为视频进行渲染，从而取得更有创造性的效果，而且 Animate 的图层层次结构在 After Effects 中可继续保持。

1.1.4 Animate CC 运行的硬件配置需求

Animate CC 可运行于当前主流的 Windows 系统平台和 Mas OS 系统平台，只支持 64 位操作系统，最低和建议的系统配置需求如下。

1. Windows

- Intel Pentium 4、Intel Centrino、Intel Xeon 或 Intel Core Duo（或兼容）处理器。
- Microsoft Windows 10 V2004、V20H2 和 V21H1 版本。
- 8 GB 内存（建议 16 GB）。
- 4 GB 可用硬盘空间用于安装，安装过程中需要更多的可用空间（无法安装在可移动闪存设备上）。
- 1 024 像素 ×900 像素显示屏（建议 1 280 像素 ×1 024 像素）。

2. Mac OS

- 具有 64 位支持的多核 Intel 处理器。
- Mac OS 10.15（Catalina）、11.0（Big Sur）、12（Monterey）版本。
- 8 GB 内存（建议 16 GB）。
- 4 GB 可用硬盘空间用于安装，安装过程中需要更多可用空间（无法安装在使用区分大小写的文件系统的卷上，也无法安装在可移动闪存设备上）。
- 1 024 像素 ×900 像素显示屏（建议 1 280 像素 ×1 024 像素）。
- 建议使用 QuickTime 10.x 软件。

Animate CC 需要借助 Adobe Creative Cloud 桌面应用程序 Internet 连接和 Adobe ID 来安装（安装 Animate CC 时会自动安装），并接受许可协议才能激活和使用。Adobe Creative Cloud 是 Adobe 产品的一种数字中枢，我们可以通过它访问每个 Adobe 应用程序和联机服务。

1.2 Animate CC 工作界面

工作界面是软件给人的第一印象，协调的界面颜色和合理的功能布局，可以减少初学者的使用压力，提高软件的使用效率。下面我们来认识一下 Animate CC 的工作界面。

工作界面

1.2.1 工作界面

从启动到进入工作环境，Animate CC 经过了启动、欢迎和工作区几种界面。

1. 启动界面

启动 Animate CC 后，首先显示的是启动界面，如图 1-17 所示。

图 1-17　Animate CC 的启动界面

2. 欢迎界面（主屏）

启动后，如果没有打开其他文档，就会显示欢迎界面（主屏），如图 1-18 所示。

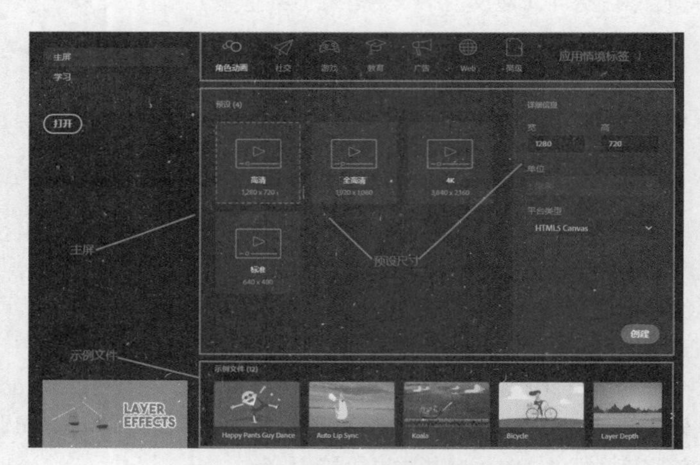

图 1-18　Animate CC 的欢迎界面

Animate CC 的欢迎界面与以前完全不同，它分为"主屏"和"学习"两部分，主屏主要包含以下 3 个区域。

● 顶部的应用情境标签：可以根据计划创建的影片用途来选择适用的情境，如角色动画、社交、广告、Web 类等。

● 预设尺寸：根据所选情境标签的不同，Animate CC 提供了一些预设尺寸，如在 Web 类下就提供了适用于 PC 和手机端的若干种尺寸，可直接选择对应的尺寸而无须手动输入。在"高级"选项卡中提供了适用于不同平台的文档类型，如 HTML5 Canvas、ActionScript 3.0、VR 360（测试版）等。在右侧可以编辑尺寸的具体数值及选择适用的平台类型。

● 在底部是一些最新的示例文件，通过研究这些示例文件可以快速了解 Animate CC 的新增功能及用法。

单击左侧窗格中的“学习”标签可切换到“学习”屏，如图 1-19 所示，在其中可以访问各种教程，以帮助用户快速学习和理解相关概念、工作流程、提示和技巧；还可以查阅相关教程，以获取 Animate CC 新版中的大部分新功能。

图 1-19 Animate CC 的“学习”屏

3. 工作区

新建一个文档或打开一个文档后，就可以进入 Animate CC 的正式操作界面，即工作区，如图 1-20 所示。

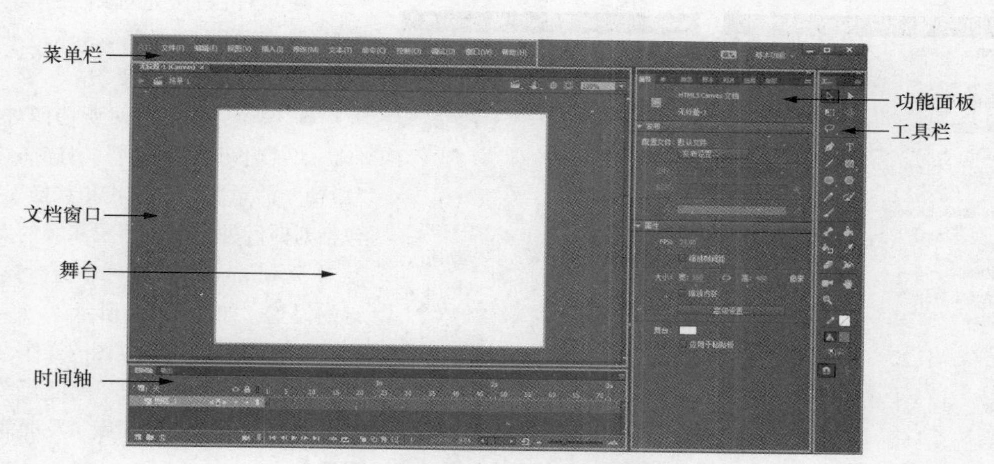

图 1-20 Animate CC 的操作界面

Animate CC 软件与 Adobe 公司的其他软件具有相似的操作界面外观，而且对各界面元素的处理方式也基本相同，这些元素采用统一的排列方式，任何排列方式都称为工作区。Animate CC 的工作区主要包括以下几个部分。

● 菜单栏：菜单栏位于程序窗口的顶部，包含各类控制功能命令的组合。

● 文档窗口：文档窗口主要用于对文档及舞台的控制，包括文档标签、舞台、舞台视图缩放、编辑场景和元件、舞台居中及剪切等元素及功能。

● 舞台：文档窗口内默认的白色矩形就是舞台，用来放置图形内容和其他对象元素，如矢量图、位图、文本、视频等。创作环境中的舞台相当于 Flash Player 或 Web 浏览器窗口中在播放期间显示文档的矩形空间，只有舞台区域内的内容会在浏览器中显示，舞台外的内容是被隐藏的。

● 时间轴：时间轴是依据时间顺序来组织动画各元素的地方，主要包括图层及图层控制按钮、帧、播放头及播放控制按钮、绘图纸外观设置按钮、播放状态显示及时间轴视图缩放滑块。

● 功能面板：用于显示舞台上所选择对象的相关属性或某一类功能选项，主要包括“属性”面板、“库”面板、“颜色”面板、“变形”面板、“对齐”面板、“动作”面板、“代码片段”（软件界面中为“代码片断”）面板、“画笔库”面板、“动画预设”面板等，这些面板可以从“窗口”菜单中设置显示或隐藏。

● 工具栏：工具栏包括各类绘图工具及相关选项，各工具的名称、作用和用法将在后面章节中具体介绍。

1.2.2 界面布局设置

在动画制作过程中，设计人员可以根据自己工作的特点和使用习惯，选择不同的工作区类型。单击菜单栏右侧的“布局”按钮，在弹出的工作区选项中可以选择软件自带的工作区类型，如图 1-21 所示。工作区内的各个面板、功能栏都是可以调整的，如展开、折叠、拖曳、关闭等，调整 Animate CC 工作区内各界面元素的布局后可以将其自定义为新的工作区，以便工作区混乱后快速恢复。

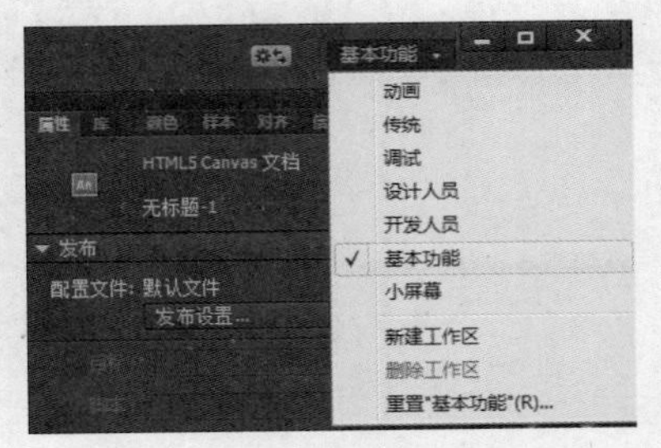

图 1-21 选择不同类型的工作区

1.2.3 主要菜单功能介绍

Animate CC 的菜单栏包括“文件”“编辑”“视图”“插入”“修改”“文本”“命令”“控制”“调试”“窗口”“帮助”11 个菜单，每个菜单下有若干个操作命令，以下是对这些菜单功能的简单介绍。

● 文件：主要是对文档的操作，包括“打开”“关闭”“保存”“导入”“导出”“转换为”“发布”等命令。

● 编辑：主要是对所选择对象的操作，如“剪切”“复制”“选择性粘贴”“撤销”“重做”“查找和替换”等，还包括对时间轴上所选图层和帧的操作，以及对 Animate CC 软件本身参数和快捷键的设置，如图 1-22 所示。

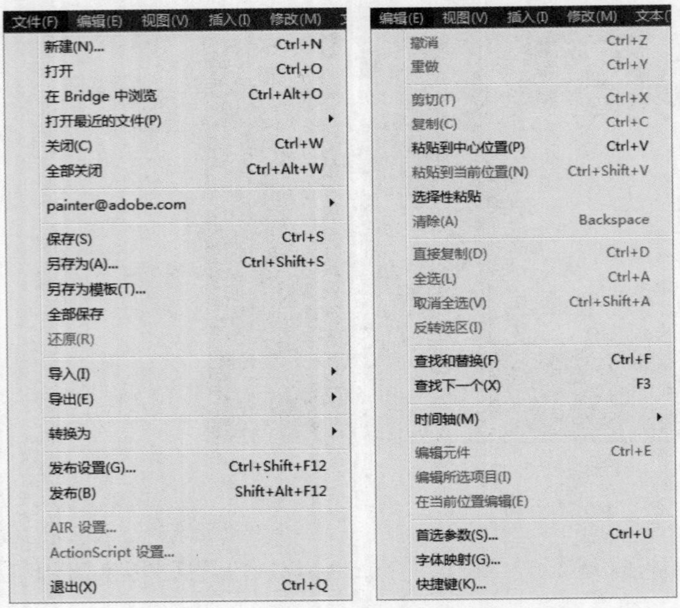

图 1-22 “文件”菜单和“编辑”菜单

● 视图：对舞台视图的操作，包括视图缩放、辅助功能（如“标尺”“网格”“辅助线”“贴紧的”设置）及屏幕模式的设置。

● 插入：包括“新建元件”“创建补间形状”以及插入等图层、帧等动画结构元素，如图 1-23 所示。

● 修改：主要是对所选对象的修改，包括对“元件”“位图”“形状”“时间轴”等，以及对象的“组合”“变形”“对齐”等的操作命令。

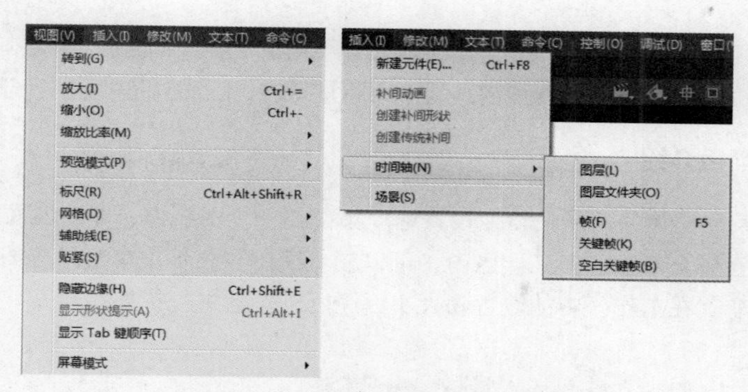

图 1-23 “视图”菜单和“插入”菜单

● 文本：设置所选文本对象的格式，如图 1-24 所示。

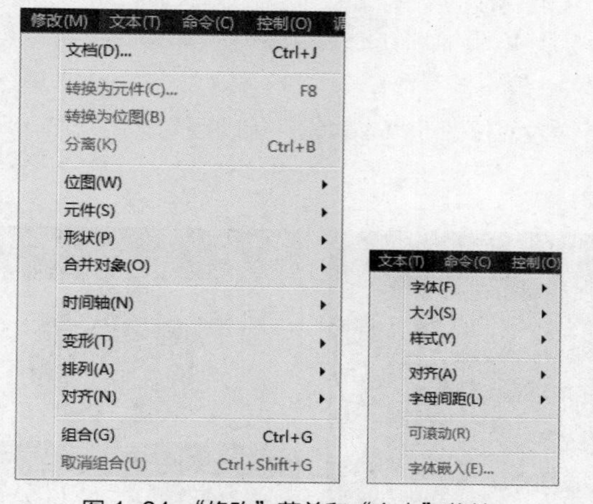

图 1-24 “修改”菜单和“文本”菜单

● 命令：对内置或保存的命令进行运行和管理。

● 控制：主要包括对时间轴动画的播放控制，如“播放”“后退”“前进一帧”“后退一帧”“循环播放”等，以及对影片的测试。

● 调试：主要是对影片功能的调整，如图 1-25 所示。

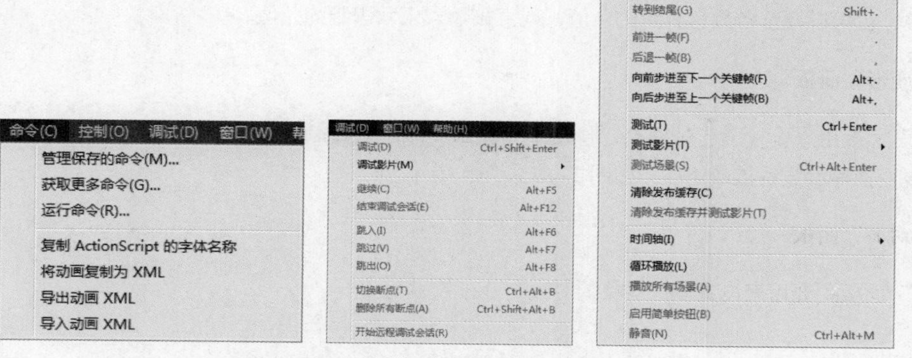

图 1-25 “命令”“控制”和“调试”菜单

● 窗口：对工作区中各窗口和面板的管理，要显示或隐藏某个窗口或面板，只需在其上单击即可。

● 帮助：包括帮助文档、教程、学习指南、学习社区的链接，以及扩展功能的管理。

1.2.4 主要功能面板介绍

Animate CC 将某一类型的功能按钮或设置选项集中在一个面板内，即功能面板，限于显示器屏幕尺寸，这些面板无法直接全部显示在工作区内，可以在“窗口”菜单中单击相应的面板来显示或隐藏，也可以通过拖曳来改变其在工作区中的位置和大小，还可以对其进行折叠和展开。以下是对常用功能面板的简单介绍。

1. “属性”面板

“属性”面板是 Animate CC 的重要面板之一，其主要功能是对文档、对象、工具或时间轴中选定的帧的属性进行设置。选择“窗口”菜单中的“属性”命令或按“Ctrl+F3”组合键可以显示或隐藏“属性”面板。

2. “库”面板

“库”面板是用来存放所导入的位图、声音和元件等动画元素的仓库，所导入的元素都存放在这里，如图 1-26 所示。

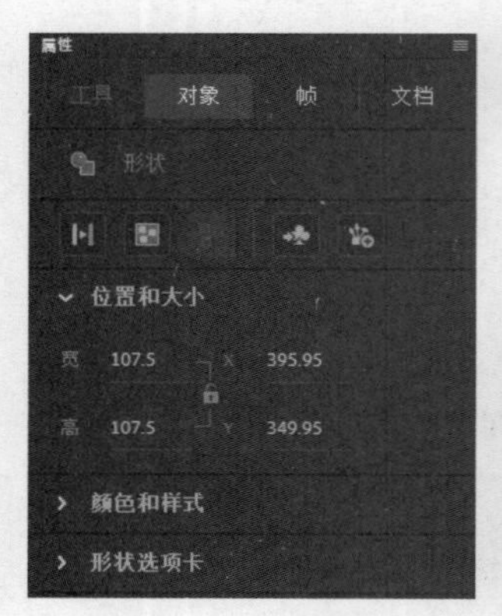

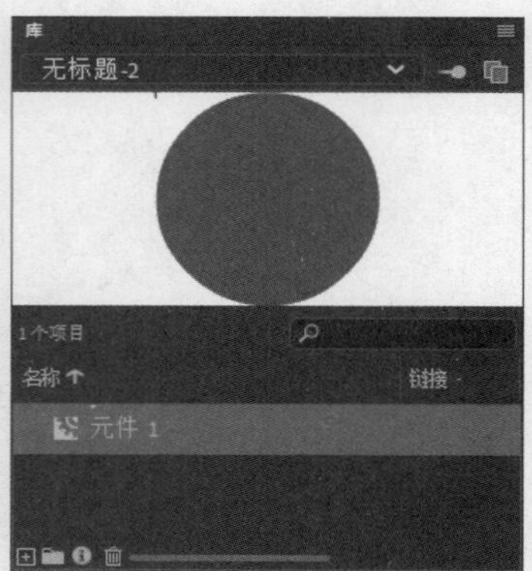

图 1-26 “属性”面板和“库”面板

3. “颜色”面板

“颜色”面板用来设置对象的填充色和轮廓色，包括纯色、渐变和位图填充 3 种方式，可以用鼠标直接在取色框取色，也可以调整各颜色分量的色值，或直接输入十六进制的色值。

4. “变形”面板

“变形”面板用来设置所选对象的变形效果，包括水平和垂直缩放、旋转角度、倾斜、3D 变换、翻转（镜像）及重复变换等参数设置或功能，如图 1-27 所示。

5. “对齐”面板

“对齐”面板主要用来设置多个对象的对齐和分布效果。

6. “组件”面板

“组件”面板类似于库，是一个组件仓库，它包含了软件内置的一些功能组件，如 jQuery UI 组件、视频组件等，可以利用这些组件快速添加动画元素，如图 1-28 所示。

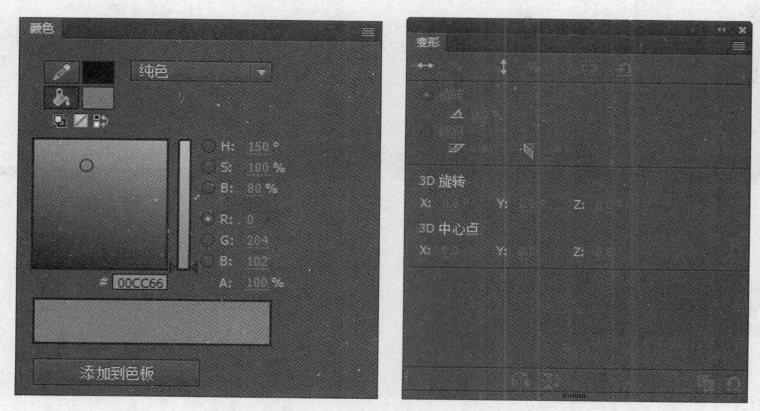

图 1-27 “颜色”面板和“变形”面板

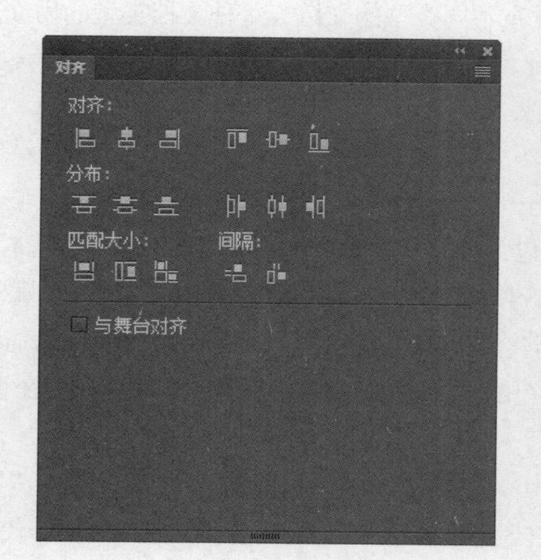

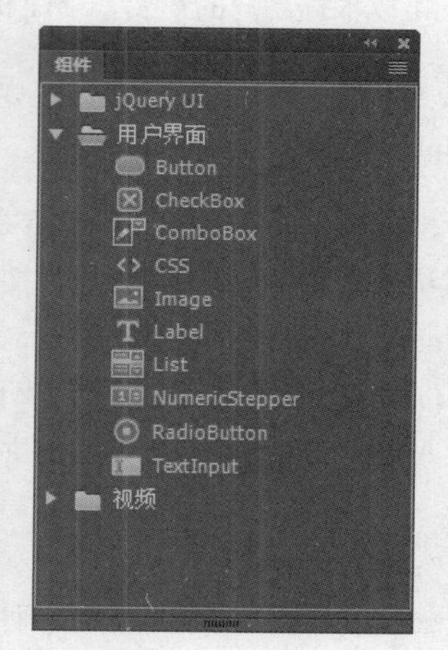

图 1-28 “对齐”面板和“组件”面板

7. “动作”面板

当需要在创作环境中编写脚本代码时，可使用“动作”面板。“动作”面板实际上是一个全功能的代码编辑器，可分为左右两部分：左侧是脚本导航器，列出了 Animate 文档中的脚本；右侧是一个脚本编写窗格，在其中可以直接输入脚本代码，可以显示代码提示、代码行号等信息，并且可对代码进行查找、格式化等操作，如图 1-29 所示。

8. “代码片段”面板

“代码片段”面板实际是一个代码库，它使得非编程人员能够很快就开始轻松地使用简单的 JavaScript 和 ActionScript 3.0。借助该面板，设计人员可以将代码添加到 FLA 文件以启用常用功能。使用“代码片段”面板不需要 JavaScript 或 ActionScript 3.0 方面的知识，如图 1-30 所示。

图 1-29 “动作”面板

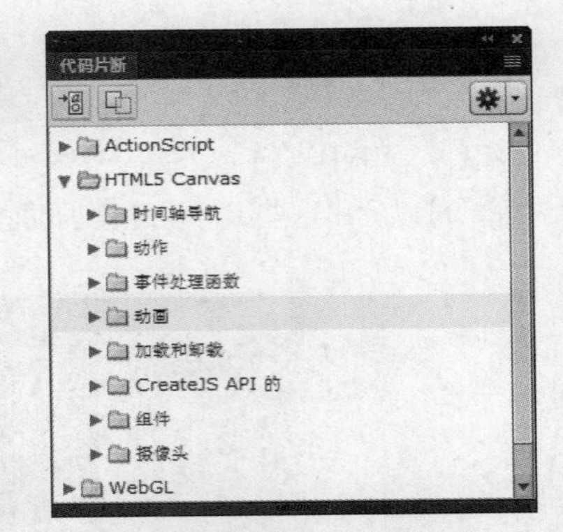

图 1-30 “代码片段”面板

1.3 Animate CC 文档操作

1.3.1 文档类型

Animate CC 可以根据用户的需要，创建和发布不同类型的文档，每种文档类型的用途各不相同。

文档类型与操作

1. ActionScript 3.0 文档

ActionScript 3.0 文档是从 Flash 延续下来的一种文档类型，其源文件扩展名是 fla，它是 Animate CC 默认的源文件格式。这种格式文档包含了基本媒体、时间轴和脚本信息：基本媒体包括组成 Animate 文档内容的图形、文本、声音和视频对象；时间轴用于组织这些基本媒体按时间顺序有次序地显示在舞台上；脚本信息用于更好地控制文档的行为并使文档对用户交互做出响应。ActionScript 3.0 文档默认发布为只可在 Adobe Flash Player 播放器上运行的 SWF 文件（这种类型的文件不适合在智能手机端播放）。

2. HTML5 Canvas 文档

HTML5 Canvas 是 Animate CC 新增的一种文档类型。HTML5 是目前非常火爆的新一代超文本标记语言，Canvas 是 HTML5 中的一个新元素，它提供了多个 API（Application Programming Interface，应用程序编程接口），可以动态生成及渲染图形、图表、图像及动画，因此它对创建丰富的交互性 HTML5 内容提供本地支持。这意味着设计人员可以使用传统的 Animate 时间轴、工作区及工具来创建内容，然后生成 HTML5 输出。因为 HTML5 是跨平台的，可在任何平台和浏览器中呈现，所以 HTML5 Canvas 文档是 Animate CC 创建跨平台交互式媒体的主要文档类型。

3. WebGL 文档

WebGL 是一个无须额外插件就可以在任何兼容浏览器中显示 3D 图形的开放 Web 标准。在 Animate CC 中，针对 WebGL 新增了一种文档类型，这样用户可以在 Animate CC 中使用熟悉的“时间轴”“工作区”“工具”及其他功能创建 WebGL 文件类型并发布 WebGL 内容。

4. AIR 文档

跨操作系统运行时，通过 Adobe AIR，我们可以利用现有的 Web 开发技术（Adobe Animate、Adobe Flex、Adobe

Flash Builder HTML、JavaScript、Ajax）生成丰富的互联网应用程序（Rich Internet Application，RIA）并将其部署到设备上。Animate CC 可以为 Desktop、Android 和 iOS 等不同平台创建 AIR 文档并发布应用程序。

5. AS 文档

AS 文档就是纯粹的 ActionScript 脚本文件，其文件扩展名是 as，并在“动作”面板中进行编辑。设计人员可以使用这些文件将部分或全部 ActionScript 代码放置在 FLA 文件之外，这对于代码组织和有多人参与开发 Animate 内容不同部分的项目很有帮助。ActionScript 脚本是 Animate CC 的脚本语言之一。

6. SWF 文档

SWF 文档是原 Flash 软件的默认输出文档类型，它是一种支持矢量图和点阵图的动画文件格式，以前被广泛应用于网页设计、动画制作等领域。Animate CC 创建的 ActionScript 3.0 文档默认输出的格式就是 SWF 格式，但现在大部分智能手机平台不支持 SWF 文件的播放。

7. JavaScript 文档

JavaScript 文档是将 JavaScript 脚本放入一个文件内，并以 js 为扩展名命名的一种脚本文本。JavaScript 是互联网上最流行的网页脚本语言，用于处理网页特效和事件。因为 HTML5 和 JavaScript 都是跨平台的脚本语言，所以 Animate CC 区别于以往 Flash 最重要的一点，就是创建 HTML5 Canvas 文档，然后发布成 HTML5 和 JS 格式的文件形成动画。

1.3.2 文档的基本操作

与大部分软件一样，Animate CC 对文档的操作包括新建、打开、保存、关闭及导出发布等。

1. 创建文档

Animate CC 有两种途径来创建文档：一种是在欢迎界面中，用户可以根据应用情境选择不同平台、不同尺寸的文件，如图 1-31 所示；另一种是通过单击“文件”菜单中的“新建”命令或按“Ctrl+N”组合键，打开“新建文档”对话框，其屏幕与主屏基本一致。

用户可以根据创作目的，选择新建适用于不同平台和尺寸的空文档。不需要在移动端使用的动画可以选择创建 ActionScript 3.0 文档，否则可以选择创建 HTML5 Canvas 文档。

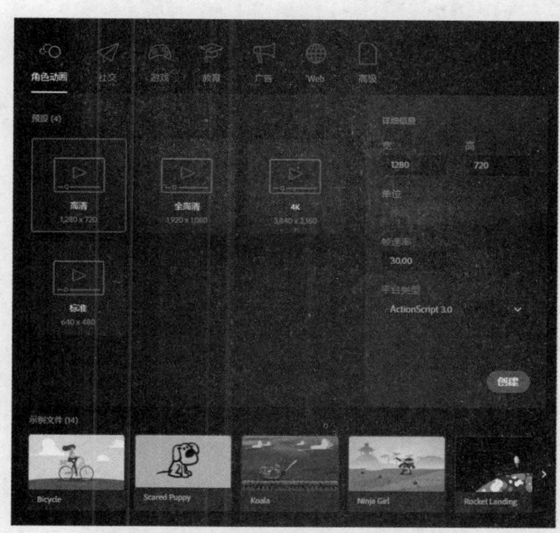

图 1-31 “新建文档”对话框

2. 打开文档

选择菜单“文件”→“打开”命令，或按“Ctrl+O”组合键，都可以弹出“打开”对话框并选择文档的路径以打开该文档。在 Animate CC 的欢迎界面，用户也可以通过“打开最近的项目”命令打开之前使用过的文档。

3. 保存文档

要保存 Animate CC 文档可以执行下列操作之一。

- 选择菜单“文件”→“保存”命令。
- 按“Ctrl+S”组合键。

● 选择菜单“文件”→“另存为”命令或按“Ctrl+Shift+S”组合键，可以将文档保存到不同的位置或用不同的名称保存文档。

在 ActionScript 3.0、HTML5 Canvas 和 WebGL 文档类型下，Animate CC 所保存的文档格式为 fla。

4. 关闭文档

可以通过以下任何一种操作方式关闭打开的文档。

● 单击文档标签栏上的“关闭”按钮 ×。

● 选择“文件”→“关闭文档”命令或按“Ctrl+W”组合键，可关闭当前打开的文档。

● 选择“文件”→“关闭所有文档”命令或按“Ctrl+Alt+W”组合键，可关闭当前打开的所有文档。

如果文档还没有被保存过，关闭时会提醒用户进行保存。

5. 导出和发布文档

当用户编辑完文档后，一般需要选择导出或发布文档，因为源文件 fla 文档是不能直接在网页或播放器上查看的。

● 导出文档。选择“文件”→“导出”命令，用户可以根据需要，将制作完成的动画导出为图像、SWF 影片、GIF 动画或 MOV 视频等不同的格式。

● 发布文档。选择“文件”→“发布”命令，可以将文档发布出来。所建立的文档类型不同，发布设置的参数就会有差异，发布出来的文件结果也不一样。ActionScript 3.0 文档发布的一般是 SWF 文件，如图 1-32 所示。HTML5 Canvas 文档发布的是 HTML 或 JavaScript 文件，如图 1-33 所示。WebGL 发布的是一个 WebGL 预览文件，如图 1-34 所示。

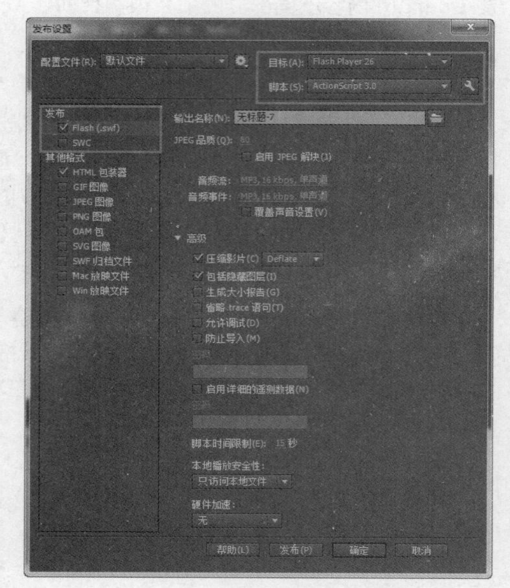

图 1-32　ActionScript 3.0 文档发布设置

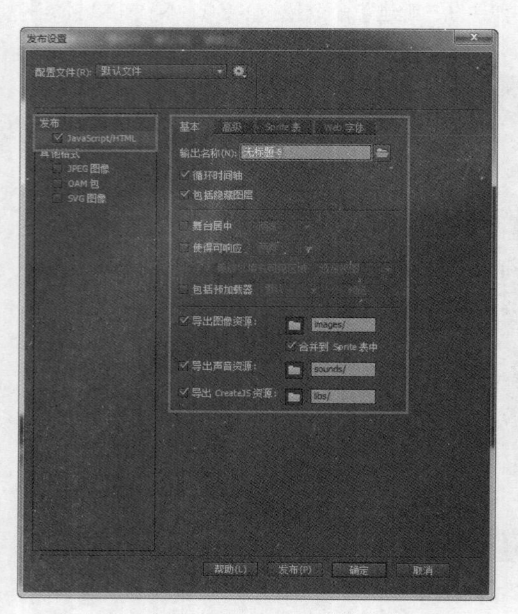

图 1-33　HTML5 Canvas 文档发布设置

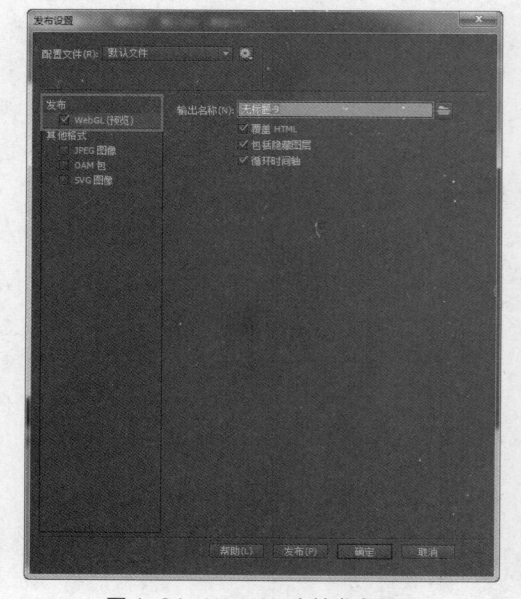

图 1-34　WebGL 文档发布设置

1.3.3 文档设置

在创建了一个新文档后，首先应根据所创作影片的类型、内容及媒体播放介质来设置文档的基本属性，如影片的尺寸、播放速度等。在没有选择任何对象的情况下，“属性”面板会显示当前文档的基本属性，如图 1-35 所示。此外，通过单击菜单“修改”→“文档”命令或按“Ctrl+J”组合键，也可以打开“文档设置”对话框，设置文档属性。“文档设置”对话框内的选项与“属性”面板中的选项基本一致，单击“属性”面板上的“高级设置”按钮也可以打开“文档设置”对话框，如图 1-36 所示。

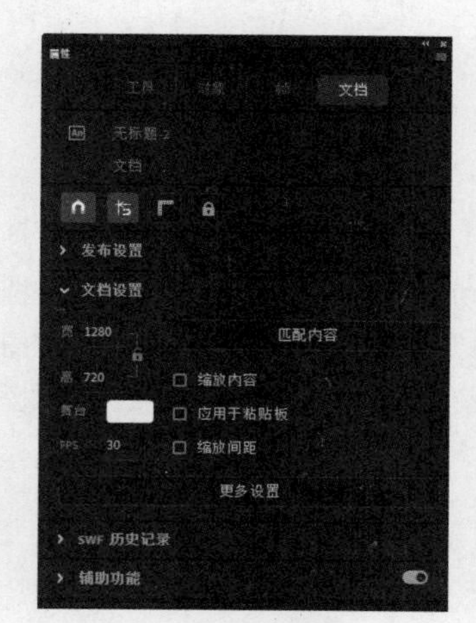

图 1-35 文档属性设置

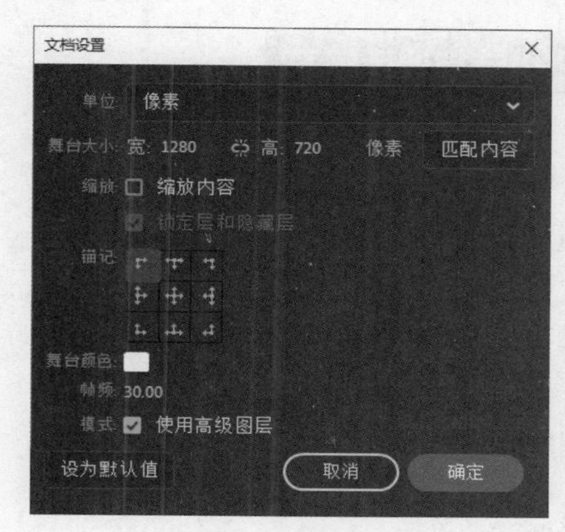

图 1-36 文档高级设置

文档可设置的主要属性如下。

● 文档类型及信息：在“属性”面板的顶部会显示当前文档的类型及名称。

● 发布设置基本参数：设置发布的参数。如果建立的是 ActionScript 3.0 文档，还可以选择影片发布的 Flash Player 播放器版本及使用的脚本代码版本。

● 帧频（FPS）：即影片每秒钟播放的帧的数量，可通过单击并输入帧频数值或者鼠标拖曳数值进行修改。Animate CC 默认的帧频是 24 帧/秒，即 24FPS，这是一般影视和动画所使用的播放频率，一般情况下不需要更改。对于在计算机中特别是在网页中播放的动画，也可以稍微调低一些，如 12～16FPS，但一般不低于 12FPS。

● 大小：即影片尺寸，舞台的宽度和高度，一般以像素为单位。默认影片尺寸为 550 像素×400 像素，这是一个偏小的值，可以根据影片的类型、内容及媒体播放介质来重新设置大小，如根据手机常用的分辨率设置宽和高，可以设置为 1 280 像素×720 像素。

● 舞台背景颜色：舞台背景默认为白色，单击“属性”面板上的白色色标会弹出一个颜色选择和设置的浮动面板，如图 1-37 所示，从中可用鼠标选择颜色或设置颜色值来作为文档的背景颜色。

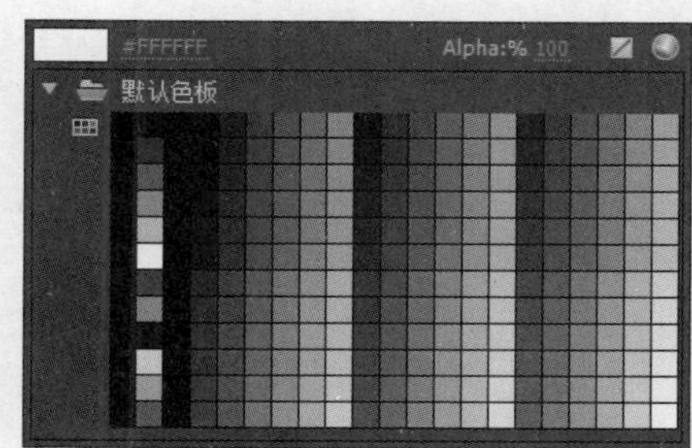

图 1-37 颜色浮动面板

● 系统单位：在“文档设置”对话框内有一个单位设置选项，默认单位是像素，这是最常用的单位形式，一般不需要更改。若特殊情况下需要修改，可单击下拉列表选择其他单位，如厘米、英寸等，如图 1-38 所示。

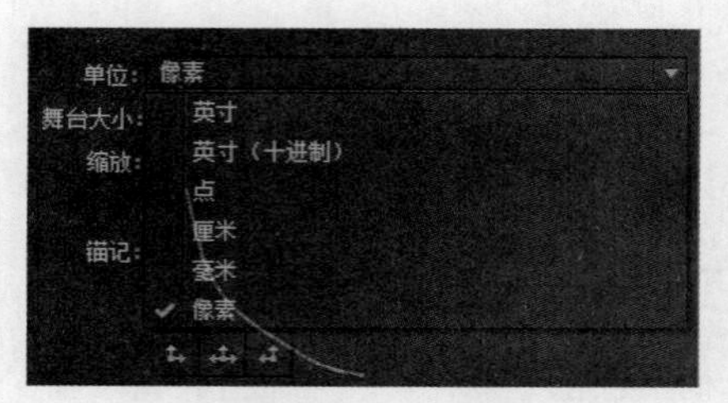

图 1-38　单位设置

1.4　小结与课后练习

◎ 小结

本单元介绍了 Animate CC 的应用领域、2022 版新增及改进的功能、新版的工作界面变化及文档的基本操作，这些都是我们学习一个软件的起点。因为 Animate CC 相对于以前的 Flash 改变很大，新增和拓展了很多实用的功能，希望读者可以经常浏览 Adobe 的官方网站，及时了解和学习这些最新的功能，这对提升自身的软件应用水平是很有帮助的。

◎ 课后练习

理论题

1. Animate CC 软件界面主要由哪几个部分组成？
2. Animate CC 中如何打开那些被隐藏起来的功能面板？
3. 通过 Animate CC 可以建立哪几种文档类型？其文件扩展名是什么？
4. ActionScript 3.0 文档和 HTML5 Canvas 文档有什么区别？

第 2 单元　Animate CC 基本工具的使用

“工欲善其事，必先利其器。”要想使用 Animate CC 制作出惟妙惟肖的动画，必须熟练地运用它所提供的各类工具。这些工具为我们提供选择、绘图、颜色设置、对象操作等各种功能，它们与 Adobe 公司旗下其他设计类软件，如 Photoshop、Illustrator 的工具有很多相似的地方。特别建议学习者牢记常用的工具和菜单命令的快捷键，它们有助于提高工作效率，让操作变得简单而顺畅。

本单元学习目标：

- **熟悉 Animate CC 工具栏的基本布局和操作**
- **熟练掌握 Animate CC 各类绘图工具的使用（重点）**
- **熟练掌握 Animate CC 视图的操作（重点）**
- **熟练掌握文本的输入与编辑**

2.1　工具栏介绍

工具栏是 Animate CC 的重要组成部分，对象的绘制、变换和其他操作基本上都是通过使用各种工具来完成的，所以熟练并灵活地掌握工具栏中各种工具的使用是制作二维动画的核心能力之一。

工具栏简介

2.1.1　基本操作

工具栏默认显示在 Animate CC 工作区的右侧，可以根据个人使用习惯，通过鼠标拖曳工具栏来改变布局位置。工具栏的操作主要包括以下几种，如图 2-1 所示。

- 显示与关闭：单击菜单“窗口”→“工具栏”命令或按“Ctrl+F2”组合键可以显示或关闭工具栏。
- 展开与折叠：单击工具栏顶部右侧的“折叠”按钮，可以暂时折叠工具栏，再单击一次可展开。
- 宽度调整：因为工具很多，默认工具栏比较高，在一些小显示器中一列工具不能完全显示或者我们觉得工具栏太长，选择其中的工具不方便时，可以将工具栏拉宽一些，方法是拖曳工具栏的边框使其变宽，工具会自动排列成两列或更多列。

2.1.2　功能布局

使用工具栏中的工具可以绘图、上色、选择和修改插图，并可以更改舞台的视图。根据工具栏中工具功能的不同，Animate CC 对其进行了分区（用一条细线隔开），从上到下依次是“选择工具组”“绘图工具组”“填充与轮廓工具组”“视图工具组”“颜色设置区”及一个工具的选项区，共 6 个部分，如图 2-2 所示。

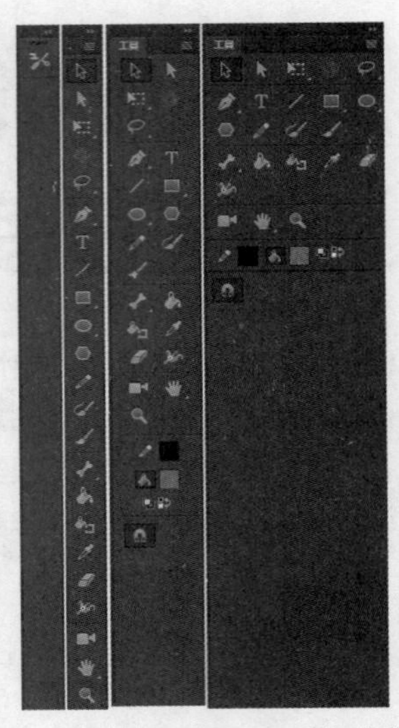

图 2-1　工具栏的折叠、展开与宽度调整

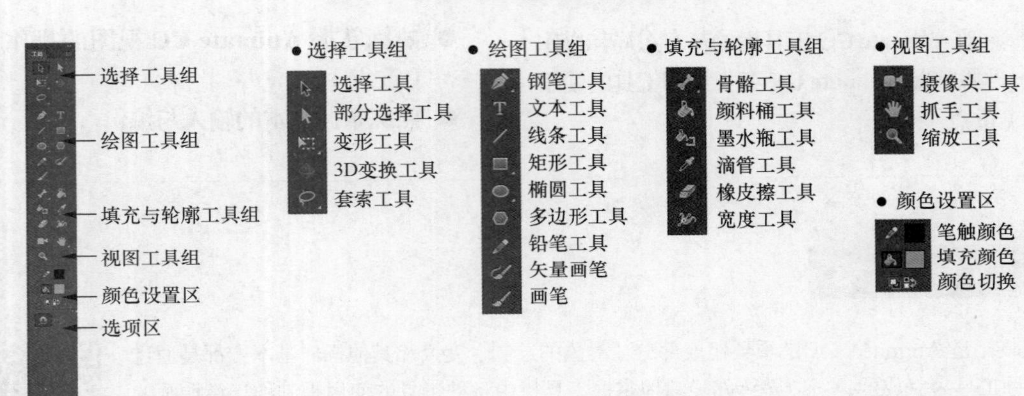

图 2-2　工具栏的功能布局

- “选择工具组”包括对象的选择、部分选择、套索和变形等工具。
- “绘图工具组”包括画笔、钢笔、图形等各种绘图工具。
- “填充与轮廓工具组”包含用于给对象进行填充和描边的工具。
- “视图工具组”包含在应用程序窗口内进行缩放和平移的工具。
- “颜色设置区”包含用于笔触颜色和填充颜色的功能键。
- “选项区”包含用于当前所选工具的一些选项。

以下是前 5 个区域中工具的名称。部分工具右下角有小箭头，表示此处有隐藏工具，在该工具上单击左键并稍停留可显示这些隐藏工具。

2.2　选择工具组

选择工具组包括 5 个工具，分别是选择工具、部分选择工具、变形工具、3D 变换工具和套索工具，其中变形工具和 3D 变换工具主要用于对象的变换操作，第 2.7.5 小节会详细介绍，这里不做赘述，其余 3 个工具都是用于选择对象的。

2.2.1 选择工具

选择工具 ，快捷键是“V”键，用于选择并移动对象。选择工具的使用技巧如图 2-3 所示。

- 在对象上单击鼠标左键可选择此对象。
- 按住“Shift”键再单击不同的对象，可选择多个对象。
- 用鼠标拖曳一个区域，则区域内的对象会被选中。
- 用选择工具在形状对象的边缘拖曳，可以改变其形状。

选择与部分选择工具

2.2.2 部分选择工具

部分选择工具 ，快捷键是“A”键，其作用是通过选取及调整图形或路径的节点来改变图形的形状，如图 2-4 所示。

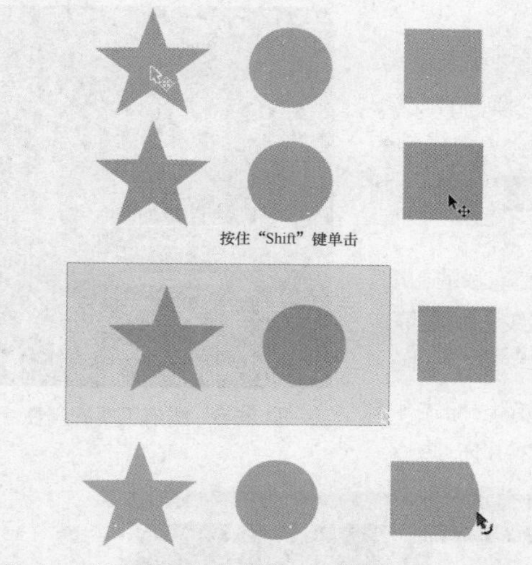

图 2-3 用选择工具进行单选、多选、框选和调整形状

图 2-4 用部分选择工具选取并调整节点

2.2.3 套索工具

套索工具 下还隐藏着多边形套索工具 和魔棒工具 ，它们的快捷键都是“L”键，可通过“Shift+L”组合键进行切换。

- 套索工具：通过按下鼠标左键并拖曳绘制一个区域，该区域内的形状或对象会被选中。
- 多边形套索工具：通过连续单击绘制一个多边形区域，该区域内的形状或对象会被选中。
- 魔棒工具：通过单击对象中的某个颜色来选择与此颜色接近的图形，只适用于经过分离（打散）的位图，不适用于直接绘制的形状，如图 2-5 所示。

套索、多边形套索、魔棒工具

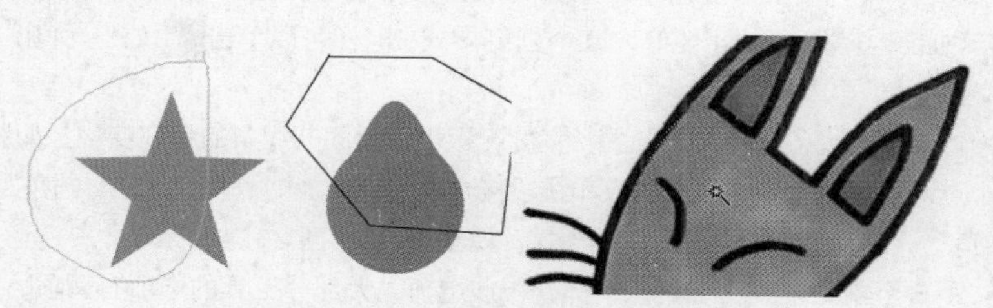

图 2-5 套索、多边形套索和魔棒工具的选取区域

2.3 绘图工具组

Animate CC 虽然不是专业的绘图软件，但也提供了钢笔、画笔、矢量画笔、线条、图形等基本的绘图工具，以便绘制简单的矢量图。这些绘图工具是最基础也是最常用的。

2.3.1 图形的基本属性

图形的基本属性

绘图工具组所绘制的对象无非就是线条和形状填充，因此它们有一些共同的属性。这些属性可在绘制前进行设置，也可在绘制完后选中对象进行修改，图 2-6 所示即为线条工具的属性，具体如下。

- 线条颜色：单击色块可打开颜色控件选择线条颜色。画笔工具只能绘制填充，无法设置线条颜色。
- 填充色：单击色块可打开颜色控件选择填充的颜色。线条工具、钢笔工具、铅笔工具和矢量画笔工具都只能绘制线条，没有填充颜色的设置。
- 绘制模式：绘图工具都提供了两种模式，一种是常规模式，所绘制的图形是散件，可选择其局部图形；另一种是单击对象绘制模式，绘制的则是整体对象，无法选择局部，但更易操作。
- 笔触粗细：可通过调节滑块或在文本框中输入数值来改变笔触的粗细。
- 笔触样式：提供了一些常用的线条样式，如极细线、实线、虚线等，如图 2-7 所示。
- 笔触样式的编辑：单击“样式”右侧的按钮可打开“笔触样式”窗口，对所选笔触样式进行设置，如虚线的长短和间距等，如图 2-8 所示。

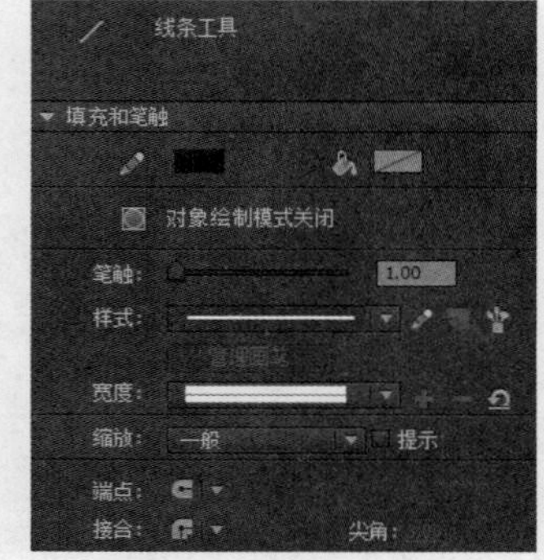

图 2-6 线条工具的属性

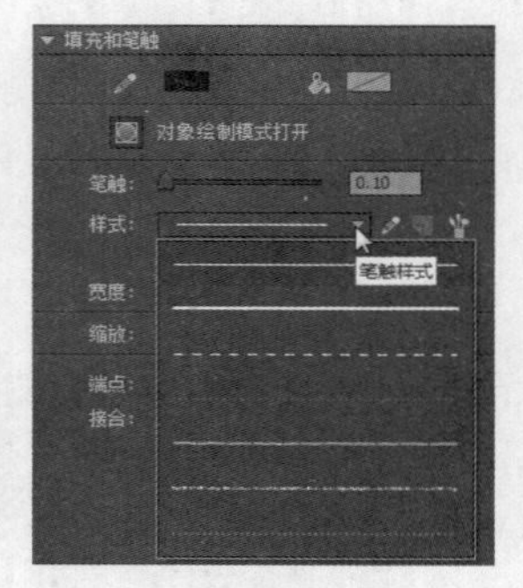

图 2-7 笔触样式的选择

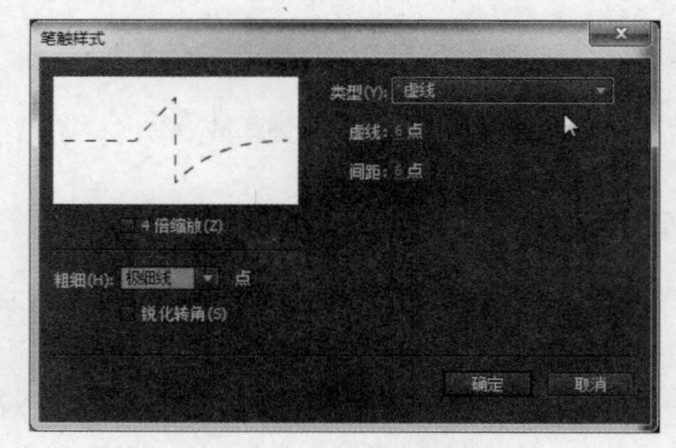

图 2-8 笔触样式的编辑

- 矢量画笔库：单击“样式”右侧的按钮可打开矢量画笔库，如图 2-9 所示。它是一个由矢量画笔构成的集成的全局库，其中包括大量的艺术画笔和图案画笔，可用于设置笔触效果。要使用任何一种画笔，可双击该画笔将其添加到当前文档中。要修改某个画笔样式，同样可以单击按钮，弹出“画笔选项”窗口，如图 2-10 所示。
- 线条宽度配置：默认线条是均匀粗细的，宽度配置可设置同一线条的粗细变化，如图 2-11 所示。
- 端点和接合点选项：用于设置线条端点和线段接合点的样式。端点有“无”“圆角”和“方形”3 个选项；接合点有“尖角”“圆角”和“斜角”3 种样式，如图 2-12 ~ 图 2-14 所示。
- 工具选项：每一个绘图工具在工具栏中都有一些选项，大部分工具的选项有两项，即对象绘制和贴紧对象。其中，贴紧对象是指在绘制的时候，鼠标光标会自动贴紧到附近的对象上，以便对齐对象或使线条更严密。不需要贴紧的时候可以取消此选项的选择。

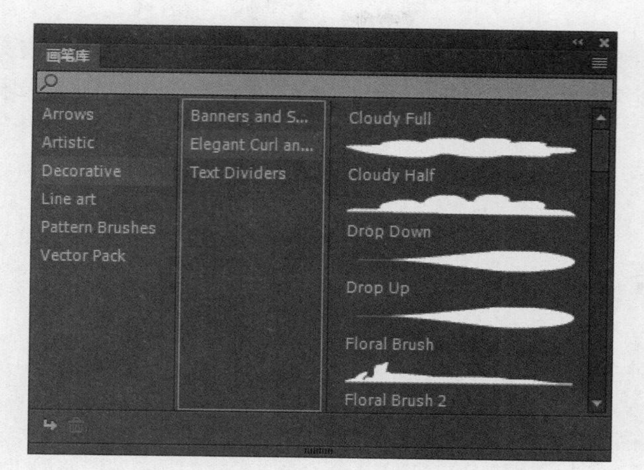

图 2-9　画笔库

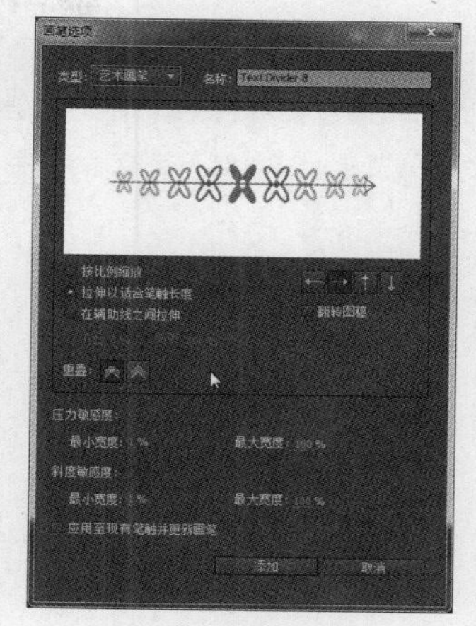

图 2-10　“画笔选项”窗口

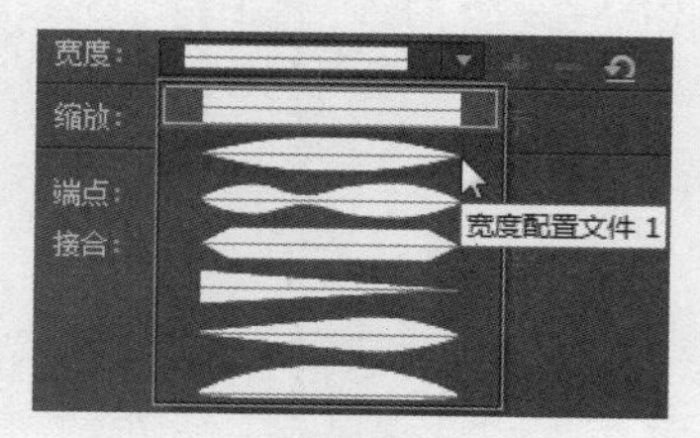

图 2-11　线条宽度配置

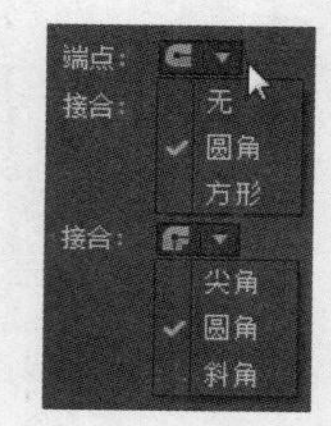

图 2-12　端点和接合点选项

图 2-13　端点效果

图 2-14　接合点效果

2.3.2　线条工具

线条工具 是用来绘制直线段的，其快捷键是“N”键。用线条工具在舞台上起点处按下鼠标左键并拖曳鼠标，然后在终点处松开鼠标左键，可绘制一条直线段；如果按住“Shift”键的同时拖曳鼠标，则可以绘制特定角度的直线段，如水平线、竖直线或 45 度角的线段；如果连续单击并拖曳鼠标，则可以绘制首尾相连的折线；将选择工具靠近所绘直线段的边缘并拖曳，可使其拉伸变成弧线，如图 2-15 所示。

线条、铅笔、
矢量画笔工具

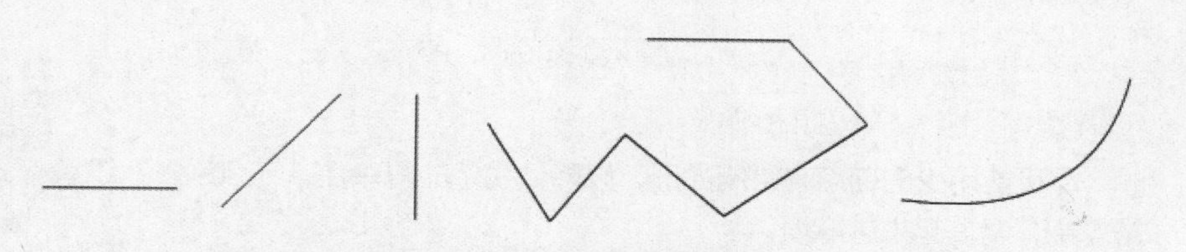

图 2-15　使用线条工具进行绘制

2.3.3 铅笔工具

使用铅笔工具可以绘制和编辑自由线段，其快捷键是“Shift+Y”组合键，绘画的方式与使用真实铅笔大致相同，即通过在舞台上按下鼠标左键并拖曳鼠标来绘制线条，按住“Shift”键拖曳鼠标则可将线条限制为垂直或水平方向，如图 2-16 所示。

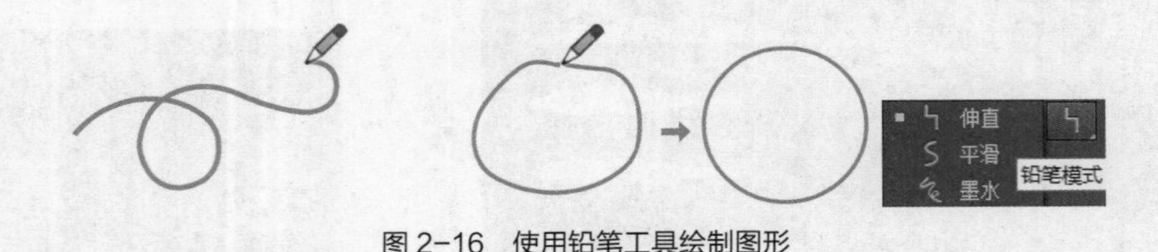

图 2-16 使用铅笔工具绘制图形

提示 使用铅笔工具绘制时不能使用矢量画笔库，但绘制完后可以给线条应用矢量笔触。

如果要在绘画时平滑或伸直线条和形状，则可以在选项区为铅笔工具选择一种绘制模式。绘制模式有 3 种，分别是伸直、平滑和墨水，绘制效果如图 2-17 所示。

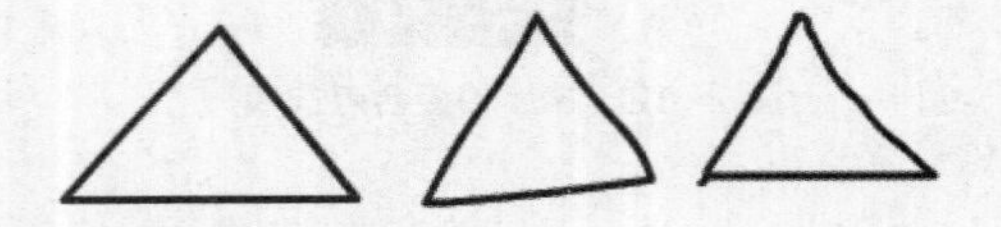

图 2-17 分别以伸直、平滑和墨水模式绘制的线条

- 伸直：绘制的线条更接近直线。若要绘制直线，并将接近三角形、椭圆、圆形、矩形和正方形的形状转换为这些常见的几何形状，应选择“伸直”选项。
- 平滑：绘制的线条更平滑。若要绘制平滑曲线，应选择“平滑”选项。
- 墨水：绘制的线条不做调整。若要绘制不用修改的手画线条，应选择“墨水”选项。

钢笔工具

2.3.4 钢笔工具

钢笔工具的快捷键是“P”键，用于绘制精准的路径（如直线或平滑流畅的曲线）。使用钢笔工具绘画时，单击可以创建直线段上的点，而拖曳可以创建曲线段上的点，可以通过调整线条上的点来调整直线段和曲线段，如图 2-18 所示。

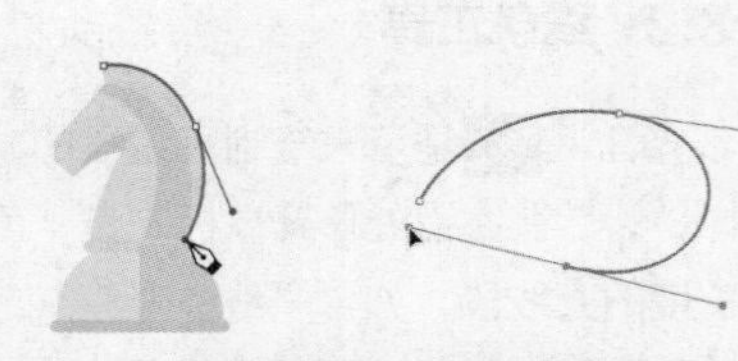

图 2-18 使用钢笔工具绘制精确路径

注意 尽可能用少的锚点来绘制图形，以降低线条的复杂性，锚点越多，线条越复杂，调整起来越麻烦。

1. 钢笔工具的绘制状态

在不同的绘制状态下，钢笔工具显示不同的指针，以下指针指示各种绘制状态。

- 初始锚点指针：选中钢笔工具后看到的第一个指针，指示下一次在舞台上单击鼠标左键时将创建初始锚点，它是新路径的开始（所有新路径都以初始锚点开始），可终止任何现有的绘画路径。
- 连续锚点指针：指示下一次单击鼠标左键时将创建一个锚点，并用一条直线与前一个锚点相连接。
- 添加锚点指针：指示下一次单击鼠标左键时将向现有路径添加一个锚点。 若要添加锚点，必须选择路径，并且钢笔工具不能位于现有锚点的上方，一次只能添加一个锚点。
- 删除锚点指针：指示下一次在现有路径上单击鼠标左键时将删除一个锚点。 若要删除锚点，必须用选取工具选择路径，并且指针必须位于现有锚点的上方，一次只能删除一个锚点。
- 连续路径指针：从现有锚点扩展新路径。 若要激活此指针，鼠标指针必须位于路径上现有锚点的上方。 仅在当前未绘制路径时，此指针才可用。
- 闭合路径指针：在所绘制路径的起始点处闭合路径。只能闭合当前正在绘制的路径，并且现有锚点必须是同一个路径的起始锚点。
- 连接路径指针：连接另一条路径的锚点，若要激活此指针，鼠标指针必须位于另一条路径的上方。
- 回缩贝塞尔手柄指针：当鼠标指针位于显示其贝塞尔手柄的锚点上方时显示。 单击鼠标左键将回缩贝塞尔手柄，并使得穿过锚点的弯曲路径恢复为直线段。
- 转换锚点指针：在锚点上单击，可以将平滑点转换为转角点；在锚点上拖曳，可以将转角点转换为平滑点或调整平滑点曲线。若要启用转换锚点指针，可使用“Shift+C”组合键切换钢笔工具或在钢笔绘制模式下按“Ctrl”键。

2. 用钢笔工具绘制直线

使用钢笔工具可以绘制的最简单的路径是直线，方法是通过单击钢笔工具创建两个锚点。继续单击可创建由转角点连接的直线段组成的路径，如图 2-19 所示，具体步骤如下。

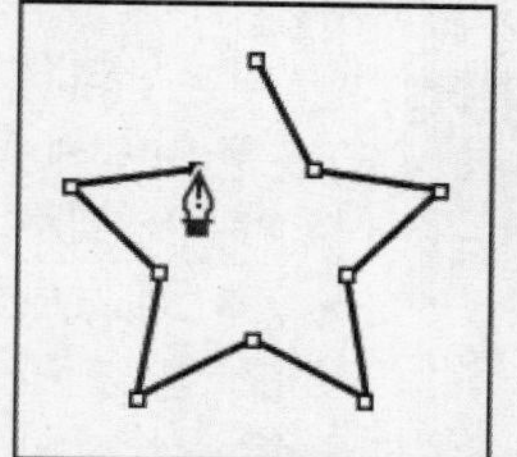

图 2-19　使用钢笔工具创建直线段

步骤① 选择钢笔工具。

步骤② 将钢笔工具定位在直线段的起始点处并单击，以定义第一个锚点。

步骤③ 在想要该线段结束的位置再次单击（按住“Shift”键单击将该线段的角度限制为 45° 的倍数）。

步骤④ 继续单击，为其他的直线段设置锚点。

步骤⑤ 若要完成一条开放路径，可双击最后一个点，或者单击工具栏中的钢笔工具，或者按住“Ctrl”键并单击路径外的任何位置。

步骤⑥ 若要闭合路径，可将钢笔工具定位在起始锚点上。当出现闭合路径指针时，单击或拖曳以闭合路径。

3. 用钢笔工具绘制曲线

使用钢笔工具绘制曲线的方法与绘制直线差不多，区别在于创建锚点时不要松开鼠标，而是继续拖曳鼠标构成曲线的方向线，方向线的长度和斜率决定了曲线的形状。若要创建 C 形曲线，向上一方向线相反的方向拖曳，然后松开鼠标；若要创建 S 形曲线，则向上一方向线相同的方向拖曳，然后松开鼠标，如图 2-20 所示。

在绘制曲线的时候，如果要将平滑点转换为转角点，可将鼠标指针置于该锚点上，当鼠标指针呈现时，单击该锚点即可。如果想要即时调整锚点或方向线，可按住“Ctrl”键并用鼠标拖曳该锚点或方向线的端点，调整完后松开“Ctrl”键和鼠标，可接着前面的节点继续绘制，如图 2-21 所示。

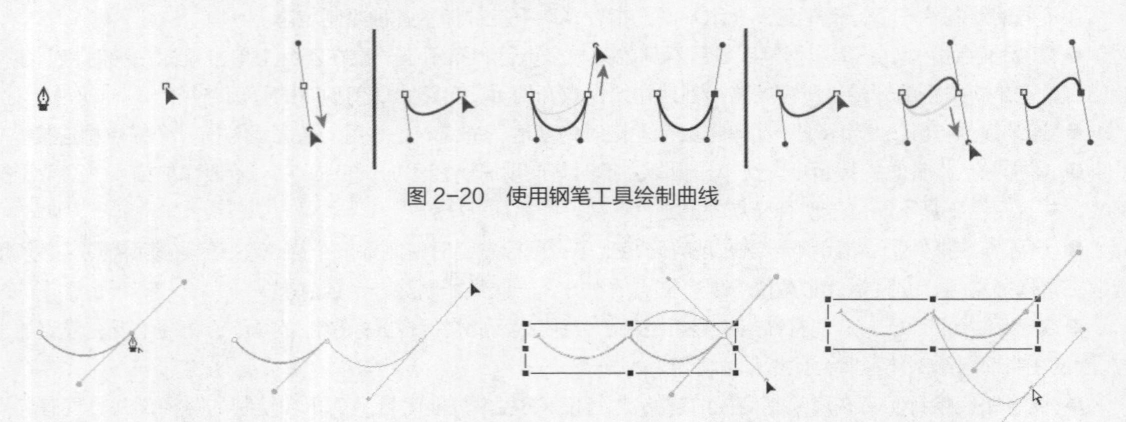

图 2-20　使用钢笔工具绘制曲线

图 2-21　钢笔工具绘制的同时调整锚点

4. 添加、删除与转换锚点

默认情况下，将钢笔工具定位在选定路径上时，它会变为添加锚点工具；将钢笔工具定位在锚点上时，它会变为删除锚点工具。钢笔工具下还隐藏了另外 3 个工具，分别是添加锚点工具、删除锚点工具和转换锚点工具，如图 2-22 所示。

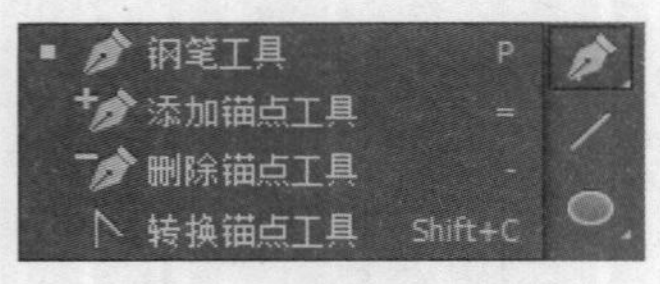

图 2-22　隐藏的其他工具

- 添加锚点：在钢笔工具上单击并按住鼠标左键，选择添加锚点工具，将指针定位到路径段上，然后单击。
- 删除锚点：在钢笔工具上单击并按住鼠标左键，选择删除锚点工具，将指针定位到锚点上，然后单击。
- 转换锚点：在钢笔工具上单击并按住鼠标左键，选择转换锚点工具（在钢笔工具状态下按“Alt”键，也可临时切换到工具），将指针定位到锚点上，单击可使平滑点转换为转角点，拖曳可使转角点转换为平滑点。

2.3.5　矢量画笔工具

矢量画笔工具是 Animate CC 新增的一种画笔工具，快捷键是“Y”键，其用法与铅笔工具基本一样，也是基于笔触的画笔，但在“属性”面板中可以将其设置为绘制填充色。矢量画笔工具与铅笔工具的区别在于，矢量画笔在绘制时可以直接使用矢量画笔库，所以可以选用不同风格的笔触绘制各类图案或艺术图形，如图 2-23 所示。

图 2-23　使用矢量画笔绘制的图案

2.3.6　画笔工具

画笔工具的快捷键是“B”键，它是一种基于填充的绘制工具，绘制的是填充，没有描边，所以主要用于填充面积较大的区域，如图 2-24 所示。

画笔工具

1. 画笔属性

画笔工具的属性如图 2-25 所示，主要如下。

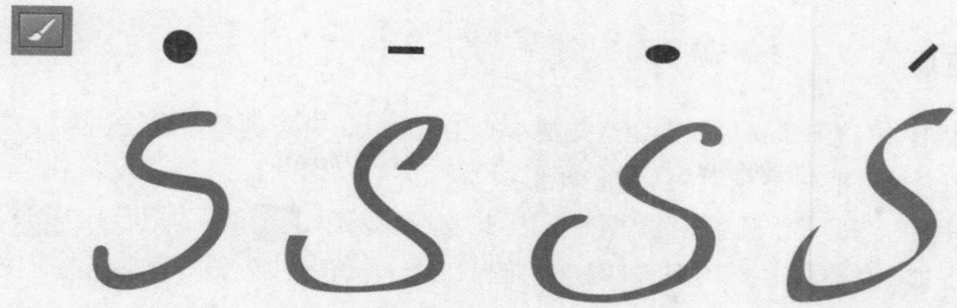

图 2-24　不同画笔形状的绘制效果

● 画笔形状：画笔虽然不像矢量画笔那样有丰富的笔触效果，但也提供了最基本的一些笔触形状，如方形画笔、椭圆形画笔等，可绘制不同的图形效果，如图 2-26 所示。

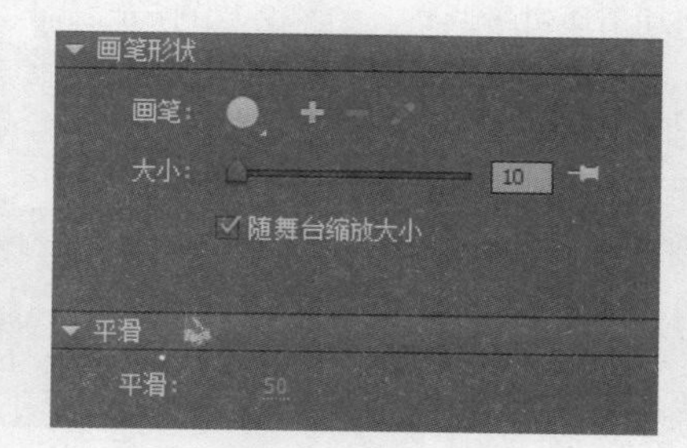

图 2-25　画笔属性

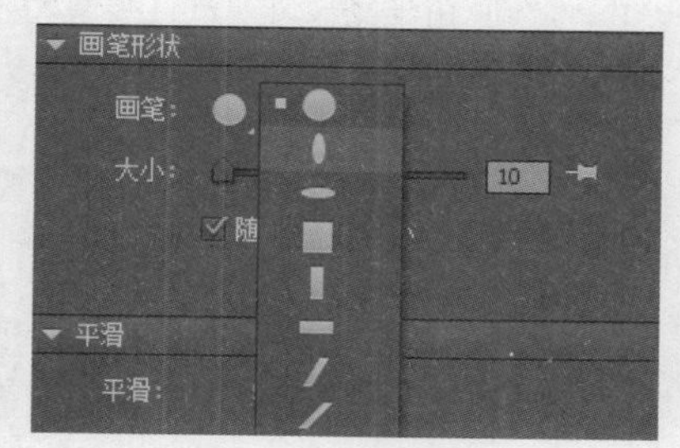

图 2-26　画笔形状

● 画笔大小：通过滑动滑块或直接在文本框中输入数值，或按“[""]”键，可调整画笔的粗细。

● 画笔平滑度：用于设置所绘图形的平滑程度，单击其数值或左右移动可设置平滑程度。

2. 画笔选项

选中画笔工具后，在选项栏中有画笔的一些选项。这些选项分别是对象绘制、锁定填充、绘画模式、画笔大小和笔尖形状。其中对象绘制、画笔大小和画笔形状前面已有介绍，锁定填充是主要针对渐变和位图填充，使新绘制的填充色与前面绘制的保持一致，是一个整体填充。绘画模式有以下 5 种，如图 2-27 所示。

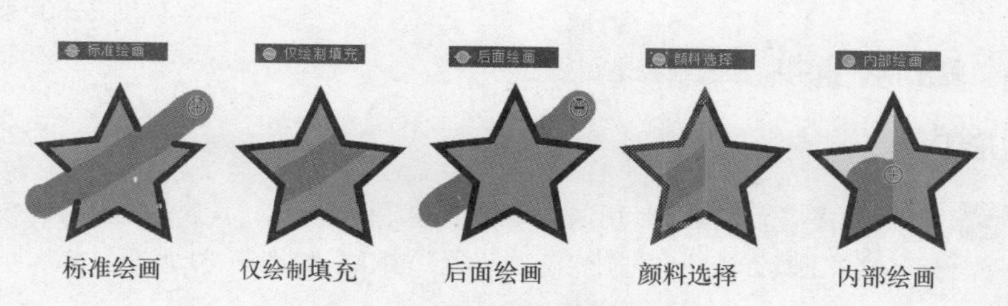

图 2-27　各绘画模式效果比较

● 标准绘画：可对同一层的线条和填充涂色，直接覆盖原有的线条和填充。

● 仅绘制填充：只对填充涂色，不会对原有线条和空区域涂色。

● 后面绘画：只在舞台上同一层的空白区域涂色，不影响原有的线条和填充。

● 颜料选择：只在已选中的区域填充涂色，在未选中的区域是绘制不了的。

● 内部绘画：对画笔开始接触的填充进行涂色，但不对线条涂色。 如果在空白区域中开始涂色，则填充不会影响任何现有填充区域。

2.3.7 矩形工具

矩形、椭圆、多边形工具

使用矩形、椭圆和多边形工具可以创建这些基本的几何形状，并可通过“属性”面板为其设置填充和笔触属性。图 2-28 所示为绘制的矩形。

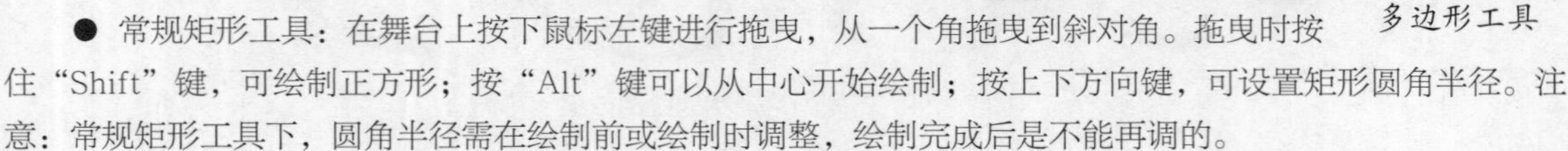

矩形工具的快捷键为“R”键，其实它包括两种工具，即常规矩形工具和基本矩形工具。

● 常规矩形工具：在舞台上按下鼠标左键进行拖曳，从一个角拖曳到斜对角。拖曳时按住“Shift”键，可绘制正方形；按“Alt”键可以从中心开始绘制；按上下方向键，可设置矩形圆角半径。注意：常规矩形工具下，圆角半径需在绘制前或绘制时调整，绘制完成后是不能再调的。

● 基本矩形工具：其使用方法与常规矩形工具一样，区别在于，常规矩形工具绘制的是散件，而基本矩形工具绘制的是图元，它是一种参数化的图形，保存了该图形的基本参数，所以绘制完后可更改其圆角属性。

矩形工具的属性有圆角半径，可通过直接输入数值或滑动滑块进行调整，如图 2-29 所示。

图 2-28　绘制的矩形

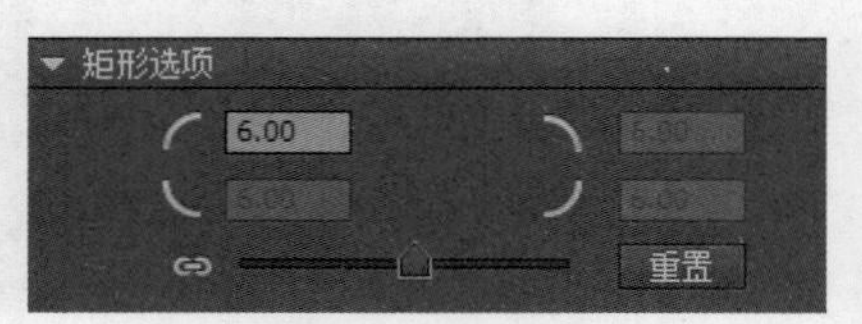

图 2-29　矩形选项

2.3.8 椭圆工具

椭圆工具的快捷键为“O”键，其用法和特点与矩形工具相似，也有常规椭圆工具和基本椭圆工具两种，绘制时按住“Shift”键可以绘制正圆形。椭圆工具的选项如图 2-30 所示。

● 开始角度/结束角度：椭圆的起始点角度和结束点角度，利用这两项可以绘制扇形、半圆形及其他有创意的形状。

● 内径：即椭圆的内径（即内侧椭圆），根据其值的大小，可得到不同程度的圆环。

● 闭合路径”复选框：确定椭圆的路径是否闭合。

图 2-30　椭圆选项

2.3.9 多边形工具

多边形工具用于绘制多边形和星形，用法与矩形和椭圆工具一样，其属性主要是边数和边角的尖锐程度。单击“属性”面板上的“工具”选项，打开“工具设置”窗口，如图 2-31 所示。

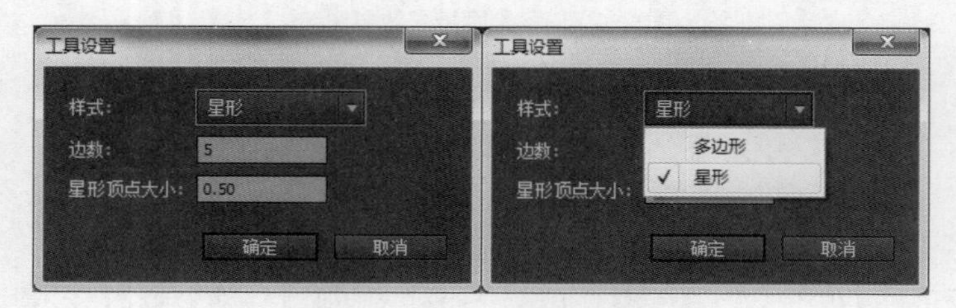

图 2-31　“工具设置”窗口

- 样式：可选择是绘制多边形还是绘制星形。
- 边数：设置多边形或星形的边数。
- 星形顶点大小：即星形外角的大小，值越小，角越小，反之越大，如图 2-32 所示。

图 2-32　星形顶点大小的值由大到小的变化

◎ **应用案例：绘制卡通小屋**

步骤① 新建 ActionScript 3.0 文档（HTML5 Csanva 文档也行，只是最后发布的文件格式不同而已，对此案例无影响）。

步骤② 设置舞台尺寸为 800 像素×450 像素，帧频保持 24 帧/秒不变，背景颜色设置为灰色即可，如 #CCCCCC。

步骤③ 使用直线工具绘制屋子的基本外形，如图 2-33 所示，可根据自己的想法随意绘制，无须模仿。

步骤④ 继续使用铅笔工具或钢笔工具绘制屋顶和地上的积雪，并删除多余的线条，如图 2-34 所示。

步骤⑤ 使用直线工具和铅笔工具绘制屋顶上的烟囱，完成屋子轮廓的绘制，如图 2-35 所示。

图 2-33　屋子草图

图 2-34　绘制积雪

图 2-35　绘制好的屋子轮廓

2.4　填充与轮廓工具组

填充与轮廓工具组主要用于对已绘制图形的填充和笔触进行调整。

2.4.1　颜料桶工具

使用颜料桶工具可以用颜色填充封闭区域，其快捷键为“K”键。使用前先设置好填充色（纯色、渐变或位图填充），然后用颜料桶工具在封闭区域单击或拖曳即可填充。根据所填充区域的封闭状态，颜料桶工具的选项区可选择填充不同空隙大小的非封闭区域，如图 2-36 所示。

颜料桶工具

图 2-36　选择不同空隙大小的填充方式

2.4.2 墨水瓶工具

墨水瓶工具用于为对象添加或修改笔触效果，其快捷键为“S”键。使用前先设置好笔触的属性（颜色、粗细、样式等），然后在需要添加或修改笔触的形状上单击即可。

墨水瓶工具

滴管工具

2.4.3 滴管工具

滴管工具用于从一个对象复制填充和笔触属性，然后立即将它们应用到其他对象上。如图 2-37 所示。其使用步骤如下。

图 2-37 使用滴管工具复制填充和笔触属性

步骤1 选择滴管工具，然后单击要应用其属性的笔触或填充区域。

步骤2 当单击一个笔触时，该工具自动变成墨水瓶工具。当单击已填充的区域时，该工具自动变成颜料桶工具，并且打开“锁定填充”功能选项。

步骤3 单击其他对象以应用新属性。

橡皮擦工具

2.4.4 橡皮擦工具

橡皮擦工具通过涂抹的方式擦除填充和笔触，其快捷键是“E”键。对应于画笔的绘画模式，橡皮擦的选项区也有 5 种擦除模式，如图 2-38 所示。

图 2-38 橡皮擦的擦除模式

- 标准擦除：直接擦除原有的填充和线条。
- 擦除填色：只擦除填色，不会影响原有线条。
- 擦除线条：只擦除线条，不会影响原有填充。
- 擦除所选填充：只在已选中的区域擦除填充，不影响线条和其他未选中的区域。
- 内部擦除：对橡皮擦开始接触的填充内部进行擦除，但不影响线条。

此外，橡皮擦的选项还包括对形状和大小的设置，以及水龙头模式的打开和关闭。水龙头模式是指通过在填充或笔触上单击的方式来快速擦除同一封闭区域内大面积颜色接近或相同的区域。

宽度工具

2.4.5 宽度工具

宽度工具用来调整笔触的粗细使其不均匀变化，默认快捷键是“U”键。宽度工具的使用方法为：将鼠标指针悬停在一个笔触上，会显示宽度点，此时按下鼠标左键并向外拖曳鼠标，可拖出该点的宽度手柄并改变笔触该位置的宽度（粗细）。可以通过移动、复制和删除宽度点或者改变宽度手柄的长短来影响笔触的宽度形状，如图 2-39 所示。一条笔触上可以添加多个宽度点和宽度。

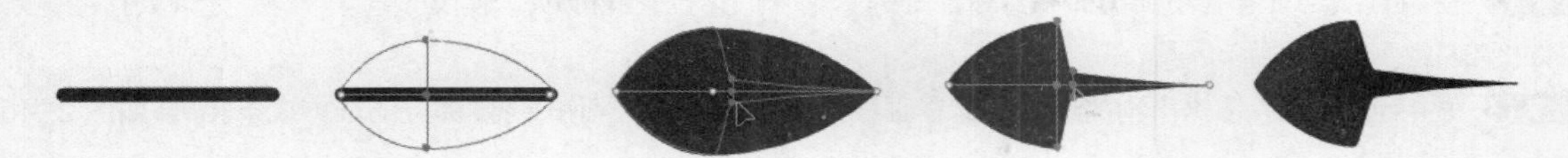

图 2-39　宽度工具的使用

笔触的宽度设置好后，该宽度效果会暂时保存在笔触的宽度配置属性中，宽度：，可通过单击按钮将此宽度配置保存起来，以便应用到其他笔触上。

◎ 应用案例：给卡通小屋上色

步骤 1 打开上一个案例文件，即小屋的轮廓图。

步骤 2 选择填充色为橙红色，使用油漆桶工具在屋子墙壁上单击，为其上色，如果填充不了，可从工具栏下方的选项“间隔大小”中选择“封闭大空隙”。如果依然填充不了，就要注意检查墙壁是否为封闭图形，尽量让其封闭。

步骤 3 以同样的方式为屋檐和烟囱填充近似的颜色，效果如图 2-40 所示。

步骤 4 使用同样的方法，为屋顶和地面的积雪填充白色和灰蓝色，为窗户填充米黄色，或自行选择比较合适的颜色进行填充，效果如图 2-41 所示。

图 2-40　填充屋子颜色

图 2-41　填充积雪和窗户颜色

步骤 5 将一些多余的线条删除或取消其轮廓，也可以改变一些线条的粗细，以获得更好的效果，如图 2-42 所示。

步骤 6 将绘制的所有对象选中（按“Ctrl+A”组合键），按“Ctrl+G”组合键将其编组，如图 2-43 所示。保存文件，以备后用。

图 2-42　删除或取消轮廓线条

图 2-43　图形编组

◎ 应用案例：绘制卡通小狗

步骤① 新建文件，设置舞台背景颜色为灰色。

步骤② 使用直线工具绘制小狗头部和身体部分的基本外形，拉直线即可，形状可随意一些，无须太精准，效果如图 2-44 所示。

步骤③ 使用选择工具，根据小狗的形态将这些直线拖成弧线，形成小狗的身体部分的基本线条轮廓，如图 2-45 所示。

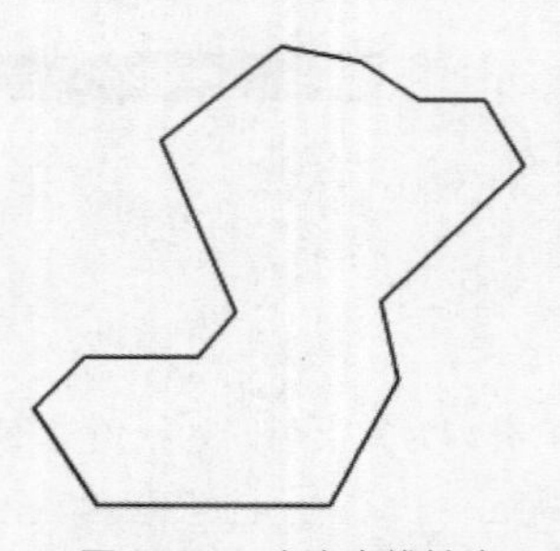
图 2-44　小狗直线轮廓

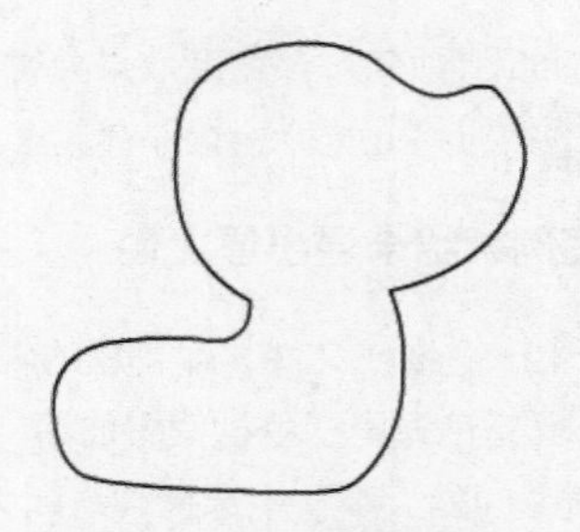
图 2-45　小狗弧线轮廓

步骤④ 使用相同的方法绘制尾巴。再使用钢笔工具或铅笔工具采用对象绘制的形式，绘制一只耳朵并复制得到另一只，注意耳朵的层次顺序，一只在前一只在后，如图 2-46 所示。

步骤⑤ 使用椭圆工具绘制小狗的眼睛，使用直线工具或铅笔工具绘制鼻子和嘴巴，如图 2-47 所示。

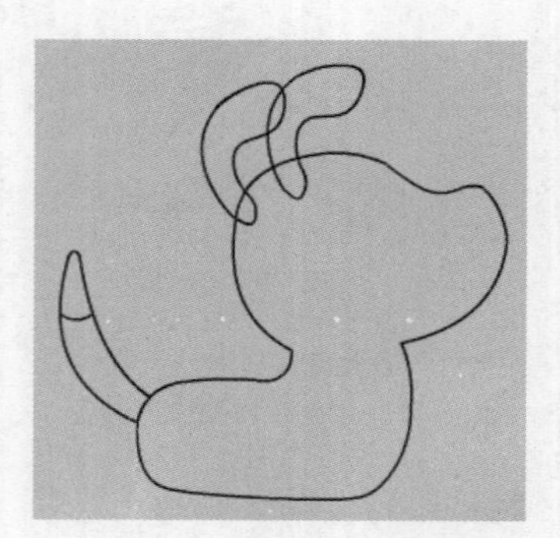
图 2-46　绘制尾巴和耳朵

图 2-47　绘制眼睛、鼻子、嘴巴

步骤⑥ 使用椭圆工具、铅笔工具或钢笔工具在小狗脖子处绘制一个项圈，并在身体部分绘制一些不同的区域，以设置不同的毛的颜色。使用铅笔工具的时候注意在工具选项栏中选择“平滑”的绘制模式，以使线条更流畅，效果如图 2-48 所示。

步骤⑦ 绘制一个扁长矩形，将其边拉成弧线，再绘制直线将矩形与身体连接，这样小狗的轮廓图就绘制完成了，效果如图 2-49 所示。

步骤⑧ 给小狗填充颜色。设置好填充色，使用油漆桶工具（按快捷键“K”键），在小狗各个部分单击填充，效果如图 2-50 所示。

步骤⑨ 将小狗全部选中，取消其轮廓，然后使用画笔工具，在身体部分绘制一些随意的短线，形成皮毛的效果，如图 2-51 所示。

步骤⑩ 将所有部分选中，按“Ctrl+G”组合键将其编组，保存文件，以备后用。

图 2-48 绘制其他线条

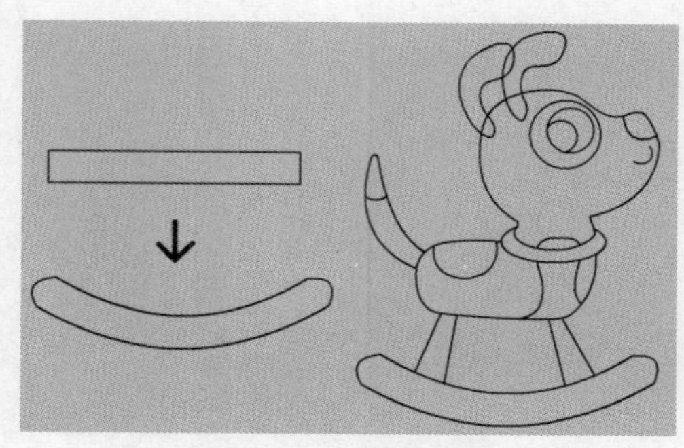
图 2-49 绘制轮脚

图 2-50 为小狗填充颜色

图 2-51 完成的小狗图形

2.5 视图工具组

视图工具组的主要功能是对舞台视图进行操作，包括摄像头工具、抓手工具、视图旋转工具、时间滑动工具和缩放工具，其中摄像头工具和时间滑动工具后面有专门小节介绍，这里主要介绍抓手工具、视图旋转工具和缩放工具。

视图操作

2.5.1 抓手工具

抓手工具主要用于平移视图。放大舞台以后，因窗口尺寸限制，可能无法看到整个舞台，这时要在不更改舞台缩放比例的情况下查看视图之外的内容，就可以在舞台上单击抓手工具并拖曳，这便是平移视图。抓手工具的快捷键是“H”键，在其他工具状态下按住空格键，可以临时切换到抓手工具，松开空格键则恢复到原来的工具。

2.5.2 视图旋转工具

视图旋转工具与抓手工具在同一组，它是 Animate CC 新增加的工具，其作用是临时旋转舞台视图，便于在特定角度下查看舞台或绘制图形。视图旋转工具的基本用法如下。

● 选中旋转工具，舞台上会出现一个“十”字形的旋转轴心点，可以更改轴心点的位置，单击需要的位置即可。

● 设好轴心点后，即可围绕轴心点拖曳鼠标来旋转视图，当前旋转角度用“十”字轴心上的红线表示，正常视图和旋转视图分别如图 2-52 和图 2-53 所示。

图 2-52　正常视图

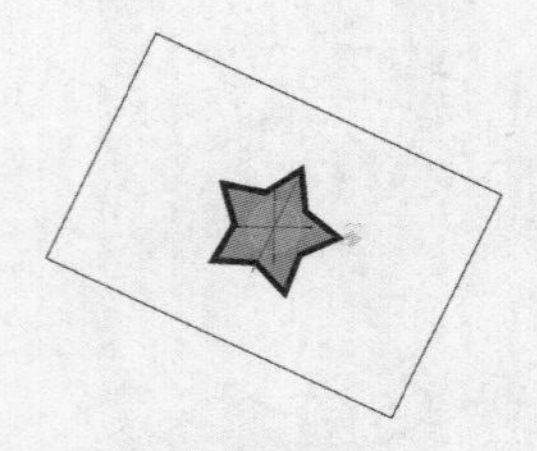

图 2-53　旋转视图

视图旋转工具只是临时旋转视图，并没有改变舞台中对象的角度。要恢复舞台视图角度，可单击文档窗口顶部的“舞台居中”按钮。

2.5.3　缩放工具

缩放工具主要用于放大或缩小舞台视图，以便用适当的比例来查看舞台中的对象。它同样是一种视图工具，对舞台中对象本身的大小没什么影响，其快捷键是“Z”键。

选中缩放工具后，鼠标指针变为形状，在舞台中单击可放大视图。按住“Alt”键，鼠标指针变为形状，在舞台中单击可缩小视图，在选项区也有缩放工具的切换选项和，可在放大与缩小之间切换。此外，如果要放大某个固定区域，可以按住鼠标左键不放框住这个区域。

2.5.4　视图辅助设置

视图辅助设置

为了更好地在舞台上操控对象，Aniamte CC 提供了一些视图辅助命令或工具，这些命令或工具位于“视图”菜单下。

1. 使用标尺

标尺主要用于更直观地明确对象的位置或大小。标尺显示在文档的左沿和上沿，其坐标原点是左上角。标尺上面有表示距离和位置的刻度，在显示标尺的情况下移动舞台上的元素时，将在标尺上显示几条线，指出该元素的尺寸和位置。

- 要显示或隐藏标尺，选择菜单“视图”→“标尺”命令，或按“Ctrl+Shift+Alt+R”组合键。
- 标尺的默认单位是像素。要指定文档的标尺度量单位，选择“修改”→“文档”命令，然后从“标尺单位”菜单中选择一个单位。

2. 使用网格

使用网格会使舞台上布满网格，这些网格主要用于辅助对齐对象或精准地绘制对象。

- 要显示或隐藏网格，选择菜单“视图”→“网格”→“显示网格”命令，或按“Ctrl+'”组合键。
- 要编辑网格，选择菜单“视图”→“网格”→“编辑网格”命令，打开对话框进行设置，主要包括网格的颜色和大小。

3. 辅助线

辅助线主要作为一个参照物，辅助对象定位。辅助线的操作主要有以下几种。

- 添加辅助线：在标尺上按住鼠标左键不放将水平辅助线和垂直辅助线拖曳到舞台上。
- 移动辅助线：用选择工具单击辅助线并拖曳。
- 删除辅助线：将辅助线移动至标尺上。

● 清除辅助线：选择菜单“视图”→“辅助线”→“清除辅助线”命令。

● 显示与隐藏辅助线：选择菜单“视图”→“辅助线”→“显示”命令，或按“Ctrl+；”组合键。

图 2-54 所示为同时显示了标尺、网格、辅助线的视图。

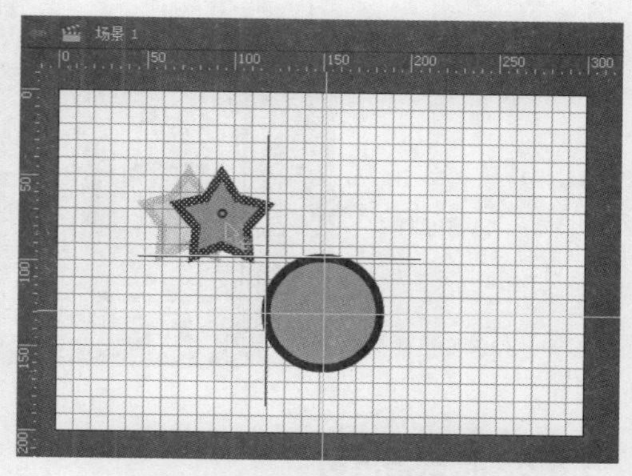

图 2-54　同时显示了标尺、网格和辅助线的视图

4. 贴紧

在绘制或移动对象时，为了让定位更精准，可以使用贴紧，方法是选择菜单“视图”→“贴紧”中相应的选项，即选择让对象贴紧网格、贴紧辅助线、贴紧其他对象、贴紧像素等。某些情况不需要贴紧时，取消“贴紧”选项的勾选即可。

2.5.5　其他视图操作方法与技巧

除了使用工具栏上的相关工具外，更常用一些快捷方式来操作视图，以提高工作效率。

● 要使用舞台视图快速居中，单击文档窗口右上角的“舞台居中”按钮。

● 要将舞台外的部分隐藏起来，单击文档窗口右上角的“剪切舞台”按钮。

● 要将视图缩放为某个固定的值，单击文档窗口右上角的 200% 下拉列表，选择缩放比例，或直接在文本框内输入缩放值。

● 按住“Shift”键的同时滚动鼠标滚轮，可以水平移动视图。

● 按住“Alt”键的同时滚动鼠标滚轮，可以垂直移动视图。

● 按住“Ctrl”键的同时滚动鼠标滚轮，可以快速缩放视图。

● 按“Ctrl+=”键，可以 2 倍比例快速放大视图。

● 按“Ctrl+-”键，可以 0.5 倍比例快速缩小视图。

● 按“Ctrl+1”键，可 100%显示舞台；按“Ctrl+2”键，让舞台显示帧大小；按“Ctrl+3”键，最大化显示所有对象；按“Ctrl+4”键，可 400%显示舞台。

2.6　颜色设置区

颜色设置区的功能就是设置对象笔触和填充的颜色。

2.6.1　颜色控件

颜色控件是一个用于选择颜色的浮动面板，一般单击颜色色标都会弹出颜色控件，单击里面的颜色样本可以选择其颜色，也可以手动输入十六进制的颜色值或设置颜色的透明度，如图 2-55 所示。

颜色的选取

2.6.2　笔触色设置

选中对象的笔触后，可以使用以下方法设置其颜色。

● 单击颜色设置区的色标可以设置笔触颜色。

● 单击“属性”面板中的色标可以设置笔触颜色。

● 单击“颜色”面板中的色标可以设置笔触颜色。

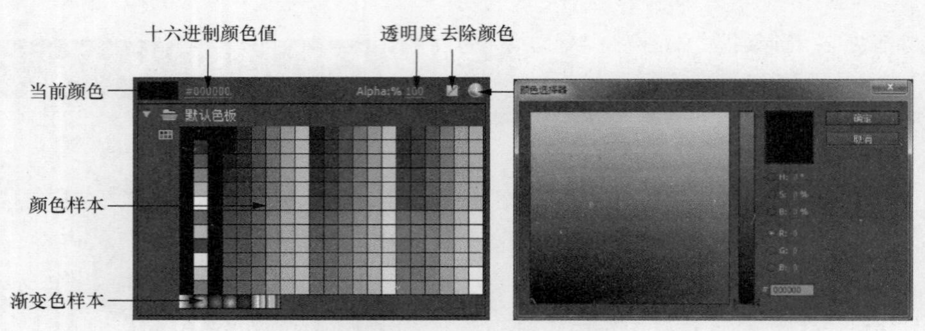

图 2-55　颜色控件和颜色选择器

2.6.3　填充色设置

选中对象的填充区域后，可以使用以下方法设置其颜色。

- 单击颜色设置区的色标可以设置填充颜色。
- 单击“属性”面板中的色标可以设置填充颜色。
- 单击“颜色”面板中的色标可以设置填充颜色。

2.6.4　颜色交换与重置

按钮用于快速将笔触色和填充色重置为默认的黑与白，按钮用于交换笔触色和填充色。

2.6.5　“颜色”面板的使用

使用“颜色”面板可以修改文档的调色板并更改笔触和填充的颜色，如图 2-56 所示，包括以下各控件。

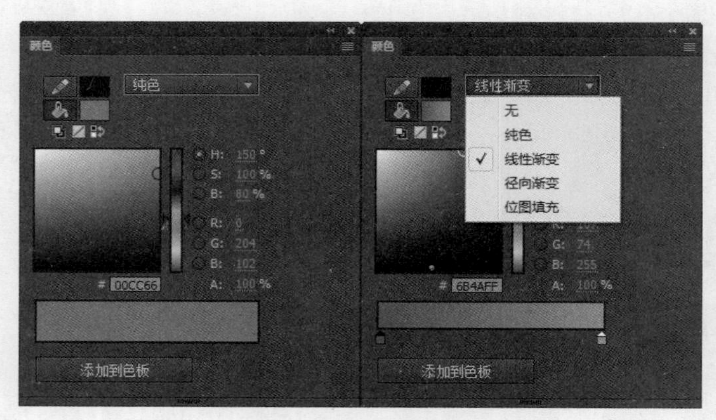

图 2-56　“颜色”面板

- 笔触颜色：更改图形对象的笔触或边框的颜色。
- 填充颜色：更改填充颜色。
- “颜色类型”菜单：更改填充样式，包括“无”“纯色”“线性渐变”“径向渐变”“位图填充”5 种，其中“位图填充”需事先导入位图。
- HSB：可以更改填充颜色的色相、饱和度和亮度。
- RGB：可以更改填充的红、绿和蓝（RGB）的色密度。
- Alpha：设置颜色的不透明度，或者设置渐变填充的当前所选滑块的不透明度。如果 Alpha 值为 0%，则透明；如果 Alpha 值为 100%，则不透明。

● 添加到色板：如果要重复使用某个颜色，可以单击“添加到色板”按钮  添加到色板 ，将当前颜色保存到色板上，以便以后应用到其他图形。

2.6.6 渐变的设置与调整

渐变是一种多色填充，即一种颜色逐渐转变为另一种颜色，它是在一个或多个对象间创建平滑颜色过渡的好办法。Animate CC 可以创建两种类型的渐变，即线性渐变和径向渐变。笔触和填充都可以设置渐变颜色。

1. 设置渐变色

给对象设置渐变色的方法如下。

步骤① 单击“笔触色”按钮或“填充色”按钮，以选择将渐变应用于笔触还是填充。

步骤② 单击“颜色类型”下拉列表，选择渐变的类型，有线性渐变或径向渐变两种。

步骤③ 设置渐变的颜色，在下方的渐变色带处通过添加颜色滑块、设置滑块颜色及移动滑块位置的方式，调整渐变效果，如图 2-57 所示。

步骤④ 设置好的渐变可添加到色板中，以便以后应用到其他图形。

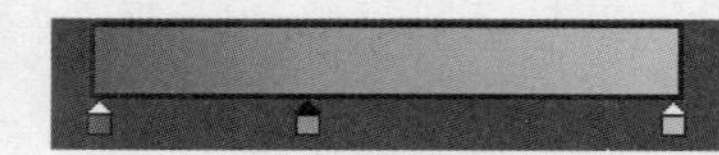

图 2-57 设置渐变颜色

2. 渐变变形调整

给对象创建了渐变色后，往往需要再对渐变进行变换调整，如渐变的起点和结束点，渐变的中心、方向、范围大小等，这些调整都通过渐变变形工具来完成。

渐变变形工具在选择工具区，在变形工具上按住鼠标左键不放即可看到，或者按快捷键“F”键可切换到该工具，如图 2-58 所示。

图 2-58 渐变变形工具

渐变变形工具的用法如图 2-59 所示。

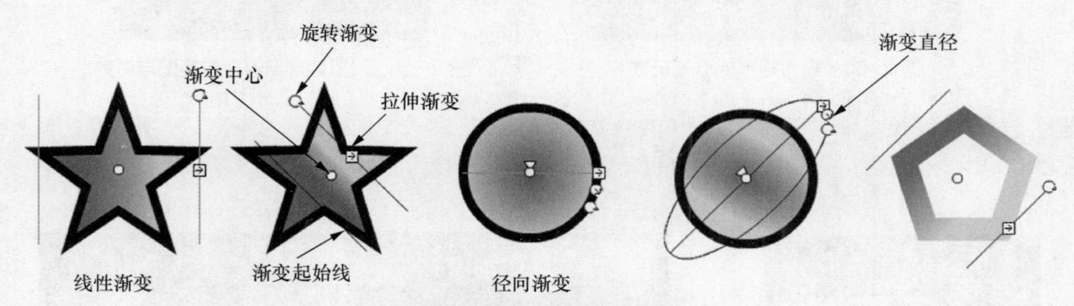

图 2-59 线性渐变和径向渐变的变换

● 使用工具单击渐变对象，或先选中对象再单击工具。
● 根据渐变类型的不同，会显示不同的渐变变形框。
● 线性渐变变形框可移动渐变中心、旋转渐变角度和改变渐变距离。
● 径向渐变变形框可移动渐变中心、旋转渐变角度、缩放渐变直径大小及拉伸渐变。

渐变变形工具

2.6.7 填充位图

填充位图与填充渐变类似。事先导入位图，选择填充对象后在“颜色类型”下拉列表中选择“位图填充”选项，然后从下面的位图列表中选择一个位图样本即可，如图 2-60 所示。

使用渐变变形工具可以对位图填充效果进行变换，如缩放、旋转等，方法与渐变变形调整方法一样。

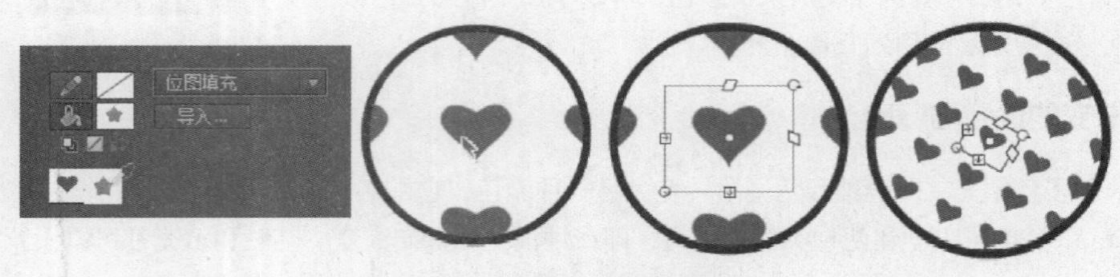

图 2-60　填充位图与效果调整

◎ 应用案例：绘制卡片背景

步骤① 新建 HTML5 Canvas 文档，设置舞台大小为 800 像素 × 450 像素，舞台背景颜色为白色。

步骤② 使用矩形工具绘制一个与舞台等大并对齐的矩形。

方法 1：先随意绘制一矩形并选中，然后在“属性”面板中设置其 X、Y 坐标为 0，宽、高分别为 800 像素和 450 像素，如图 2-61 所示。

方法 2：先随意绘制一矩形，然后展开“对齐”面板，勾选“与舞台对齐”复选框 与舞台对齐，再分别单击“匹配宽和高”按钮 、“左对齐”按钮和“右对齐”按钮，使矩形与舞台完全匹配并对齐，如图 2-62 所示。

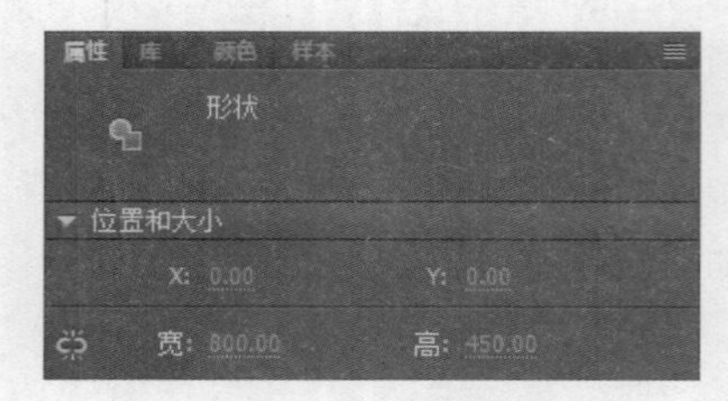

图 2-61　设置矩形的坐标尺寸

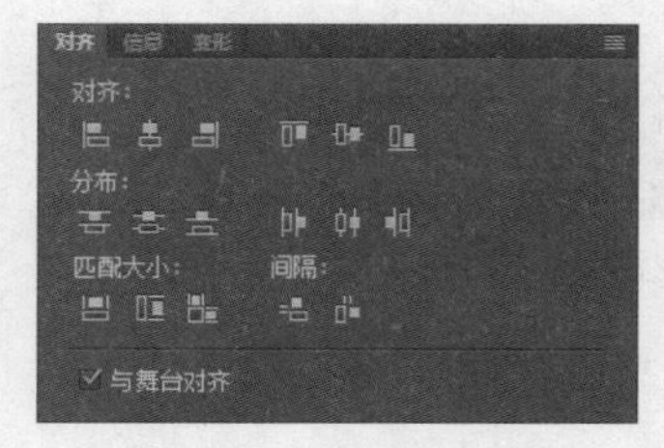

图 2-62　设置矩形与舞台的匹配与对齐

步骤③ 设置矩形颜色，在“颜色”面板中的“线性渐变”下拉列表中选择“线性渐变”选项，设置渐变起始颜色为#00004D 深蓝色，结束颜色为#1159FF 蓝色，如图 2-63 和图 2-64 所示。

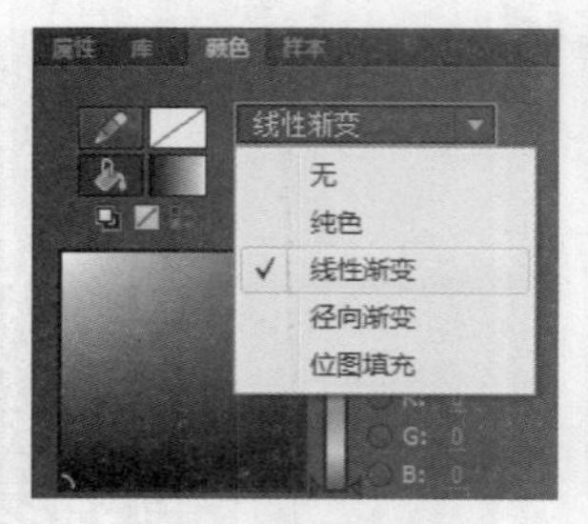

图 2-63　选择渐变填充

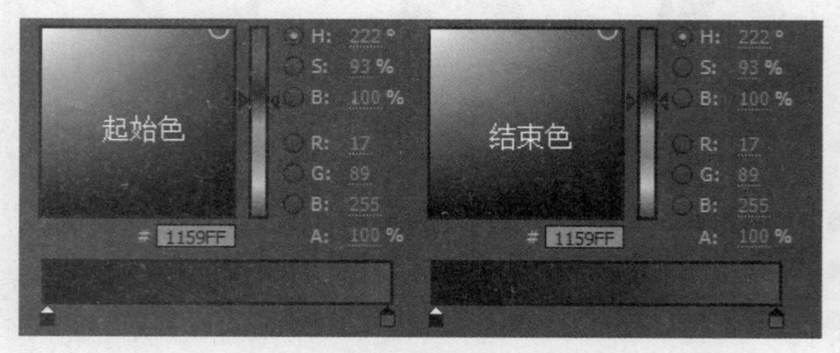

图 2-64　设置渐变起始和结束的颜色

步骤④ 此时矩形是左右渐变颜色，需要将其转换为从上往下渐变。保持矩形被选中，选择工具栏中的“渐变变形”工具，如图 2-65 所示，将其放在矩形角的位置，按住鼠标左键拖曳旋转，将渐变方向由从左往右变成从上往下，如图 2-66 所示。

步骤⑤ 使用线条工具绘制几条直线并拉成弧线，并填充其形成的交错区域，形成雪地，如图 2-67 所示。

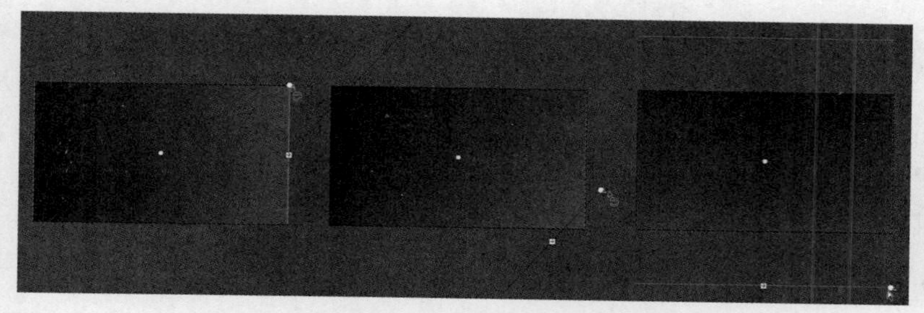

图 2-65　使用渐变变形工具调整渐变方向和位置

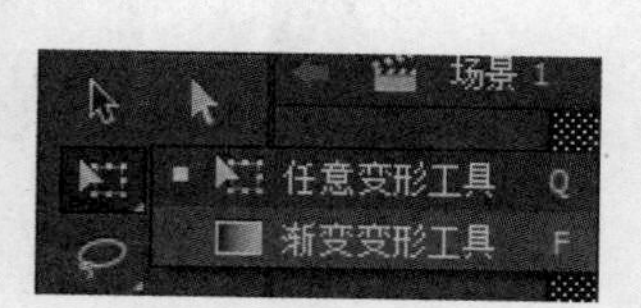

图 2-66　渐变变形工具

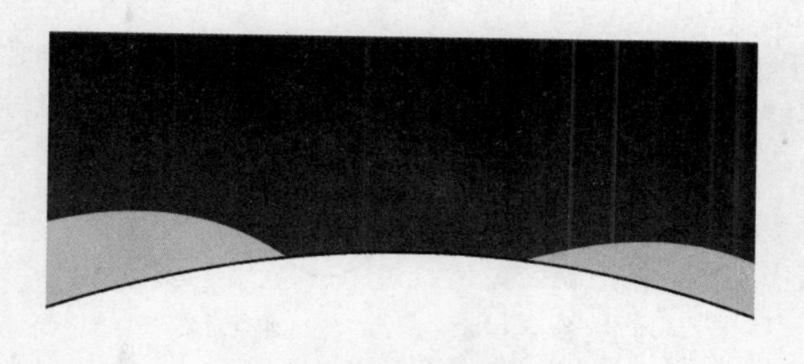

图 2-67　绘制完成的背景效果

步骤⑥ 保存此背景文件，以备后用。

2.7 对象的操作

2.7.1 对象的类型

在 Animate CC 中，可以用来创建动画的元素有很多，一般把这些元素统称为“对象”。对象的类型主要有以下几种。

对象的操作

1. 基本形状（散件）

用线条、椭圆、矩形等工具在常规绘图模式（也称为合并绘制模式）下绘制的线条和填充图形，就是基本形状，也称为散件，选中时会有细点覆盖在上面。这种图形没有层次之分，永远处在当前图层的最底层，绘制同一图层中互相重叠的形状时，新绘制的形状会截去在其下面与其重叠的形状部分。基本形状也可以被线条等元素直接切割，如图 2-68 所示。

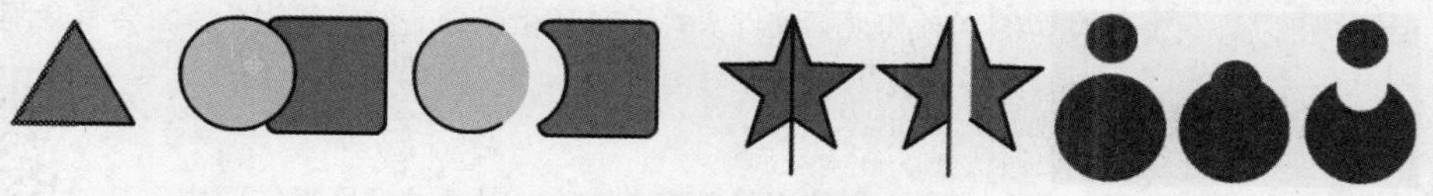

图 2-68　绘制的基本形状及其特点

2. 图形对象

使用对象绘制模式绘制图形，这些对象是单独的图形对象，选中时会显示细细的边框，叠加在其他对象上时不会自动与之合并在一起，如图 2-69 所示。图形对象更容易操控。

图 2-69　绘制的图形对象

3. 组合

组合是指由多个基本形状或图形对象组成的一个编组，组合的目的在于将各自独立的对象集合起来以便对这些对象进行整体操作，如图 2-70 所示。组合是可以嵌套的，即一个组合又可以与其他对象再次组合。

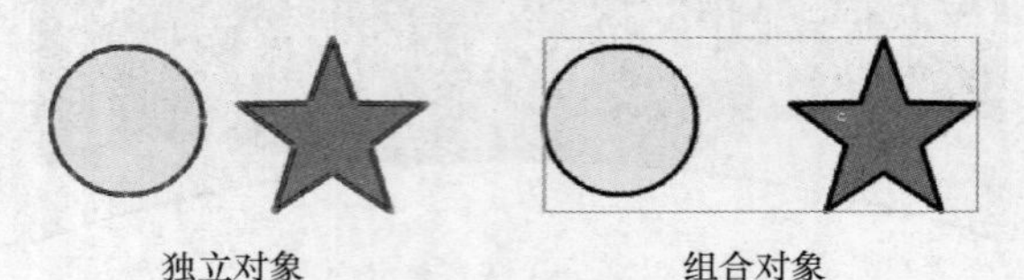

图 2-70　组合对象

- 建立组合：选中对象后选择菜单“修改”→“组合”命令或按“Ctrl+G”组合键。
- 取消组合：选中组合对象后选择菜单“修改”→“取消组合”命令或按“Ctrl+Shift+G”组合键。

4. 元件和实例

元件是指在 Animate CC 创作环境中一次性创建的图形、按钮或影片剪辑，可在整个文档或其他文档中重复使用该元件。元件是由基本形状、图形对象、文本等元素构成的。

实例是指位于舞台上或嵌套在另一个元件内的元件副本。

关于元件和实例，后面会有专门章节介绍。

5. 位图

Animate CC 可以导入不同格式的位图，如 JPG 格式、PNG 格式、BMP 格式等，这些位图可以直接放在舞台上，也可以嵌入到元件中。导入的位图都会存放在库面板中。

6. 文本

文本是一种特殊的图形对象，直接由文本工具创建。

7. 音频、视频

Animate CC 可以导入多种类型的音频和视频文件。关于音频和视频文件的使用，后面会有专门章节介绍。

2.7.2　对象的基本操作

对象的操作是一项基本技能，虽然简单，但使用的频率非常高。对象的常用操作形式包括以下几种。

对象的基本操作

1. 选择对象

使用选择工具、部分选择工具和套索等工具可以选择对象，具体操作方法见“2.2　选择工具组”。选择对象是其他操作的基础，先选择后操作。

2. 移动对象

先选中对象，然后使用以下方式之一可以移动对象。

● 使用选择工具置于对象上，当鼠标指针变成时按住鼠标左键拖曳对象，此方法适合较大范围的移动。按住“Shift”键移动可限制水平移动或垂直移动。

● 按键盘上的方向键移动对象，适合短距离移动或微移，同时按住“Shift”键，移动的步幅更长。

● 在属性栏中直接修改对象的 X 和 Y 坐标的值，适合精确地移动对象位置。

3. 删除对象

选中对象后再选择菜单“编辑”→“清除”命令或直接按“Delete”键，可以从舞台中删除该对象，删除实例并不会影响库中的元件。

4. 剪切对象

选中对象后再选择菜单“编辑”→“剪切”命令或按“Ctrl+X”组合键，可以从舞台中剪切该对象，并将其放到剪贴板内，可在其他位置重新粘贴此对象。

5. 复制与粘贴对象

● 复制对象：选中对象后单击菜单“编辑”→“复制”命令，或按“Ctrl+C”组合键。

● 粘贴对象：先确定要粘贴的位置，然后单击菜单“编辑”→“粘贴”命令，或按“Ctrl+V”组合键，将对象粘贴到中心位置；也可以单击菜单“编辑”→“粘贴到当前位置”命令，或按“Ctrl+Shift+V”组合键，将对象粘贴到原位置。

● 移动复制：在使用选择工具移动对象的同时按住“Alt”键，可以复制出一个新的对象。

6. 再制对象

再制对象是指直接从屏幕上复制并粘贴选中的对象，可以执行菜单“编辑”→“再制”命令，或按“Ctrl+D”组合键。

2.7.3 对象的排列、对齐和分布

对象的排列、
对齐和分布

当需要把零乱的对象排列得整齐时，一般就要使用排列、对齐和分布了。

1. 对象的排列

对象的排列是指多个对象在同一图层内的层次顺序（基本形状没有层次，永远处在最底层）。默认情况下，先进入舞台的对象在下层，后进入舞台的对象在上层。有时为了改变多个对象的重叠效果，需要重新设置其层次顺序，方法如下。

步骤① 选中需要重新排列的对象。

步骤② 单击菜单“修改”→“排列”命令，或单击鼠标右键，在弹出的快捷菜单中选择一项排列命令，还可以直接按组合键快速改变对象的排列顺序，如上移一层按“Ctrl+向上箭头”键，下移一层按“Ctrl+向下箭头”键，如图 2-71 所示。

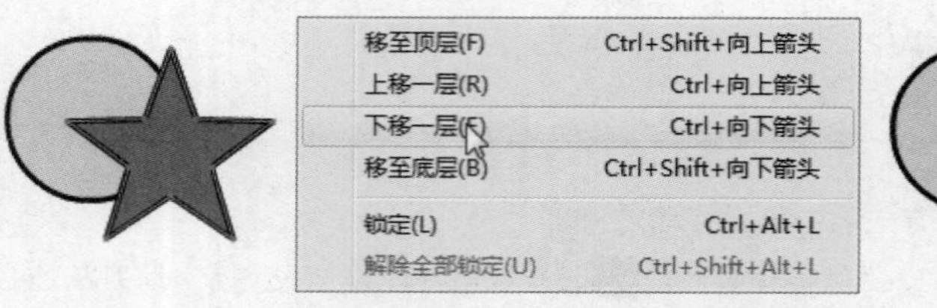

图 2-71 改变对象的排列顺序

2. 对象的对齐

让对象对齐的方法有以下多种。

● 自动对齐：当移动对象与其他对象在某个方向对齐时，会出现一条对齐线，这表示两个对象在此方向对齐了，如图 2-72 所示。

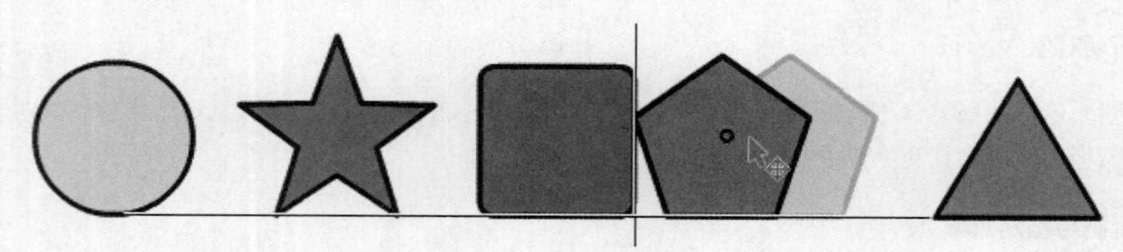

图 2-72 自动对齐

● 执行“对齐”命令对齐：选中多个对象，选择菜单“修改”→“对齐”命令，从列表中选择想要的对齐方式；或用鼠标右键单击对象，在弹出的快捷菜单中选择想要的对齐方式。

● 利用“对齐”面板对齐：选中多个对象，打开“对齐”面板，从中选择对齐方式。对齐方式一共有 6 种，水平方向有左、中、右对齐，垂直方向有上、中、下对齐，如图 2-73 所示。按“Ctrl+K”组合键可以打开“对齐”面板。

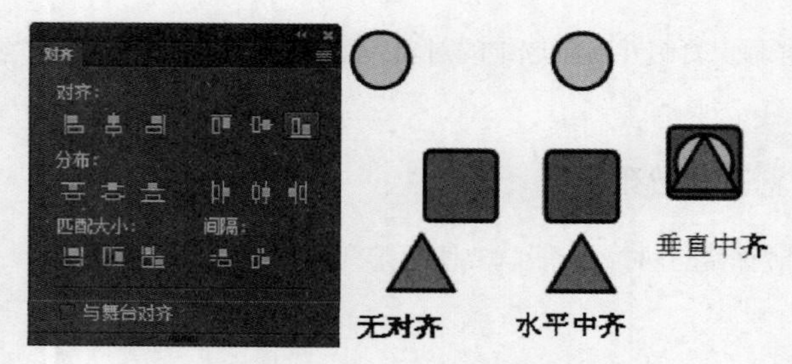

图 2-73 利用“对齐”面板对齐

3. 对象的分布

分布是指对象与其他对象之间的相互距离关系，一般指等距分布。根据方向的不同，一共有 6 种分布方式，即垂直方向有顶部分布、垂直居中分布和底部分布，水平方向有左侧分布、水平居中分布和右侧分布。其操作方法与对齐一样。

4. “对齐”面板的其他功能

● 匹配大小：让选中的对象大小变得一致，可选择匹配宽度、匹配高度和同时匹配宽与高。

● 间隔：让选中的对象间隔设置相同，包括垂直平均间隔和水平平均间隔。

● “与舞台对齐”复选框：选中该复选框，即将舞台也视为一个对象，让选中的对象与舞台一起设置对齐、分布，也可以将其他对象与舞台匹配大小和平均间隔。

2.7.4 对象的组合与分离

对象的组合与分离

1. 组合对象

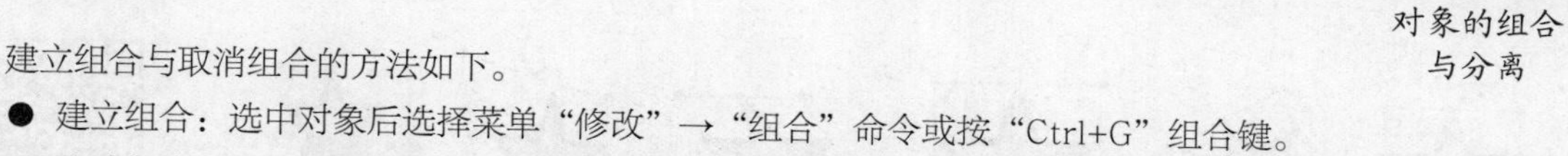

建立组合与取消组合的方法如下。

● 建立组合：选中对象后选择菜单“修改”→“组合”命令或按“Ctrl+G”组合键。

● 取消组合：选中组合对象后选择菜单“修改”→“取消组合”命令或按“Ctrl+Shift+G”组合键。

2. 分离组合与对象

分离（也称为“打散”）是指将对象分解拆开，如将组合分离成单个对象、将一个单词文本分离成单个字母、将元件实例分离成脱离元件联系的独立图形对象等。组合、文本、位图、元件实例都可以分离，分离的终极形式就是基础形状，它是最底层的元素，无法再分离了，如图 2-74 所示。

图 2-74 分离对象

如果要将某个对象分离，可以执行以下操作。

步骤① 选中需要分离的组合或对象。

步骤② 单击菜单“修改”→“分离”命令或按“Ctrl+B”组合键。

2.7.5 对象的变形

对象的变形

使用任意变形工具或菜单“修改”→“变形”中的选项，可以将图形对象、组、文本块和实例进行变形，如旋转、倾斜、缩放或扭曲等，此外还可以通过“变形”面板给对象实施变形。

1. 变形中心点

在变形期间，所选对象的中心会出现一个变形点，即对象变形的中心。变形点最初与对象的中心点对齐，它可以移动，以得到不同的变形效果，如图 2-75 所示。要改变变形点位置，可以执行以下操作。

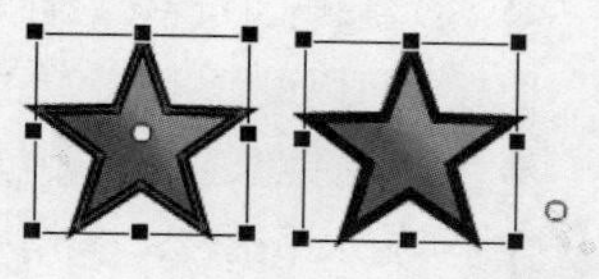

图 2-75 改变变形中心

步骤① 选中对象后单击任意变形工具或从菜单“修改”→“变形”命令中选择一个变形方式，对象上出现变形点。

步骤② 用鼠标拖曳此变形点，改变其位置。

步骤③ 如果要使变形点与对象的中心点重新对齐，可双击变形点。

步骤④ 如果要在实施变形操作期间改变变形点的位置，可以在变形期间同时按住“Alt”键。

2. 使用任意变形工具

使用任意变形工具可以实施移动、旋转、缩放、倾斜和扭曲等多种变形操作，如图 2-76 所示。这是一种比较容易控制且直观的变形方式。在舞台上选择图形对象、组、实例或文本块，再单击任意变形工具，或直接使用任意变形工具单击对象，对象上出现变形控制框，框上有 8 个黑色控制点。有必要的话变形前先调整变形点的位置。

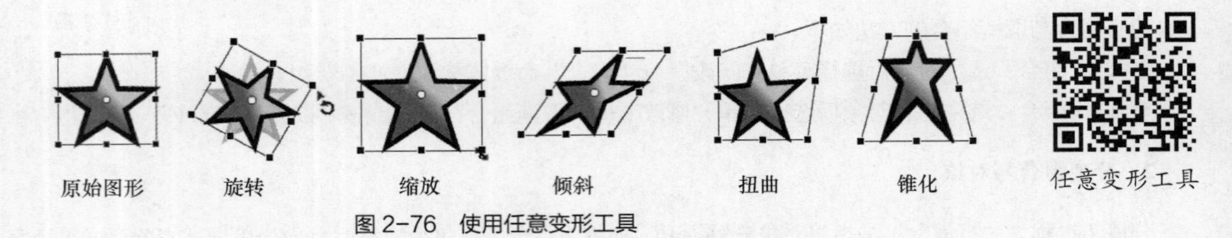

图 2-76　使用任意变形工具

● 移动对象：将鼠标指针放在边框内的对象上，然后将该对象拖曳到新位置。

● 缩放对象：沿对角方向拖曳控制点可以沿着两个方向缩放尺寸。按住“Shift”键拖曳控制点可以按比例调整大小，水平或垂直拖曳控制点可以沿各自的方向进行缩放。

● 旋转对象：将鼠标指针放在控制框角上控制点的外侧，然后拖曳鼠标，所选内容即可围绕变形点旋转。按住“Shift”键并拖曳鼠标可以 45° 为增量进行旋转，按住“Alt”键并拖曳鼠标可围绕对角旋转。

● 倾斜对象：将鼠标指针放在控制框的框线上，然后向倾斜的方向拖曳鼠标。

● 扭曲对象：按住“Ctrl”键的同时拖曳控制柄，扭曲只能应用于基础形状和绘制的对象，不能用于文本和元件实例。

● 锥化对象：即将所选的角及其相邻角一起从它们的原始位置移动相同的距离，同时按住“Shift”键和“Ctrl”键并单击和拖曳角部手柄。

3. 使用“变形”面板

“变形”面板集合了缩放、旋转、倾斜等常用的变形方式，如图 2-77 所示，可以通过调整数值或直接输入数值的方式实施变形，是一种直观且精准的变形方式。除缩放、旋转、倾斜外，“变形”面板还提供了以下一些任意变形工具不具备的功能。

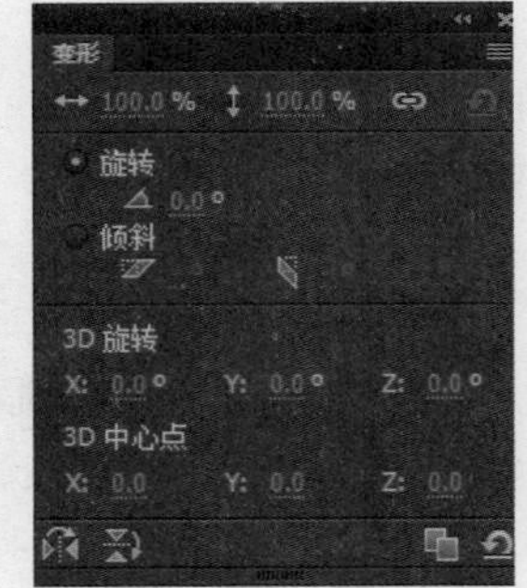

图 2-77　“变形”面板

● 3D 旋转：3D 旋转只针对于 ActionScript 3.0 文档中的影片剪辑实例。在“变形”面板中可以设置 3D 旋转的中心点位置及 3 个维度 XYZ 的旋转角度。

● 翻转（镜像）：翻转包括水平翻转和垂直翻转两种。选中对象后单击则实施水平翻转，单击则实施垂直翻转，如图 2-78 所示。

图 2-78　翻转（镜像）

● 重制变形：指复制新对象并重复上一次的变形命令，可以用于快速复制多个对象并有规律地进行排列。要应用重制变形，先选中对象，执行一次变形操作（如旋转或缩放等），然后保持变形控制框，不要执行其他操作，立即单击“变形”面板底部的“重制变形”按钮，则会复制一个新的对象并应用上一次的变形效果，如果需要继续复制并变形，则继续单击此按钮。重制变形效果如图 2-79 所示。

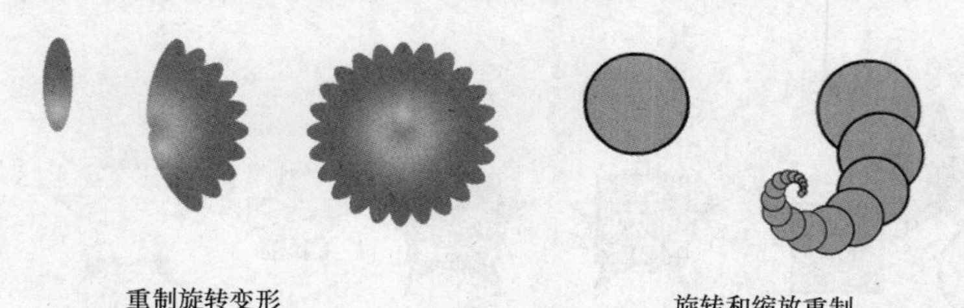

图 2-79　重制变形

● 取消变形：单击“变形”面板底部的“取消变形”按钮或按“Ctrl+Shift+Z”组合键，可以取消对象已应用的所有变形并复位到原始值。

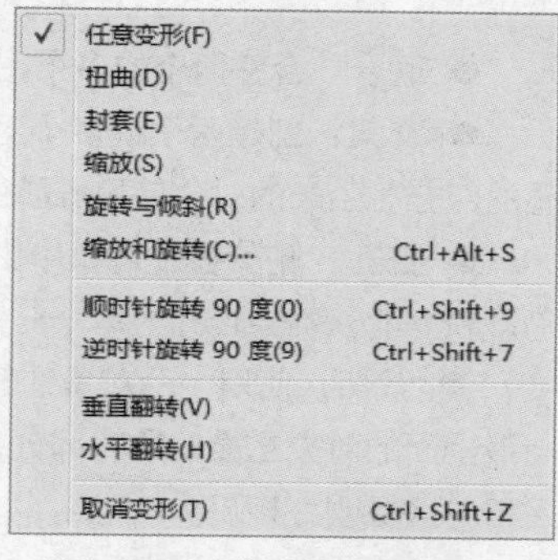

图 2-80　菜单中的变形命令

4. 使用变形命令

除了变形工具和“变形”面板，在“修改”→“变形”菜单下和右键快捷菜单中也提供了类似的变形命令，如图 2-80 所示。

● 封套：封套是一个变形框，框住对象，通过调整封套的点和切线手柄来编辑封套形状，以此来影响该封套内对象的形状。封套只能应用于基本形状。

● 顺时针旋转 90 度/逆时针旋转 90 度：快速将对象顺时针或逆时针旋转 90 度。

5. 3D 变换

3D 变换只适用于 ActionScript 3.0 文档中的影片剪辑实例，在其他文档和对象类型下无法使用。可以通过 3D 变换工具或“变形”面板实施 3D 变换。

3D 变换工具包括 3D 旋转和 3D 平移工具。

● 3D 旋转工具：可以在 3D 空间中旋转影片剪辑实例。3D 旋转控件出现在舞台上的选定对象之上，X 控件为红色、Y 控件为绿色、Z 控件为蓝色。使用橙色的自由旋转控件可同时绕 X 轴和 Y 轴旋转。将指针分别放在 4 个旋转轴控件上，左右拖曳 X 轴控件可绕 X 轴旋转，上下拖曳 Y 轴控件可绕 Y 轴旋转，拖曳 Z 轴控件进行圆周运动可绕 Z 轴旋转。

● 3D 平移工具：使用 3D 平移工具可以在 3D 空间中移动影片剪辑实例。其操作方法与 3D 旋转工具类似，如图 2-81 所示。

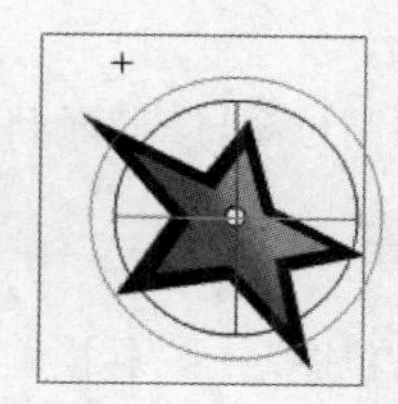

图 2-81　3D 平移与 3D 旋转

6. 合并对象

合并对象是指通过对两个或多个叠加的对象进行某种运算来创建新形状的一种方法，它主要适用于以对象绘制模式绘制的图形对象。单击菜单“修改”→“合并对象”命令，可以选择 4 种运算方法，效果如图 2-82 所示。

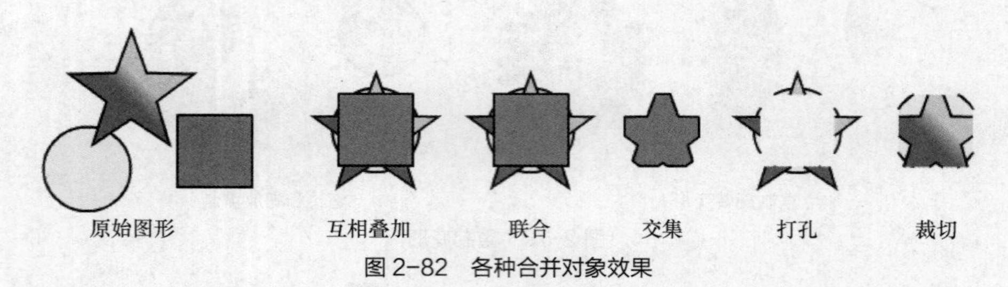

图 2-82　各种合并对象效果

● 联合：合并两个或多个图形对象形成一个新的整体对象。

● 交集：创建两个或多个对象的交集。生成的对象由原对象的重叠部分组成，将删除原对象上任何不重叠的部分。生成的对象使用堆叠中最上面的对象的填充和笔触。

● 打孔：删除多个对象中由最上面的对象所覆盖的重叠部分，并完全删除最上面的对象。所得到的对象仍是独立的，不会合并为单个对象。

● 裁切：使用一个对象的轮廓裁切另一个对象。最上面的对象定义裁切区域的形状，将保留下层对象中与最上面的对象重叠的所有部分，而删除下层对象的所有其他部分，并完全删除最上面的对象。裁切与打孔所保留的区域刚好相反。

2.7.6　位图编辑

位图编辑

Aniamte CC 不是一款专业的位图编辑软件，不像 Photoshop 软件那样提供丰富的编辑手段，只能导入位图并进行一些简单的设置。

1. 导入位图

Aniamte CC 中使用位图，需先导入进来。单击菜单“文件”→“导入”命令，可将位图导入到库或舞台中（库中也有，舞台上的是一个实例）。一般位图格式的文件都能导入，如 BMP、JPG、PNG 等，像 AI、PSD 等源文件格式的文件也能导入。

2. 将位图应用于填充

导入的位图可以应用于填充对象，选中对象后在“颜色”面板中选择填充类型为“位图填充”即可。也可以直接使用画笔、颜料桶等工具将位图填充到对象上。

3. 分离位图

分离舞台上的位图时会将位图与其库项目分离，并将其从位图实例转换为形状，如图 2-83 所示。

4. 将位图转换为矢量图

单击菜单“修改”→“位图”→“转换位图为矢量图”命令，可将位图转换为具有可编辑离散颜色区域的矢量图形，并不再链接到“库”面板中的位图元件，如图 2-83 所示。

导入位图　　分离位图　　位图填充　　位图转换为矢量图

图 2-83　位图的编辑

2.8　文字的输入与编辑

2.8.1　文本的类型

Animate CC 可以创建 3 种类型的文本字段：静态文本、动态文本和输入文本。HTML5 Canvas 文档模式下只支持静态文本和动态文本，WebGL 文档模式下则不支持文本的创建和显示。

- 静态文本字段显示不会动态更改字符的文本，如影片的标题。
- 动态文本字段显示动态更新的文本，如时间的显示和股票报价。
- 输入文本字段使用户可以在表单或调查表中输入文本，如输入用户名和密码等。

文字的输入与编辑

2.8.2　创建文本

要在舞台上创建文本，需执行以下操作。

步骤① 在工具栏中选择文本工具 T。

步骤② 在“属性”面板的文本选择菜单中选择一种文本类型，有静态文本、动态文本或输入文本，如图 2-84 所示。

步骤③ 从“文本方向”菜单中选择文本方向（默认为“水平”），此项只适用于静态文本。

步骤④ 在舞台上要创建在一行中显示文本的文本字段，单击文本的起始位置；要创建固定宽度（对于水平文本）或固定高度（对于垂直文本）的文本字段，将指针放在文本的起始位置，然后拖到所需的宽度或高度。

图 2-84　选择文本类型和方向

步骤⑤ 输入文本并设置文本属性。

创建文本时，Animate CC 会在每个文本字段的一角显示一个手柄，用以标识该文本字段的类型，如图 2-85 所示。

Animate CC 2018　Animate CC 2018

Animate CC 2018　Animate CC 2018

图 2-85　手柄用以标识该文本字段的类型

- 对于自动扩展的静态水平文本，会在该文本字段的右上角出现一个圆形手柄。
- 对于固定宽度的静态水平文本，会在该文本字段的右上角出现一个方形手柄
- 对于自动扩展的动态水平文本，会在该文本字段的右下角出现一个圆形手柄。

● 对于固定宽度的动态水平文本，会在该文本字段的右下角出现一个方形手柄。

2.8.3 文本属性设置

选中文本后，在“属性”面板中可以设置该文本的格式属性。不同的文本类型格式属性大同小异，下面介绍一下静态文本的主要格式属性。

1. 字符格式

字符格式主要包括字体、文字样式（常规、粗体、斜体等）、嵌入字体、大小字号、字母间距、颜色及字符锯齿消除方式，如图 2-86 所示。

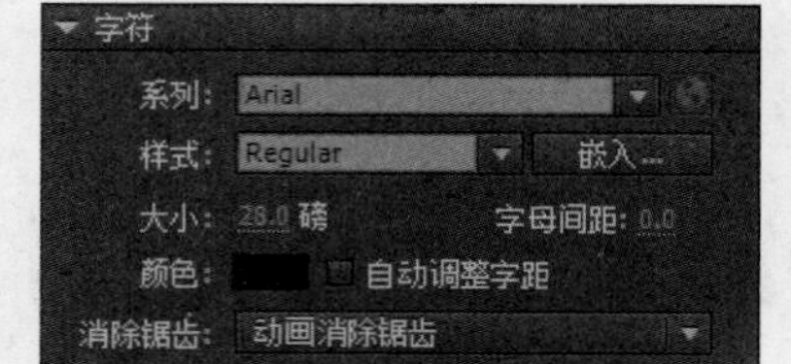

图 2-86　字符格式属性

其中，嵌入字体是指当通过 Internet 播放所发布的 SWF 文件时，为了保持文本的显示效果与编辑文档时一致，可以嵌入全部字体或某种字体的特定字符子集，这样可以使该字体在 SWF 文件中可用，而无须考虑播放该文件的计算机。

使用消除锯齿功能可以使屏幕文本的边缘变得平滑，对于呈现较小的字体大小尤其有效。消除锯齿主要包括以下几种形式，如图 2-87 所示。

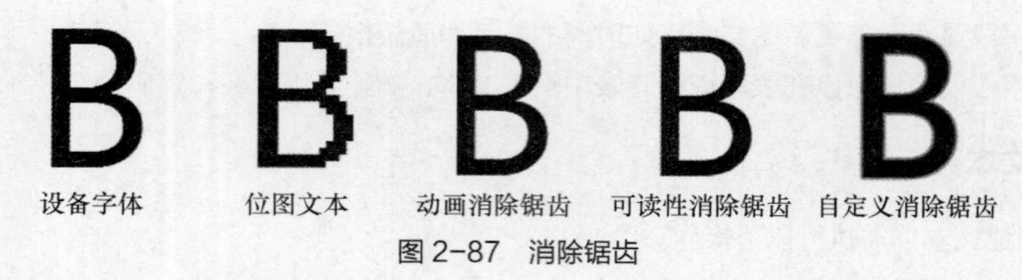

图 2-87　消除锯齿

● 使用设备字体：指定 SWF 文件使用本地计算机上安装的字体来显示字体。
● 位图文本（未消除锯齿）：关闭消除锯齿功能，不对文本提供平滑处理。
● 动画消除锯齿：通过忽略对齐方式和字距微调信息来创建更平滑的动画。
● 可读性消除锯齿：使用 Animate 文本呈现引擎来改进字体的清晰度，特别是较小字体的清晰度。
● 自定义消除锯齿：手动修改字体的锯齿属性。

2. 段落格式

文本段落格式主要包括对齐方式、左右边距、首行缩进、行距等，如图 2-88 所示。

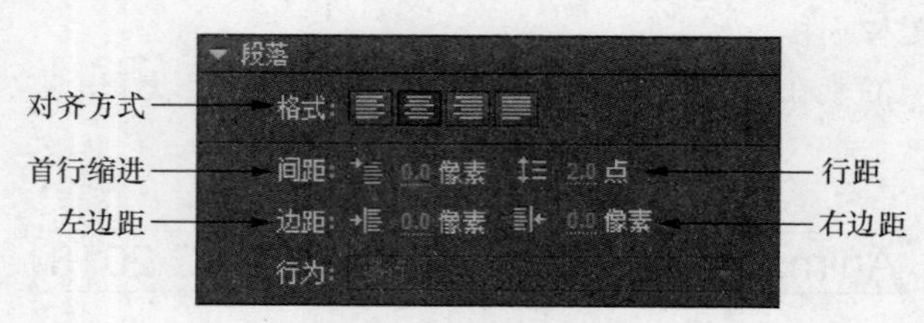

图 2-88　段落格式

3. 选项

选项主要包括一个 URL 输入栏和目标设置，用于为文本添加超链接，如图 2-89 所示。

4. 滤镜

滤镜主要用于给文本添加一些特殊效果，如阴影、发光等，也可以应用于元件实例。滤镜的使用方法为：

先选中文本，然后单击按钮，从弹出的下拉列表中选择需要应用的滤镜种类，如图 2-91 所示。常规滤镜效果如图 2-90 所示。

图 2-89　文本选项

图 2-90　常规滤镜效果

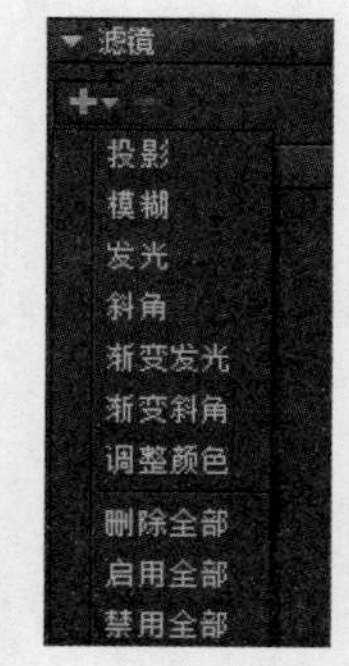

图 2-91　滤镜种类

2.8.4　基本文字效果制作

1. 阴影字

利用对象层次的叠加创建阴影字的步骤如下，效果如图 2-92 所示。

Animate

图 2-92　阴影字效果

步骤① 建立文本，设置基本格式，填充黑色或深灰色，此为阴影层。

步骤② 复制上一步建立的文本并粘贴，填充文字表层颜色。

步骤③ 将表层文字稍微向左上角移动若干个像素，得到阴影文字效果。

2. 渐变字

文本本身无法直接填充渐变色，需要先把它分离成基本形状，然后才能填充渐变。

步骤① 建立文本行，设置基本格式。

步骤② 选中文本行，按一次“Ctrl+B”组合键或使用菜单“修改”→“分离”命令，将文本行打散成单独的文本字符，再按一次“Ctrl+B”组合键，将文本打散成基本形状（文字变成形状，没有原始的字体、字号等基本参数了）。

步骤③ 给文本行填充渐变色。此步有以下两种方法。

● 方法 1：保持文本形状的选中状态，直接在“颜色”面板中选择渐变填充并调整渐变的颜色。此时每个形状都是独立的渐变色，为了将其设置为整体的渐变，用滴管工具吸取某个部分的颜色，鼠标指针变成并注意工具栏选项区的锁定填充被选中，单击其他文字部分，将所有文字颜色填充为一个整体渐变，此时渐变效果可能不符合预期效果，继续使用渐变变形工具对渐变进行旋转、缩放等调整，如图 2-93 所示。

图 2-93　填充渐变方法 1

● 方法 2：取消文本形状的选择，选择油漆桶工具，注意工具栏选项区的锁定填充被选择，设置好要填充的渐变颜色，在文本形状上单击填充渐变，此时渐变效果可能不符合预期效果，继续使用渐变变形工具对渐变进行旋转、缩放等调整，如图 2-94 所示。

图 2-94　填充渐变方法 2

3. 描边字

文本本身无法直接设置笔触属性，需要先把它分离成基本形状，然后才能添加笔触效果，具体步骤如下。

步骤 1 建立文本行，设置基本格式。
步骤 2 将文本打散成基本形状。
步骤 3 使用墨水瓶工具，在每个文本形状边缘单击，添加笔触。
步骤 4 选中所有文本形状，为其设置笔触颜色、粗细等属性，效果如图 2-95 所示。

图 2-95　给文字添加描边效果

4. 镂空字

在描边字的基础上，将文本的填充删除，就是镂空字了，效果如图 2-96 所示。

图 2-96　镂空字效果

5. 立体字

制作立体字的具体步骤如下。

步骤 1 建立文本行，设置基本格式。
步骤 2 将文本打散成基本形状。
步骤 3 将形状转换为绘制对象（单击"属性"面板上的按钮）。

步骤④ 复制对象并粘贴，将其颜色设置得比较深，排列其位置并将其放置在原对象的下一层。

步骤⑤ 使用部分选择工具对下一层的锚点进行移动，部分地方需要使用钢笔工具添加锚点并调整，效果如图 2-97 所示。

An An An An An

图 2-97　立体字效果

◎ 应用案例：新年贺卡

步骤① 打开前面几个案例完成的小屋、小狗及背景 3 个文件，将小屋和小狗图形拷贝到背景文件中，并放置在不同的图层，双击图层名称为其命名，如图 2-98 所示。

步骤② 调整小屋和小狗图形的大小，并将其放置在合适的位置上。使用变形工具或“变形”面板，将小狗水平翻转一下，如图 2-99 所示。

图 2-98　拷贝图形并命名图层

图 2-99　调整元素大小

步骤③ 再使用铅笔、直线等工具，绘制一棵松树，并复制几棵调整大小，摆放在适当的位置，效果如图 2-100 所示。

步骤④ 使用文本工具，选择静态文本，在卡片中输入文字“Happy New Year”“新年快乐”和“Xin Nian Kuai Le”，并设置好文字属性。最终效果如图 2-101 所示。

图 2-100　绘制松树

图 2-101　添加贺卡文字效果

步骤⑤ 保存文件，以备后用。

2.9 小结与课后练习

◎ 小结

本单元介绍了 Animate CC 各类工具的使用，包括选择工具、绘图工具、视图及辅助工具、对象操作工具和文本工具等。在熟练掌握这些工具用法和技巧的同时，要注意灵活地加以运用。工具是固定的，用工具能创作出什么作品，主要取决于思想和创意。所以，掌握工具的使用只是初步要求，只有提高了艺术设计水平，它们才能完全发挥作用。

◎ 课后练习

理论题

1. 选择工具的快捷键是什么？用哪些方法可以选择多个对象？
2. 部分选择工具的快捷键是什么？它的作用是什么？
3. 什么样的图形可以直接被选择工具拖曳其边缘的方式改变形状？
4. 如何绘制直线？如何设置线条的属性？如何将直接变成曲线？普通绘制模式和对象绘制模式有什么区别？
5. 各种基本图像绘制工具的快捷键是什么？如何快速绘制正方形、正圆形？如何设置多边形的属性（如边的数量）？
6. 铅笔工具的绘制模式有哪几种？分别有什么特点？
7. 用矢量画笔画出来的是线条还是填充？如何给线条应用不同效果的笔触？
8. 画笔（笔刷）和矢量画笔有什么区别？笔刷工具的选项有哪些？笔刷的几种绘图模式有什么区别？
9. 用颜料桶给对象进行填充时有哪几种填充模式？
10. 墨水瓶的主要作用是什么？如何使用？
11. 如何快速擦除大面积的色块？橡皮擦的几种擦除模式分别有什么功能？
12. 如何使用滴管工具复制填充和轮廓？
13. 如何给形状填充渐变色？如何设置渐变色的角度及距离？如何给多块不连接的形状填充同一个整体渐变色？
14. 如何给对象填充位图图案？如何设置图案的大小及方向？
15. 宽度工具的快捷键是什么？使用宽度工具如何调整线条的宽度？
16. 如何显示与隐藏标尺？如何设置标尺的单位？
17. 如何添加与删除辅助线？
18. 对象贴紧方式有哪几种？如何设置？
19. 在绘制图形时如何直接绘制对象？
20. 直接绘制的形状（散件）能否重叠？能否部分选择？
21. 如何把形状转换为打包（封装）好的对象？
22. 如何将其他对象转换为形状（散件）？
23. 如何组合对象？如何解组对象？
24. 如何分离（打散）对象？对象最终会被打散成什么？
25. 如何导入位图或矢量图到 Animate 中？

26. 如何选择对象？如何选择多个对象？
27. 有哪些方法可以移动对象？如何精准移动？
28. 有哪些方法可以复制舞台上的对象？如何移动复制？
29. 如何将多个对象进行对齐？
30. 如何更改舞台上对象的上下层级顺序？
31. 如何缩放、旋转、倾斜对象？
32. 如何变换复制对象（变换的同时复制）？
33. 如何对对象进行 3D 旋转与平移？
34. 如何将线条转换为填充对象？
35. 文本工具的快捷键是什么？如何输入点文本和段落文本？它们有什么区别？
36. 如何设置文本和段落的基本格式（如字体、字号、颜色、字符间距、行距、段落对齐方式）？
37. 如何分离（打散）文字？
38. 传统文本下包含有哪 3 种文本类型？分别适用于什么情况？
39. 哪种文本类型可使用实例名称？
40. 如何给文字填充渐变或图案？

操作题

1. 使用 Aniamte CC 绘制一个卡通矢量风格的乡村一景或校园一角，参考图 2-102 和图 2-103。

图 2-102　乡村一景

图 2-103　校园一角

2. 使用 Aniamte CC 绘制一个动物的卡通插画，可先在纸上绘制线稿，再导入 Aniamte CC 填色，或者直接在 Aniamte CC 中绘制轮廓再填充，参考图 2-104。

图 2-104　绘制的动物卡通插画

第 3 单元　基本动画制作

本单元是整部教材的核心内容之一，也是 Animate CC 最重要功能的体现，详细讲解了制作动画的几种最基本的方法，包括帧动画、补间形状、传统补间和补间动画等，灵活使用这些方法可以制作各种形式的动画效果。此外，本单元还介绍了帧、元件与实例、库等知识，也是为掌握几种动画形式做铺垫。

本单元学习目标：

- 熟练掌握元件与实例的概念、特点与编辑方法（重点）
- 熟练掌握图层、时间轴的概念与设置
- 熟练掌握帧的概念与类型（重点）
- 熟练掌握帧的基本操作和帧动画的制作方法（重点）
- 熟练掌握补间形状、传统补间及补间动画各自的特点与制作方法（重点）
- 基本掌握缓动的设置及动画编辑器的使用（难点）

3.1　元件的使用

元件是 Animate CC 中的一个重要概念，制作动画需要理解并合理地利用元件。

3.1.1　元件的概念与特点

元件的概念、特点、创建与编辑

1. 元件的概念

元件是指在 Animate CC 创作环境中创建的图形、按钮或影片剪辑，以便整个文档或其他文档中重复使用该元件。

2. 元件的特点

- 元件是由基本形状、图形对象、文本等其他元素构成的，有自身独立的时间轴、图层和工作区。
- 创建元件的目的：一是为了对象的重复利用，方便管理相同的元素并减小文件体积；二是动画补间和传统补间一般要使用元件。
- 元件是可以嵌套的，即一个元件可以与其他对象再组成一个新的元件。

3.1.2　元件的创建与编辑

1. 元件的创建

有两种方法来建立元件：一是新建元件，在元件里面绘制或放置对象；二是将已有对象转换为元件。新建的元件和转换的元件都放置在库中。

● 新建元件：单击菜单“插入”→“新建元件”命令（或按“Ctrl+F8”组合键），弹出“创建新元件”对话框，如图 3-1 所示，输入元件名称，选择元件类型和其存放在库中的位置，确定后进入该元件内部进行编辑。新建的元件需要从库中拖到舞台上生成实例使用。

● 转换元件：选中需要转换为元件的对象或图层，单击菜单“修改”→“转换为元件”命令或按“F8”功能键，弹出“转换为元件”对话框，输入元件名称，选择元件类型和其存放在库中的位置，然后单击“确定”按钮即可，如图 3-2 所示。该对象或图层自动成为元件的一个实例。在图层上单击鼠标右键也可将所选图层转换为元件。

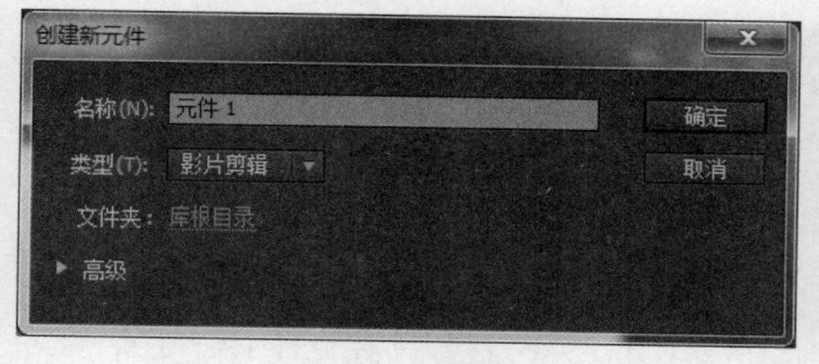

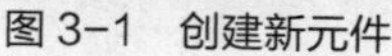
图 3-1　创建新元件

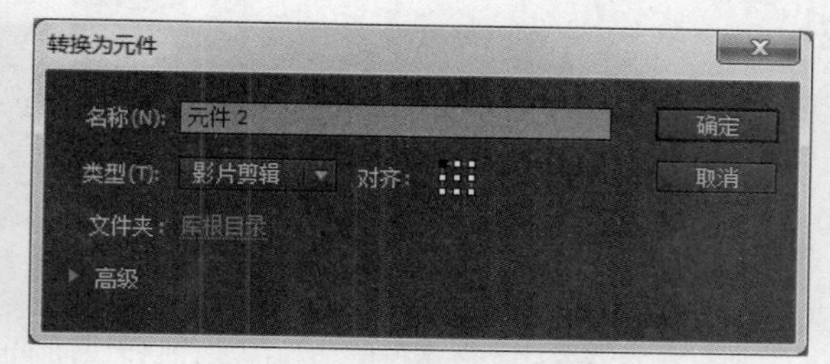

图 3-2　将对象转换为元件

2. 元件的编辑

要编辑建立好的元件，有以下两种方法。

● 方法 1：双击库中的元件对象或选中舞台上的元件实例后按“Ctrl+E”组合键，进入元件内部，对该元件内的对象进行编辑。

● 方法 2：双击舞台上的元件实例，进入元件内部，对该元件内的对象进行编辑。

这两种方法的区别在于：方法 1 会隔离舞台上的其他元素，只显示元件本身的内容；方法 2 同样会隔离舞台上的其他元素，但它们会以淡化的方式显示出来，可以作为元件的参照物，如图 3-3 所示。

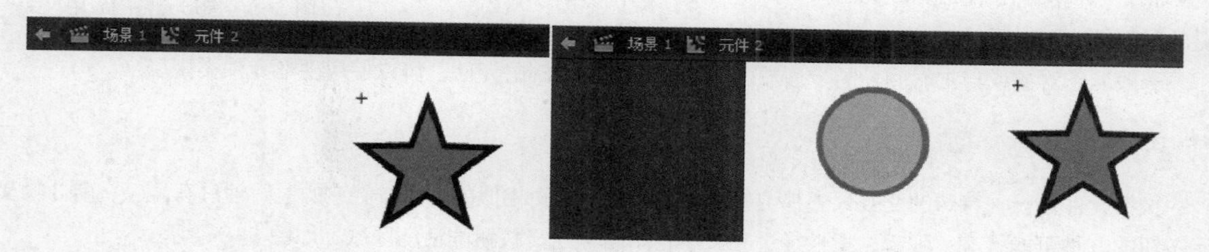

图 3-3　编辑元件的方法 1 和方法 2

正在编辑的元件的名称会显示在舞台顶部的左侧，单击返回箭头返回上一层，单击场景名称或在空白处双击鼠标左键，可以退出元件的编辑状态，返回场景主时间轴。

3.1.3　元件的类型

元件的类型

元件一共有 3 种类型，分别是影片剪辑、图形和按钮，三者各有特点，适用于不同的情况。在新建元件或转换元件的时候应该选择适当的元件类型。

1. 影片剪辑

影片剪辑是一种可重用的动画片段。它具有自己的时间轴，并且独立于影片的主时间轴。影片剪辑可以被视为一些嵌套在主时间轴内的小时间轴，它们可以包含交互式控件、声音甚至其他影片剪辑实例，如图 3-4 所示。此外，可以使用 ActionScript 脚本对影片剪辑进行改编。

图 3-4　一个影片剪辑实例和内部结构

所以，当需要让元件本身的动画播放独立于主时间轴或者要对元件实例进行脚本控制的时候，需要将元件设置为影片剪辑。

2. 图形

图形元件是一组在动画中或单一帧模式中使用的对象，它既可以是静态图像，也可用来创建连接到主时间轴的可重用动画片段，如图 3-5 所示。动画图形元件与放置该元件的文档的主时间轴是联系在一起的，即它与主时间轴的播放是同步的。所以，在编辑状态下播放主时间轴的时候可以直接显示动画图形元件本身的动画。相比之下，影片剪辑元件拥有自己独立的时间轴，在编辑状态下播放主时间轴的时候不会直接显示影片剪辑元件本身的动画。

图 3-5　图形元件的应用

此外，不能使用 ActionScript 脚本对图形元件进行改编。由于没有独立的时间轴，图形元件在 FLA 文件中的尺寸小于按钮或影片剪辑。

一般静态对象或与主时间轴同步播放而且不需要脚本控制的元件，可以使用图形元件类型。

3. 按钮

按钮元件是一种特殊的交互式影片剪辑，具有与影片剪辑相似的特点，但它的时间轴只有 4 帧，前 3 帧显示按钮的 3 种可能状态：弹起、指针经过和按下；第 4 帧定义按钮的活动区域，如图 3-6 所示。

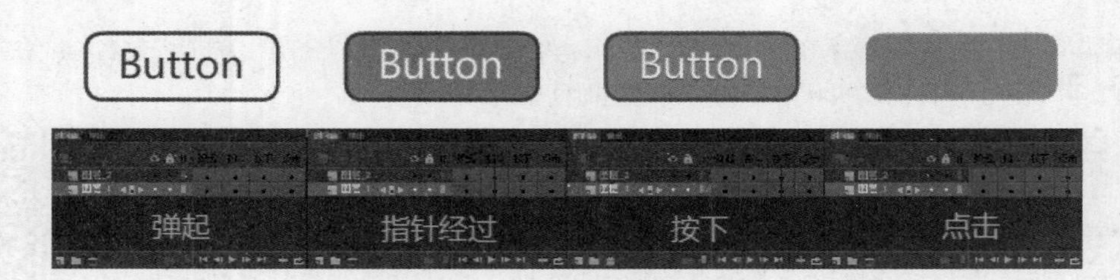

图 3-6　按钮的 4 帧

- 弹起帧：没有与按钮进行交互时按钮显示的外观。
- 指针经过帧：鼠标指针经过按钮时按钮显示的外观。

● 按下帧：单击按钮时按钮显示的外观。

● 点击帧：能够响应鼠标单击的区域。如果没有定义此帧，默认使用弹起帧的区域。点击帧的内容在舞台上不可见。

按钮元件时间轴不需要进行线性播放，它会通过响应鼠标指针的移动和动作，来跳至相应的帧或执行某个脚本命令，实现交互。所以，当需要通过单击某个对象以进行交互的时候，可以将此对象转换成按钮元件。

在文档编辑状态下，按钮默认是静态的、不可以响应交互的，如果要查看它是否响应鼠标事件，可以单击菜单“控制”→“启用简单按钮”或“测试”命令（按“Ctrl+Enter”组合键）。

3.1.4 元件实例的属性与编辑

元件实例的编辑

创建元件之后，可以在文档中任何地方（包括其他元件内）创建该元件的实例，并且可以创建若干个。方法是直接将元件由库中拖到舞台上或其他元件内。当修改元件时，Animate会更新该元件的所有实例。

1. 编辑实例属性

每个元件实例都各有独立于该元件的属性，这些属性显示在“属性”面板中。选中实例后，在“属性”面板中可以重新定义实例的类型（如把图形更改为影片剪辑），更改实例的色调、透明度和亮度，设置动画在图形实例内的播放形式，也可以倾斜、旋转或缩放实例，这些更改都不会影响元件。不同类型的元件实例，属性的可设参数也不尽相同，如图3-7所示。

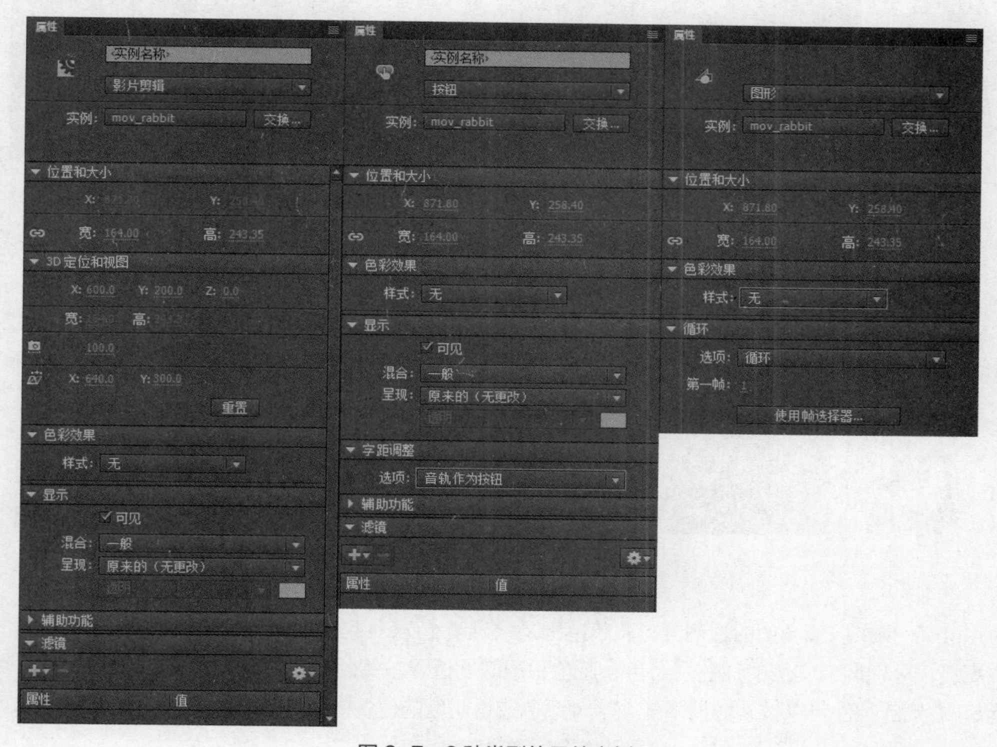

图3-7 3种类型的元件实例

2. 更改实例类型

“属性”面板会显示当前实例的元件类型，如果想改变其类型，可以从下拉列表中选择其他类型，如将图

形元件实例重新定义为影片剪辑实例，如图 3-8 所示。这种更改只是改变了实例的类型，不会影响元件的类型。

3. 实例的色彩效果

每个元件实例都可以有自己的色彩效果，在“属性”面板的“色彩效果”栏中可以设置实例的颜色样式和透明度选项，并且这些颜色和透明度变化可以记录为补间动画，如图 3-9 所示。

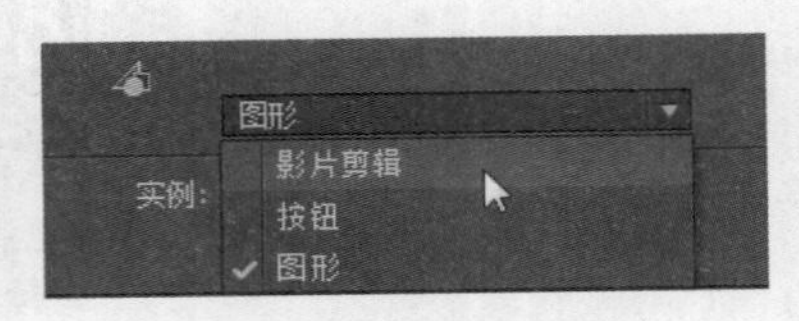

图 3-8　更改实例类型

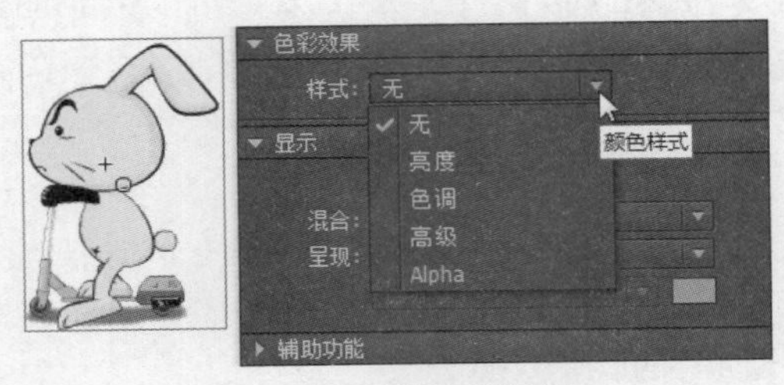

图 3-9　实例的色彩效果

● 亮度：调节图像的相对亮度或暗度，度量范围是从黑（-100%）到白（100%）。若要调整亮度，可拖曳“亮度”滑块或者在其后的文本框中输入一个值，如图 3-10 所示。

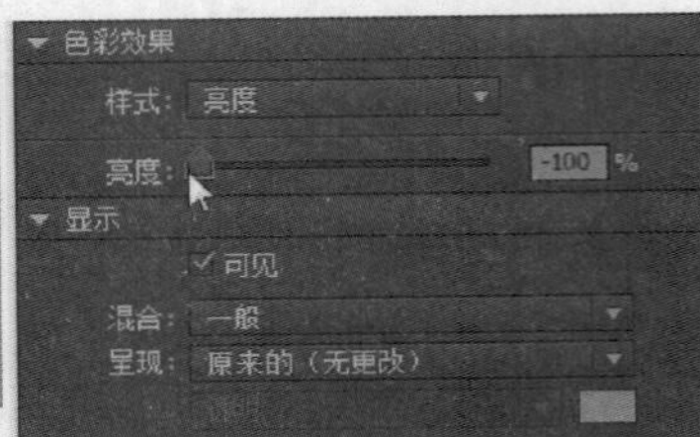

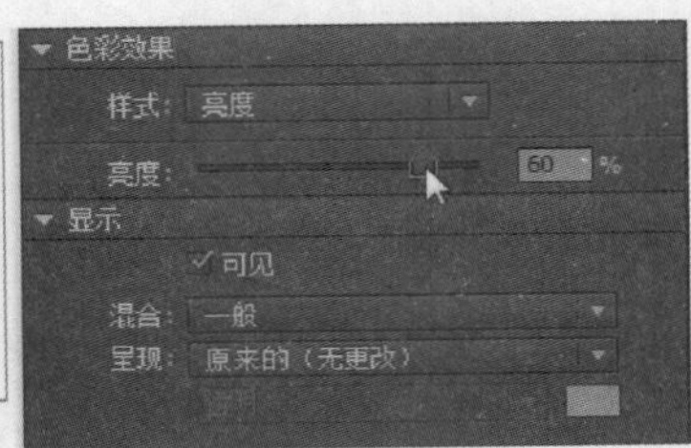

图 3-10　设置实例的亮度

● 色调：用某种色相为实例着色。通过拖曳红、绿、蓝 3 个滑块或直接输入色值（0～255）来设置需要的颜色，也可以通过色标来选择颜色。“色调”滑块用来调整着色的强度，如图 3-11 所示。

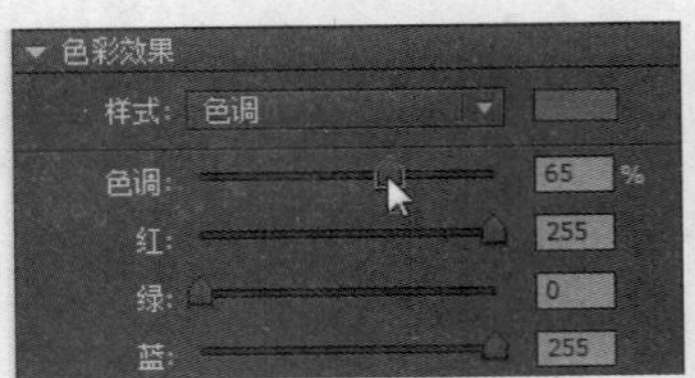

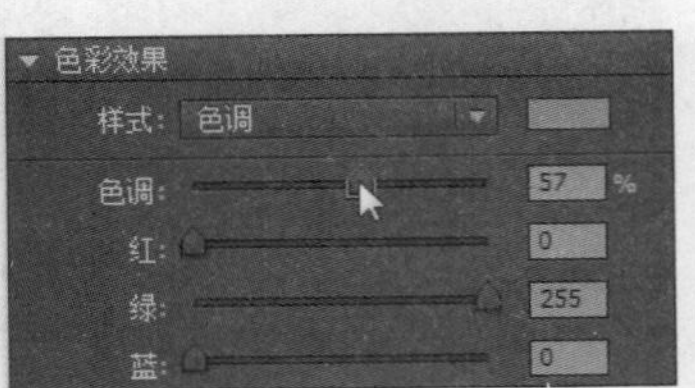

图 3-11　设置实例的色调

● Alpha：用来调节实例的透明度，调节范围是从透明（0%）到完全不透明（100%）。

● 高级：分别调节实例的红色、绿色、蓝色和透明度值。左侧的控件可以按指定的百分比降低颜色或透明度的值。右侧的控件可以按常数值降低或增大颜色或透明度的值，如图 3-12 所示。

4. 实例的显示属性

在“属性”面板的“显示”栏中可以设置当前实例是否可见，以及它与其他对象重叠的时候所采用的混合模式，如图 3-13 所示。此项只有影片剪辑和按钮元件实例才有，图形元件实例没有。

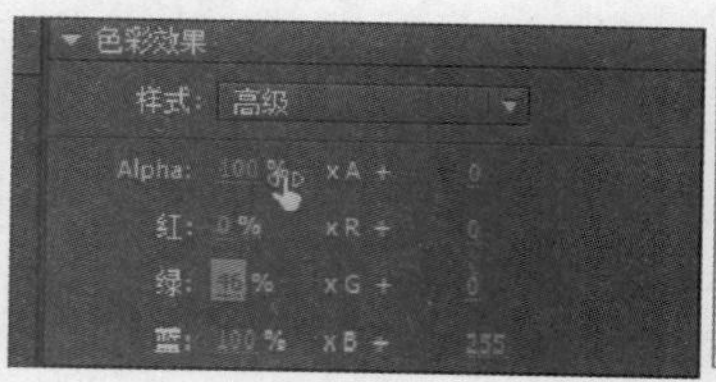

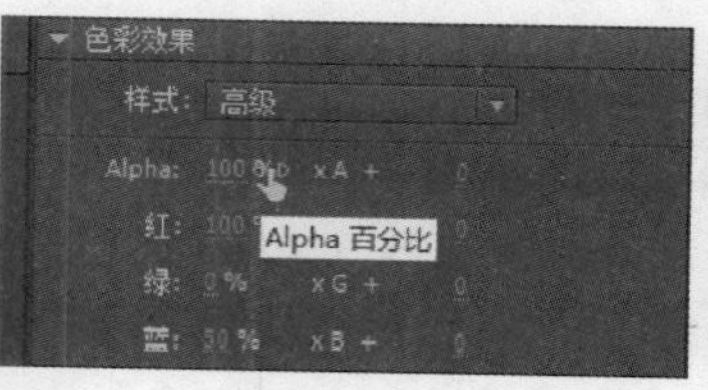

图 3-12 设置实例的颜色和透明度

5. 图形实例设置循环

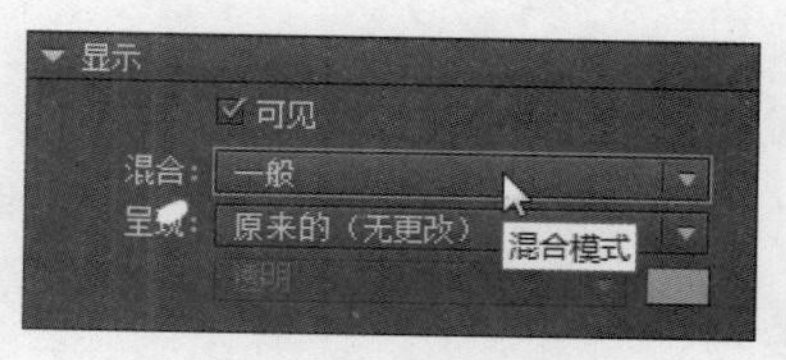

图 3-13 设置实例的显示属性

要确定图形实例内的动画片段在主时间轴中的播放方式，就需要设置其循环选项。此项只针对图形实例，影片剪辑和按钮没有。

在循环部分中一共有 3 种动画选项，即“循环”“播放一次”和“单帧”，如图 3-14 所示。

图 3-14 图形实例循环设置

- 循环：按所选择的该实例内的的动画序列范围（起始帧和结束帧），使其在主时间轴上循环播放。
- 播放一次：指定实例播放的起始帧和结束帧，播放一次后停止。
- 单帧：只显示该实例内部动画序列的一帧，并指定要显示的帧。
- 倒放一次和反向循环播放：按相反的顺序来播放实例内部动画，一次或循环。

库的应用

3.1.5 库的应用

Animate 文档中的库用来存储创建的或在文档中导入的媒体资源，如元件、导入的位图、音频、视频等都存放在库中，如图 3-15 所示。此外，库还包含已添加到文档的所有组件。编辑文档时，可以使用当前文档的库，也可以使用其他文档的库，所以库中的资源是共享的。

图 3-15 “库”面板

针对“库”面板，主要有以下常用的操作。

- 重命名库项目：通过双击库中的项目名称或从“库”面板的“面板”菜单中选择“重命名”命令来实现。
- 使用其他文档的库：在当前文档的“库”面板中选择其他文档，则会出现该文档的库项目，将这些项目拖曳到舞台上，就把此项目由其他文档复制到了当前文档。
- 复制库项目：如果要复制当前库中的项目，可在项目上单击鼠标右键，在弹出的快捷菜单中选择“直接复制”选项，弹出复制的对话框，设置项目名称和其他参数。
- 删除库项目：选中库中的项目并单击“删除”按钮即可。
- 重设项目的属性：选中库中的项目，在其上单击鼠标右键，在弹出的快捷菜单中选择“属性”命令，或在“库”面板底部选择“属性”命令，在弹出的对话框中重设其属性参数。

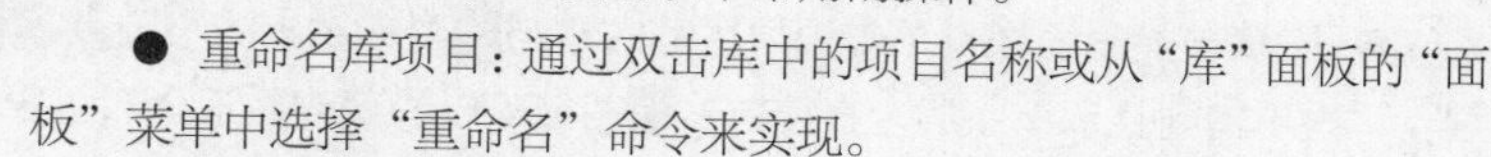

3.2 帧动画的制作

3.2.1 时间轴、图层及其设置

时间轴、图层及其设置

动画的一个重要属性就是时间性，它是有一定时间长度的，动画就是在不同的时间点显示不同的画面并连续播放。所以，在 Animate CC 中有一条时间轴，也称为时间线，它用于组织和控制在一定时间内图层和帧中的内容。

时间轴的主要组件是图层、帧和播放头，如图 3-16 所示。与电影胶片一样，Animate 的时间轴将时长划分为多个帧。图层就像堆叠在一起的多张幻灯胶片一样，每个图层都包含不同的图像显示在舞台中。

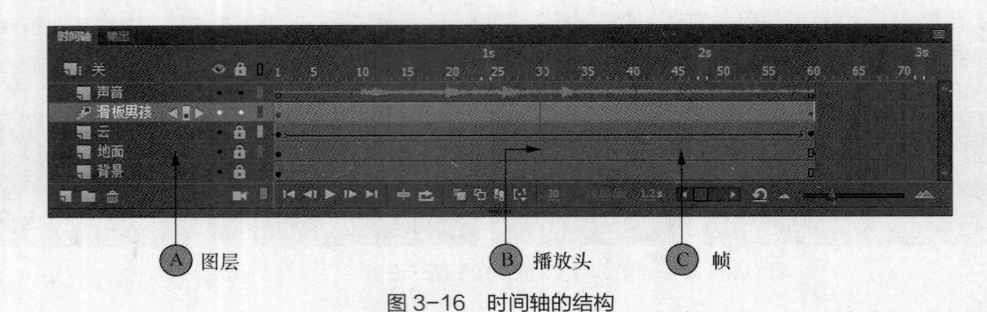

图 3-16　时间轴的结构

1. 图层

时间轴左侧一列是图层，用于将多个对象或动画元素分隔放置，如图 3-17 所示。建议将不同的动画对象放置在不同的图层中并给图层命名，以便更好地组织和管理对象。针对图层的操作主要有以下几种。

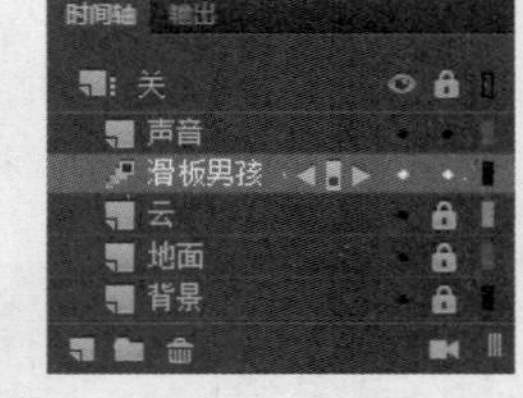

图 3-17　图层

- 建立新图层：单击图层编辑区左下角的按钮。
- 建立图层文件夹：单击图层编辑区左下角的按钮。
- 选择图层：单击图层名称可以选择该图层，按住“Ctrl”键单击可以选择不连续的多个图层，按住“Shift”键单击可以选择连续的多个图层。
- 删除图层：单击图层编辑区左下角的按钮。
- 隐藏与显示图层：单击图层名称右边与图标对应的小圆点，可以隐藏该图层，再次单击则显示该图层。直接单击图标可以隐藏或显示全部图层。
- 锁定与解锁图层：单击图层名称右边与图标对应的小圆点，可以锁定该图层，再次单击则解锁该图层。直接单击图标可以锁定或解锁全部图层。
- 调整图层顺序：用鼠标直接上下拖曳图层可以改变图层的堆栈顺序。
- 重命名图层：双击图层名称可给图层重命名。

2. 帧

每个图层名称右侧的一行是该图层所包含的帧。时间轴顶部的刻度表示时间位置及帧编号。播放头指示当前在舞台中显示的帧。播放文档时，播放头在时间轴上总是从左向右移动。在帧的底部有一排帧的编辑按钮和时间轴状态栏，状态栏上显示当前的帧编号及播放到当前位置需要的时间长度。

3. 播放控制

时间轴的底部有一排播放控制按钮，用于控制时间轴的播放。此外，按“Enter”键可以从播放头的位置开始播放时间轴，再按一次“Enter”键则暂停播放。

4. 时间轴的外观设置

在时间轴的右下角有一个控件 用于设置时间轴的缩放大小（即帧格子的显示大小）。

3.2.2 帧的概念与分类

帧是动画的核心。Animate CC 将动画时长表现为一定数量的帧，每一帧就是一格画面，这些帧用来组织和控制文档的内容，时间轴上帧的顺序将决定帧内对象在舞台上的显示顺序。所以，在 Animate CC 中制作动画就是将动画元素以适当的顺序放置在相应的帧上。影片中帧的总数和播放速度共同决定了影片的总长度。

在 Animate CC 中，帧可以分为关键帧和普通帧两类。

帧的概念与分类

1. 关键帧

关键帧是指对象实例首次出现在时间轴上的帧，它一般是对象变化过程中的关键点，如对象新的位置、新调整的颜色等，它定义了动画中对象属性的变化或分配了动作，使用关键帧，可以设置位置及添加锚点、动作等。关键帧用黑色圆点表示，没有内容的关键帧称为空白关键帧，用一个空心圆点表示，如图 3-18 所示。

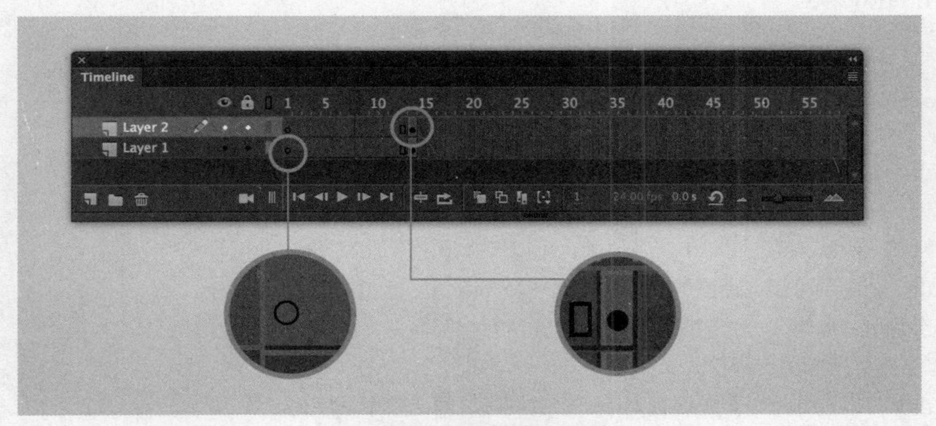

图 3-18 空白关键帧和关键帧

2. 普通帧

普通帧也叫静态帧，它是延续前一关键帧内容的帧，如图 3-19 所示。普通帧本身不能放置对象，它只是显示了前一关键帧的内容，一般用于延长关键帧内容的显示时间或者静态显示关键帧的内容，所以对前一关键帧的修改会影响其后面普通帧的显示，看似是对普通帧上内容的编辑，实际上是对其前一关键帧内容的编辑。

在前后两个非相邻的关键帧之间，一般是若干个普通帧形成的一段静态过程或动画过程，当要延长这个过程或放慢动画速度时，可以增加普通帧；当要缩短这个过程或加快动画速度时，需要减少普通帧。

此外，如果在前后两个关键帧之间添加了补间动画，则中间的普通帧会成为补间帧，不同类型补间动画的帧会显示不同的颜色。

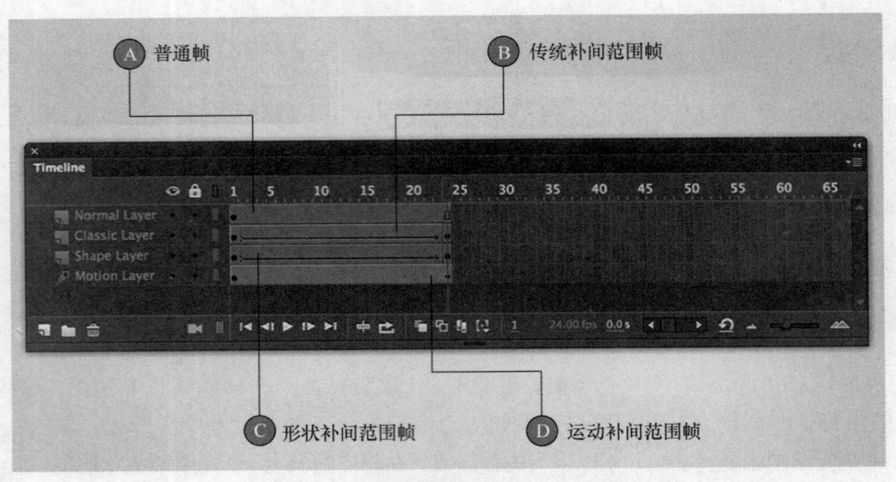

图 3-19　普通帧和不同补间的普通帧范围

3.2.3　帧的基本操作

帧的基本操作

帧的操作是使用 Animate CC 制作动画的基础。对于帧的操作，有 3 种形式：一是使用菜单的方式，在“编辑”菜单、“插入”菜单和“修改”菜单下都有针对时间轴帧操作的命令；二是使用右键快捷菜单；三是使用快捷键。一般使用快捷键和右键快捷菜单能提高效率。

1. 选择与标记帧

Animate CC 有两种选择帧的模式，即基于帧的选择（默认）和基于整体范围的选择。在时间轴右上角的▤下拉列表中可选择“基于整体范围的选择”选项以启用这种模式。

（1）基于帧的选择模式。

- 单击一个帧可以选择该帧。
- 在帧上拖曳鼠标或按住“Shift”键并单击其他帧，可以选择多个连续的帧。
- 在按住“Ctrl”键的同时单击其他帧，可以选择多个不连续的帧。
- 单击一个图层可以选择该层的所有帧。
- 单击菜单“编辑”→“时间轴”→“选择所有帧”命令，可将时间轴上的所有帧选中。

（2）基于整体范围的选择模式。

- 单击帧可以选择上一个关键帧到下一个关键帧之间的整个帧序列。
- 若要选择多个范围，按住“Shift”键的同时单击每个范围。
- 按住“Ctrl”键的同时单击帧可以选择该帧。

为了更好地组织和管理帧或者在脚本上引用帧，可以为时间轴中的帧添加标签，方法是选择关键帧，在“属性”面板的“标签”栏中输入帧的名称。帧标签只能应用于关键帧，打了标签的关键帧右侧会有一个红旗图形并标记了该帧的名字，如图 3-20 所示。

图 3-20　选择帧和帧的标签

2. 插入帧

● 插入普通帧：在需要插入帧的位置按“F5”键，或单击鼠标右键，在弹出的快捷菜单中选择“插入帧”命令。

● 插入关键帧：在需要插入关键帧的位置按“F6”键，或单击鼠标右键，在弹出的快捷菜单中选择“插入关键帧”命令。

● 插入空白关键帧：在需要插入帧的位置按“F7”键，或单击鼠标右键，在弹出的快捷菜单中选择“插入空白关键帧”命令。图 3-21 所示为插入不同帧后时间轴的变化。

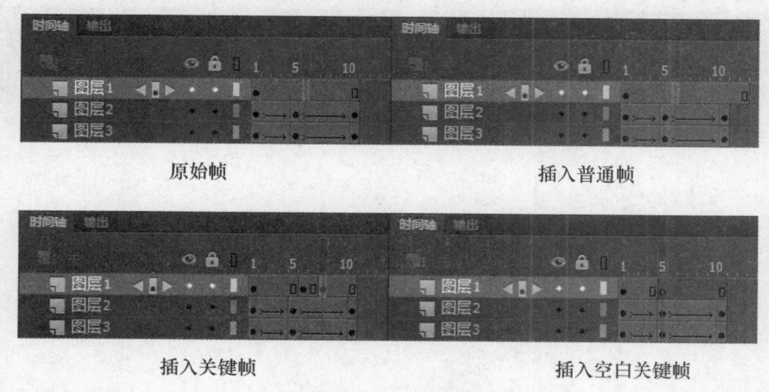

图 3-21 插入帧

3. 清除、剪切与删除帧

清除帧：用鼠标右键单击需要清除的帧，从弹出的快捷菜单中选择“清除帧”或“清除关键帧”命令，关键帧被清除掉变成普通帧。将帧的内容清除掉，帧的位置还在，帧的长度没有变化。

剪切帧：和清除帧类似，把帧放到了剪贴板中。用鼠标右键单击需要剪切的帧，从弹出的快捷菜单中选择“剪切帧”命令。

删除帧：用鼠标右键单击需要删除的帧，从快捷菜单中选择“删除帧”命令，将帧的位置和内容都删掉，后面的内容往前挪。图 3-22 所示为清除、剪切和删除帧后时间轴的变化。

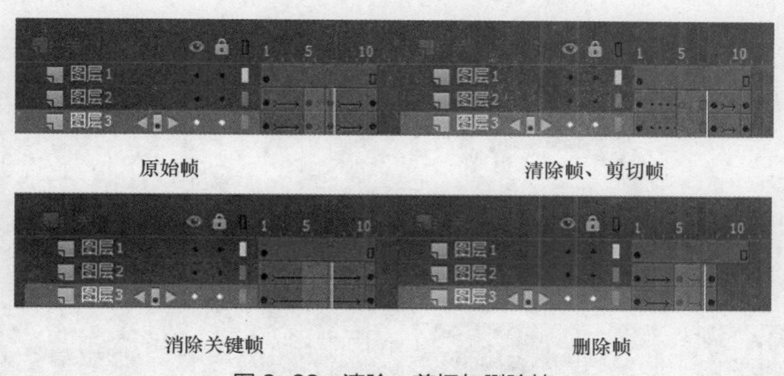

图 3-22 清除、剪切与删除帧

4. 移动帧

移动帧即将帧选择好后拖曳到其他位置，可以移到同一层，也可以移到其他层，如图 3-23 所示。

5. 复制与粘贴帧

虽然可以使用菜单命令和快捷菜单来复制、粘贴帧，但更常用的一种操作是：先选中需要复制的帧，按住

“Alt”键后拖曳这些帧到另一个位置即完成帧的移动复制，如图 3-24 所示。

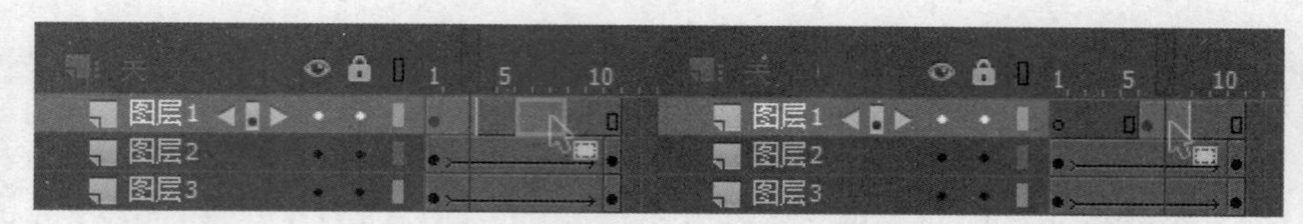

图 3-23　移动帧

图 3-24　移动复制帧

6. 分发到关键帧

分发到关键帧是指将舞台上的多个对象分散到其后连续的多个关键帧，每个对象单独占一个关键帧。方法是：用鼠标右键单击选中的对象，从弹出的快捷菜单中选择“分发到关键帧”命令。

7. 翻转帧

翻转帧是指将所选帧在时间轴上的顺序颠倒过来，前面的帧挪到后面去，后面的帧挪到前面来，常用来颠倒动画的播放顺序。其操作方法是：先选择要翻转的帧范围，然后单击鼠标右键，在弹出的快捷菜单中选择“翻转帧”命令。

逐帧动画制作

3.2.4　帧动画的制作

帧动画是指某个时间范围内的帧全部是关键帧或大部分是关键帧的动画，全部是关键帧的动画也称为逐帧动画，如图 3-25 所示。帧动画的制作方式与传统动画的制作方式大致相同，即根据播放速度和节奏，在帧上绘制原画、中间画，实现传统动画拍摄的一帧一拍、两帧一拍或多帧一拍进行播放的过程。

图 3-25　逐帧动画

◎ 应用案例：帧动画——小丑走路

步骤 ❶ 打开“素材”文件夹下的“小丑素材.fla”文件，展开其“库”面板，里面有 4 个图形元件，其中 3 个是小丑身体的图形元件，一个是头部图形元件，如图 3-26 所示，下面将利用这些元件制作一个小丑走路的动画。

步骤② 将身体的 3 个元件 body1、body2 和 body3 同时选中拖到舞台上，如图 3-27 所示。选中舞台上的 3 个元件实例，在其上单击鼠标右键，在弹出的快捷菜单中选择“分布到关键帧”命令，即将 3 个元件实例分别放在连续的 3 个关键帧上，然后将空出来的第 1 帧删除，如图 3-28 所示。

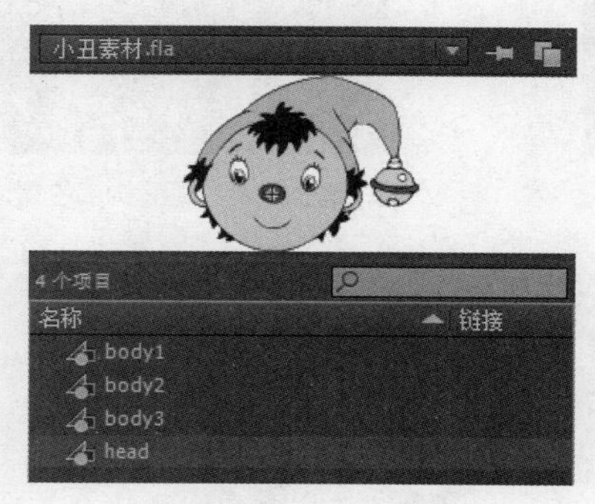

图 3-26　小丑素材

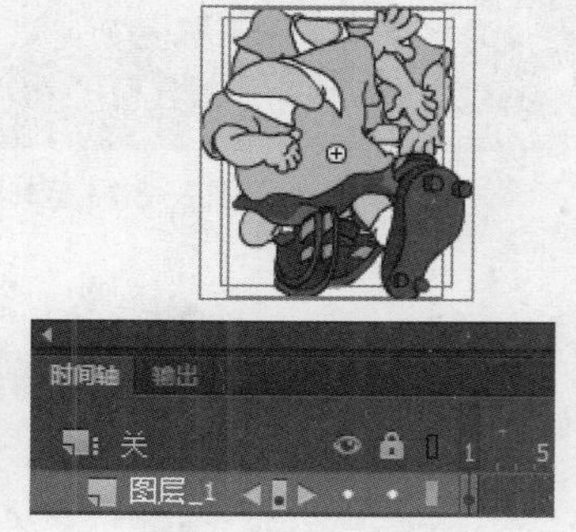

图 3-27　拖入元件

步骤③ 检查 3 个关键帧的顺序是否是正常的动作顺序，如果不是，则要调整其顺序。

步骤④ 因为这里只有 3 个画面，动作是不完整的，所以需要利用人行走的对称性，将这 3 帧复制形成另一部分动作。选中并复制这 3 个关键帧（可以按住“Alt”键并移动这 3 帧，即移动复制），从第 4 帧开始粘贴，形成 4、5、6 帧，如图 3-29 所示。

图 3-28　分布到关键帧

图 3-29　移动复制帧

步骤⑤ 选择第 4 帧上的实例，单击菜单“修改”→“变形”→“水平翻转”命令或单击“变形”面板上的“水平翻转”按钮，将其水平翻转一次。按同样的方法翻转第 5 帧和第 6 帧上的实例，如图 3-30 所示。这样就形成了一段完整的身体行走动作。

步骤⑥ 新建一层，将库中的 head 元件拖进舞台，根据身体的位置，将头部的位置调整好。从第 2 帧到第 6 帧依次建立关键帧，并根据身体的位置调整头部位置，形成头部和身体连贯的动作，如图 3-31 和图 3-32 所示。

步骤⑦ 检查动画播放效果，如果速度太快，可以调整文档的 FPS 帧频，默认为 24 帧/秒，可尝试设置为 12 帧/秒或 16 帧/秒，将其调慢。

图 3-30　翻转帧

图 3-31　调整头部位置

图 3-32　连续的 6 帧画面

在不改变 FPS 帧频的情况下，还有什么方法能调慢影片的播放速度?

◎ 应用案例：帧动画——手写字

步骤① 打开“素材”文件夹下的“手写字素材.fla”文件，将其帧频改为 12 帧/秒，展开其“库”面板，里面有一图形元件“画笔”，如图 3-33 所示。

图 3-33　“库”面板中的元件

步骤② 使用文本工具在舞台上输入文字“和”（也可用其他文字代替），文字类型选用“静态文本”，黑色，240 磅，字体选用“吕建德书法字体”，也可以使用其他字体代替，但建议选用书法字体，如图 3-34 所示。

步骤③ 选择建好的文字，按“Ctrl+B”组合键将其打散成基本形状，如图 3-35 所示。

步骤④ 假设此动画时长 2 秒，即一共 24 帧，在第 24 帧处按“F5”键插入普通帧，使动画延长至 24 帧。

步骤⑤ 接下来在第 2 帧处按“F6”键插入关键帧，选择橡皮擦工具，设置好适当的笔头形象和粗细，将“和”字笔画的末尾处擦除一点点。

步骤⑥ 以同样的方法，从第 3 帧开始一直到第 24 帧，依次建立关键帧并在上一帧的基础上将文字继续擦除一点点，到第 24 帧处剩下最后一点。将时间轴上帧的显示模式改为“预览”，可以看到各帧的擦除效果，如图 3-36 所示。

图 3-34　创建文字

图 3-35　打散文字

图 3-36　各帧的擦除效果

步骤 7 现在帧的顺序是擦除的顺序，把它颠倒过来就是书写的顺序了，选择全部 24 帧，在其中单击鼠标右键，从弹出的快捷菜单中选择“翻转帧”命令，即得到正确的书写顺序，如图 3-37 所示。

图 3-37　翻转帧之后的效果

步骤 8 建一个新的图层 2，把库中的图形元件“画笔”拖入舞台，根据文字大小调整此图形实例的大小，并根据第 1 帧文字笔画的位置调整实例的位置，使画笔像是在书写文字，如图 3-38 所示。

步骤 9 接下来从第 2 帧到第 24 帧，依次给图层 2 建立关键帧并调整“画笔”实例的位置，使其随着笔画的出现改变位置。各帧的效果如图 3-39 所示。

步骤 10 检查动画播放效果，可以根据正常书写时的节奏让某些画面多停留一两帧。

步骤 11 保存文件并导出 SWF 格式文件。

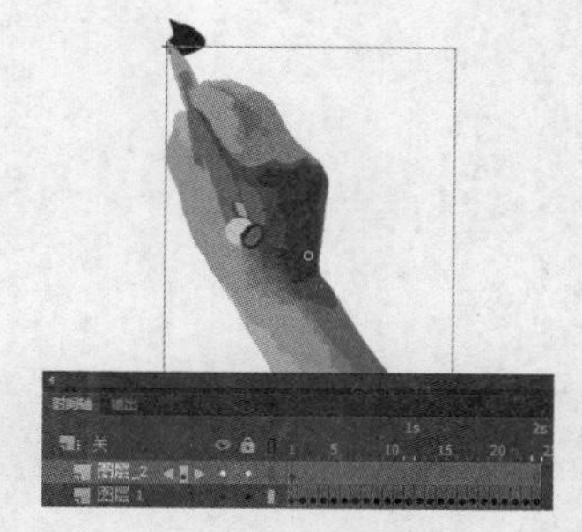

图 3-38　拖入实例并调整其大小和位置

图 3-39　加入画笔后的效果

3.2.5 使用绘图纸外观

使用绘图纸外观

通常情况下，舞台上只显示当前帧的内容，为便于定位和编辑逐帧动画，可以在舞台上一次查看两个或更多的帧，播放头下面的帧以全彩色显示，此帧之前和之后的帧则采用不同的颜色和透明度来区分。这就是绘图纸外观。它包括一组 4 种模式，位于时间轴底部播放控制按钮的右侧，从左到右分别为绘图纸外观、绘图纸外观轮廓、编辑多个帧和修改标记。

1. 在舞台上同时查看动画的多个帧

单击“绘图纸外观”按钮，在“起始绘图纸外观”和“结束绘图纸外观”标记（在时间轴标题中）之间的所有帧都会显示在舞台上，如图 3-40 所示。

绘图纸外观颜色标记有助于区分过去、当前和未来的帧。通常情况下，当前帧之前的帧显示蓝色，之后的帧显示绿色。而且当前帧显示正常色，越远离当前帧的帧透明度会越低。如果要改变绘图纸外观的帧范围，用鼠标拖曳绘图纸外观的起始标记和结束标记即可。为避免出现大量使人感到混乱的图像，可锁定或隐藏不希望对其使用绘图纸外观的图层。

“绘图纸外观轮廓”是指将绘图纸外观标记范围内的帧用轮廓模式显示。

2. 编辑多个帧

默认情况下只能对当前帧的内容进行编辑，即使选择了若干个帧，也只能编辑播放头所在帧（或者说当前舞台上显示的帧）的内容，这对于同时编辑一序列帧是不方便的。绘图纸外观提供了一个编辑多个帧的模式。

若要同时对多个帧进行编辑，先选择这些帧，然后单击按钮，绘图纸外观标记会自动出现在帧刻度上，调整标记帧的范围使其包括所选的帧，然后对这些帧进行编辑，如图 3-41 所示。

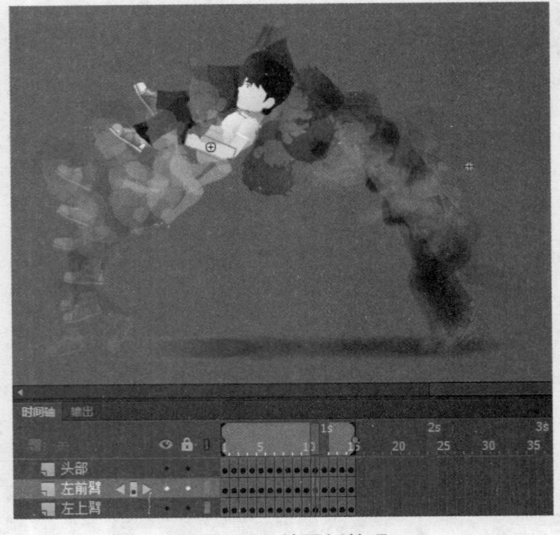

图 3-40　绘图纸外观

图 3-41　对多个帧进行编辑

3. 修改绘图纸标记

单击“修改绘图纸标记”按钮，可以弹出绘图纸标记的一些选项，如图 3-42 所示，这些选项如下。

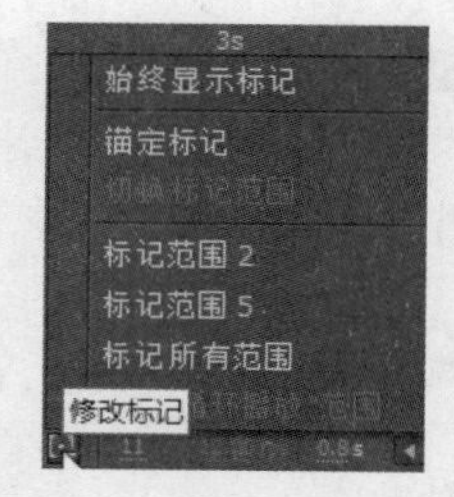

图 3-42 修改绘图纸标记

● 始终显示标记：不管绘图纸外观是否打开，都会在时间轴标题中显示绘图纸外观标记。

● 锚定标记：将绘图纸外观标记锁定在其时间轴标题中的当前位置，防止其随当前帧指针移动。

● 标记范围 2：在当前帧的两边各显示 2 个帧。

● 标记范围 5：在当前帧的两边各显示 5 个帧。

● 标记所有范围：在当前帧的两边显示所有帧。

3.3 补间动画制作

补间动画是指通过为对象某段帧序列的第一帧和最后一帧分别设置不同的属性，中间过程由 Animate CC 自动完成，使该对象属性由第一帧逐帧过渡到最后一帧的一种动画形式。Animate CC 可以创建 3 种不同的补间类型，分别是补间形状、传统补间和补间动画，可适应不同的要求。

3.3.1 补间形状

形状补间制作

补间形状是指在时间轴中的一个关键帧上绘制一个矢量形状，然后在另一个关键帧上更改该形状或绘制另一个形状，Animate 自动在这两个关键帧之间普通帧内插入中间形状，创建从一个形状变形为另一个形状的动画效果。同时，帧的颜色由灰色变为绿色，如图 3-43 所示。

图 3-43 补间形状效果演示

1. 创建条件

要创建补间形状，需要同时满足以下条件。

● 需要建立前后两个关键帧，补间在这两个关键帧之间产生。

● 前后两个关键帧的内容必须是基础形状或对象绘制模式绘制的形状，如果是元件实例、组或位图，需要将其完全分离成形状。

● 两个关键帧内的形状数量可以是一个，也可以是若干个，数量不必相同。

补间形状可以记录对象形状的变化，这种变化包括形状本身、大小、颜色、填充、笔触、角度、透明度等各种属性的变化，只要对象是形状，它的所有属性变化都可以在补间形状中体现出来。

2. 创建步骤

要创建一个补间形状，可以按以下步骤操作。

步骤① 在起始帧绘制一个基本形状，如一个带有笔触的星形，如图 3-44 所示。

步骤② 在结束帧（如第 10 帧）按“F6”键建立关键帧，将星形进行修改（如改变颜色、大小、位置、角度等属性），或者将其删掉绘制另一个形状，也可以按“F7”键建立空白关键帧绘制另一个形状，如一个圆形，如图 3-45 所示。

图 3-44 起始帧图形

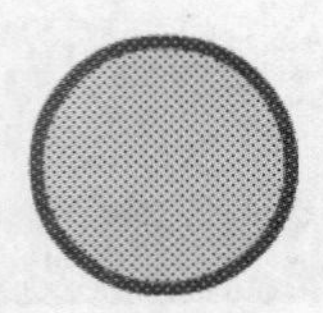

图 3-45 结束帧图形

步骤③ 选择时间轴上起始帧和结束帧之间的任意一普通帧，单击菜单“插入”→“创建补间形状”命令或单击鼠标右键，在弹出的快捷菜单中选择“创建补间形状”命令。这样，Animate 将形状内插到这两个关键帧之间的所有帧中，如图 3-46 所示。

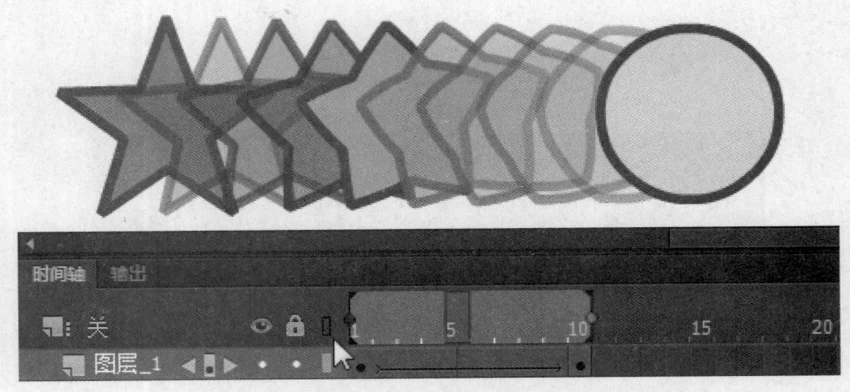

图 3-46 插入补间形状后的效果（打开了绘图纸外观）

步骤④ 此时，补间已经创建完毕，可以按“Enter”键或用鼠标拖曳播放头进行预览。

步骤⑤ 若对效果不满意，可以调整前后关键帧的形状。

3. 特点

补间形状特别适合于形状本身发生变化的动画，如一个形状演变成另一个形状，但由于其中间的演变过程无法控制，所以制作精准的形状变化难度较大。此外，如果是简单的位置、大小和角度等基本属性变化，可以由传统补间和补间动画替代，更易于修改和管理。

◎ 应用案例：补间形状——燃烧的蜡烛

步骤① 打开素材文件“燃烧的蜡烛素材.fla”，文件中已经有基本的蜡烛、灯芯和光晕，如图 3-47 所示。

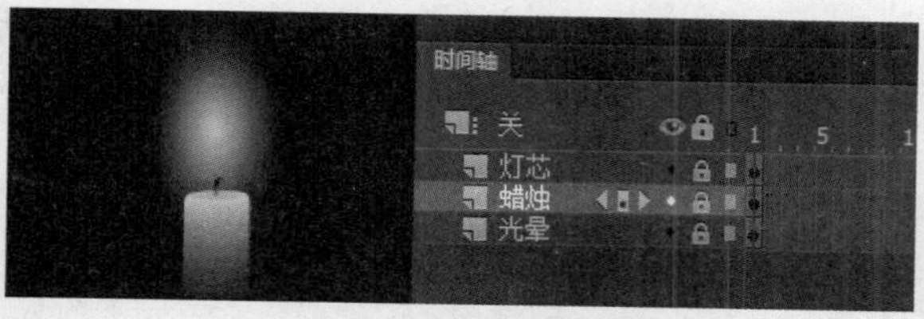

图 3-47　打开的素材文件

图 3-48　绘制灯火的基本形状

步骤② 在“蜡烛”层的上面建立一个新层，命名为“灯火”，下面制作一个灯火燃烧摆动变化的动画效果。

步骤③ 使用钢笔或铅笔工具绘制一个灯火的基本形状，形状尽量简单，用尽量少的锚点，如图 3-48 所示。

步骤④ 为其填充径向渐变色，并删除原笔触，如图 3-49 所示。

步骤⑤ 设置渐变色的中心为橙黄色，边缘为白色或浅橙色，使用渐变变形工具对渐变效果进行调整，如图 3-50 所示。

图 3-49　为灯火添加渐变色

图 3-50　渐变调整

步骤⑥ 选中灯火形状，按“F8”键将其转换成一个元件，命名为“灯火”。

步骤⑦ 接下来为灯火制作动画。双击舞台上的灯火实例，进入灯火元件内容。

步骤⑧ 现在灯火动画只有一帧，假设灯火变换一个循环为 4 秒，即 96 帧（每秒 24 帧），在第 96 帧处插入关键帧，使起始帧和结束帧灯火形状一致，以便看上去动画是循环的。

步骤⑨ 在第 1 秒（24 帧）处插入关键帧，并使用选择工具对灯火边缘进行调整，适当改变其形状。然后在第 1 帧到第 24 帧之间建立补间形状，如图 3-51 所示。

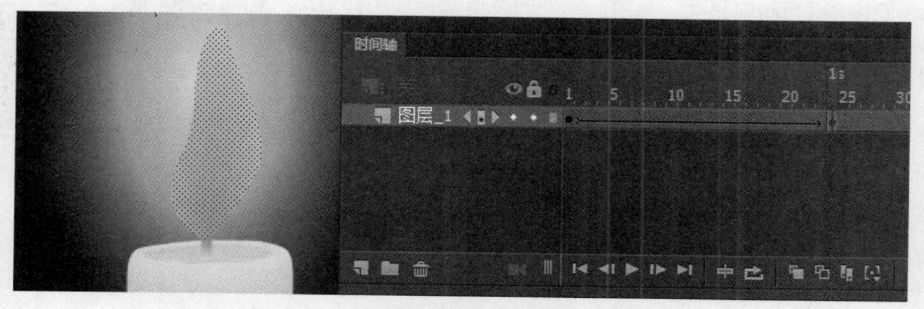

图 3-51　建立中间关键帧并添加补间形状

步骤 10 采用同样的方法，分别在第 48 帧和第 72 帧建立关键帧，调整灯火形状并创建补间形状，如图 3-52 所示。如果发现形状变化的时候有一些意外的错误，可对形状进行一些调整。

图 3-52　第 48 帧和第 72 帧的灯火形状

步骤 11 此时完整的时间轴如图 3-53 所示。

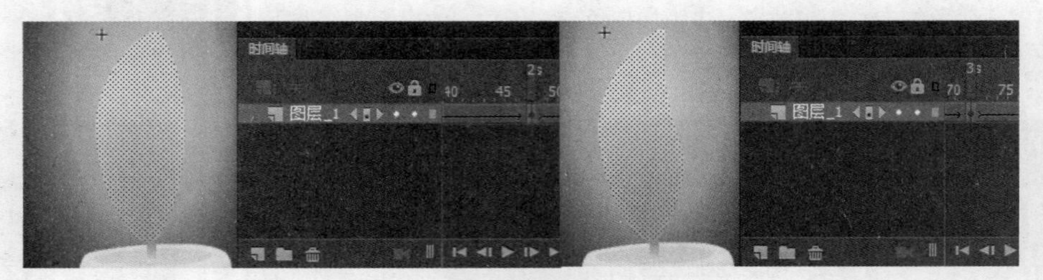

图 3-53　给灯火添加的补间形状动画

步骤 12 返回到场景 1，给灯火元件实例添加一个发光的滤镜效果，测试动画，保存文件。

为什么上两个案例，要将小鸟和灯火对象建立成影片剪辑而不是图形元件呢？

3.3.2　传统补间动画

传统补间动画是指在时间轴中的一个关键帧上放置一个元件实例，然后在另一个关键帧上放置同一个元件实例并更改其位置、大小、颜色等属性，Animate 自动在这两个关键帧之间的普通帧内插入中间状态形成动画，类似于传统动画中的原画和中间画。同时，帧的颜色由灰色变为浅蓝色，如图 3-54 所示。

1. 创建条件

传统补间可以记录元件实例的位置、大小、颜色、角度、透明度等各种属性的变化。要创建传统补间，需要同时满足以下条件。

传统补间动画

- 需要建立前后两个关键帧，补间在这两个关键帧之间产生。
- 前后两个关键帧的内容必须是元件实例，而且一般是同一个元件的实例。如果是不同元件的实例，虽然也能建立补间，但补间效果难以达到要求。
- 前后两个关键帧的内容都只允许一个元件实例，不能超过一个，即一对一。如果有多个对象要做传统补间，应该把它们放在不同的图层上。

图 3-54　传统补间动画效果演示（打开了绘图纸外观）

2. 创建步骤

要创建一个传统补间，可以按以下步骤操作。

步骤① 在起始帧建立关键帧，将元件实例放入，调整此实例的初始属性，如位置、大小、颜色等，如图 3-55 所示。

步骤② 在结束帧建立关键帧，调整此实例的属性，如图 3-56 所示。

图 3-55　起始关键帧元件实例

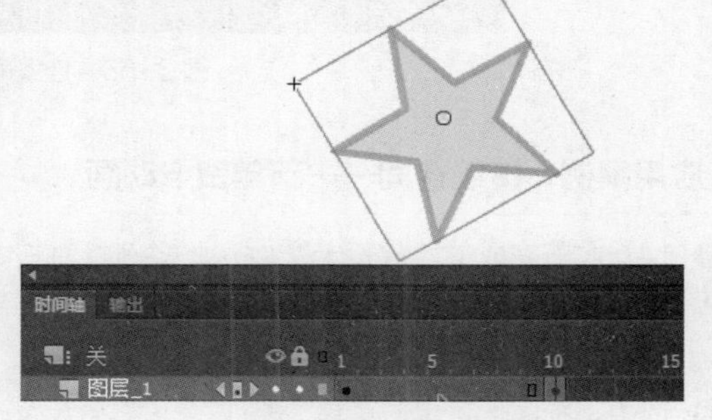

图 3-56　在结束关键帧对实例进行调整

步骤③ 选择时间轴上起始帧和结束帧之间的任意一普通帧，单击菜单“插入”→“创建传统补间”命令或单击鼠标右键，在弹出的快捷菜单中选择“创建传统补间”命令。这样，Animate 在两个关键帧之间建立了一个补间动画，如图 3-57 所示。

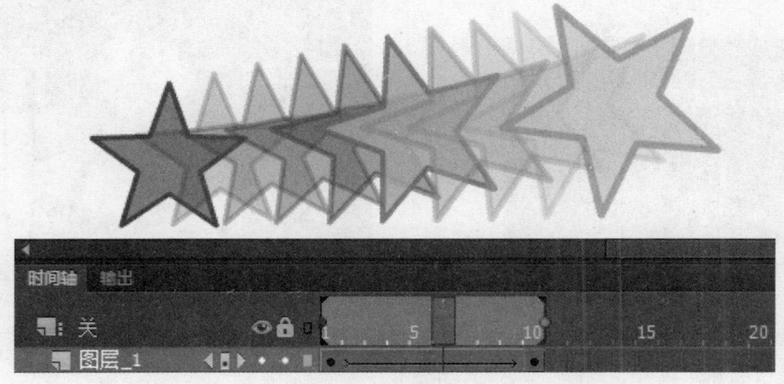

图 3-57　传统补间动画效果（打开了绘图纸外观）

步骤④ 可以按“Enter”键或用鼠标拖曳播放头进行预览。

步骤⑤ 如果对补间效果不满意，可以对前后关键帧的对象进行各种调整。

3. 特点

传统补间动画是 Animate CC 的前身 Flash 早期用来创建动画的一种形式，虽然其控制性不如后来增加的新的补间动画，但是鉴于其易用性及对 HTML5 Canvas 更友好的支持，在 Animate 中依然是一种重要的动画形式，适用于大部分时候对象的缩放、旋转、移动及变色等动画效果。

此外，如果在传统补间的范围内再建立关键帧并调整实例的属性，则可将原来的一段补间变成两段，形成连续的补间动画效果，如图 3-58 所示。

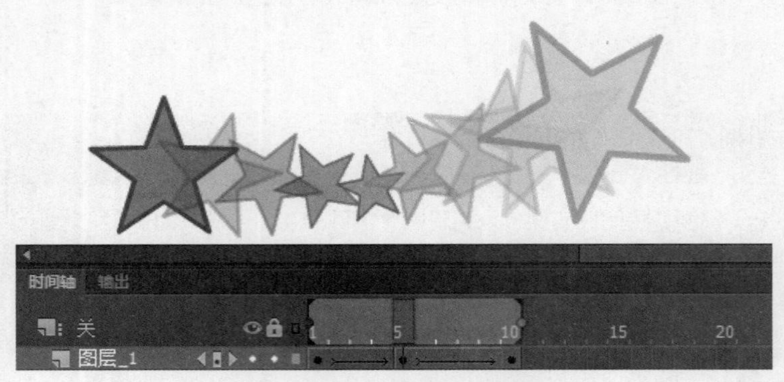

图 3-58 连续的传统补间动画

◎ 应用案例：传统补间——新年贺卡动画

步骤① 打开之前完成的新年贺卡文件，此案例将为其中的小狗添加摆动动画，并添加雪花动画效果。

步骤② 首先确定小狗图形在单独的一个图层中，如果没有则要通过剪切再粘贴的形式将其放置在单独一个图层中，以便为其制作传统补间。

步骤③ 选中小狗图形，单击菜单“修改”→“转换为元件”命令或按“F8”键，打开“转换为元件”对话框，将小狗转换为一个图形元件，如图 3-59 所示。

步骤④ 选中小狗实例，再单击工具栏上的任意变形工具或按快捷键“Q”键，显示变形框，用鼠标将变形框的中心移至小狗轮脚的底部中间，使其摆动的时候是以底部为支撑点的，如图 3-60 所示。

图 3-59 “转换为元件”对话框

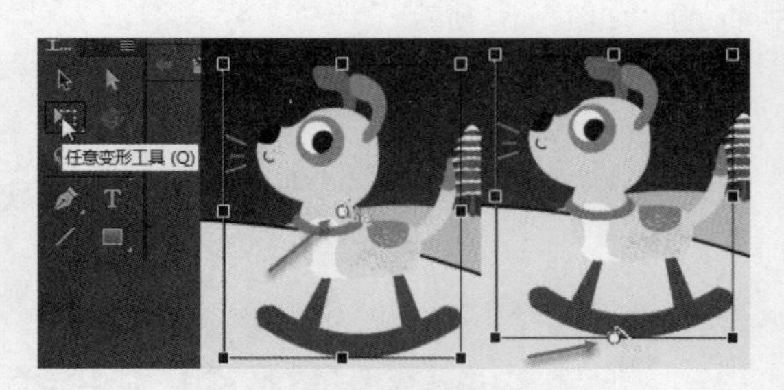

图 3-60 改变小狗变换的中心

步骤⑤ 当前所有图层只有 1 帧，在所有图层的第 60 帧处按“F5”键，使其时间轴延长至此。将除小狗层之外的其他图层都锁定，以防误操作，如图 3-61 所示。

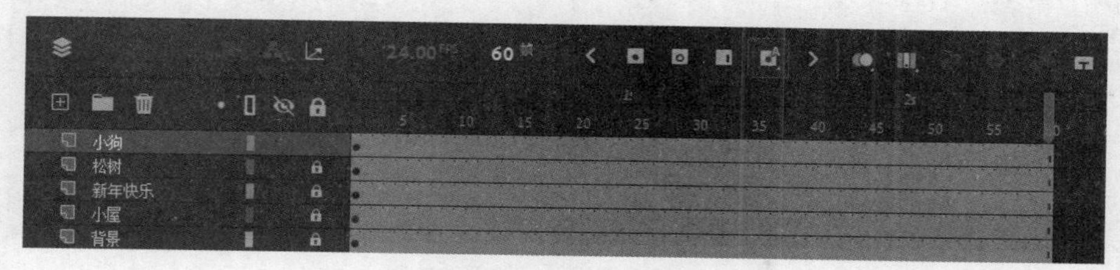

图 3-61　延长时间轴

步骤⑥ 选中小狗，在其时间轴的第 60 帧按“F6”键建立关键帧，因为摆动是循环的，所以起始帧和结束帧一致。

步骤⑦ 在小狗层的第 15 帧按“F6”键建立关键帧，选中小狗，在“变形”面板中将其旋转角度设置为 12°，如图 3-62 所示。

图 3-62　在 15 帧处建立关键帧并改变小狗角度

步骤⑧ 用相同的方法，分别在第 30 帧、第 45 帧建立关键帧，改变小狗的角度为 0° 和-12°。此时时间轴如图 3-63 所示。

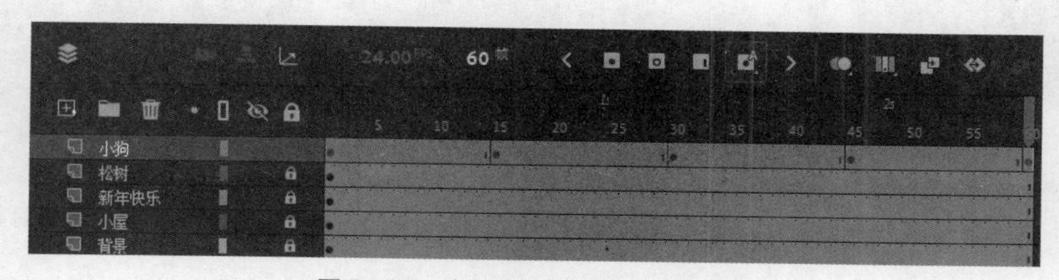

图 3-63　建立关键帧并改变小狗角度

步骤⑨ 选中小狗图层各段，在其上单击鼠标右键，在弹出的快捷菜单中选择“创建传统补间”命令。或单击菜单“插入”→“创建传统补间”命令，即为各关键帧之间添加了传统补间动画。时间轴如图 3-64 所示。

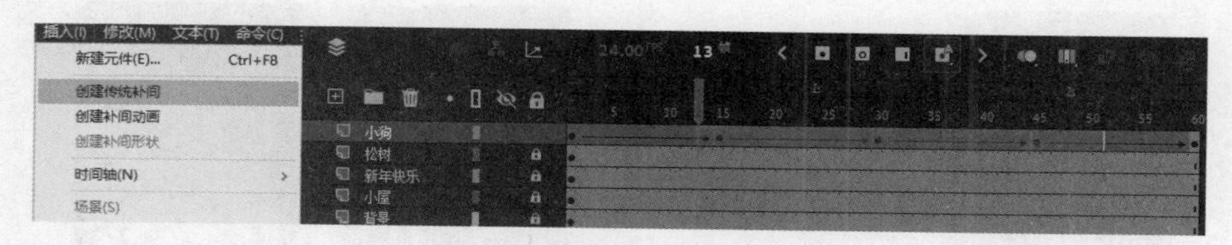

图 3-64　在关键帧之间创建传统补间动画

步骤⑩ 此时播放或测试动画，可见小狗是可以摆动起来的，但因为是匀速摆动，所以看上去不太谐调。接下来为其添加速度变化，即缓动。根据基本物理常识可知，小狗由中间向两端摆的时候是减速的，由两端向中间摆的时候是加速的，所以选中 1～15 帧和 30～45 帧这两段，在“属性”面板中将其缓动设置为“EaseOut”类型下的“Quad”，此为减速。将 15～30 帧和 45～60 帧这两段的缓动设置为“EaseIn”类型下的“Quad”，此为加速，如图 3-65 所示。

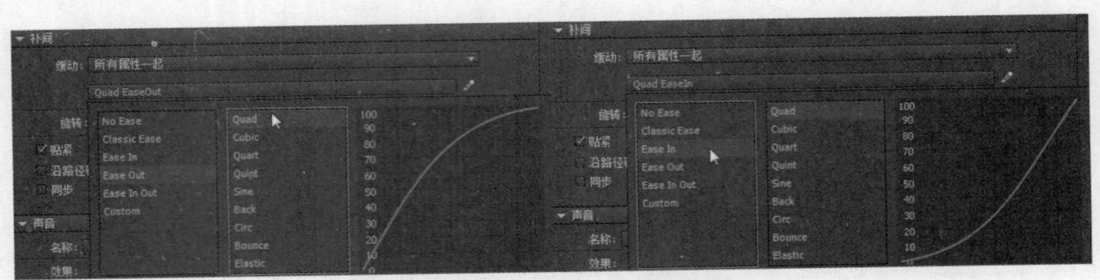

图 3-65　设置补间的缓动效果

步骤 ⑪ 小狗的摆动动画制作完成。接下来制作雪花飞舞效果。新建一图层，命名为“雪花”，将其他图层都锁定，使用画笔工具在舞台及舞台上方随意绘制大量的白色小点，注意大小和位置要协调一点，将靠近舞台上方边缘的某个雪花暂时设为其他颜色以示区别，目的在于找到一个起始位置的参照物。效果如图 3-66 所示。

步骤 ⑫ 把所有雪花选中并复制一份，移至原雪花的上面，形成上下两部分相接的效果，再选择所有雪花，按“F8”键将其转换为图形元件（如图 3-67 所示，目的在于做传统补间动画），再按一次“F8”键将其转换为影片剪辑元件（如图 3-68 所示，目的在于让补间动画可循环播放且不受主时间轴长度的限制）。此时舞台效果如图 3 - 69 所示。

图 3-66　绘制雪花

图 3-67　转换为图形元件

图 3-68　转换为影片剪辑元件

步骤 ⑬ 双击雪花影片剪辑实例，进入其内部，在第 200 帧按“F6”键建立关键帧，然后把雪花的实例往下移（建议按向下方向键垂直往下移动），使上面的参照雪花接近原下面的参照雪花的位置（稍靠上一点）。此时第 1 帧和第 200 帧的效果如图 3-70 所示。

图 3-69　复制雪花

图 3-70　移动雪花实例

步骤⑭ 在第 1 帧和第 200 帧中间单击鼠标右键，在弹出的快捷菜单中选择“创建传统补间”命令（或单击菜单“插入”→“创建传统补间”命令），在中间创建了传统补间动画，使雪花从第 1 帧慢慢下落，至第 200 帧时下落至原起点的位置，形成不间断下雪的效果。

步骤⑮ 双击舞台上的雪花元件实例，进入其内部，将两个参照雪花的颜色改回白色。

步骤⑯ 按“Ctrl+Enter”组合键测试影片，检查一下雪花飘落的速度是否合适，如不合适，可减少或增加传统补间的帧数。

步骤⑰ 保存文件，以备后用。

3.3.3 补间动画

补间动画的第 3 种形式在 Animate CC 中就叫补间动画，它是在传统补间的基础上发展起来的一种新的补间形式，具有与传统补间相似的作用，但控制性更强，更易调整，其操作方法也与传统补间有很大的差异。

补间动画
制作

1. 几个基本概念

在开始创建补间动画之前，我们首先要了解以下几个概念。

- 补间对象：也称为目标对象，是指为其添加补间动画的对象，它必须是元件实例或文本。
- 补间范围：补间对象的动画范围，一般是一组连续的帧，帧的颜色为较深的蓝色，区别于补间形状的浅绿色和传统补间的浅蓝色。
- 属性关键帧：是指在补间范围内为补间对象定义了一个或多个属性值的帧，这些属性可能包括位置、大小、透明度、色调等。每个定义的属性都有它自己的属性关键帧，它在时间轴上呈现为带有一个黑色小菱形的帧◆。
- 运动路径：如果补间动画中包含了位置属性的变化，即补间对象有位置移动，那么在移动的起点和终点会有一条带有很多小圆点的路径，这就是运动路径。运动路径上的小圆点就表示每个帧中补间对象的位置。注意：只有位置属性变化才有运动路径，其他属性变化如大小变化是没有的。

图 3-71 所示为建立的一个补间动画示例。

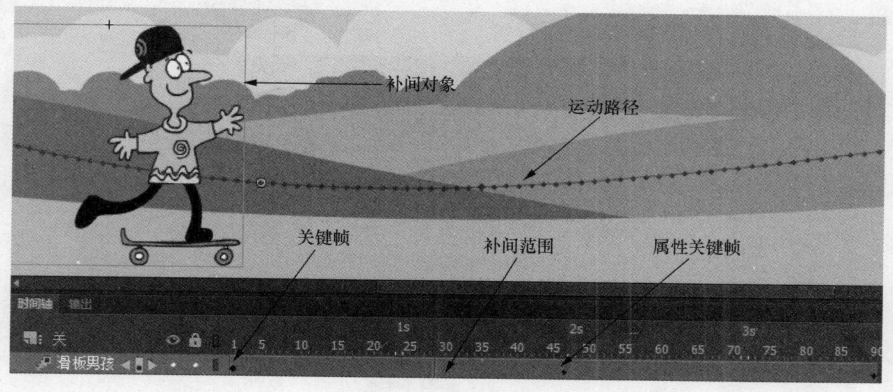

图 3-71 补间动画

2. 创建条件

要创建好补间动画，需满足以下几个条件。

- 补间对象必须是元件实例或文本，其他对象需转换为元件实例。
- 一段补间范围只允许对一个补间对象进行动画处理。
- 同一图层允许有多段补间范围，但这些补间范围不能在时间上重叠，只能前后出现。如果有多个补间对象要同时运动，则需要将其放置在不同的图层。

● 一段补间动画只有第 1 帧一个关键帧，其他是普通帧和属性关键帧。

3. 创建步骤

可以按以下步骤来创建一个补间动画（以一个圆形的移动及缩放为例）。

步骤① 在舞台上准备一个元件实例或文本对象，如一个圆形实例，如图 3-72 所示。

步骤② 选择该实例或帧，在其上单击鼠标右键，在弹出的快捷菜单中选择“创建补间动画”命令，如图 3-73 所示，或单击菜单“插入”→“补间动画”命令。如果原实例只有 1 帧，则补间范围自动延长到 24 帧（帧频是 24 帧/秒的情况下），如果原实例已有若干帧，则这些帧形成补间范围。

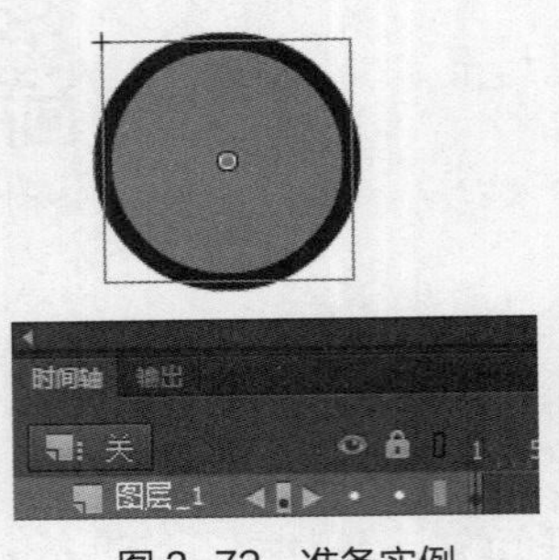

图 3-72　准备实例

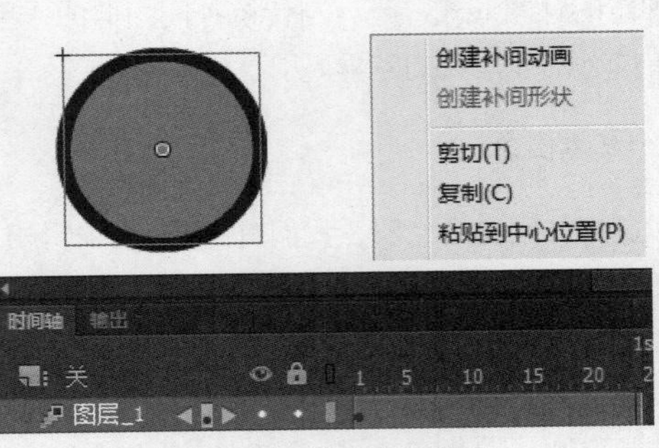

图 3-73　创建补间动画

步骤③ 选择补间范围的最后一帧，将圆形实例移动到需要的位置，自动建立属性关键帧，如图 3-74 所示。

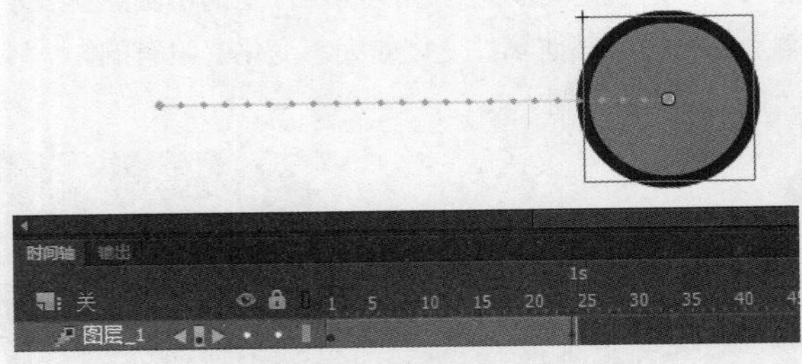

图 3-74　改变对象位置属性

步骤④ 选择补间范围中间的某一帧，调整圆形实例的大小，自动建立属性关键帧，如图 3-75 所示。

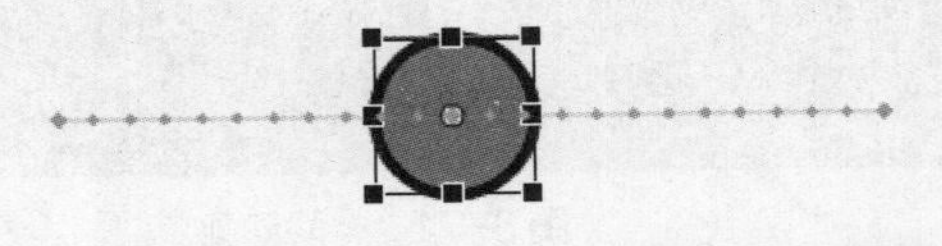

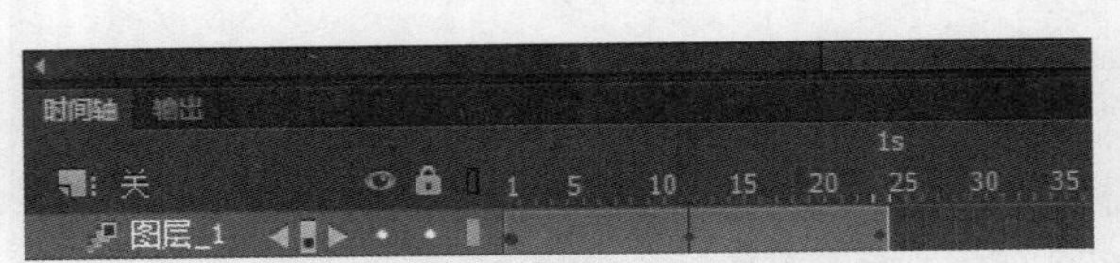

图 3-75　在补间范围中间改变对象大小属性

步骤⑤ 使用选择工具编辑舞台上的路径，使运动路径由直线变为曲线，如图 3-76 所示。

4. 补间动画的调整

（1）调整属性关键帧。对属性关键帧的编辑与对普通关键帧的编辑一样，包括帧的移动、复制等操作。普通关键帧同时记录了对象的所有属性，而属性关键帧只记录了补间对象的某个或若干个属性，这些属性如图 3-77 所示。

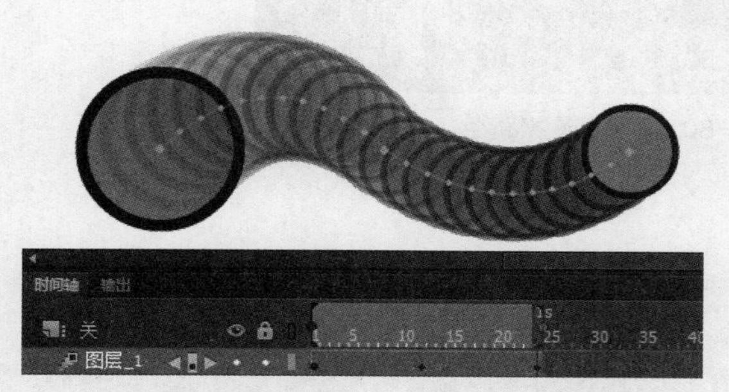

图 3-76　调整运动路径（显示了绘图纸外观）

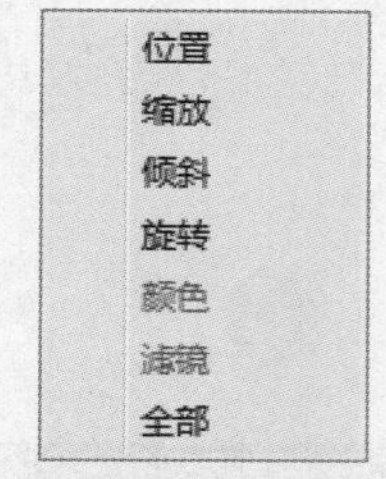

图 3-77　补间对象的属性

● 插入属性关键帧：按“F6”键或用鼠标右键单击补间范围，在弹出的快捷菜单中选择“插入关键帧”→“全部”命令，可以插入一个包含补间对象所有属性的属性关键帧，也可以选择只插入包含某项属性的属性关键帧。

● 直接对补间对象进行调整，如移动、缩放等，会在补间范围的对应帧上建立属性关键帧，同时会在运动路径上建立一个锚点。

（2）调整运动路径。

● 使用选择工具，像对线条进行拖曳调整那样对运动路径进行拖曳，可以改变运动路径的形态，如图 3-78 所示。

图 3-78　使用选择工具调整路径

● 使用部分选择工具可以对运动路径上的锚点进行调整，如图 3-79 所示。

● 将整个补间范围选中后，可以使用选择工具和部分选择工具对整个路径进行移动，如图 3-80 所示，也可以使用变形工具进行变形操作。

● 替换运动路径。补间范围本身不能在其上绘制路径，但可以先从其他图层绘制好路径，再粘贴进当前补间范围，这样该路径就会替换原来的路径成为新的运动路径。

（3）改变补间范围的长度。将鼠标指针放在补间范围的边缘再进行拖曳，可以延长或缩短补间范围，中间的属性关键帧会自动调整位置，如图 3-81 所示。

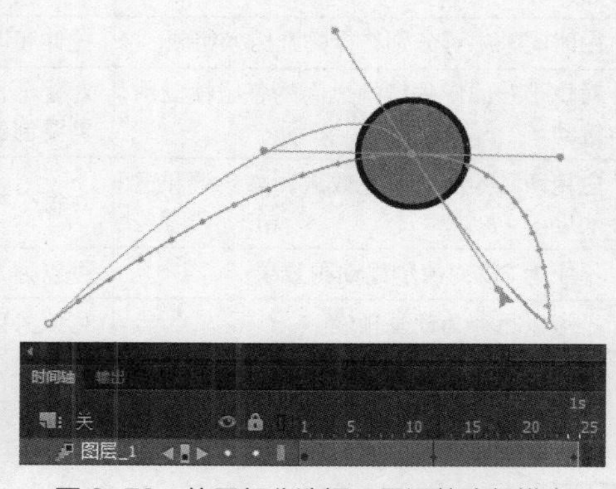

图 3-79　使用部分选择工具调整路径锚点

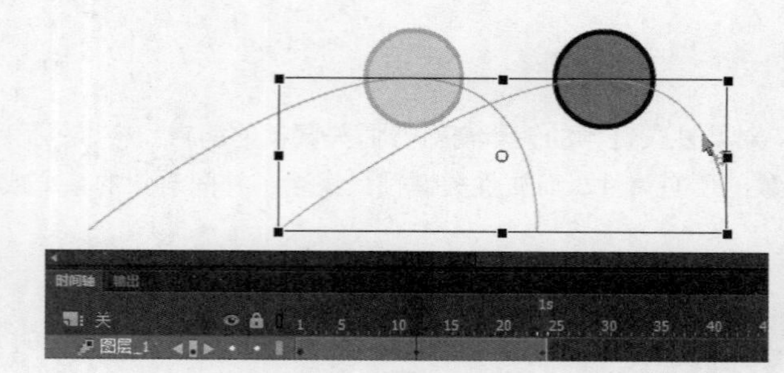

图 3-80　平移或变换路径

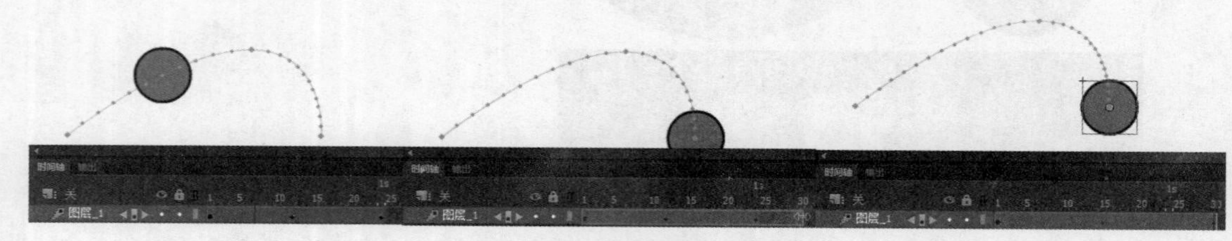

图 3-81　改变补间范围的长度

5. 传统补间和补间动画的对比

传统补间和补间动画都是使用元件的动画类型，都可以用来创建运动、大小和旋转的变化、淡化及颜色效果，两者有很多共同之处，也有很多差异。它们的主要对比如表 3-1 所示。

表 3-1　　传统补间与补间动画的对比

传统补间	补间动画
创建复杂，包含 Animate 早期版本中创建的所有补间	易于创建，可以对补间动画实现最大限度的控制
使用关键帧	使用属性关键帧
在同一元件的两个不同实例的关键帧之间进行补间	整个补间只包含一个目标对象
不能对文本直接做动画，需要将其转换为元件	将文本用于一个可补间的类型，而不会将文本对象转换为影片剪辑
由时间轴中可分别选择的几组帧组成	拉伸和调整时间轴中补间范围的大小并将其视为单个的对象
对位于补间中关键帧之间的各组帧应用缓动	对整个长度的补间动画范围应用缓动。若要对补间动画的特定帧应用缓动，则需要创建自定义缓动曲线
应用两种不同的颜色效果，如色调和透明度	对每个补间应用一种颜色效果
不能为 3D 对象创建动画效果	可以为 3D 对象创建动画效果
不可以另存为动画预设	可以另存为动画预设

◎ 应用案例：补间动画——滑板小子

步骤① 新建 HTML5 Canvas 文件，将舞台尺寸设为 800 像素 × 450 像素，帧频为 24 帧/秒，舞台背景颜色为白色。

步骤② 导入素材文件“滑板小子背景.ai”，在导入选项的时候选择将图层转换为“单一 Animate 图层”，如

图 3-82 所示。导入的图形较大，使用任意变形工具或“对齐”面板，将其调为与舞台同等大小并对齐，如图 3-83 所示。

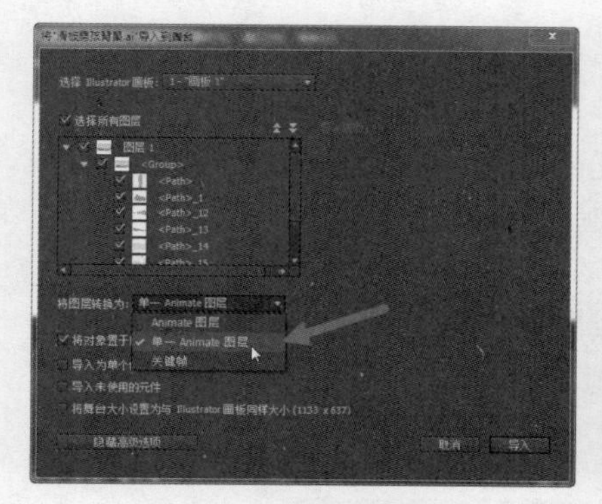
图 3-82　导入图形窗口

图 3-83　导入的背景图形

步骤③ 将背景层锁定，新建一个图层，命名为“地面”，使用矩形工具在背景的底部绘制一灰色（也可使用浅灰色渐变）矩形，作为水泥地面，如图 3-84 所示。使用选择工具适当将地面图形的上边缘向下拉弯。锁定该图层。

步骤④ 新建一个图层，使用相同的方式导入另一个素材文件“滑板男孩.ai”。

步骤⑤ 选中整个滑板男孩图形，按“F8”键将其转换为一个影片剪辑，如图 3-85 所示。

图 3-84　绘制的地面图形

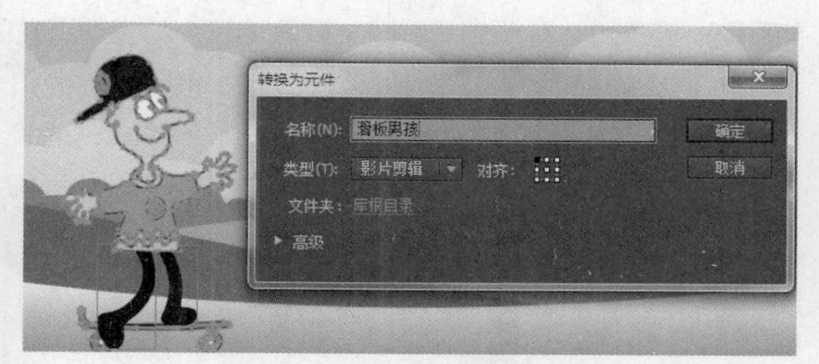

图 3-85　将图形转换为影片剪辑

步骤⑥ 双击男孩实例进入该元件的内部。因为男孩的腿和滑板需要运动，所以需要将右腿、左腿连着滑板及上身部分分开来。将右腿、左腿和滑板、上身 3 部分分别转换为图形元件，并放置在 3 个不同的图层上，如图 3-86 所示。

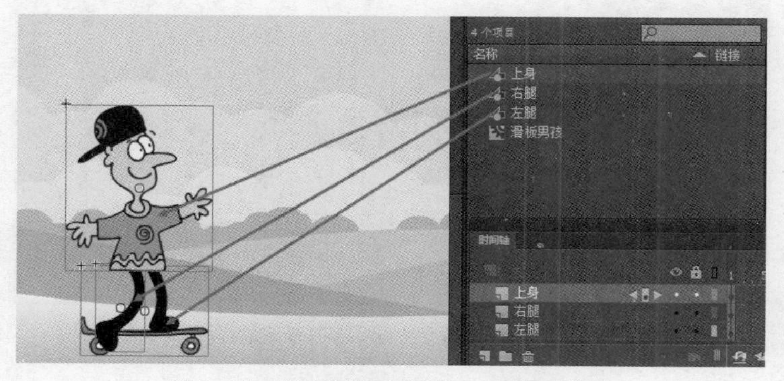

图 3-86　将对象分不同元件、不同图层放置

步骤⑦ 给男孩做一个滑动的动画。先设置男孩的起始动作。将右腿稍向左移动，并使用任意变形工具将其中心移到与上身接合的位置，然后将右腿旋转 45° ，如图 3-87 所示。

图 3-87　修改起始动作

步骤⑧ 将 3 个图层的第 15 帧选中，按“F5”键插入普通帧，使动画延长至此。

步骤⑨ 将 3 个图层的任意帧选中，在其上单击鼠标右键，在弹出的快捷菜单中选择“创建补间动画”命令，或单击菜单“插入”→“补间动画”命令，如图 3-88 所示。

步骤⑩ 因为动作是一个循环的过程，一个动作结束时应该与起始时是一样的，所以在 3 个图层的第 12 帧选中并按“F6”键建立属性关键帧，即滑动动作从第 1 帧开始，到第 12 帧结束，从第 12 帧到第 15 帧属于静止滑行状态。

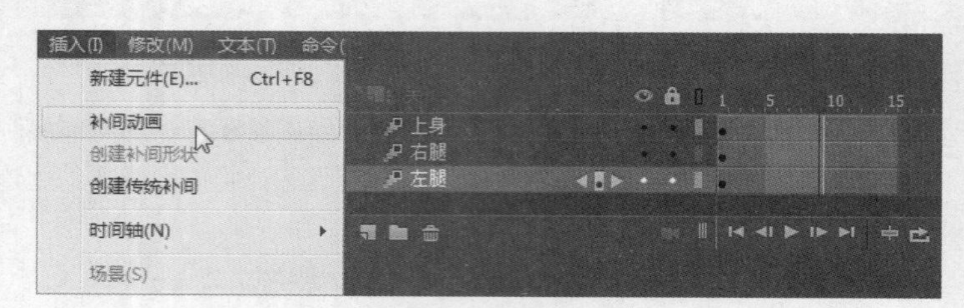

图 3-88　建立补间动画

步骤⑪ 男孩的滑动动作是右腿从后面（第 1 帧）摆到前面（第 6 帧），上身和左腿相对往后稍微移动一点；右腿再从前面（第 6 帧）摆到后面（第 12 帧），上身和左腿相对往前稍微移动一点，然后稍停留再重复这个动作。所以，在 3 个图层的第 6 帧按“F6”键建立关键帧，并调整此帧中 3 个对象的位置，右腿旋转到–15° ，上身和左腿略向左移动一点。此时时间轴和第 6 帧的画面效果如图 3-89 所示。

图 3-89　建立中间状态并修改动作

步骤⑫ 此时如果预览动画是可以看到男孩在原地滑动的。接下来让其从舞台左边沿地面滑到右边。

步骤 ⑬ 退出元件的编辑，返回到舞台场景（在空白处双击或单击文档标签下的“场景 1”或返回箭头 场景 1 滑板男孩 ）。将所有图层的帧延长到第 90 帧（按“F5”键）。

步骤 ⑭ 将滑板男孩的第 1 帧移至舞台左边外面，并为其添加创建补间动画，然后在第 90 帧将其移到舞台右边外面，如图 3-90 所示。

图 3-90　为男孩添加整体滑动动画

步骤 ⑮ 使用选择工具，将运动的轨迹线稍微向下拉弯一点，使滑板男孩的运动轨迹有一个弧度，不至于太呆板。

步骤 ⑯ 再给男孩添加一个手持气球的动画。双击男孩实例，进入其内部，再双击上身元件实例，进入其内部（或直接从库中双击“上身”元件）。

步骤 ⑰ 新建两个图层，使用绘图工具分别绘制气球和细线，并将时间轴延长至第 15 帧，如图 3-91 所示。

图 3-91　绘制气球和线

步骤 ⑱ 为气球制作形状补间动画，其动画节奏与腿部动画节奏一样。在“线”层的第 6 帧和第 12 帧分别建立关键帧，并将第 6 帧线条拉弯扭曲，如图 3-92 所示。

图 3-92　建立关键帧，调整线条形态

步骤⑲ 为线条从第 1 帧到第 12 帧建立形状补间动画。

步骤⑳ 用同样的方式为气球制作动画，在其第 6 帧和第 12 帧建立关键帧，在第 6 帧将其移置线条的端点处，并为其 1～12 帧建立形状补间动画，如图 3-93 所示。

图 3-93　为线条和气球制作形状补间动画

步骤㉑ 男孩的动画制作完毕，退出元件的编辑，返回至场景 1 舞台。

步骤㉒ 制作云朵的动画。新建一新的图层，命名为“云朵”，使用矢量画笔工具，设置笔触颜色为白色，粗细为 45，笔触样式选择画笔库中的“Cloud Half”，按住“Shift”键在舞台上绘制一云朵。效果如图 3-94 所示。

图 3-94　绘制云朵

步骤㉓ 将云朵转换为图形元件，使用补间动画制作方法，为云朵制作一个从舞台右侧缓慢向左侧移动的动画。

步骤㉔ 添加背景音乐。在舞台上新建一图层，命名为“声音”。导入素材文件“口哨.mp3”，其会自动添加到帧上，最终舞台画面和时间轴如图 3-95 所示。

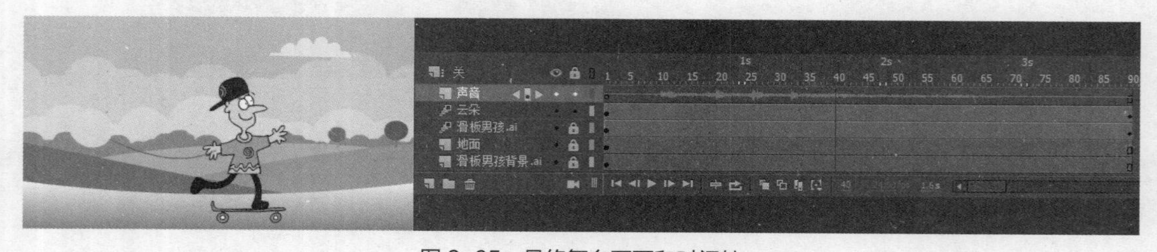

图 3-95　最终舞台画面和时间轴

步骤㉕ 按“Ctrl+Enter”组合键测试影片的动画效果，保存文件。

◎ 应用案例：补间动画——跷跷板

本例要制作一个跷跷板动画，达到两只小动物在跷跷板两端上跷和下落的动画效果，如图 3-96 所示。

步骤❶ 启动 Animate，新建一个 HTML5 Canvas 文档，将舞台设置为 800 像素 × 450 像素，帧频为 24 帧/秒，背景为白色。

步骤② 导入文件“跷跷板素材.swf”到舞台上，里面包含 4 个动物图形，选 4 个作为跷跷板动画的主角，本例选择了乌龟和小狗。

步骤③ 把乌龟和小狗图形分别转换为图形元件，然后暂时删除舞台上的元件实例。

步骤④ 修改图层 1 的名称为“底座”，绘制一简单的跷跷板底座，如图 3-97 所示。

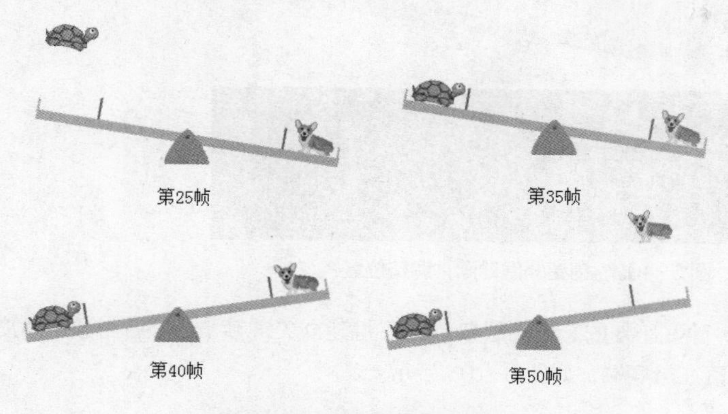

图 3-96 跷跷板动画效果

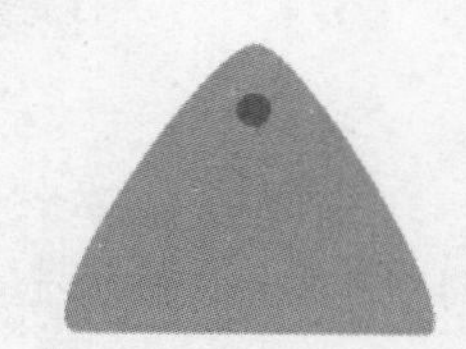

图 3-97 跷跷板底座

步骤⑤ 新建图层，命名为“跷跷板”，绘制一简易的跷跷板，并将其转换为一个图形元件，如图 3-98 所示。

步骤⑥ 将底座和跷跷板组合，并将两个对象的图层顺序交换过来，使底座在上、跷跷板在下，如图 3-99 所示。

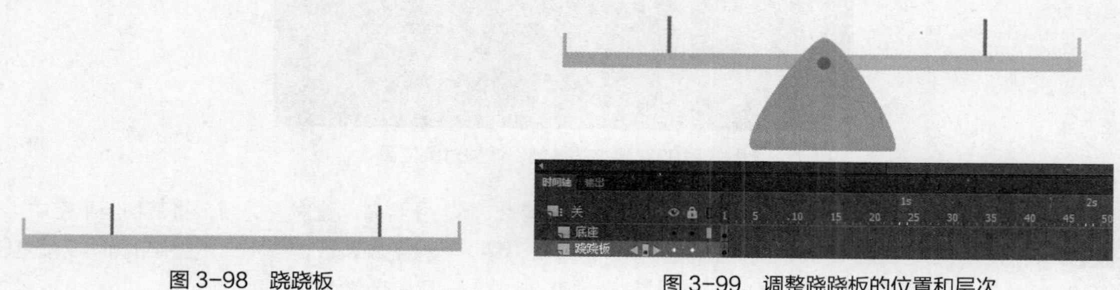

图 3-98 跷跷板

图 3-99 调整跷跷板的位置和层次

步骤⑦ 新建两个图层，分别命名为“乌龟”和“小狗”，从库中将乌龟和小狗的元件拖到对应的图层中，并调整好大小和方向，放在跷跷板的两端，如图 3-100 所示。

步骤⑧ 设置第 1 帧时各对象的初始位置。将跷跷板的变形中心移至与跷跷板相接的位置。假设第 1 帧时乌龟在下面，而小狗被跷起来上升到半空中，旋转跷跷板和乌龟，移动小狗到空中，如图 3-101 所示。

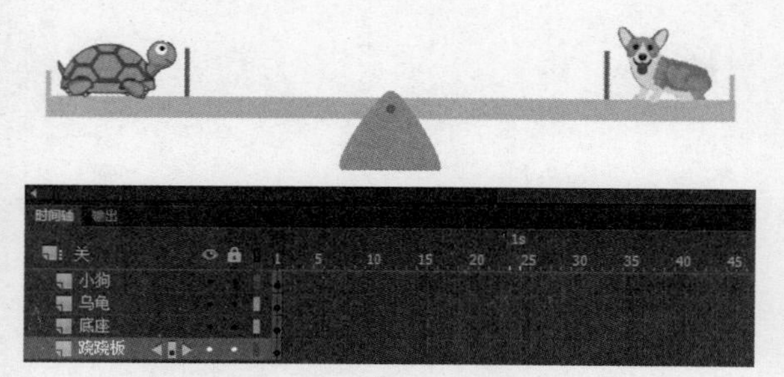

图 3-100 添加图层，放置元件实例

图 3-101 调整起始帧对象位置和角度

步骤 ⑨ 所有图层延长至第 10 帧，并给乌龟、小狗和跷跷板 3 个图层创建补间动画，然后在第 10 帧按“F6”键建立关键帧，并调整小狗的位置和角度，使其刚好落在跷跷板上，如图 3-102 所示。

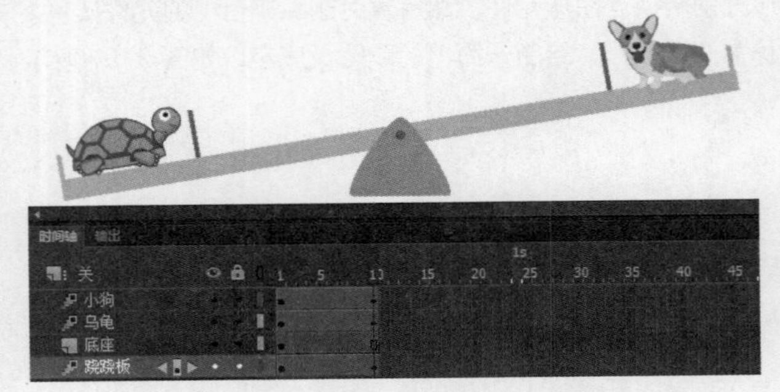

图 3-102　创建补间动画，调整位置

步骤 ⑩ 将所有图层延长至第 15 帧，除底座外的其他图层按“F6”键建立关键帧，调整各对象的角度，使跷跷板跷向另一头，乌龟被跷起，小狗落在最底端，如图 3-103 所示。

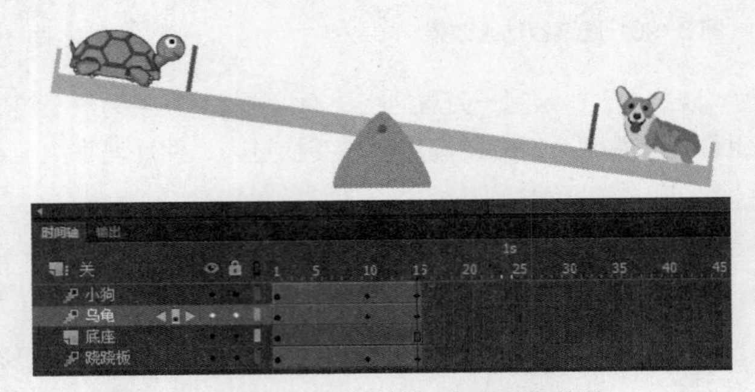

图 3-103　建立关键帧，调整对象位置

步骤 ⑪ 继续按运动的过程制作动画。将所有图层延长至第 25 帧，并给乌龟建立关键帧，将其移至半空中。

步骤 ⑫ 将所有图层延长至第 35 帧并建立关键帧，将乌龟再移下至接触跷跷板，或将乌龟图层的第 15 帧复制到第 35 帧（选中第 15 帧，按下“Alt”键将其移动到第 35 帧），形成乌龟下落动画。

步骤 ⑬ 将所有图层延长至第 40 帧，将三个运动对象的第 10 帧分别复制到第 40 帧（按住“Alt”键并用鼠标拖曳帧）。

步骤 ⑭ 将所有图层延长至第 50 帧，将小狗图层的第 1 帧复制到第 50 帧。第 25 帧、第 35 帧、第 40 帧和第 50 帧的画面和时间轴如图 3-104 和图 3-105 所示。

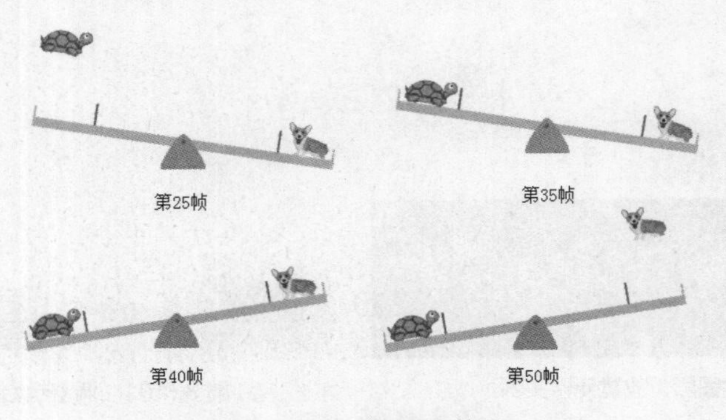

图 3-104　动画画面效果

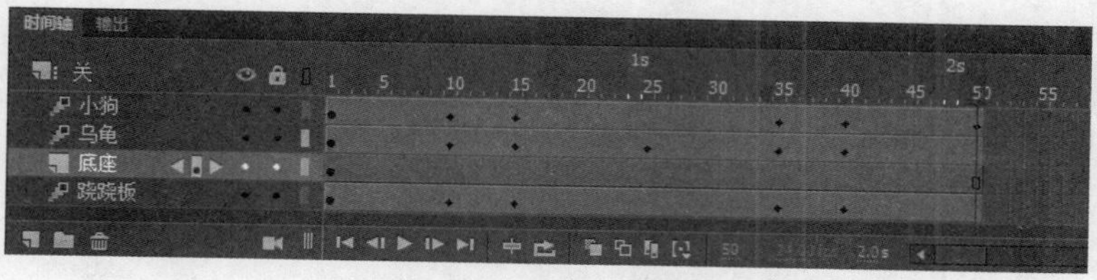

图 3-105　时间轴帧的分布

步骤⑮ 按“Ctrl+Enter”组合键测试影片，发现动画速度偏慢。选中所有图层，将鼠标指针放置在帧末尾，其变成水平双向箭头时，按住鼠标左键不放向左拖曳鼠标指针到第 30 帧，即将长度由 50 帧减少到 30 帧，在运动距离不变的情况下，减少了帧数，即缩短了时间，加快了速度。时间轴如图 3-106 所示。

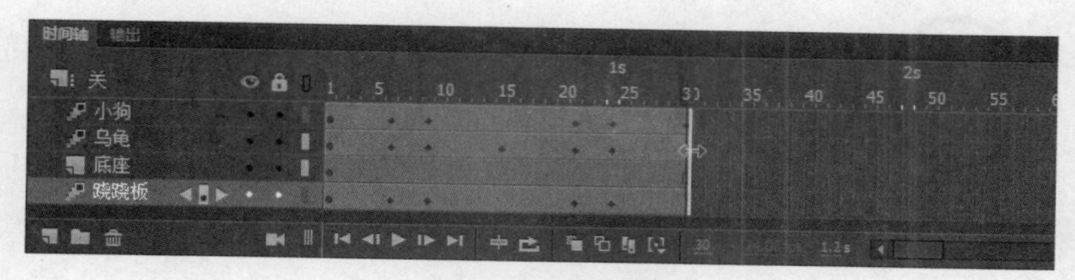

图 3-106　调整动画长度

步骤⑯ 为了增加趣味性，可以给乌龟被跷上去时做一个翻转的动作。在第 15 帧时（乌龟在半空中）将乌龟的角度旋转半圈，在第 20 帧时旋转剩下的半圈，再检查其他帧有无角度的偏差，有的话修正一下。效果如图 3-107 所示。

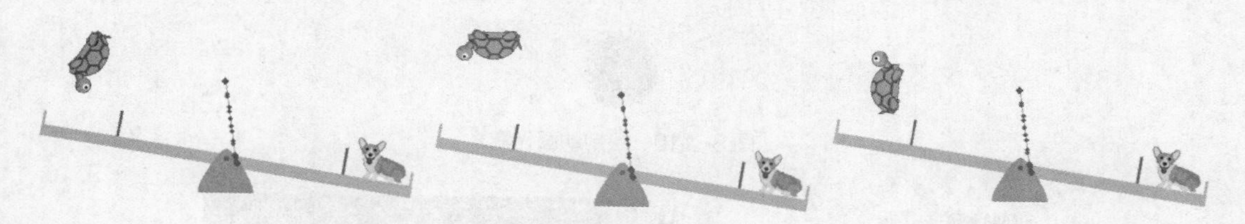

图 3-107　乌龟翻转动画

步骤⑰ 继续给乌龟和小狗制作一个落地时的震动效果。选择“小狗”图层的第 10 帧、第 11 帧分别建立关键帧，将第 10 帧小狗稍往上移动一点，这样从第 9 帧到第 11 帧就形成了一个小狗上去再下来的震动效果。用同样的方式给乌龟制作一个震动效果（第 24 帧至第 26 帧）。

步骤⑱ 动画制作完成后，保存文件为“跷跷板.fla”，以备后用。

◎ 应用案例：补间动画——能量守恒

本例要制作一个小车在弹簧的挤压下不断在平台上左右滑动的动画，以及球摆的摆动动画。效果如图 3-108 所示。

步骤① 新建 HTML5 Canvas 文档，将舞台设置为 800 像素 × 450 像素，帧频为 24 帧/秒，背景为白色。

步骤② 先绘制案例所需对象。使用基本绘图工具，结合复制、变换等操作，绘制弹簧、轨道、小球和小车的图形，如图 3-109 和图 3-110 所示。

步骤③ 把弹簧选中后按“F8”键将其转换为图形元件，复制一个实例并水平翻转，然后放置在轨道两端。将其他部件也分别转换为图形元件，并将球摆复制 4 个，再将各部件放置在不同的图层，以便制作动画。时间轴和舞台如图 3-111 所示。

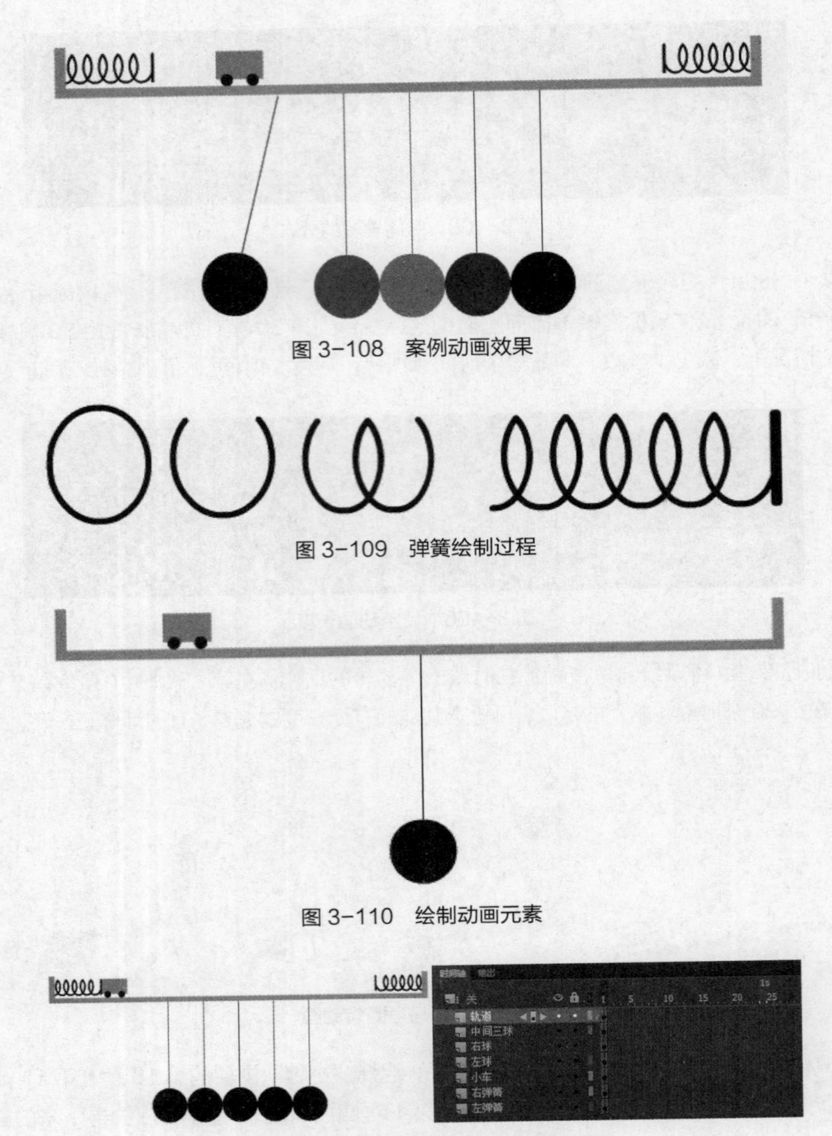

图 3-108　案例动画效果

图 3-109　弹簧绘制过程

图 3-110　绘制动画元素

图 3-111　复制并分层放置动画对象

步骤 ④ 设置动画的起始状态，假设开始时小车挤压左侧弹簧程度最大，同时左球摆到左侧最高处。调整左右弹簧的变形中心到与轨道相接处，调整左右球的变形中心到与轨道相接处，如图 3-112 所示。

图 3-112　调整对象变形中心

步骤⑤ 将左弹簧水平缩放 50%（取消缩放锁定比例），同时小车向左移动至接触弹簧，左球旋转 30° ，完成动画初始状态的设置，如图 3-113 所示。

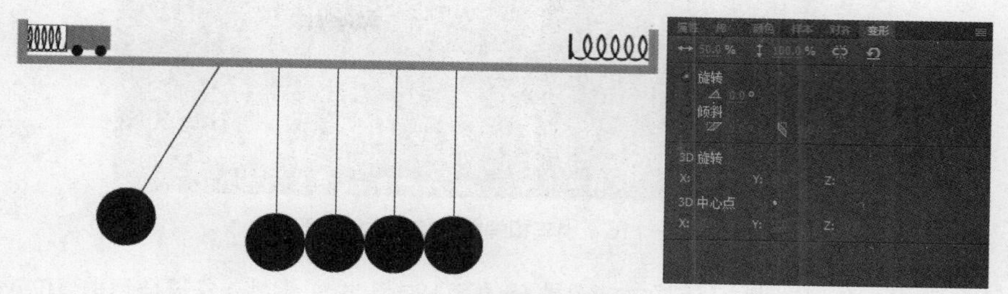

图 3-113　设置动画初始状态

步骤⑥ 假设动画一个循环 2 秒，即 48 帧，所以将动画延长至 48 帧（在所有层的第 48 帧处按“F5”键建立普通帧）。

步骤⑦ 给左右弹簧、左右小球和小车 5 个图层添加补间动画，时间轴如图 3-114 所示。

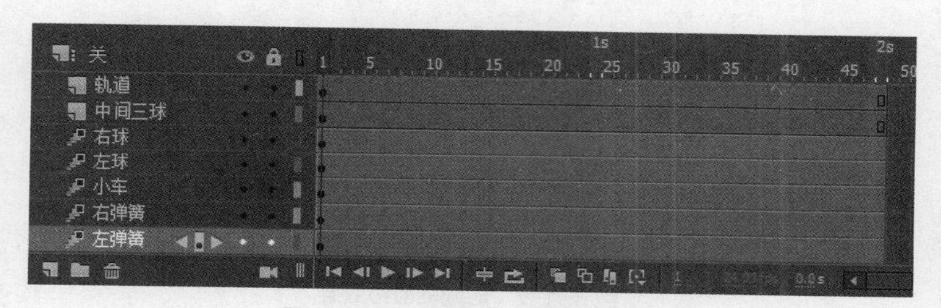

图 3-114　延长帧，建立补间动画

步骤⑧ 先制作弹簧和小车的动画，动画第 1 个过程是弹簧伸展恢复推动小车往右，所以在左弹簧和左球的第 5 帧按“F6”键建立关键帧，并调整弹簧水平缩放 100%，小车往右稍移动至与弹簧右端接触。

步骤⑨ 动画第 1 个过程是小车向右滑动，直到接触右弹簧，此时左右弹簧都是静止的。在小车和右弹簧的第 20 帧建立关键帧，将小车向右移动至接触右弹簧。

步骤⑩ 动画第 3 个过程是小车继续向右挤压弹簧，直至弹簧压缩最大。在小车和右弹簧的第 24 帧建立关键帧，右弹簧水平缩放 -50%（因为是水平翻转过的，所以缩放值为负），小车稍向右移动接触弹簧。此时时间轴和舞台画面如图 3-115 所示。

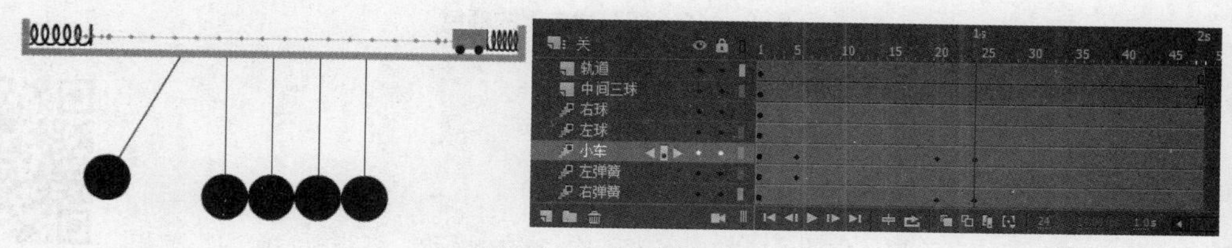

图 3-115　动画过程截图

步骤⑪ 继续给小车和弹簧制作动画，在小车和右弹簧的第 25 帧建立关键帧。动画第 4 个过程，在小车和弹簧的第 29 帧建立关键帧，弹簧复原，小车稍左移。或直接把这两个对象的第 20 帧复制到第 29 帧（按住“Alt”键后移）。

步骤⑫ 动画第 5 个过程，小车继续左移，接触左弹簧。即在小车和左弹簧的第 44 帧建立关键帧，移到指定位置。或直接把这两个对象的第 5 帧复制到第 44 帧。

步骤⑬ 再把小车和左弹簧的第 1 帧复制到第 48 帧，完成小车和球的动画，此时时间轴如图 3-116 所示。

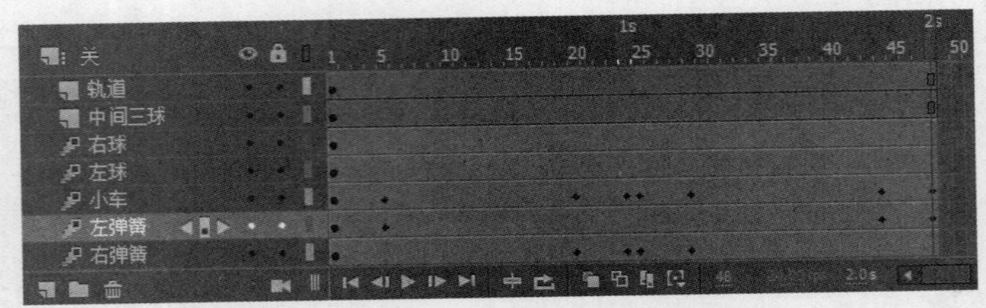

图 3-116　小车和弹簧运动时帧的分布

步骤⑭ 继续给左右球摆制作动画，分别在左球和右球的第 12 帧建立关键帧，左球摆到垂直位置。

步骤⑮ 在右球第 24 帧建立关键帧，向右摆到最大位置，即旋转-30°。继续在第 25 帧建立关键帧。

步骤⑯ 在右球第 36 帧建立关键帧，角度设为 0°，或将其第 12 帧复制过来。

步骤⑰ 在左球第 36 帧建立关键帧，将第 1 帧复制到第 48 帧。

步骤⑱ 球的动画完成，此时时间轴如图 3-117 所示。

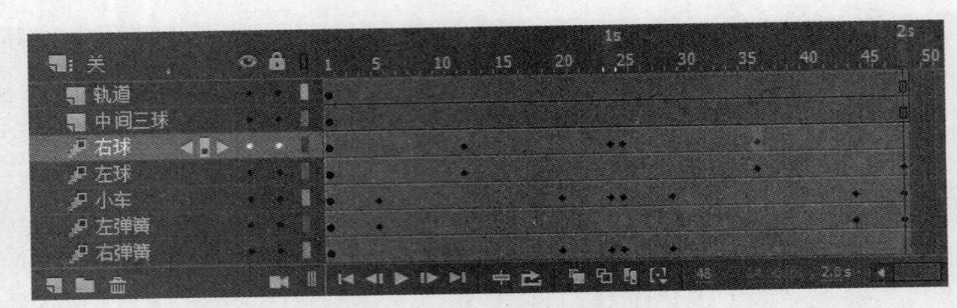

图 3-117　时间轴最终效果

步骤⑲ 将中间 3 个球的颜色在“属性”面板上调整一下，最终画面效果如图 3-118 所示。

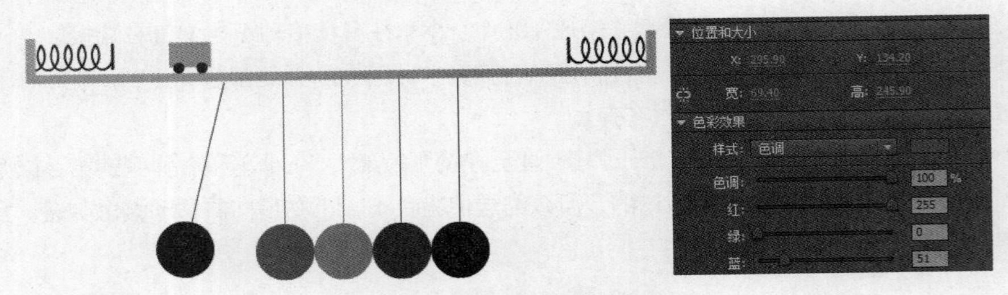

图 3-118　调整球实例的颜色

步骤⑳ 保存文件，以备后用。

动画缓动设置

3.3.4　动画的缓动

前面几个案例中对象的运动都是匀速的，如电子贺卡中小狗的摆动，跷跷板案例中小狗和乌龟的上升、下降，以及能量守恒案例中球摆的运动和小车弹簧的运动。但在实际生活中，对象的运动往往是有速度变化的，这在 Animate 中称为缓动。缓动是指在动画期间的逐渐加速或减速，从而使补间显得更为真实、自然。使用缓动可以应用构成动画任务的特殊运动，如自由移动或球的弹跳。通过使用柔和的缓动曲线逐渐调整变化速率，可以应用缓动来添加更为自然的加速或减速动画效果。并且在新版的 Animate CC 中，既可以对运动对象的所有属性同时应用缓动，也可以针对其中某种属性添加缓动来创建更丰富的运动效果。

Animate CC 中提供了两种方法用于对补间动画应用缓动：一是使用动画“属性”面板中的“缓动”参数

为每个补间动画指定一条预设缓动曲线或缓动值；二是使用动画编辑器对一个或多个属性应用预设或自定义缓动，并且不同的动画类型（如传统补间动画和新补间动画）其缓动的可控制性也不同，如图 3-119 和图 3-120 所示。

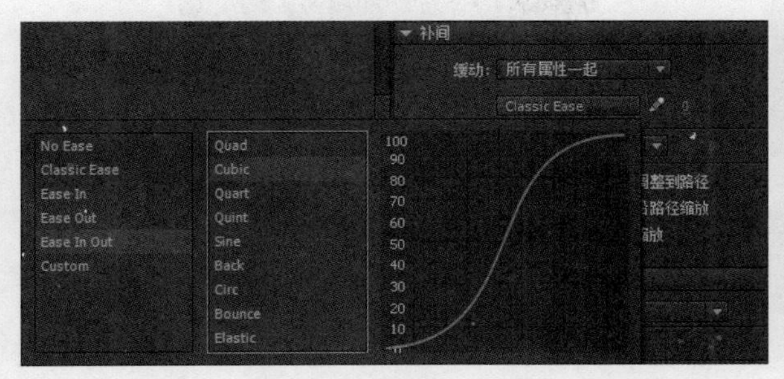

图 3-119 传统补间下使用“属性”面板设置缓动

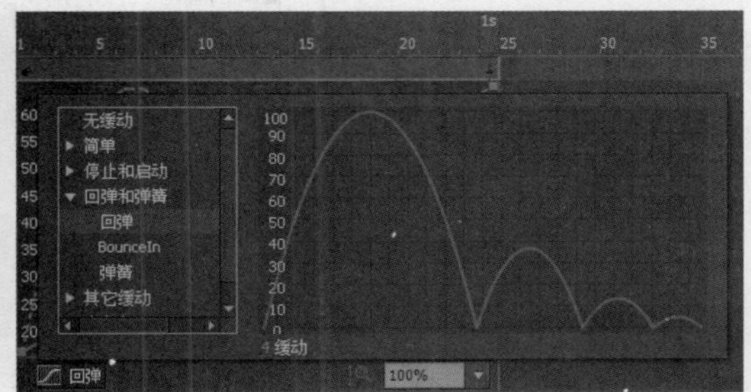

图 3-120 新补间动画下通过动画编辑器设置缓动

1. 使用“属性”面板为新补间动画设置缓动

随意制作一段简单的补间动画，如一颗星型图形从左向右移动。此时可看到，其运动轨迹上的节点是均匀分布的，表示星型图形的运动速度是匀速的。选中补间范围内的任何一帧，查看其“属性”面板中的“缓动”参数，可见缓动为 0，如图 3-121 所示。

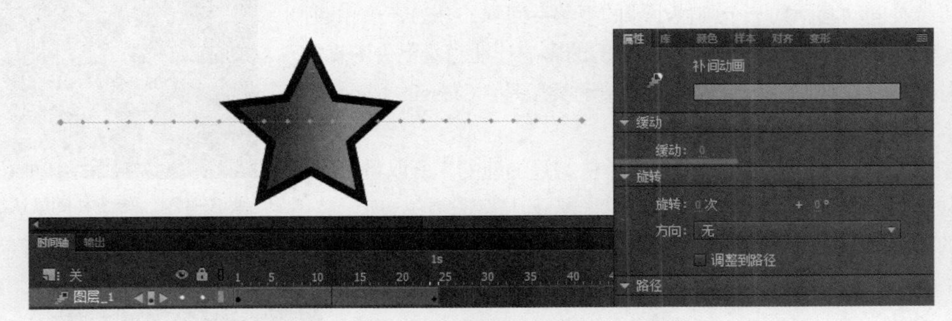

图 3-121 默认补间动画的缓动为 0，表示匀速运动

左右拖动“属性”面板上“缓动”右侧的数字，可以设置缓动值（范围为-100～100）。也可以输入一个值来调整补间帧之间速率的变化。

当缓动值是-1～-100 的负值时，观察星型图形的运动路径，从左往右是由密到疏的，表示其运动过程是由慢到快的，是加速运动，如图 3-122 所示。缓动越小，加速度越大，反之越小。

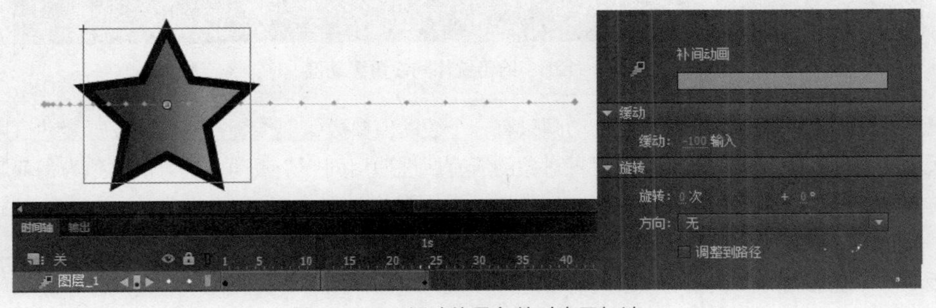

图 3-122 缓动值是负数时表示加速

当缓动值是 1 ~ 100 的正值时，观察星型图形的运动路径，从左往右是由疏到密的，表示其运动过程是由快到慢的，是减速运动，加速度为负，如图 3-123 所示。缓动越大，加速度越小，反之越大。

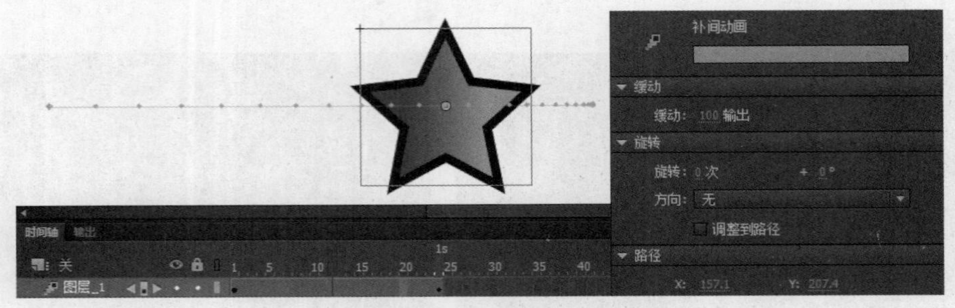

图 3-123　缓动值是正数时表示减速

需要注意的是，使用“属性”面板给补间动画设置缓动时，整个补间范围只能使用一个固定的缓动值，不能分段使用不同的缓动值。如果要在同一段补间范围内设置变化的缓动效果，则需要在动画编辑器内进行设置，详见 3.3.5 小节中的相关内容。

2. 使用“属性”面板为传统补间或补间形状设置缓动

给传统补间和补间形状添加及设置缓动参数的方法完全一样。制作一段简单的传统补间动画，如一个弹性小球的下落及回弹，分为下落和回弹两个过程，默认小球是匀速运动的，缺少引力的影响让动画看上去不真实。查看传统补间的“属性”面板，可看到其缓动类型是“Classic Ease”，值是“0”，如图 3-124 所示。

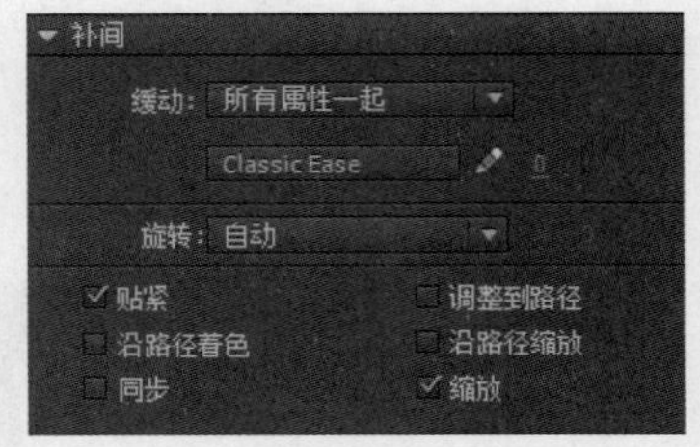

图 3-124　传统补间默认缓动为 0

根据物理常识，小球下落时速度越来越快，是加速的，所以将小球下落段的缓动设为 - 100；小球上升时速度越来越慢，是减速的，所以将小球上升段的缓动设为 100。此时预览动画，可见小球的运动接近于真实的运动效果，如图 3-125 所示。

图 3-125　给传统补间设置缓动值

在“属性”面板中进行缓动设置，补间动画只有一个缓动值参数，但传统补间可以设置缓动适用的对象属性及应用缓动预设。其中，缓动属性可以设置对象的所有属性使用同一个缓动，也可以单独为每项属性（包括位置、旋转角度、缩放、颜色和滤镜）设置不同的缓动，如图 3-126 所示。

缓动“属性”面板中的“Classic Ease”是一种默认的缓动预设，缓动预设是可以应用于舞台上某个对象的预配置缓动。传统补间可以从缓动预设列表中选择预设并双击，然后将其应用于选定属性。缓动预设的种类如图 3-127 所示。

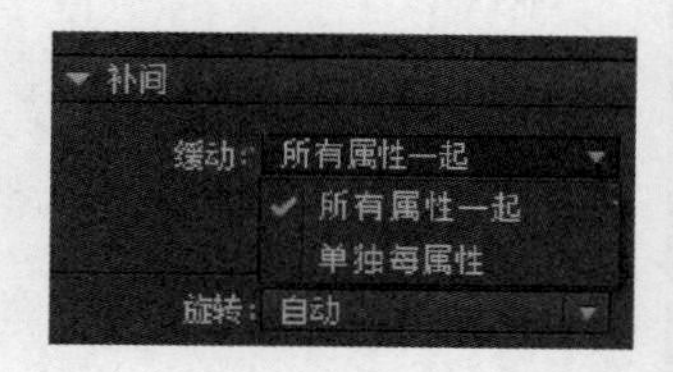

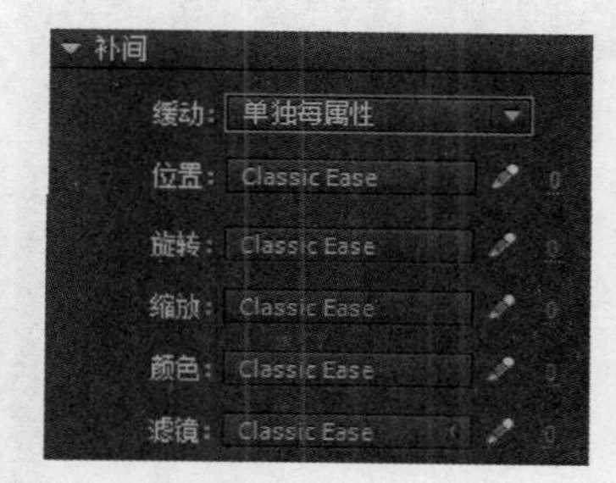

图 3-126　为缓动选择应用的属性

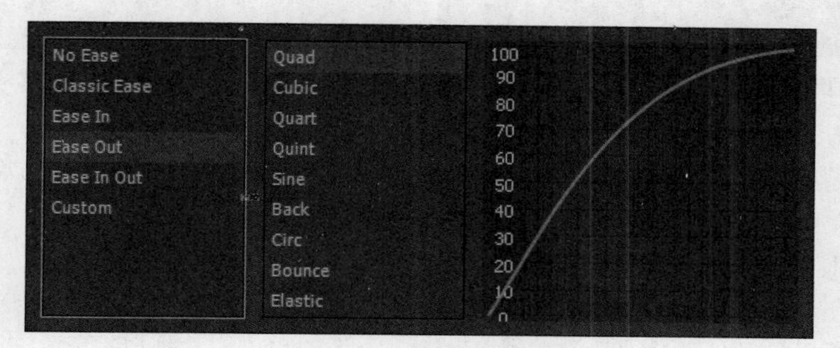

图 3-127　缓动预设种类

- No Ease：不使用缓动。
- Classic Ease：传统缓动类型，也是默认的缓动类型，可以设置缓动值。
- Ease In：输入缓动，即由慢到快的缓动。
- Ease Out：输出缓动，即由快到慢的缓动。
- Ease In Out：即开始时和结束时较慢、中间较快的缓动，速度先由慢到快，再由快到慢。
- Custom：自定义缓动，可以通过手动调整缓动曲线上的点的方式来设置复杂的缓动效果。

其中，Ease In、Ease Out 和 Ease In Out 3 种类型的缓动又分为多种不同的缓动曲线，主要包括 Quad（平方缓动）、Cubic（立方缓动）、Quart（四次方缓动）、Quint（五次方缓动）、Sine（正弦缓动）、Back（超过范围的三次方缓动）、Circ（圆形曲线的缓动）、Bounce（指数衰减的反弹缓动）及 Elastic（指数衰减的正弦曲线缓动）。可以根据对象速度的变化要求，选择不同缓动类型下的不同缓动曲线。

3. 应用自定义缓动

虽然 Animate 提供了多种缓动预设供用户选择，但也可以手动对缓动曲线进行调整，即自定义缓动。选择“Custom”类型的缓动预设，在其子列表中双击“new...”，或者是选择某个缓动预设后单击其“属性”面板上的“编辑缓动”按钮，即弹出“自定义缓动”对话框，如图 3-128 所示。

“自定义缓动”对话框显示一个表示运动程度随时间而变化的图形。水平轴表示帧，垂直轴表示变化的百分比。第一个关键帧表示为 0%，最后一个关键帧表示为 100%。图形曲线的斜率表示对象的变化速率。默认曲线呈 45°（曲率为 1），表示匀速变化，曲线水平（无斜率）时，变化速率为零；即没有运动，曲线垂直时，变化速率最大，一瞬间完成变化。

用鼠标在曲线上单击可添加节点，上下或左右拖曳节点可以调整动画的速度，拖曳节点的手柄可以调整节点两端曲线的弧度，形成不同的缓入缓出曲线。图 3-129 所示为自定义的一条缓动曲线。

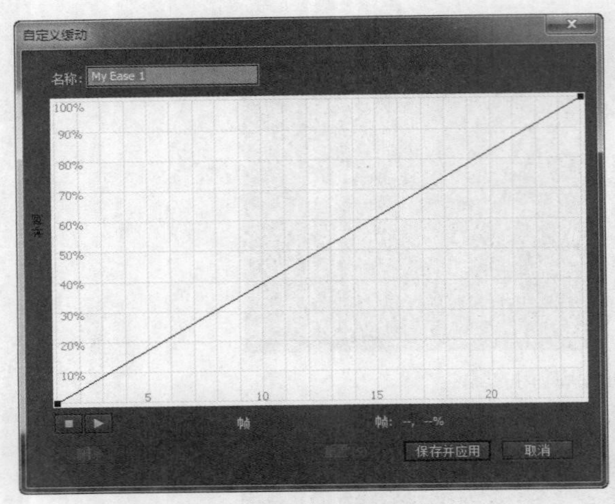

图 3-128　恒定速率的“自定义缓动”图形

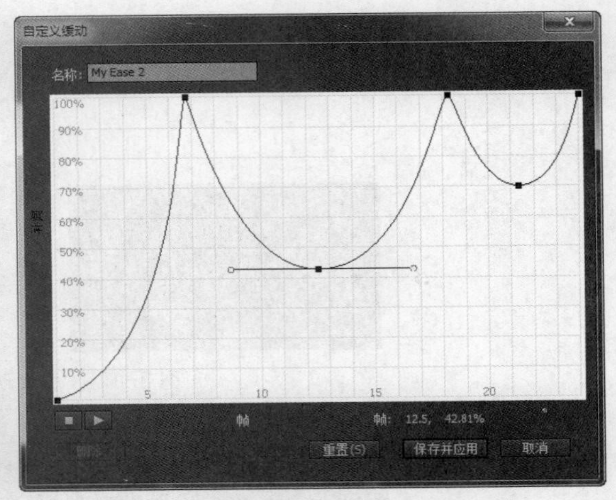

图 3-129　通过编辑节点的方式调整缓动曲线

在“自定义缓动”对话框中，可以对缓动曲线进行以下操作。

- 播放和停止按钮：使用“自定义缓动”对话框中定义的当前速率曲线，预览舞台上的动画。
- 删除：删除当前的自定义缓动。
- 保存并应用：保存和应用对缓动预设所做的更改。
- “重置”按钮 重置(S)：将速率曲线重置为默认的线性状态。

此外，也可以通过复制（“Ctrl+C”组合键）和粘贴（“Ctrl+V”组合键）的方式，将一条缓动曲线复制到另一条缓动曲线中。

3.3.5　动画编辑器的使用

动画编辑器是一种对运动状态进行精确调整、控制的集成工具，通过它可以轻松地创建复杂的补间动画效果，动画编辑器将补间对象的所有属性显示为由一些二维图形构成的缩略视图，通过修改这些图形来修改其相应的各个补间属性，极大地丰富了动画效果，从而模拟真实的运动效果。

动画编辑器只适用于补间动画，不适用于传统补间和补间形状。通过在补间范围内双击鼠标左键，即可打开该补间对象的动画编辑器窗口，如图 3-130 所示。

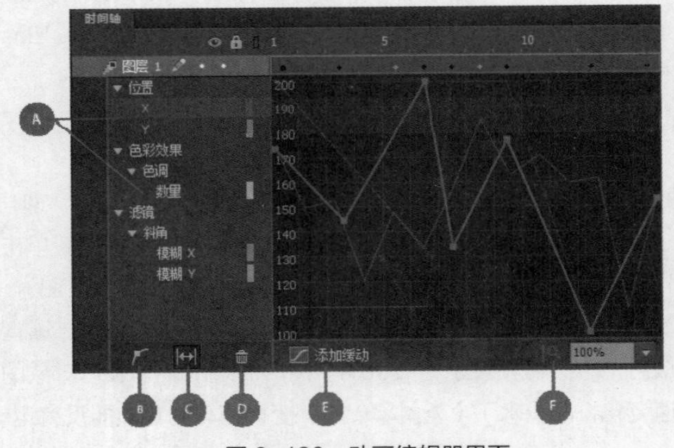

图 3-130　动画编辑器界面

注：A. 应用到补间的属性；B.“添加锚点”按钮；C. 适合视图切换；D.“删除属性”按钮；E. 添加缓动；F. 垂直缩放切换。

1. 属性曲线

动画编辑器使用二维图形（称为属性曲线）表示补间的属性。这些图形合成在动画编辑器的一个网格中。每个属性都有其属性曲线，横轴（从左至右）为时间，纵轴为属性值，如图 3-131 所示。

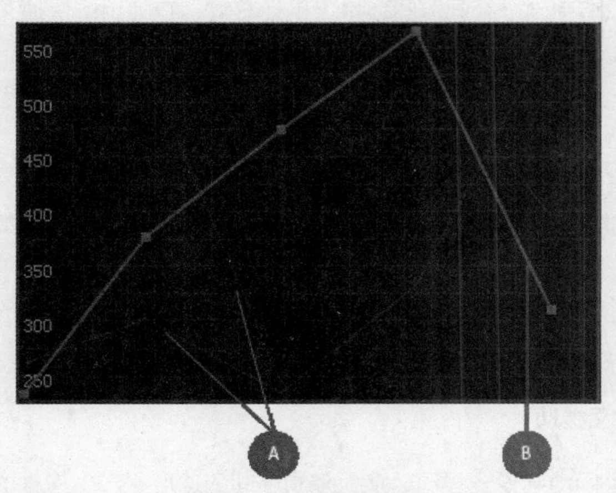

图 3-131　属性曲线

注：A. 顶部互相叠加的属性曲线；B. 对当前选定属性关注的属性曲线。

通过在动画编辑器中编辑属性曲线来操作补间动画。因此，动画编辑器使得属性曲线的顺畅编辑更为容易，从而使用户可以对补间进行精确控制。可以通过添加属性关键帧或锚点来操作属性曲线，这些关键帧或锚点就是补间显示属性转变的位置。

要注意的是，动画编辑器只允许编辑那些在补间范围内可以改变的属性，那些不可以改变的属性是不能编辑的。例如，渐变斜角滤镜的品质属性在补间范围内只能被指定一个值，因此不能使用动画编辑器来编辑它。

2. 锚点

通过锚点可以对属性曲线的关键部分进行明确修改，从而达到对属性曲线的更好控制。在动画编辑器中可以通过添加属性关键帧或锚点来精确控制大多数曲线的形状，如图 3-132 所示。

锚点在网格中显示为一个正方形。使用动画编辑器，可以通过对属性曲线添加锚点或修改锚点位置来控制补间的行为。添加锚点时，会创建一个角，这是曲线中穿过角度的位置。不过，可以对控制点使用贝塞尔控件，以平滑任意一段属性曲线。

3. 控制点

通过控制点可以平滑或修改锚点任意一端的属性曲线，如图 3-133 所示。使用标准贝塞尔控件可以修改控制点。

图 3-132　属性曲线上的锚点

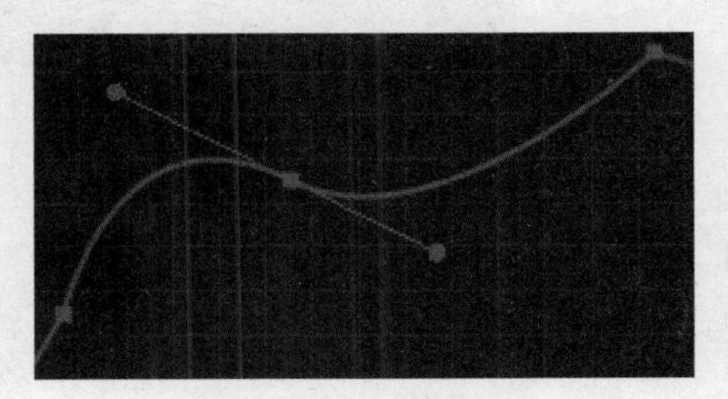

图 3-133　调整控制点

4. 编辑属性曲线

要编辑补间的属性，可执行以下操作。

步骤① 在 Animate CC 中，选中一个补间范围，单击鼠标右键，在弹出的快捷菜单中选择“调整补间”命令来调出动画编辑器（或者只需双击选定的补间范围）。

步骤② 向下滚动鼠标滚轮，选择想要编辑的属性。要进行反向选择，可单击鼠标右键，在弹出的快捷菜单中选择“反向选择”命令。

步骤③ 出现选定属性的属性曲线时，可选择执行以下操作。

- 添加锚点，方法是单击按钮，然后单击属性曲线上要添加锚点的帧；或者双击曲线来添加一个锚点。
- 选择一个现有锚点（任意一个方向），将其移动到网格中需要的帧处。垂直方向的移动受属性值范围的限制。
- 按住“Alt”键垂直拖曳它以启用控制点。可以使用贝塞尔控件修改曲线的形状，从而平滑角线段。
- 删除锚点，方法是选择一个锚点，然后按住“Ctrl”键单击鼠标左键。

5. 应用预设缓动和自定义缓动

可以通过动画编辑器给补间动画设置缓动，从而控制补间的速度，产生逼真的动画效果。例如，在对象的运动路径结尾处添加逼真的加速和减速效果，以使对象的移动更为自然。

缓动可以简单，也可以复杂。动画编辑器中包含多种适用于简单或复杂效果的预设缓动（这些预设不同于传统补间“属性”面板中的缓动预设），可以对缓动指定强度，以增强补间的视觉效果，还可以创建自定义缓动曲线。

因为动画编辑器中的缓动曲线可以很复杂，所以可以使用它们在舞台上创建复杂的动画而无须在舞台上创建复杂的运动路径。除空间属性“X 位置”和“Y 位置”外，还可以使用缓动曲线创建其他任何属性的复杂补间。

要对补间的属性添加缓动，可执行以下操作。

步骤① 在动画编辑器中，选择要对其应用缓动的属性，然后单击“添加缓动”按钮 添加缓 打开“缓动”面板，如图 3-134 所示。

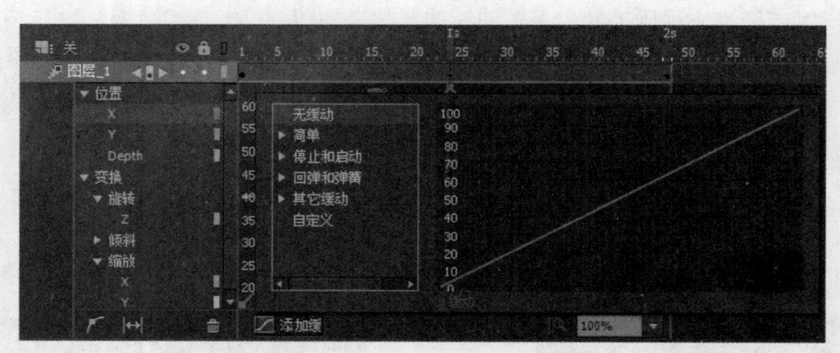

图 3-134 添加缓动

步骤② 在“缓动”面板中，可以执行以下操作。

- 从左侧窗格中选择一个预设，以应用预设缓动，在右侧窗格中可以预览到该缓动曲线。在“缓动”字段中输入一个值，以指定缓动强度。
- 选择左侧窗格中的“自定义”，然后修改缓动曲线，以创建一个自定义缓动。

步骤③ 单击“缓动”面板之外的任意位置关闭该面板，“添加缓动”按钮会显示应用到属性的缓动的名称。

动画编辑器提供的缓动预设有很多种，如图 3-135 所示。

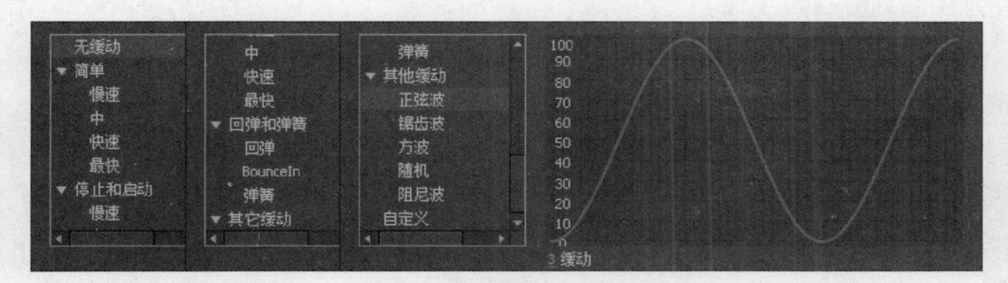

图 3-135　预动预设的种类

要对补间属性创建和应用自定义缓动，可执行以下操作。

步骤 1 在动画编辑器中，选择要对其应用自定义缓动的属性，然后单击“添加缓动”按钮 添加缓 以显示“缓动”面板。

步骤 2 在“缓动”面板的左窗格中，选择“自定义”缓动，并通过以下方式修改默认的自定义缓动曲线。

- 按住“Alt”键单击曲线，在曲线上添加锚点，然后可以将这些点移到网格中任何需要的位置。
- 对锚点启用控制点（按住“Alt”键单击锚点），以平滑锚点任意一端的曲线段。

步骤 3 单击“缓动”面板外部关闭该面板，“添加缓动”按钮会显示“自定义”字样，表示对属性应用了自定义缓动。

动画编辑器将属性按层次结构组织成属性组和一些子属性，如有“位置”属性组和“变换”属性组，“变换”属性组下面又有“旋转”“倾斜”“缩放”等不同的子属性组，子属性组下面还有具体的子属性。所以在这种层次结构中，可以选择对任一级别的属性（即单个属性或属性组）应用缓动，可以是一个属性组，也可以是单个属性。此外，在对某个属性组应用缓动之后，还可以继续编辑各个子属性。这也就意味着，可以对某个子属性应用另外不同的缓动（不同于对组应用的缓动）。

◎ 应用案例：动画编辑器的使用——能量守恒

前面用补间动画形式制作了一个“能量守恒”演示动画，本案例使用动画编辑器的方式来重新制作这个动画。元件、图层等已准备好，弹簧和球摆的变形中心点已调整好，如图 3-136 所示。

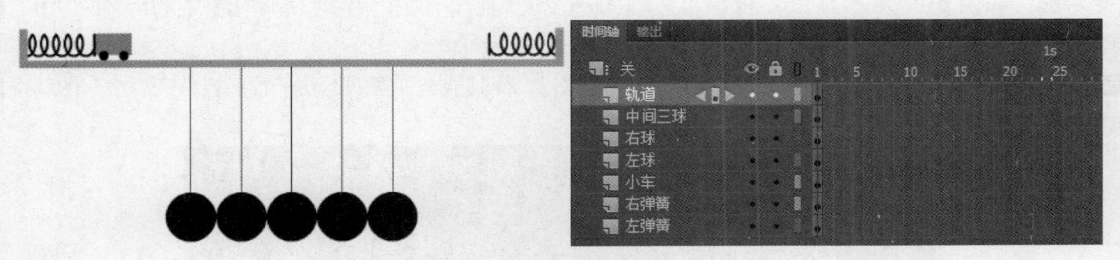

图 3-136　已准备好的素材

步骤 1 给弹簧、小车和左右两个小球分别创建补间动画，并把补间范围延长至 48 帧。

步骤 2 假设动画开始时，小车最大限度地挤压弹簧，即将向右运动。先给弹簧制作动画，双击左弹簧图层上的帧，打开其动画编辑器。

步骤 3 在左弹簧第 5 帧处单击鼠标右键，插入一个缩放关键帧（属性关键帧），动画编辑器中会显示属性曲线，将其 X 轴的第 1 帧锚点向下拖曳到 50（初始是 100），即表示在第 1 帧将左弹簧水平缩放 50%，如图 3-137 所示。

步骤④ 以同样的方式，在第 44 帧和第 48 帧插入缩放关键帧，将 X 轴缩放锚点分别设为 100 和 50，如图 3-138 所示。这样左弹簧的动画就制作完成了。

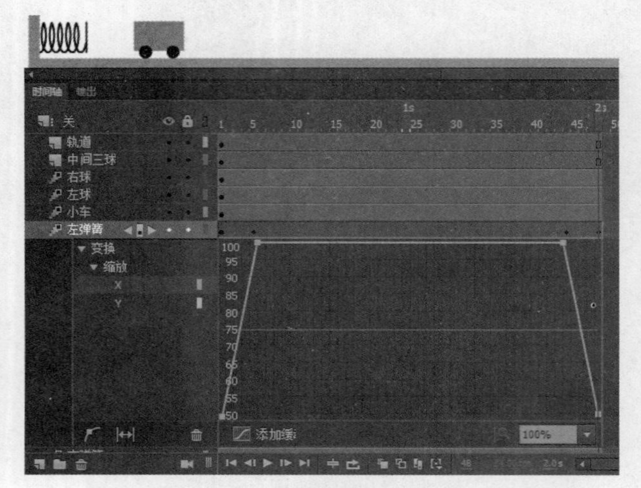

图 3-137 调整左弹簧属性曲线

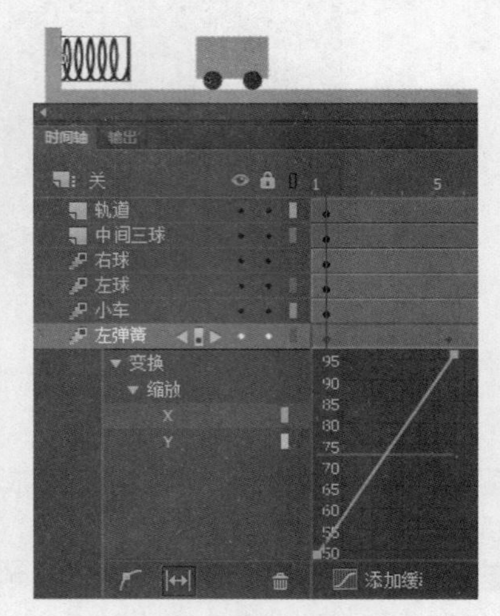

图 3-138 左弹簧属性曲线

步骤⑤ 按相同的方法，给右弹簧制作动画，其属性变化曲线如图 3-139 所示。

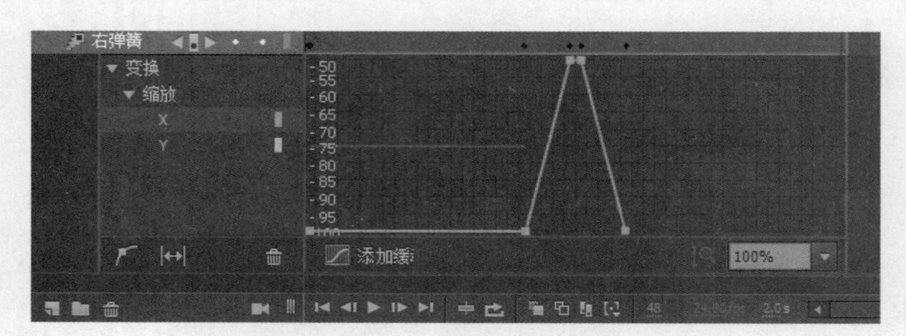

图 3-139 右弹簧的属性曲线图

步骤⑥ 给小车添加动画，小车的动画是在 X 轴上的移动，所以在其第 48 帧添加一个位置关键帧，然后分别于第 5 帧、第 24 帧、第 25 帧、第 29 帧和第 44 帧处在属性曲线上双击鼠标左键添加锚点，并按住“Alt”键单击这些锚点，使其变为转角的锚点。

步骤⑦ 上下拖曳这些锚点，同时观察舞台上小车的位置，使其能与弹簧的运动一致。调整完后小车的属性曲线如图 3-140 所示。

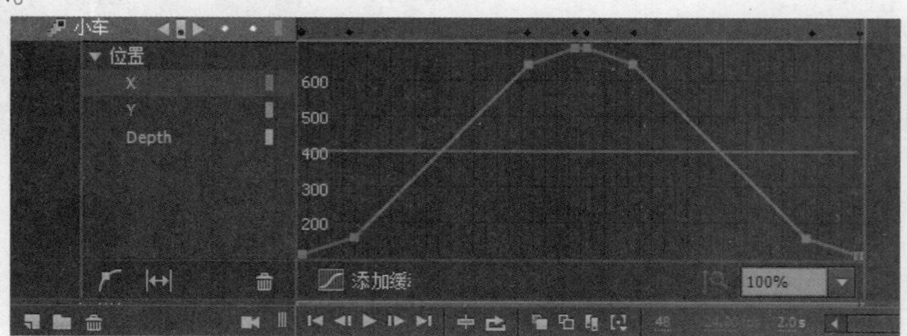

图 3-140 小车的属性曲线

步骤⑧ 再分别给左球和右球添加并设置属性曲线（Z 轴的旋转关键帧），如图 3-141 和图 3-142 所示。

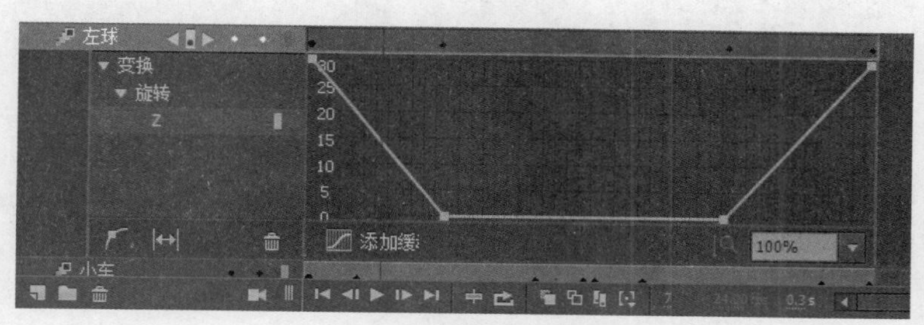

图 3-141 左球的属性曲线图

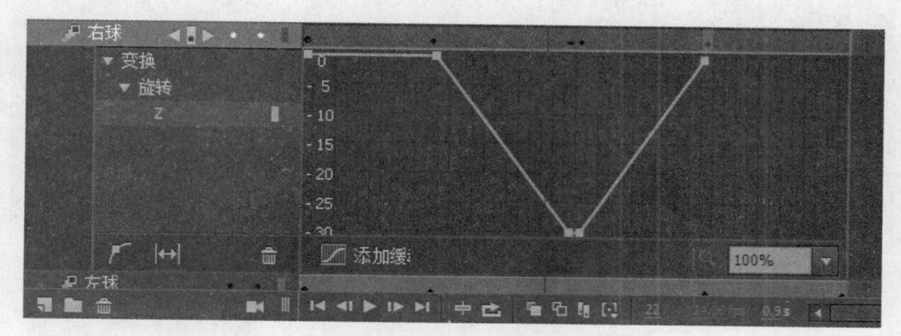

图 3-142 右球的属性曲线图

步骤 ⑨ 关闭图层的动画编辑器，测试动画效果。

◎ 应用案例：补间动画的缓动设置——调皮的小球

利用动画编辑器中内置的缓动预设，可以为动画对象添加缓动效果，下面为一个小球制作一些简单而有趣的动画效果。

步骤 ① 新建文件，在其中绘制一个圆形，并将其转为图形元件，此即为小球。

步骤 ② 给小球添加补间动画，帧自动延至 24 帧，在第 24 帧将其垂直往下拖，制作一个下移的动画，如图 3-143 所示。

步骤 ③ 双击时间轴上的补间动画，打开动画编辑器，选择左侧栏的 Y 轴，单击“添加缓动”按钮，为 Y 轴的动画添加一个“回弹和弹簧”类别下的“BounceIn”缓动，并设置缓动跳动次数为 5。此时播放时间轴，原本匀速下降的小球动画变成了一个小球弹跳的动画。

步骤 ④ 继续为小球制作第 2 段缩放的弹性动画。选择第 24 帧，按住“Alt”键拖曳到第 25 帧，即将其复制到第 25 帧建立关键帧。

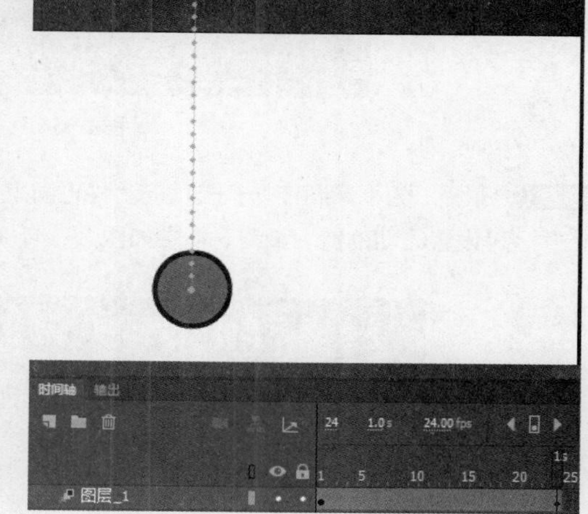

图 3-143 建立补间动画

步骤 ⑤ 将时间轴延长至 48 帧，在第 48 帧将小球放大至 300%，此段小球是一个匀速缩放的过程。为这段的缩放属性添加弹簧的缓动预设，如图 3-144 所示。

步骤 ⑥ 按同样的方式再制作第 3 段动画，为其添加一个回弹的缓动预设，如图 3-145 所示。

步骤 ⑦ 按同样的方式再制作第 4 段动画，将小球缩放至原始大小，并添加一个弹簧的缓动预设。

步骤 ⑧ 再制作第 5 段动画，为小球制作一个沿 X 轴往返运动的动画，在这段中间需设置 Y 轴向下移动若干像素，并为 Y 轴添加一个正弦波的缓动预设，设置缓动次数为 8，如图 3-146 所示。

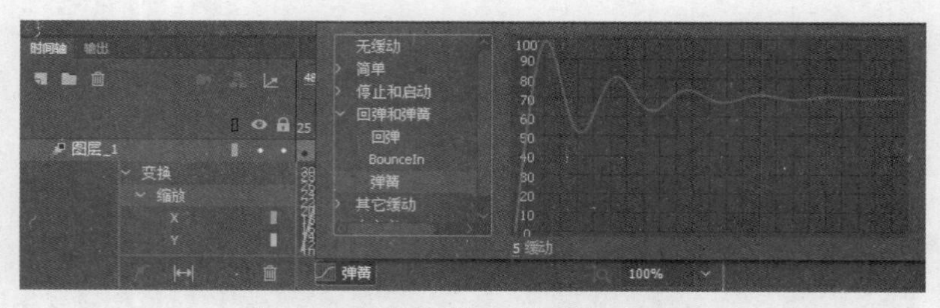

图 3-144　为缩放添加弹簧的缓动预设

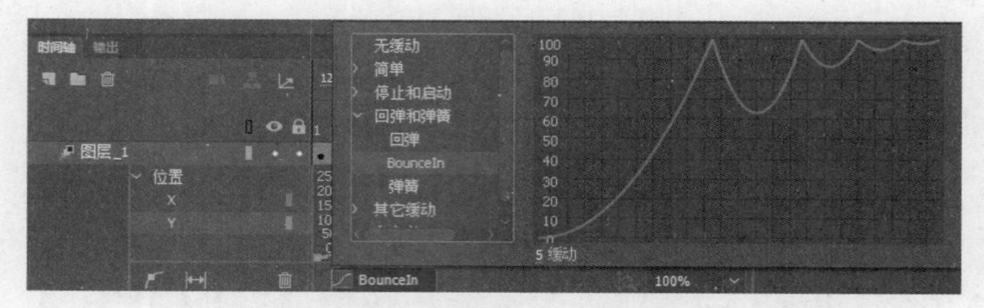

图 3-145　添加 BounceIn 缓动预设

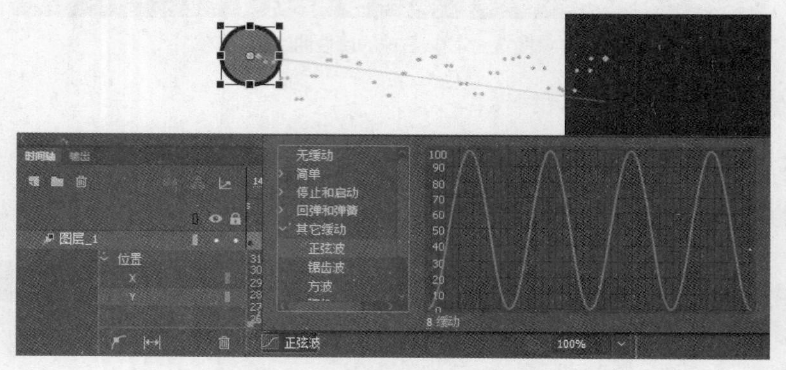

图 3-146　添加正弦波的缓动预设

步骤 9 最后，为小球制作一个先稍向上移再向下移出屏幕的动画，设置缓动预设为“停止和启动”类下的“最快”，可设置缓动的值。最终时间轴如图 3-147 所示。

图 3-147　“调皮的小球”最终时间轴

3.3.6　应用动画预设

动画预设是 Animate CC 预先设置好的一些补间动画，可以直接将它们应用于舞台上的对象，以快速制作某种类型的动画效果。也可以将常用的补间动画效果保存为一个自定义动画预设，以便重复利用此动画，减少动画制作时间。

1. 预览动画预设

要查看动画预设效果，可单击菜单“窗口”→“动画预设”命令，或单击浮动面板区域的“动画预设”按钮，即可打开“动画预设”面板，如图 3-148 所示。

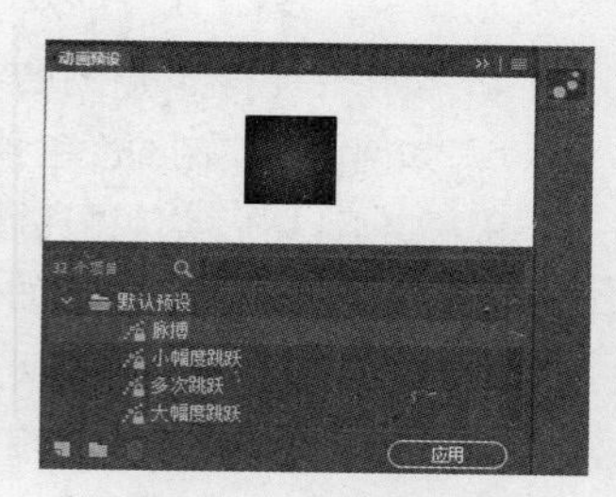

图 3-148　动画预设面板

“动画预设”面板上半部分是预览窗格，下半部分是预设列表，列表包括“默认预设”和“自定义预设”两类，选择一个动画预设，就可以在顶部的预览窗格中预览该动画的效果了。

2. 应用动画预设

按以下步骤操作可将动画预设应用于对象。

步骤① 在舞台上选中对象。因为动画预设使用的是补间动画，所以只适用于元件实例，如果选中的对象不是元件实例，Animate 会将该对象转换为元件实例。

步骤② 在“动画预设”面板中选择一种预设效果。

步骤③ 单击“动画预设”面板上的“应用”按钮 应用 ，即将该预设应用于舞台上所选择的对象。

3. 将已有动画保存为自定义预设

如果经常使用某种动画效果，可以将其另存为一个新的动画预设，方法如下。

步骤① 选择时间轴上需要自定义动画预设的补间范围或补间对象，要注意的是，只有补间动画才能保存为自定义动画预设。

步骤② 单击“动画预设”面板上的“将选区另存为预设”按钮，或者在补间范围上单击鼠标右键，在弹出的快捷菜单中选择“另存为动画预设”命令。

步骤③ 输入预设名称，即可将该补间动画保存为一个自定义预设，显示在“预览”面板中。

3.4　小结与课后练习

◎ 小结

本单元介绍了使用 Animate CC 制作动画的几种最基本的方法，包括帧动画、补间形状、传统补间和补间动画等，这些方法都离不开帧、时间轴、元件和实例等对象的操作，其中帧动画和传统补间用得最多，补间形状的适用性比较单一。任何动画效果，万变不离其宗，无非就是形状、位置、大小、角度、透明度、颜色等各种属性的变化，这些变化都可以通过上述 4 种动画方法来制作。方法很简单，但能创作出什么样的作品，还是取决于创意和艺术设计水平，具备了这些，就可以使用这些方法去实现它。

◎ 课后练习

理论题

1. 什么是元件？有哪 3 种类型的元件？
2. 图形元件与影片剪辑元件的区别是什么？其各自适用于什么样的情况？
3. 什么叫实例？描述一下元件与实例的关系。
4. 如何新建元件？如何将对象转换为元件？
5. 如何删除元件？删除元件与删除实例有什么区别？
6. 如何给影片剪辑实例和按钮实例命名？其作用是什么？

7. 按钮元件有哪 4 个状态（或者说有哪 4 帧）？
8. 如何调整实例的颜色和透明度？
9. 如何让图形实例循环播放或播放一次？如何选择播放的起始帧？
10. 如何重命名元件？如何重新设置元件的类型？
11. 如何复制元件？如何分离（打散）实例？
12. 如何对实例进行旋转、缩放等变换操作？
13. 如何打开与关闭库？如何使用其他文件的库？
14. 时间轴由哪些部分构成？
15. 什么叫播放头？如何使用？
16. 什么是帧？什么是帧频？
17. 帧主要可以分为哪几种，分别如何建立？快捷键是什么？
18. 帧与影片的长度和播放速度有什么联系？
19. 如何选择单个帧？如何选择同一层的多个连续帧？
20. 如何移动帧？如何复制并粘贴帧？如何移动并复制帧？
21. 如何清除、剪切及删除帧？
22. 什么是逐帧动画？其特点是什么？
23. 如何同时编辑多个帧？
24. 什么是绘图纸外观？其用途是什么？
25. 如何通过翻转帧颠倒动画播放顺序？
26. Animate 中的补间动画有哪几种类型？
27. 形状补间适用于哪种对象类型和什么样的动画形式？
28. 传统补间适用于哪种对象类型和什么样的动画形式？
29. 什么叫缓动？有哪几种缓动类型？
30. 传统缓动类型中，缓动值与动画速度有什么样的对应关系？
31. 补间动画适用于哪种对象类型？如何建立补间动画？
32. 运动路径会在什么情况下出现？如何编辑运动路径？
33. 如何改变补间动画的长度？
34. 传统补间与补间动画的区别主要表现在哪些方面？

操作题

1. 绘制一个卡通小狗的形象，使用帧动画和补间动画的方式，制作一个小狗快跑的动画效果，效果如图 3-149 所示。

图 3-149　小狗动画的两帧

2. 绘制火柴人形象并为其制作简单的火柴人动画，效果如图 3-150 所示。

图 3-150　火柴人动画

3. 绘制一个兔子和乌龟的简单卡通形象，效果如图 3-151 所示，为其设计一个龟兔赛跑的小动画。

图 3-151　龟兔赛跑角色形象

第 4 单元　图层的应用

本单元主要讲解 Animate CC 与图层有关的内容，包括图层的基本使用、引导层动画、遮罩层动画、骨骼动画、摄像头动画、图层关系动画等，可以视为上一单元基本动画的延伸，是更高级的动画形式，是在原帧动画、补间动画的基础上添加图层的功能和效果，使动画效果更加丰富、动画控制手段更加方便。所以，学习本单元，对于增强动画效果是非常重要的。

本单元学习目标：

- 掌握图层的基本使用
- 掌握引导层动画的制作方法
- 熟练掌握遮罩动画的制作方法（重点）
- 掌握骨骼的创建与动画制作（难点）
- 熟练掌握摄像头的控制与动画制作（重点）
- 掌握构建图层父子关系的方法与动画制作（重点）
- 理解图层深度和图层效果的概念，能为图层设置深度和颜色、滤镜等效果

4.1　图层的基本使用

图层是多数设计类软件都有的术语，可以将其理解为一张透明的胶片，可以在胶片上绘制不同的对象，将多张胶片叠加在一起就可以组成更复杂的画面。所以，图层可以帮助我们来组织不同的对象，在一个图层上绘制和编辑对象，不会影响其他图层上的对象。当给对象做动画时，不同的对象尽量放在不同的图层，以便更好地进行管理和控制。

4.1.1　图层的基本操作

在 Animate CC 中，图层显示在时间轴内，每个图层都有对应的帧，如图 4-1 所示。

图层的基本使用

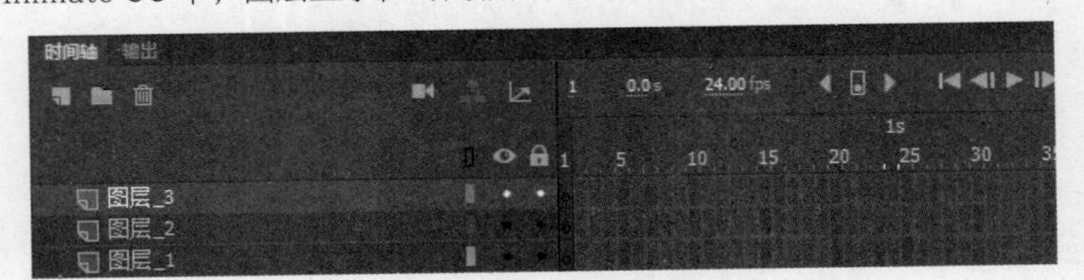

图 4-1　图层和帧

对图层的基本操作包括以下几个方面。

1. 新建图层与图层文件夹

新建的文档默认只有一个图层，当需要将不同的对象放在不同图层的时候，就要建立新的图层，如图 4-2

所示，具体方法如下。

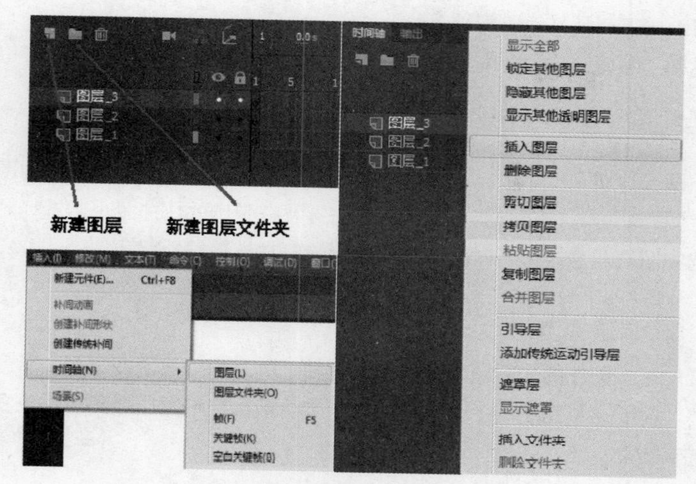

图 4-2 新建图层和图层文件夹

- 方法 1：单击时间轴上的“新建图层”按钮。
- 方法 2：选择菜单“插入”→“时间轴”→“图层”命令。
- 方法 3：在某图层上单击鼠标右键，在弹出的快捷菜单中选择“插入图层”命令。

新建的图层将出现在原来所选图层的上方，并成为活动图层（正在编辑状态的图层）。

当时间轴上的图层较多时，为了更方便地组织和管理图层，可以创建图层文件夹，将某一类的图层或同属于某部分的图层放置在这个文件夹中。在时间轴上可以展开或折叠图层文件夹，让时间轴更简洁，而不会影响舞台上内容的显示。建立图层文件夹的方法与新图层的方法一样，可单击时间轴上的“新建图层文件夹”按钮、“插入”菜单和右键快捷菜单中相应的命令建立。

2. 选择图层

要编辑某个图层，往往需要先选择该图层，使该图层变成活动图层（也叫当前图层），方法有以下几种。

- 单击时间轴中图层的名称。
- 在时间轴中单击要选择的图层中的任意一帧。
- 在舞台中选择该图层上的一个对象。
- 要选择连续的几个图层，可在按住“Shift”键的同时单击时间轴中的图层名称。
- 若要选择多个不连续的图层，可在按住“Ctrl”键的同时单击时间轴中的图层名称。

3. 重命名图层

默认情况下，Animate 会按照创建顺序向新图层分配名称，如图层 1、图层 2，依次类推，但这样不能很好地识别该层中的内容，所以建议将图层重新命名，使其能反映该层的内容或功能。双击该层名称就可以将其反白显示，然后输入新名称。

4. 复制与拷贝图层

当需要创建与已有图层内容相同或接近的图层时，可以使用复制或拷贝图层的方法，以减少操作步骤，提高工作效率。要复制或拷贝图层，需要先选中图层，然后在其上单击鼠标右键，在弹出的快捷菜单中选择“复制图层”或“拷贝图层”命令。复制图层是直接将图层复制到原图层的上方，而拷贝图层只是将图层复制到剪贴板，还需要在其他位置粘贴图层（同样通过单击鼠标右键的方式）。因此，复制图层只能在当前时间轴上复制，而拷贝图层可以将图层复制到其他时间轴上。

还可以通过单击菜单“编辑”→“时间轴”中的命令来复制或拷贝图层。

5. 剪切与删除图层

剪切图层是指将原图层剪切到剪贴板，以便将其粘贴在其他时间轴上，相当于移动图层，而删除图层是将原图层直接从时间轴上删掉。可通过在图层上单击鼠标右键，在弹出的快捷菜单中选择“剪切图层”或“删除图层”命令，也可以选中图层后直接单击时间轴上的“删除”按钮删除图层。

6. 排列图层

默认情况下，图层总是按创建的先后顺序排列在时间轴上的，先创建的在下面，后创建的在上面。有时为了改变对象的叠加顺序，需要调整图层的上下排列顺序，方法是直接将图层拖到所需位置后松开鼠标，所拖到的位置会有一条黑色的实线。

7. 锁定或解锁图层

当图层已编辑完成，无须再对其进行操作时，可以将其锁定，以防止对其误操作。

● 要锁定图层，可以单击该图层名称右侧的“锁定”列，当显示图形时，表示该图层被锁定。要解锁该图层，需要再次单击“锁定”列。

● 要锁定所有图层和文件夹，可以单击图层顶部的锁图标，要解锁所有图层和文件夹，需要再次单击锁图标。

● 如果需要将除当前图层外的其他图层全部锁定，则可以在按住“Alt”键的同时单击不需要锁定图层的“锁定”列，这样其他图层就被全部锁定了，再次在“锁定”列中按住“Alt”键并单击就可以解锁其他图层。

8. 隐藏与显示图层

当文档中图层较多且暂时只需编辑某个图层中的对象时，为了避免其他图层对象对视觉的妨碍，可以选择将这些图层暂时隐藏，方法如下。

● 要隐藏图层，可单击时间轴中该图层名称右侧的“眼睛”列。当显示图形时，表示该图层被隐藏。要重新显示该图层，则需要再次单击它。如果在按住“Shift”键的同时单击图层“眼睛”列，则会使图层以50%的透明度显示。

● 要隐藏时间轴中的所有图层，可单击图层顶部的眼睛图标，再次单击则可以恢复显示所有图层。

● 当只需显示某个图层（即将该图层外的其他图层隐藏）时，可以在按住“Alt”键的同时单击该层的“眼睛”列，这样该图层显示，其他图层全部隐藏。

隐藏图层只是在编辑状态下的隐藏，在测试和发布影片时，默认情况下隐藏的图层也是会显示出来的。

9. 轮廓显示图层

当图层内容太多导致编辑卡顿，或某个图层因为被其他更高顺序的图层挡住而无法选中的时候，可以使用轮廓化显示图层，即不显示对象原有的填充和描边，只显示一个线框，线框的颜色就是该图层名称右边色块的颜色。轮廓化显示图层的操作方法与锁定图层、隐藏图层是一样的，故不再细述。

10. 设置图层属性

图层属性是对图层名称、颜色、显示状态等各种属性的统称，可以通过打开“图层属性”对话框来统一设置，方法如下。

选中需要设置属性的图层，在其上单击鼠标右键，在弹出的快捷菜单中选择“属性”命令，或者单击菜单“修改”→“时间轴”→“图层属性”命令。在“图层属性”对话框中可以设置该图层的名称、可见性、类型、轮廓颜色等属性，如图 4-3 所示。

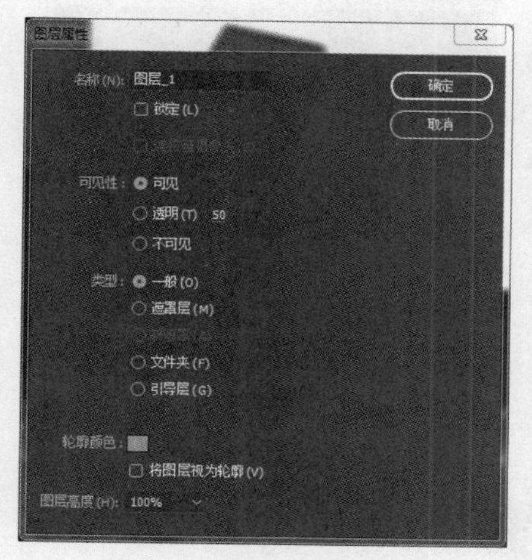

图 4-3 “图层属性”对话框

4.1.2 图层的类型

根据不同的功能，Animate CC 可以使用以下 6 种类型的图层。

- 标准图层：Animate 常规的图层，用于直接呈现对象。
- 引导层和被引导层：如图 4-4 所示，引导层用于引导其他图层对象沿着设计好的引导轨迹做传统补间动画，其内容一般就是笔触线条；被引导运动的图层就是被引导层，其中的对象可以沿着引导层上的线条做补间运动。引导层可以说是一个辅助动画的图层，在测试或发布时，引导层内的内容是不会显示的，所以有时也把一些用来参考而无须在最终画面上显示的对象所在层设置为引导层。
- 遮罩层和被遮罩层：遮罩层用来遮盖下方图层中的部分内容，以达到特殊的显示效果；而下方被遮罩的图层就称为被遮罩层，如图 4-5 所示。

图 4-4 引导层和被引导层

图 4-5 遮罩层和被遮罩层

- 补间动画层：凡是添加了各种补间动画的层就是补间动画层，它其实就是在标准图层的基础上添加了补间动画。
- 骨架层：添加了骨骼的图层会自动转换成骨架层，骨架层的图标为 骨架层 ，与其他层不一样。
- 摄像头层：摄像头层 Camera 是 Animate CC 新增的一种特别的图层类型，用于对整体舞台视图进行平移、旋转、缩放等变换，并可记录为动画。一个文档有且只能有一个摄像头层，并且只能位于主（根）时间轴上，不能在元件的时间轴内添加摄像头层。

4.1.3 高级图层

高级图层是 Animate CC 新增的一种图层模式，如果要使用摄像头层、图层深度、图层父子关系和图层效果等图层高级功能，就必须启用高级图层模式，在此模式下，时间轴中的所有图层都将发布为元件。

高级图层模式默认是启用的，如果要手动启用，可单击菜单“修改”→“文档”命令，打开“文档设置”对话框，启用或禁用高级图层，如图 4-6 所示。

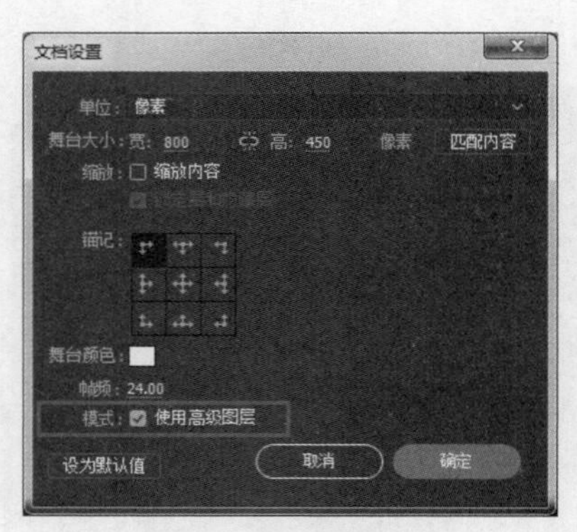

图 4-6　启用高级图层

4.2　引导层与动画制作

引导层主要有两大用途：一是作为参考图层，当需要将某个对象作为参照物而不需要在最终发布的文件中呈现的时候，可以将其放置在引导层中，如描摹时参考的图、绘制的辅助线等，这种引导层可称为“普通引导层”，它不需要被引导层；二是引导其他对象沿设计好的轨迹线做传统补间运动，这种引导层可称为“运动引导层”，它与被引导层构成了引导关系，它的内容一般是用于运动路径的线条，称为引导线。

4.2.1　创建引导层，建立引导关系

创建引导层有以下两种方法。

● 方法一：将原有图层转换为引导层。具体操作为在图层上单击鼠标右键，在弹出的快捷菜单中选择“引导层”命令，此时图层图标变成。这样只是将当前图层转换为普通引导层，它与下方图层的引导关系还不存在，下方图层还不是被引导层。要建立引导关系，还需要将下方图层拖曳到引导层的下面以缩进形式显示，这样普通引导层就变成了运动引导层，如图 4-7 所示。

引导层动画

图 4-7　将下方图层拖曳到引导层下建立引导关系

● 方法二：直接在原有图层上建立新的运动引导层，具体操作是在图层上单击鼠标右键，在弹出的快捷菜单中选择“添加传统运动引导层”命令。此时在原有图层上方会出现一个空的运动引导层，并已与原图层构成了引导关系，如图 4-8 所示。但因为是空的图层，所以需要在其中绘制作为运动路径的引导线。

图 4-8　添加传统运动引导层

第一种方法适用于只需要普通引导层不需要引导对象运动的情况，或是

已准备好引导线无须重新绘制的情况；第二种方法适用于需要新绘制引导线的情况。

4.2.2 利用引导层制作传统补间动画

建立好引导关系后，要完成引导层对动画对象的引导，还需以下步骤。

步骤① 要绘制引导线。在引导层中使用钢笔、铅笔、线条、圆形等可以绘制线条笔触的工具绘制对象运动的轨迹线，如图 4-9 所示。

步骤② 给被引导层的对象添加传统补间动画（只能是传统补间动画，补间形状和补间动画都不支持），如图 4-10 所示。传统补间动画可以在建立引导层之前就做好，也可以在建立了引导关系之后再完成。

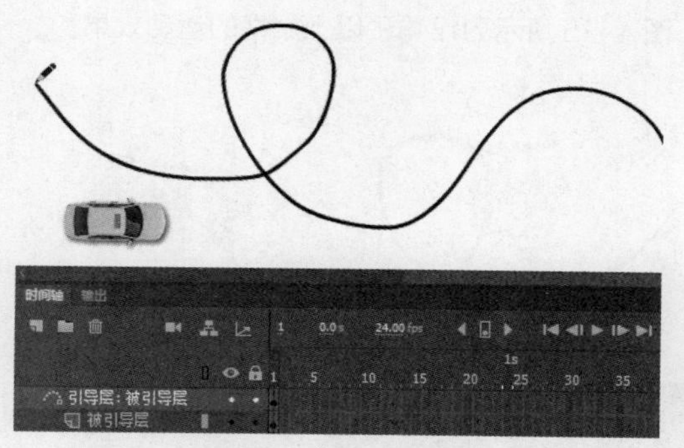

图 4-9 绘制引导线

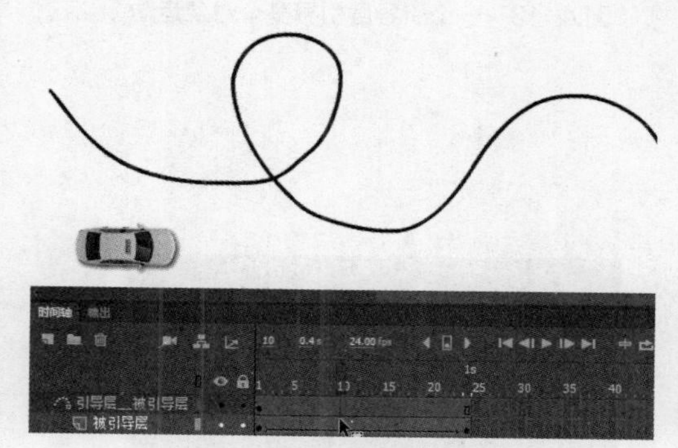

图 4-10 创建传统补间动画

步骤③ 在传统补间运动的起始帧将对象拖曳至引导线上（一般位于起点），同样在结束帧将对象拖至引导线上（一般位于终点），如图 4-11 所示。

这样，对象就会沿着引导线来运动了。图 4-12 所示为给一辆小车成功地添加了运动引导层动画的效果。

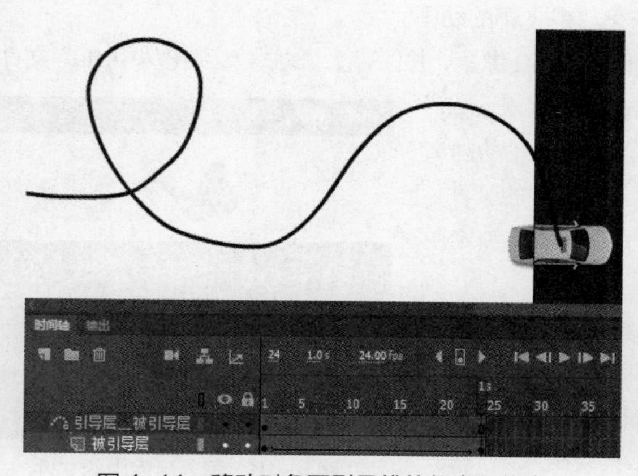

图 4-11 移动对象至引导线的起点和终点

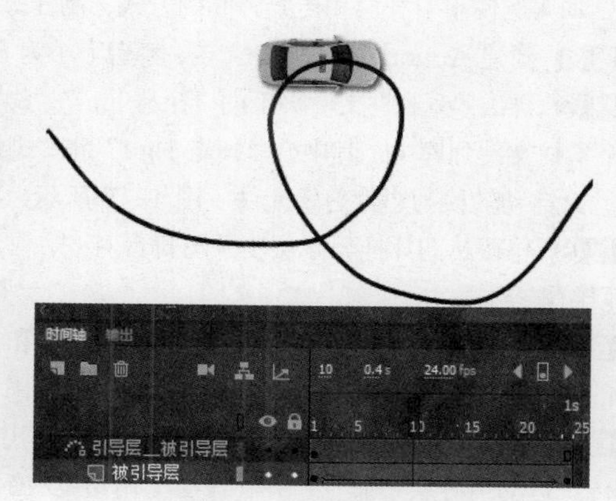

图 4-12 引导动画效果

一个引导层下面可以有多个被引导层，即允许多个对象沿着同一条引导线运动，但同一个对象只能有一条引导线。图 4-13 所示为一个引导层引导多个对象运动的例子。

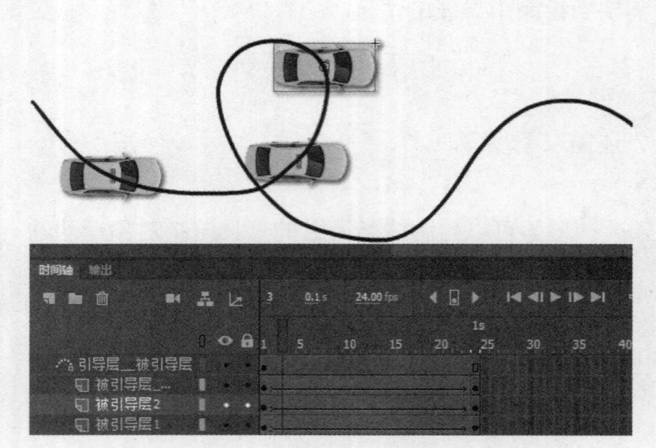

图 4-13　一个引导层引导多个对象运动

在以上的动画案例中，运动对象在沿引导线运动时，自身角度、大小和颜色都是固定的。在被引导层的补间动画上，可以设置对象运动时与路径相关的一些属性，选择补间动画中的某个帧时，在“属性”面板中可以看到如图 4-14 所示的属性，重要属性介绍如下。

● 调整到路径：即运动对象的角度始终与路径的方向保持一致，随路径的旋转而旋转。

● 沿路径着色：即运动对象的色调受到路径颜色的影响，与路径颜色一致。

● 沿路径缩放：即运动对象会随着路径的粗细变化而自动缩放。

图 4-15 所示为设置了以上属性的运动效果。

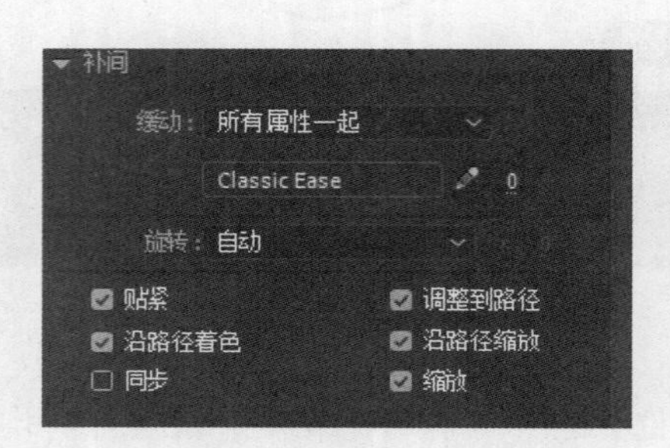

图 4-14　传统补间中与路径有关的属性

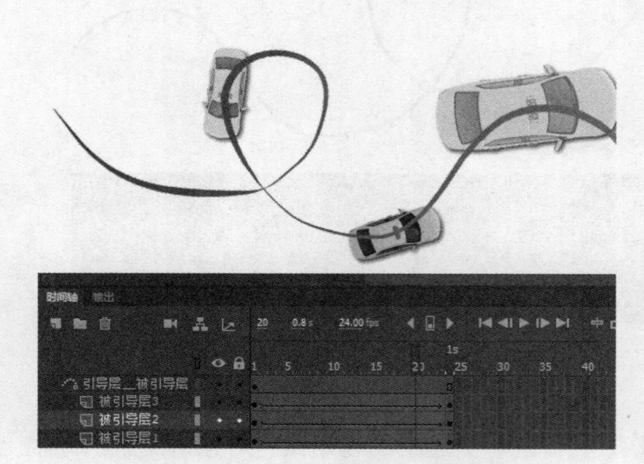

图 4-15　沿路径转向、缩放及着色

◎ 应用案例：蝴蝶飞到花丛中

本案例使用引导层和传统补间的方式，制作蝴蝶在花丛中飞舞的动画。

步骤❶ 新建 ActionScript 3.0 文档，舞台大小为 800 像素 × 450 像素，并保存为“蝴蝶飞到花丛中.fla”文件。

步骤❷ 导出“素材”文件夹下的“花丛.jpg”“蝴蝶 1.gif”“蝴蝶 2.gif”3 个素材文件到库中。其中，“蝴蝶 1.gif”和“蝴蝶 2.gif”是 gif 动画文件，会自动转换为影片剪辑元件。图 4-16 所示为导入之后库中的文件。

图 4-16　导入后库中的文件

步骤❸ 将花丛图片拖至图层 1 并与舞台对齐，作为背景图像，并锁定图层以防误操作。

步骤❹ 创建两个新的图层，命名为“蝴蝶 1”和“蝴蝶 2”，分别将库中的“蝴蝶 1.gif”和“蝴蝶 2.gif”图像拖入其中，效果如图 4-17 所示。

步骤❺ 在“蝴蝶 1”图层上单击鼠标右键，在弹出的快捷菜单中选择“添加传统运动引导层”命令，并在该层上用铅笔或钢笔工具绘制一条曲线，曲线起点在画面外，终点位于某朵花上，如图 4-18 所示。

步骤❻ 将所有图层延长至第 120 帧，并给蝴蝶 1 在第 120 帧建立关键帧。调整蝴蝶 1 第 1 帧和第 120 帧的位置，第 1 帧位于路径的起点，第 120 帧位于路径的终点。注意，蝴蝶的变形点要位于路径上，并且其方向与路径方向一致。

图 4-17　放置对象

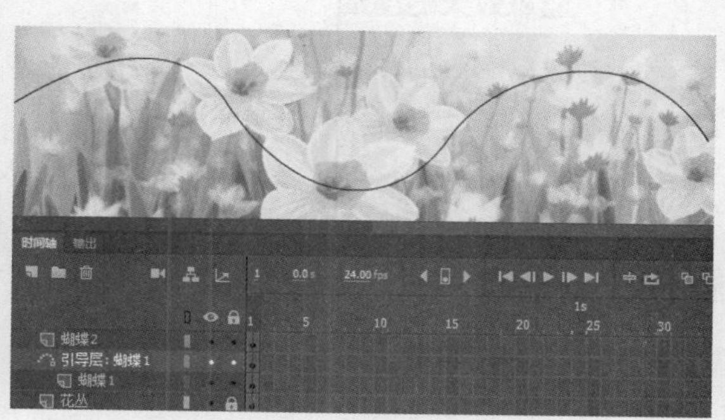

图 4-18　建立引导层，绘制引导线

步骤⑦ 给蝴蝶 1 从第 1 帧到第 120 帧建立传统补间动画。此时测试影片可见蝴蝶 1 会沿着路径飞舞。

步骤⑧ 为了让运动效果更自然，在属性栏设置补间属性“调整到路径”，并且可在补间中途位置（如第 24 帧、第 70 帧等）建立关键帧，调整蝴蝶 1 在路径中的位置，并且可设置缓动，以达到让蝴蝶 1 忽快忽慢地飞舞的动画效果。

步骤⑨ 按同样的方法给蝴蝶 2 也制作一个沿引导层路径飞舞的动画。

步骤⑩ 要让蝴蝶最终停在花朵上，就要在最后一帧添加一个停止的动作。新建一图层，命名为“actions”，在第 120 帧建立关键帧，按“F9”键打开“动作”面板，在其中输入脚本：stop()。

步骤⑪ 最终效果如图 4-19 所示。

图 4-19　动画最终效果

4.3 遮罩层与动画制作

遮罩层是 Animate CC 中非常重要的一种图层类型，常用来制作图层的特殊效果或场景的过渡效果。顾名思义，其基本作用就是遮盖住下方图层的某部分，有选择性地显示其他部分，就像在纸板上挖了一个孔，只有透过这个孔才可以看到下方的图层，而其他区域是被遮住的。因为不管是遮罩对象还是被遮罩对象，它们都可以做任何形式的动画，所以两者结合起来就可以完成一些非常有趣和炫酷的动画效果了。图 4-20 所示为使用遮罩层前后的效果对比。

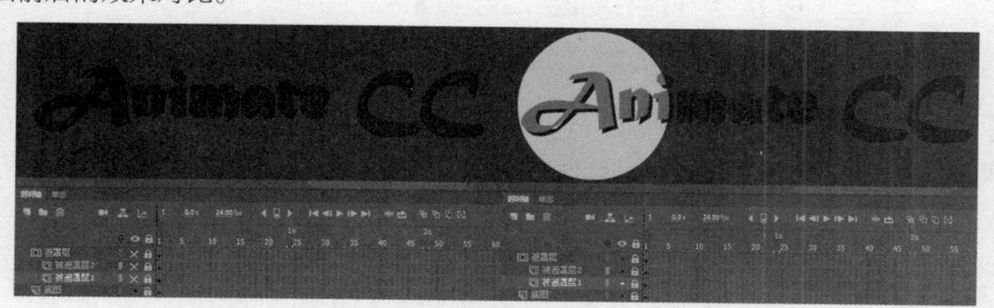

图 4-20　使用遮罩层前后的效果对比

遮罩层动画

4.3.1 遮罩效果的创建

要创建遮罩效果，至少需要准备两个图层，上方图层用来作为遮罩层，下方图层用来作为被遮罩层。在遮罩层中绘制或放置填充形状作为遮罩，如使用组、文本和元件实例等有填充的对象都可以，透过这个遮罩层可以查看该填充形状下被遮罩层对应的区域。被遮罩层放置需要显示的对象。具体操作如下。

步骤① 选择或创建一个图层作为被遮罩层，其中包含出现在遮罩中的对象，如一张位图，如图 4-21 所示。

图 4-21　准备被遮罩层

步骤② 在其上创建一个新图层作为遮罩层，并在该层上放置形状、文字或元件实例等有填充的对象，如一个圆形。Animate 会忽略遮罩层中的位图、渐变、透明度、颜色和线条样式。在遮罩中的任何填充区域都是完全透明的，可以看到下层的内容；而任何非填充区域都是不透明的，会遮盖住下层的内容。

步骤③ 在上方图层中单击鼠标右键，在弹出的快捷菜单中选择“遮罩”命令，即将该层设置为了遮罩层，其图标变成■，下方图层变成被遮罩层，图标变成■，并且有缩进，遮罩效果就出来了，如图 4-22 所示。

图 4-22　绘制遮罩图形，建立遮罩

建立完遮罩后，遮罩效果显示，遮罩层和被遮罩层都是锁定的。如果要编辑其中的对象，需要先解锁图层，此时遮罩效果隐藏。

一个遮罩图层可以遮罩若干个图层，即可以有若干个被遮罩层，要将另一个图层变成被遮罩层，只需将其直接拖曳到已有遮罩层的下面即可。

要断开图层的遮罩关系，可以将图层拖离遮罩层的下级位置，或是在遮罩层上单击鼠标右键，取消“遮罩”的勾选，即将遮罩层变成了标准图层。

遮罩效果与遮罩图形的颜色、透明度、渐变有关吗？不同颜色或透明度是不是会有不同的遮罩效果呢？

在遮罩层中，笔触线条是不起作用的、无效的，即笔触线条不能作为遮罩对象，只有将其转换为填充对象后才可以。转换方法：选中笔触后单击菜单“修改”→“形状”→“将线条转换为填充”命令。

4.3.2 使用脚本创建遮罩层

遮罩效果除了使用遮罩层外，也可以使用 ActionScript 3.0 脚本来创建，具体操作方法如下。

步骤① 准备两个对象：一个作为遮罩对象，如一个圆形；另一个作为被遮罩对象，如一个位图。

步骤② 两个对象都需转换为影片剪辑元件，并将其舞台实例命名，如圆形元件实例为“circle_mc”，位图元件实例为“pic_mc”。

步骤③ 打开“动作”面板，输入代码：pic_mc.mask=circle_mc;，意思是将位图实例的遮罩指定为那个圆形元件实例。

步骤④ 此时测试影片，已具有遮罩效果了。如果要让遮罩效果具有柔化的边缘或半透明的效果，类似于羽化，可以按以下方法继续操作。

步骤⑤ 设置两个实例的显示属性，选中实例后，在“属性”面板上的“显示”栏中选择呈现模式为“缓存为位图”，如图 4-23 所示。

步骤⑥ 对圆形元件的颜色进行修改，改为边缘透明的径向渐变，如图 4-24 所示。

步骤⑦ 此时再测试影片，会发现遮罩效果已具有柔化的边缘了，如图 4-25 所示。

图 4-23 设置实例的呈现模式

图 4-24 设置透明渐变填充色

图 4-25 具有柔化边缘的遮罩效果

◎ 应用案例：探照灯文字

本例利用遮罩层和补间动画，制作一个类似于探照灯照射文字的动画效果。

步骤① 新建 A3 文档，舞台大小为 800 像素 × 300 像素，背景颜色为#002244，保存为文件“探照灯文字.fla”。

步骤② 将图层 1 重命名为“底层文字”，在其中输入文字，如“Adobe Animate CC”，字体任选，本例为“Matura MT Script Capitals”，颜色为#001234。再将文字复制一份，颜色设为黑色，放置在底层，形成阴影效果，如图 4-26 所示。

图 4-26　制作底层文字效果

步骤③ 在底层文字图层上单击鼠标右键，在弹出的快捷菜单中选择“复制图层”命令，直接复制了一层完全一样的文字层，将其图层名称改为“照射文字”。此层文字将作为被遮罩的对象。

步骤④ 修改被遮罩图层上面文字的颜色为#0099FF，下面的文字依然为黑色。

步骤⑤ 新建一图层，命名为“探照灯”，在其上绘制一个圆形，颜色不限，并将其转换为一个图形元件，如图 4-27 所示。此圆形将作为遮罩对象，模拟探照灯的光照。

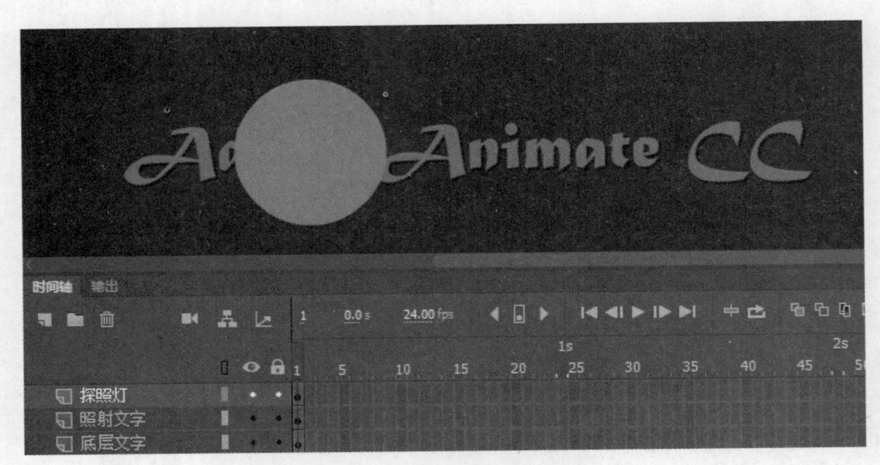

图 4-27　绘制圆形遮罩

步骤⑥ 在“探照灯”层上单击鼠标右键，在弹出的快捷菜单中选择“遮罩层”命令，这样就建立了遮罩关系，透过圆形可以看到“照射文字”的部分内容，相当于“探照灯”把文字照亮了。

步骤⑦ 给圆形的遮罩对象制作简单的移动和缩放动画（需要先解除遮罩层的锁定）。在遮罩层的第 96 帧建立关键帧，并将其他图层也延长至第 96 帧。给圆形从第 1 帧到第 96 帧建立传统补间动画。

步骤⑧ 在补间中途添加几个关键帧，改变圆形遮罩的位置，以形成探照灯不断水平移动的动画效果，并且在最后一段补间中将圆形缩放至能遮罩住整个舞台，如图 4-28 所示。

步骤⑨ 此时，“探照灯”只是照亮了文字，没有照亮背景。因此，新建一图层，命名为“照亮背景”，绘制一个与舞台一样大小的矩形，并与舞台完全对齐，矩形颜色要比原舞台背景颜色明亮，如#FFFF66。

步骤⑩ 将“照亮背景”图层拖至“照亮文字”图层的下方，也作为探照灯的被遮罩层。所以，圆形探照灯遮罩层有两个被遮罩层，分别是照亮的文字和背景。

步骤⑪ 将所有图层锁定，测试影片，效果如图 4-29 所示。

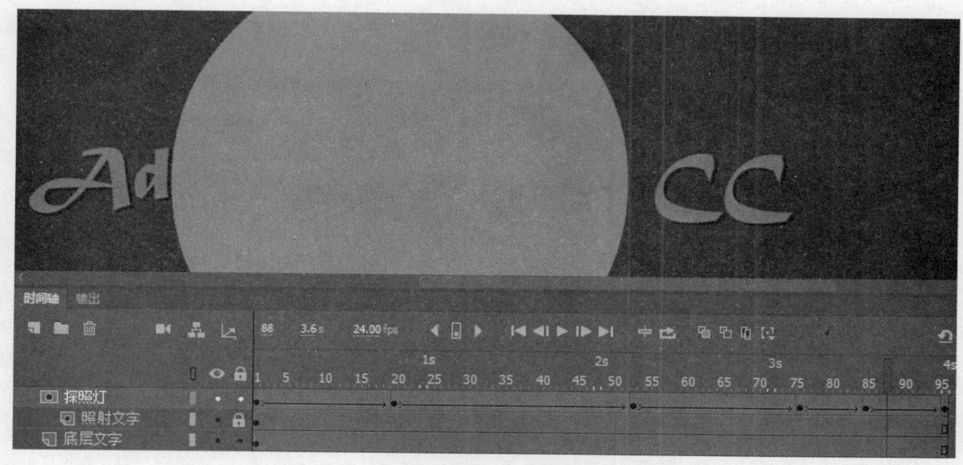

图 4-28　为圆形遮罩对象建立传统补间动画

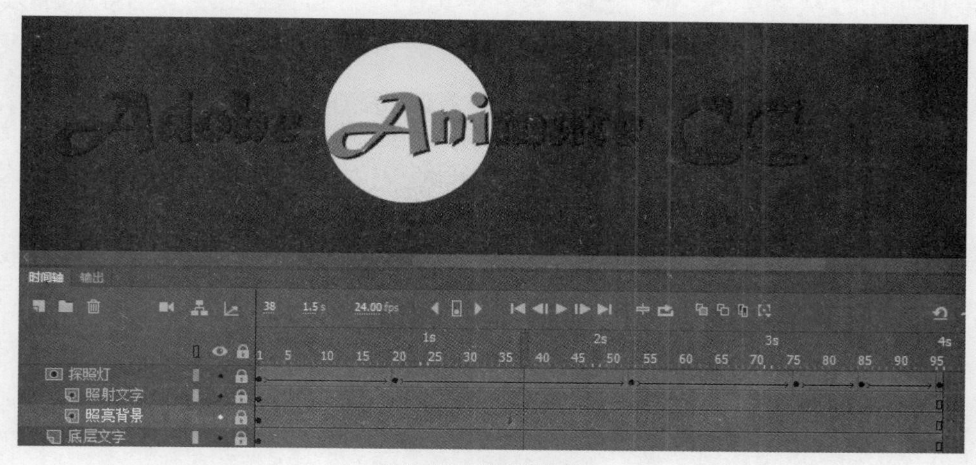

图 4-29　遮罩最终效果

◎ 应用案例：文字特效——扫光字、闪边字

本例使用遮罩技巧，给文字制作常见的扫光字和闪边字的特效。

步骤① 新建 ActionScript 3.0 文档，舞台大小为 800 像素 × 300 像素，背景颜色为黑色，保存为文件“遮罩文字特效.fla”。

步骤② 将图层 1 重命名为“底层文字”，在其中输入一行文字，如“Adobe Animate CC”，并调整好文字的大小、颜色等属性，效果如图 4-30 所示。

图 4-30　输入底层文字

步骤③ 新建一图层，命名为“扫光”，使用矩形工具绘制一竖条形矩形，并填充中间白色不透明、两端白色

完全透明的水平渐变，然后将其水平倾斜变形，放置在文字左侧边缘，如图 4-31 所示。

图 4-31　绘制矩形扫光图形

步骤 4 将扫光图形转换成图形元件，然后在第 48 帧建立关键帧，将扫光图形移至文字右侧，为其建立一个从左往右移动的传统补间动画。

步骤 5 复制“底层文字”图层，命名为“遮罩文字”，将其拖至“扫光”层的上方，然后将其设置为遮罩层，下面的“扫光”层自动作为被遮罩层，效果如图 4-32 所示。

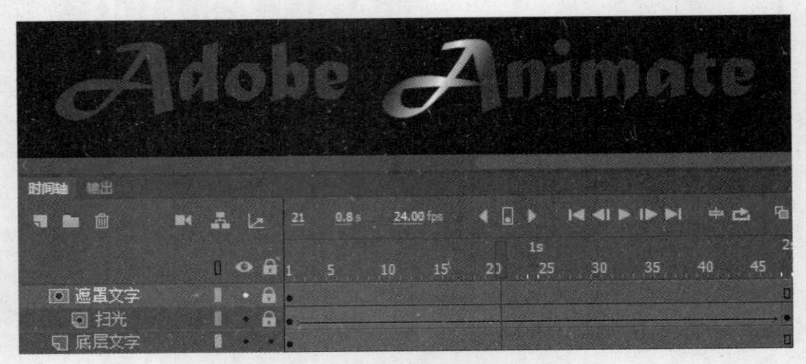

图 4-32　扫光字效果

步骤 6 将“底层文字”复制一层，放置到最顶层，命名为“文字描边”。将里面的文字全部打散，然后使用墨水瓶工具为文字描边，描完后将填充删除，只留下描边，如图 4-33 所示（已隐藏了“底层文字”图层）。

步骤 7 将“文字描边”层第 1 帧拖至第 60 帧，并延续至第 110 帧，底层文字也延续至第 110 帧。

步骤 8 将“扫光”层复制一层，重命名为“闪边”，移至“文字描边”层的下方，并将其传统补间的起始帧和结束帧分别拖至第 60 帧和第 110 帧，如图 4-34 所示。

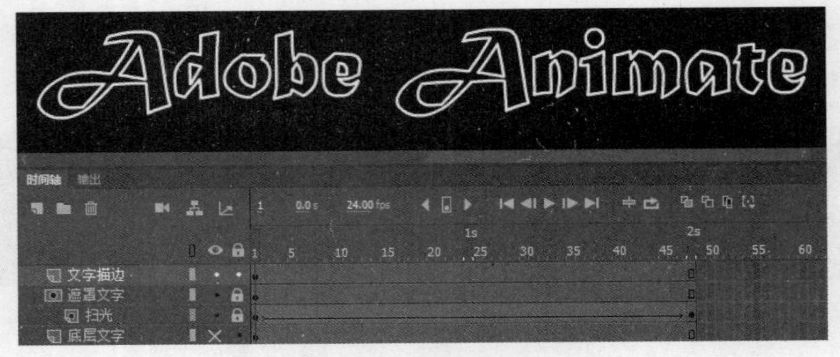

图 4-33　为文字描边

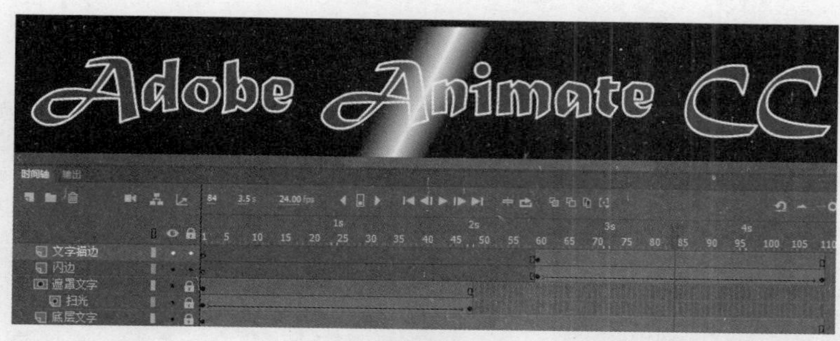

图 4-34　调整图层

步骤 ⑨ 接着要将“文字描边”层作为遮罩，但因为描边笔触对遮罩无效，所以需要将其转换为填充，选中舞台上的文字描边，单击菜单“修改”→“形状”→“将线条转换为填充”命令，然后将“文字描边”层设置为遮罩层，效果如图 4-35 所示。

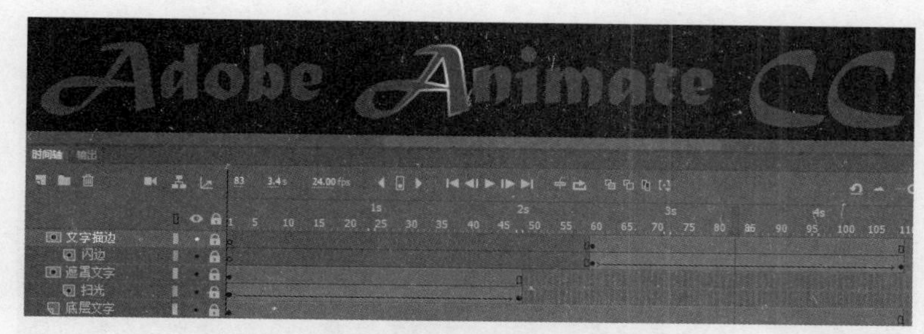

图 4-35　线条转换为填充后显示遮罩效果

步骤 ⑩ 这样就完成了扫光字和闪边字的特效动画制作。

◎ 应用案例：展开折扇

本例使用遮罩的方法，制作一个折扇展开与折叠的动画。

步骤 ① 新建 ActionScript 3.0 文档，舞台大小为 800 像素 × 450 像素，背景设置为任意一种深颜色，保存为文件“折扇.fla”。

步骤 ② 导入素材文件“折扇.ai”到库中，注意在“导入”对话框的“将图层转换为：”中选择“单一 Animate 图层”选项，如图 4-36 所示。

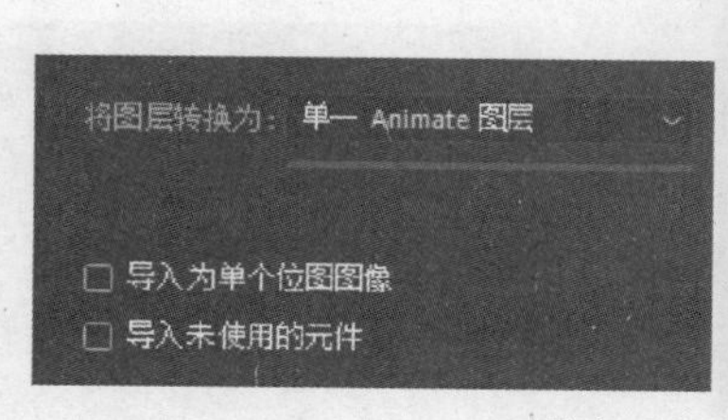

图 4-36　导入素材图片

步骤 ③ 把折扇元件从库中拖至舞台上建立实例，将图层命名为“扇面”，如图 4-37 所示。

步骤 ④ 新建一图层，命名为“扇面遮罩”，绘制一个比折扇稍大一点的扇形，如图 4-38 所示。注意扇形圆心的位置大概位于扇钉处。

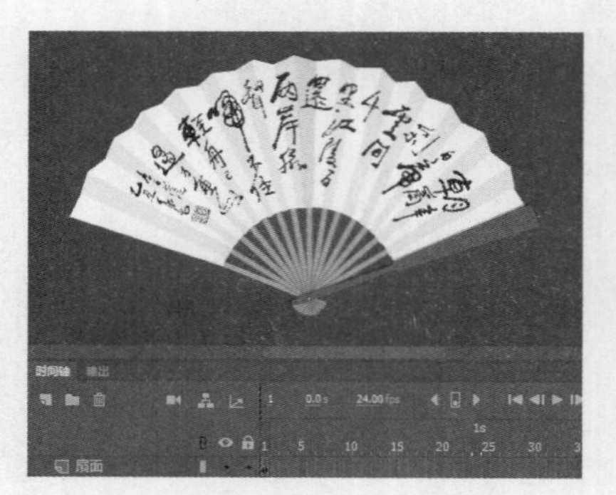

图 4-37　舞台上的折扇实例

图 4-38　为扇面制作旋转的遮罩效果

步骤⑤ 在“扇面”图层的第 80 帧建立关键帧，然后将第 1 帧中的实例旋转约-135°，使其置于扇形的外面，如图 4-39 所示。然后为其 1～80 帧建立传统补间，将扇面遮罩转换为遮罩层。

图 4-39　绘制用于遮罩的扇形

步骤⑥ 但此时折扇头部（也就是扇钉下面的部分）不应该在上面的遮罩层中出现，而是与扇面相对也有一个展开的过程。双击折扇的元件实例，进入元件内部进行编辑。折扇元件其实分为文字和扇面两部分。先将扇面（除了文字）完全打散成形状，如图 4-40 所示。

步骤⑦ 将折扇头部的部分选中，转换为另一个元件，命名为“头部”，如图 4-41 所示。

图 4-40　将扇面打散

图 4-41　将头部单独转换为元件

步骤⑧ 将头部实例剪切，然后回到主时间轴，新建一图层，命名为“折扇头部”，将头部实例粘贴，并移动到合适的位置。

步骤⑨ 同样将头部实例也做一个旋转的动画，旋转的中心和角度应与扇面旋转的中心和角度一致，此时时间轴如图 4-42 所示。

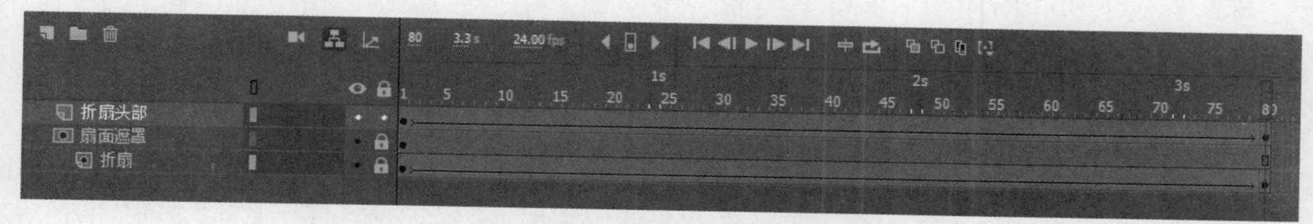

图 4-42　给头部添加旋转传统补间动画

步骤⑩ 给“折扇头部”图层添加一个遮罩层，基本形状参考图 4-43，使折扇头部形成一个展开的动画效果。

图 4-43　折扇头部的遮罩形状

步骤⑪ 播放时间轴，效果如图 4-44 所示。

图 4-44　折扇展开的动画效果

步骤⑫ 继续制作折扇收拢的动画效果。将所有图延长至第 120 帧并建立关键帧，从第 80～120 帧是静止的，然后将所有图层第 1 帧复制（选中帧后按住“Alt”键并拖曳）到第 200 帧，同样分别给扇面和头部的第 120～200 帧建立传统补间动画，形成收拢的效果。

步骤⑬ 继续将时间轴延长至第 240 帧，让折扇收拢后有一段静止时间。最终时间轴如图 4-45 所示。

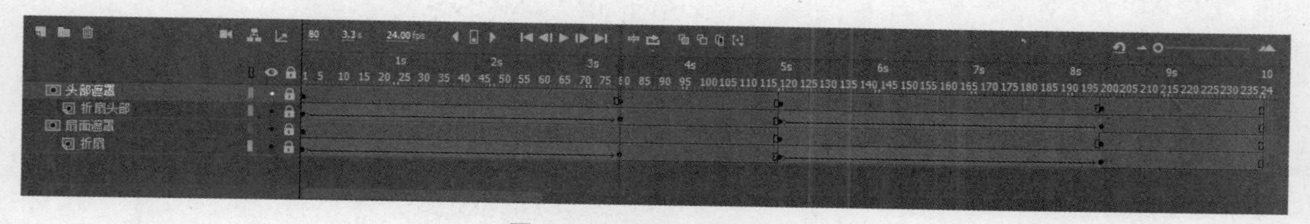

图 4-45　影片最终时间轴

4.4 骨骼动画的制作

骨骼动画

骨骼动画用于给对象添加骨架，通过骨架的运动带动角色对象的运动。中国非物质文化遗产“皮影戏”就是使用了人体骨骼运动的原理和规律。

4.4.1 骨骼动画的概念与原理

骨骼动画是 Animate CC 中的一种特殊的动画形式，它利用反向运动 IK（Inverse Kinematics，反向动力学，即根据末端子关节的位置移动计算得出每个父关节的旋转）的原理，先给对象绑定骨骼，然后这些骨骼按父子关系链接成线性或枝状的骨架。当一根骨骼移动时，与其连接的骨骼也发生相应的移动。因此，骨骼动画比较适合于制作肢体动作、机械运动等动画效果。图 4-46 和图 4-47 所示为添加了骨骼的毛毛虫和人偶。

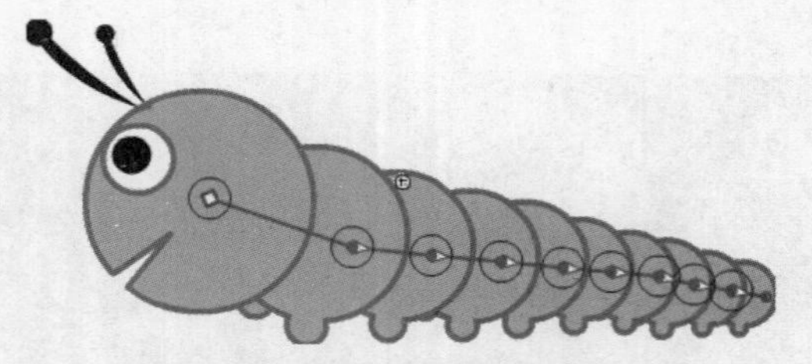
图 4-46　给毛毛虫添加了骨骼

图 4-47　给人偶添加了骨骼

当给对象添加骨骼时，Animate 会在时间轴中自动为它们创建一个新图层，此新图层称为骨架层（也称为姿势层），其图标为![]。如果添加骨骼的对象原本在不同的图层，则添加骨骼后它们都会被移动到骨架层上。若要对建立好的骨架进行动画处理，只需在时间轴上指定骨骼的开始和结束姿势，Animate 会自动在起始帧和结束帧之间对骨架中骨骼位置进行动画处理。

4.4.2 骨骼的添加与编辑

Animate CC 给对象添加骨骼，需要使用骨骼工具![]，其快捷键为“M”键，基本使用方法是：在对象（形状或元件实例）上按住鼠标左键不放并拖曳鼠标，可以为此对象添加一根骨骼，从一根骨骼的尾部继续拖曳鼠标到形状内的另一个位置或另一个元件实例，可以创建第二根骨骼，它将成为上一根骨骼的子级。

Animate CC 允许给以下两种对象添加骨骼。

● 给形状添加骨骼：用形状作为多根骨骼的容器，骨骼是在整个形状的内部，如给一个猴子尾巴的形状添加骨骼，以使其自然地卷动。

● 给元件实例添加骨骼：通过骨骼将多个元件实例链接起来，如将躯干、手臂、前臂和手的影片剪辑链接起来，以使其彼此协调而逼真地移动。每个实例都只有一根骨骼。在这种方式下，骨骼是在元件实例之间的。

1. 给形状添加骨骼

可以将骨骼添加到同一图层的单个形状或一组形状中，方法如下。

步骤① 准备好需要添加骨骼的形状，该形状可以包含颜色和笔触，并且尽量将形状调整为最终形式，避免添加骨骼后做更多调整。

步骤② 选择整个形状，使用骨骼工具，添加第一根骨骼。添加骨骼之后，Animate 会将所有形状和骨骼转换为一个 IK 形状对象，并将该对象移至一个新的姿势图层。

步骤③ 继续添加其他骨骼，将鼠标从第一根骨骼的尾部拖曳到形状内的其他位置。第二根骨骼将成为上一根骨骼的子级。按照要创建的父子关系的顺序，将形状的各区域与骨骼链接在一起。

步骤④ 如果要创建骨架的分支，可以单击分支开始位置骨骼的头部，然后拖曳鼠标以创建新分支的第一根骨骼。

图 4-48 所示为给一个角色形状添加骨骼的过程。

图 4-48 给一个角色形状添加骨骼

2. 给元件添加骨骼

可以向影片剪辑、图形和按钮等元件实例添加骨骼，方法如下。

步骤① 在舞台上准备好需要添加骨骼的元件实例，并且将这些实例组合成最终需要呈现的造型，考虑好要创建的骨骼结构。

步骤② 使用骨骼工具，单击想要设置为骨架根骨的元件实例，所单击的位置将会是骨骼的节点（相当于关节），然后按住鼠标左键不放将其拖曳到另一个元件实例，在下一个骨骼节点（关节）处松开鼠标左键。这样至少添加了一根骨骼，将两个实例链接起来，形成了骨架。

步骤③ 如果要向该骨架继续添加其他骨骼，从第一根骨骼的尾部拖曳鼠标至下一个元件实例。如果要创建骨架的分支，可以单击分支开始位置的骨骼的头部，然后拖曳鼠标以创建新分支的第一根骨骼。

图 4-49 所示为给若干个元件实例组成的卡通人物添加骨骼的过程。

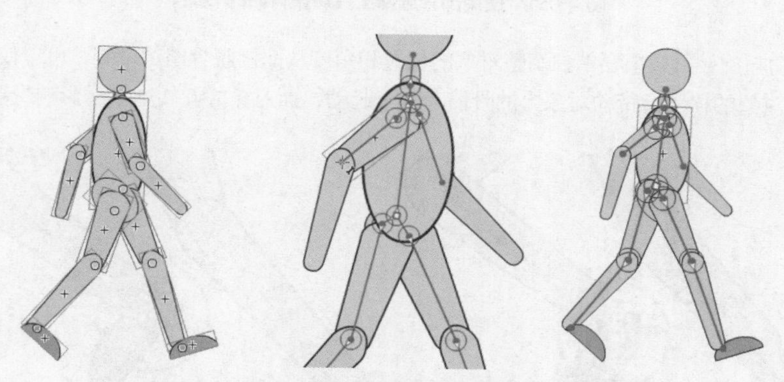

图 4-49 给若干个元件实例组成的卡通人物添加骨骼

3. 骨骼的编辑与调整

创建好骨骼后，对象和骨骼是绑定在一起的，可以对骨骼或对象做以下进一步的编辑和调整。

● 骨骼的选择：使用选择工具在骨骼上单击，可以选中一根骨骼，按住“Shift”键并单击可选择多根骨骼，双击可以选择骨架的所有骨骼。

● 骨骼的拖曳：使用选择工具，在骨骼上单击并拖曳，可以拖曳和旋转骨骼，但因为链接到了其他骨骼，所以拖曳和旋转的范围是受到牵制的。默认情况下，对当前骨骼的拖曳，会使所有子级的骨骼完全跟着联动，而父级的骨骼则也会根据拖曳的方向和位置自动调整，如图 4-50 所示。另外，因为对象和骨骼是绑定在一起的，所以拖曳骨骼，对象会一起跟着动。

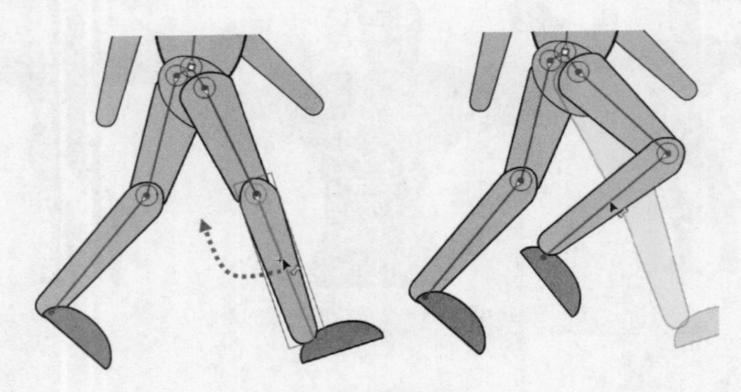

图 4-50　拖曳骨骼

● 骨骼节点的调整：使用部分选择工具单击并拖曳骨骼节点时，可以改变节点的位置，如图 4-51 所示。这只针对形状上的骨架。

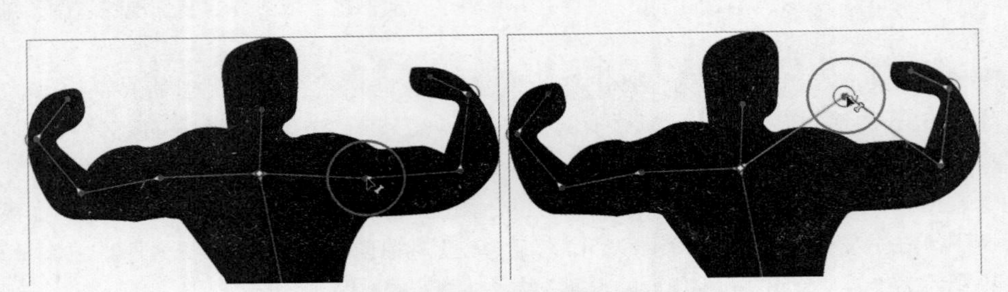

图 4-51　使用部分选择工具调整骨骼的节点

● 对象的移动与旋转：如果要单独调整对象的位置和角度从而摆脱骨骼的牵制，可以使用任意变形工具，如图 4-52 所示。对象的移动会带动对象上的骨骼节点一起动，而对象的旋转则不会影响骨骼的方向。

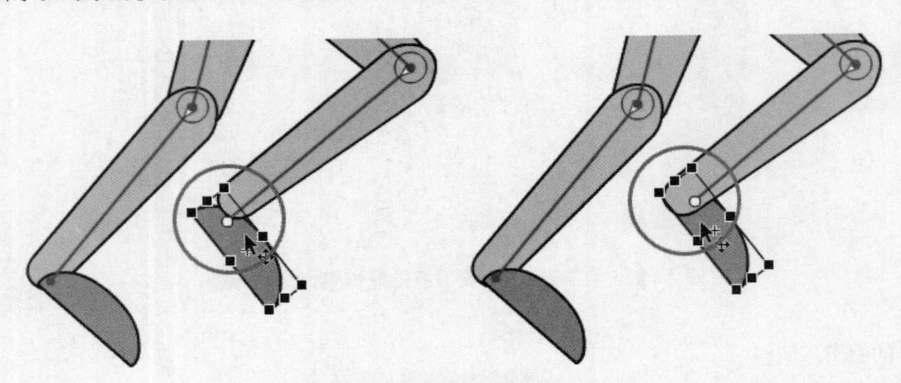

图 4-52　调整对象的位置和角度

● 骨骼的删除：选择某一根骨骼后按“Delete”键，可将当前骨骼及其子级的骨骼全部删除。

4. 骨骼属性的设置

选中一根骨骼后打开“属性”面板，可以设置当前骨骼的一些参数，主要包括以下几项。

● 速度：即操作骨骼时的反应速度，相当于给骨骼加了负重，默认 100%表示没有限制。

● 固定：即将当前骨骼的位置固定，使其无法拖动与旋转。将鼠标指针移至骨骼尾部单击也可以固定此骨骼。

● 运动约束：默认情况下，骨骼是可以任意旋转的，但其长度是固定的，因此无法任意平移。但有时需要限制骨骼旋转的角度，如连接大腿和小腿的骨骼，就不能将小腿向上翘起，如图 4-53 所示。勾选“启用”复选框，可以启动旋转和 X、Y 平移；勾选“约束”复选框，则可以设置约束的角度和位置的偏移量，如图 4-54 所示。

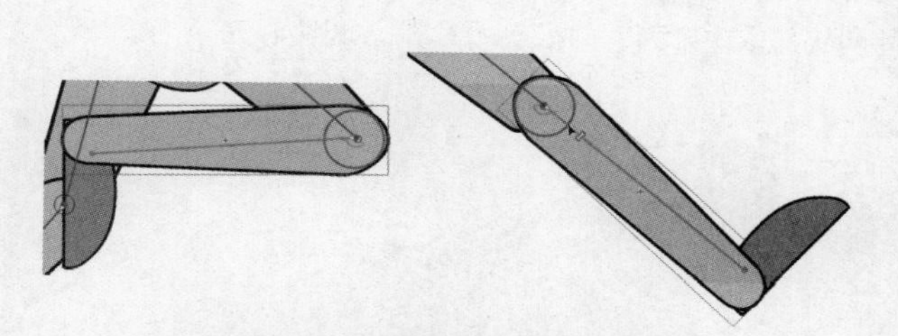

图 4-53　限制了骨骼旋转的度数

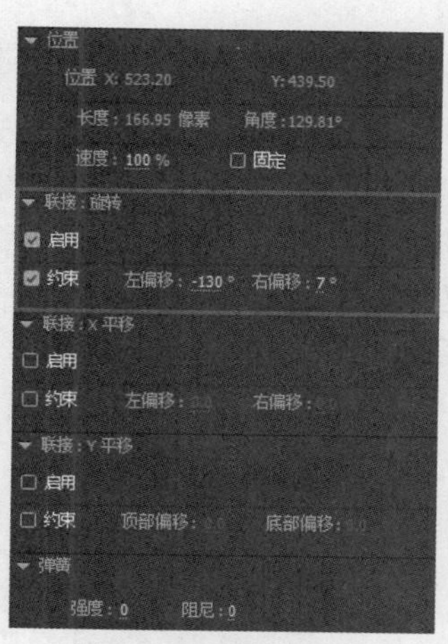

图 4-54　骨骼属性的设置

● 弹簧：弹簧属性包括强度和阻尼两个参数，通过将动态物理集成到骨骼系统中，使骨骼体现真实的物理移动效果。

4.4.3　骨骼动画制作

给对象添加完骨架后就可以为其制作动画了，对骨架进行动画处理的方式与 Animate 中对其他对象进行动画处理不同。对于骨架，只需向“姿势”图层添加帧并在舞台上重新定位骨架即可创建关键帧，“姿势”图层中的关键帧称为姿势，显示为一个小菱形◆，姿势和姿势之间自动形成补间动画。但是在“姿势”图层中只能对骨骼的位置和角度属性进行补间，其他属性的变化如缩放、色彩或滤镜效果等都不能进行补间。

给骨架制作动画的具体操作如下。

步骤① 创建完骨架后，延续骨架“姿势”图层的帧，以便有足够的帧来做动画，并在后面的过程中根据需要随时延续帧。

步骤② 把播放头放在要添加姿势（即改变骨架形态）的帧上，然后在舞台上使用选择工具调整骨骼的位置和角度，重新定位骨架，此帧自动变成姿势（关键帧）。

步骤③ 在其他需要定位姿势的帧上重复步骤 2，并且可以随时在姿势帧中调整骨架的位置或添加新的姿势帧，直至完成动画。

图 4-55 所示为添加了姿势动画的人偶及时间轴。

图 4-55　人偶的姿势动画

类似于补间动画，可以将整段骨骼动画视为一个整体，如果要更改动画长度（速度），只需将鼠标光标悬停在骨架的最后一帧上，直到鼠标指针变成黑色双向箭头，然后将“姿势”图层的最后一帧拖到右侧或左侧以延长或缩短动画过程。

◎ 应用案例：骨骼动画——毛毛虫爬行

本例通过给形状添加骨骼的方式制作一个毛毛虫爬行的动画。

步骤① 新建 ActionScript 3.0 文档，舞台大小为 800 像素 × 450 像素，保存为“毛毛虫爬行.fla”文件。

步骤② 使用圆形工具绘制一节毛毛虫，如图 4-56 所示。

步骤③ 将其选中后单击“属性”面板中的“创建对象”按钮，将形状转换为图形对象。

步骤④ 复制若干节毛毛虫，并逐个放大，由尾部向头部依次排列，并沿底端对齐，如图 4-57 所示。

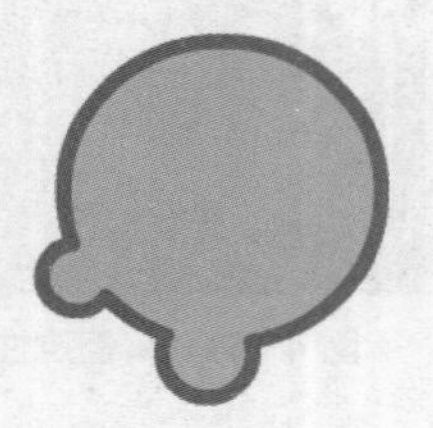

图 4-56　绘制毛毛虫的一小节

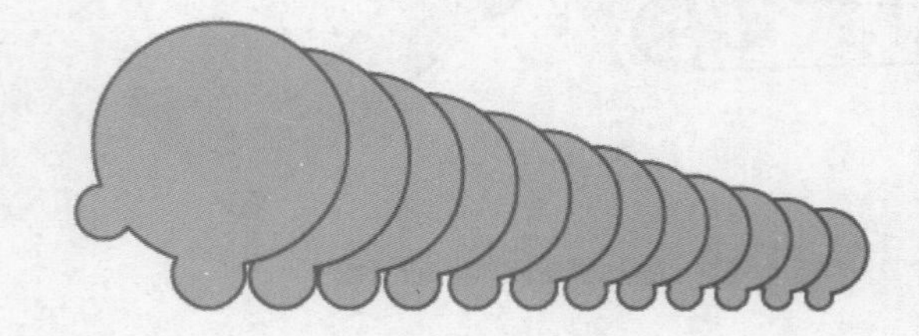

图 4-57　复制并排列毛毛虫小节

步骤⑤ 继续绘制毛毛虫的头部，如图 4-58 所示。

步骤⑥ 将所有对象打散（按“Ctrl+B”组合键）成一个形状，然后将其转换为一个图形元件，双击进入此元件，在此元件内部制作骨骼动画，这样后面就可以方便地复制毛毛虫动画了。

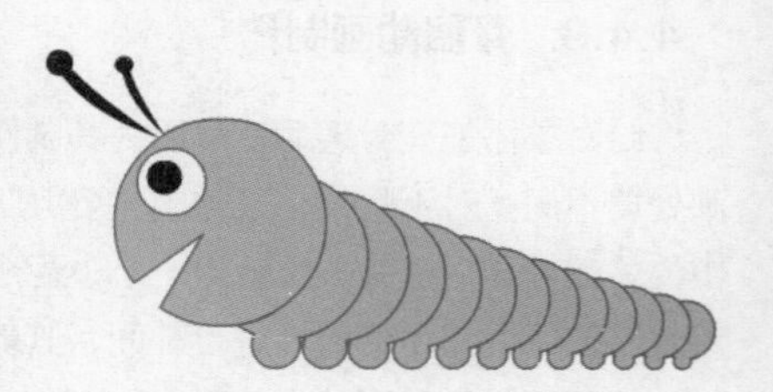

图 4-58　绘制毛毛虫的头部

步骤⑦ 在毛毛虫元件内部，选择整个毛毛虫形状，使用骨骼工具，从毛毛虫头部开始，按住鼠标左键不放并拖曳鼠标指针至下一节，这样就在毛毛虫形状里面建立了一根骨骼，图层变成骨架层，如图 4-59 所示。原图层 1 可删除掉了。

步骤⑧ 从上一根骨骼的尾部继续按住鼠标左键不放并拖曳鼠标指针至下一节，依次类推，用骨骼将毛毛虫一节一节地连接起来，如图 4-60 所示。

步骤⑨ 将骨架层延续至第 24 帧，并将第 1 帧姿势复制到第 24 帧（选中后按住“Alt”键拖曳），因为开始和结束时的动作是一样的。

步骤⑩ 将播放头移至第 12 帧，使用选择工具拖曳毛毛虫中段的骨骼，使其背部能弓起来，如图 4-61 所示，这样就在第 12 帧自动建立了关键帧（姿势）。

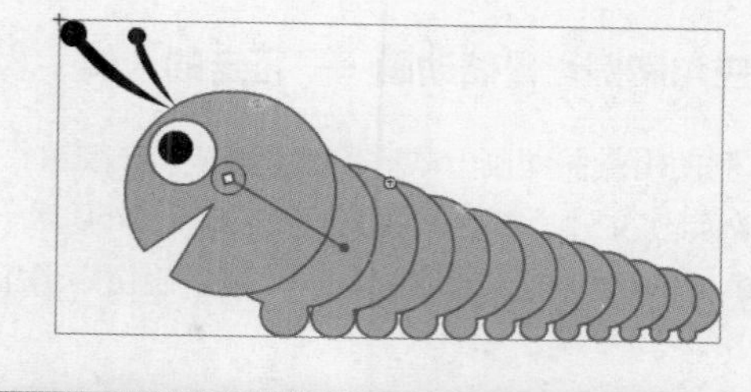
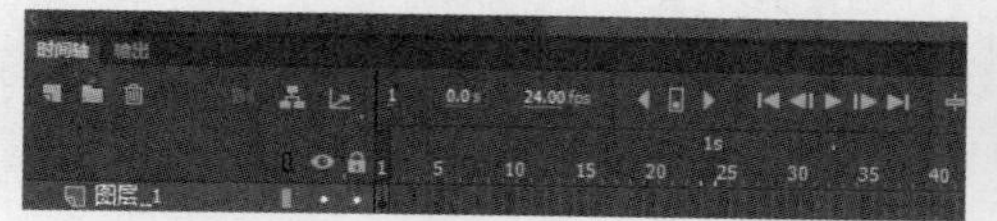
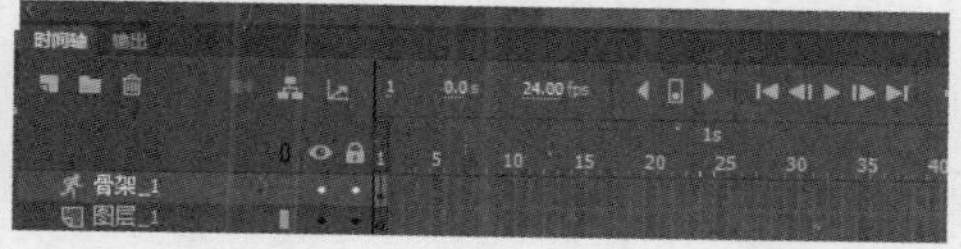

图 4-59　添加骨骼，生成骨架层

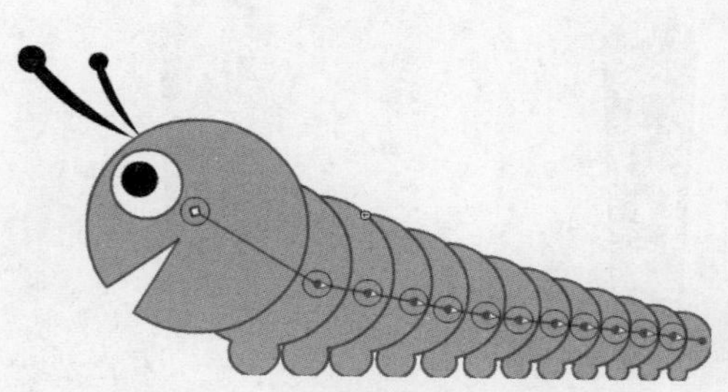

图 4-60　给毛毛虫建立完整的线型骨架

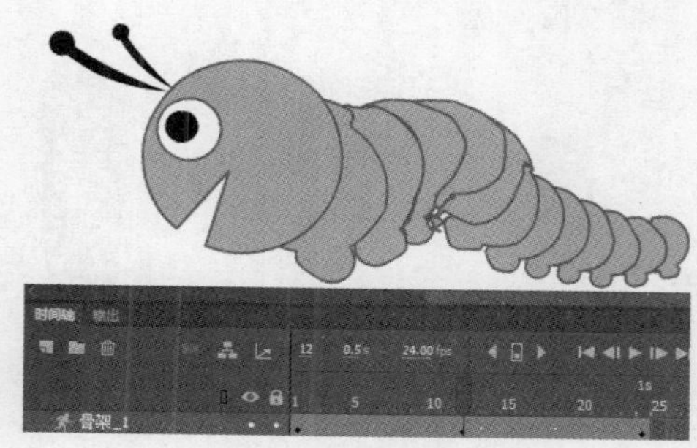

图 4-61　在 12 帧调整骨骼姿势

步骤 ⑪ 这样，毛毛虫本身的骨骼动画制作完成，播放动画，查看动画效果。

步骤 ⑫ 退出毛毛虫元件的编辑，返回到根时间轴，根据舞台大小调整一下毛毛虫实例的大小，然后给毛毛虫实例做一段从舞台右侧往左侧移动的传统补间动画。这样毛毛虫就能爬动起来了。

步骤 ⑬ 如果要给毛毛虫找一些伙伴，可以多复制几个毛毛虫骨架层，稍微调整一下大小，放置在不同的位置。因为都是图形元件实例，所以可以在“属性”面板中设置各个实例不同的起始帧，这样每条毛毛虫爬行的动作就不是完全统一的了，如图 4-62 所示。

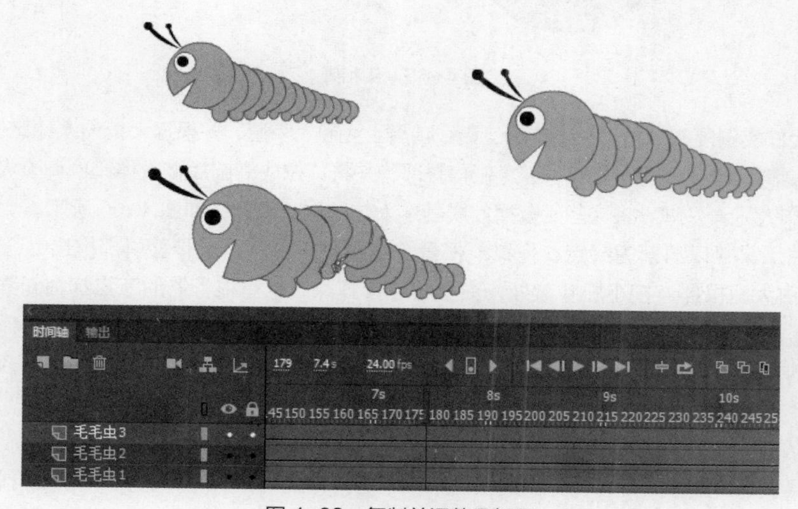

图 4-62　复制并调整骨架层

◎ 应用案例：骨骼动画——行走的人偶

本例使用骨骼动画方式，结合人体基本行走的运动规律，制作一个人偶侧面行走的动画。

步骤① 新建文件，舞台大小为 800 像素 × 450 像素，保存为“行走的人偶.fla”文件。

步骤② 先来绘制构成人偶的基本元素。使用矩形工具绘制一长条形矩形，并将其调整为上端稍宽下端稍窄的效果。

步骤③ 再分别绘制两个圆形放置在矩形的上下两端，使用墨水瓶工具给整个形状描边，并删掉上端的描边，如图 4-63 所示。将此图形转换为元件，命名为“前臂和小腿”，用来作为人偶的前臂和小腿。按同样的方法制作“上臂和大腿”元件（也可以直接复制后稍做修改），形状与前臂一样，上端稍宽一点，如图 4-64 所示。

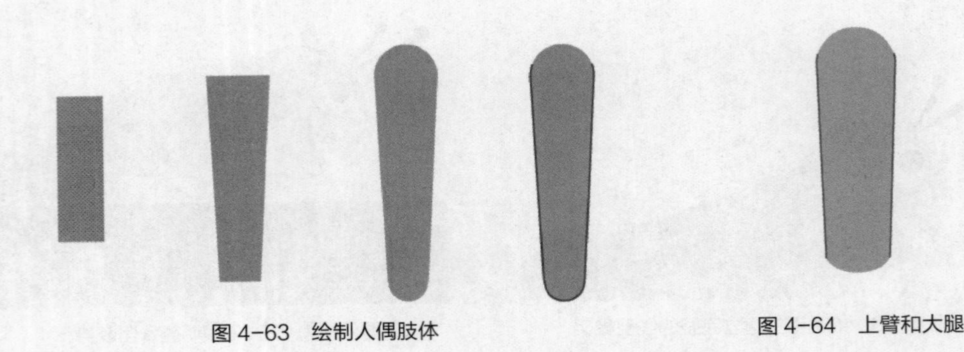

图 4-63　绘制人偶肢体　　　　图 4-64　上臂和大腿

步骤④ 绘制一个圆形和半个椭圆，分别转换为元件，命名为“头”和“脚”，如图 4-65 所示。

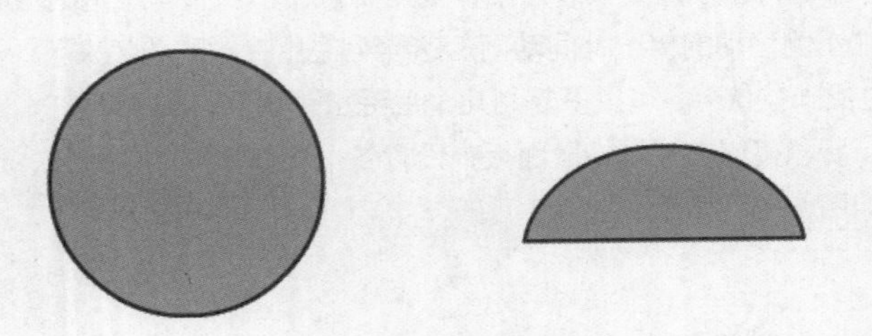

图 4-65　头和脚

步骤⑤ 将肢体元件实例复制 3 份，分别作为上臂、前臂、大腿、小腿，并根据大概的人体比例进行大小调整。将头部元件实例复制 3 份，分别作为脖子、身躯和臀部，并将其拉成椭圆后按人体比例调整大小。将脚元件实例再复制 1 份，作为另一只脚。将这些元素摆放成基本人体结构的模样，如图 4-66 所示。

步骤⑥ 使用骨骼工具，以肩部为起点，拖曳一根骨骼连接臀部。再由此骨骼尾部拖出另一根骨骼连接一条腿的大腿根部，由大腿根部连接小腿膝盖处，由小腿连接脚踝处，每根骨骼的节点都在元素连接的关节处，如图 4-67 所示。

步骤⑦ 用同样的方法，再从臀部骨骼节点拖出一根骨骼分支连接另一条腿，从肩部骨骼节点分别拖出两根骨骼分支连接上臂和前臂，再拖出一根骨骼分支连接脖子和头部，最终形成完整的骨架，如图 4-68 所示。将骨架层重命名为“人偶”。

步骤⑧ 在各对象上单击鼠标右键，在弹出的快捷菜单中选择“排列”命令，调整各元素的排列顺序，使右侧肢体在最上面，左侧脚体在最下面。

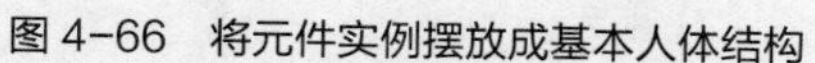

图 4-66　将元件实例摆放成基本人体结构

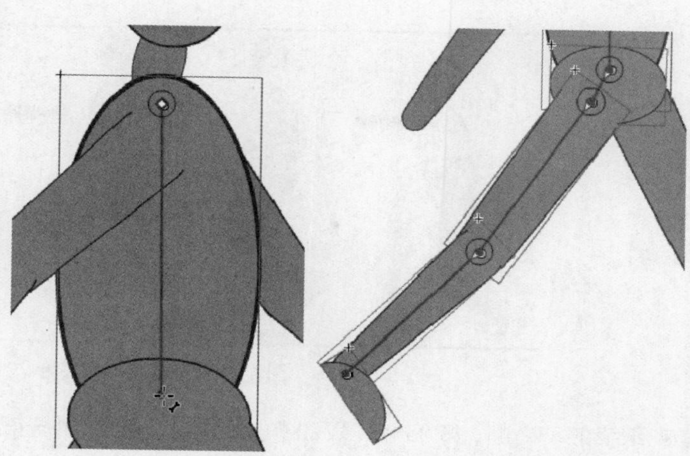

图 4-67　创建腿部骨骼分支

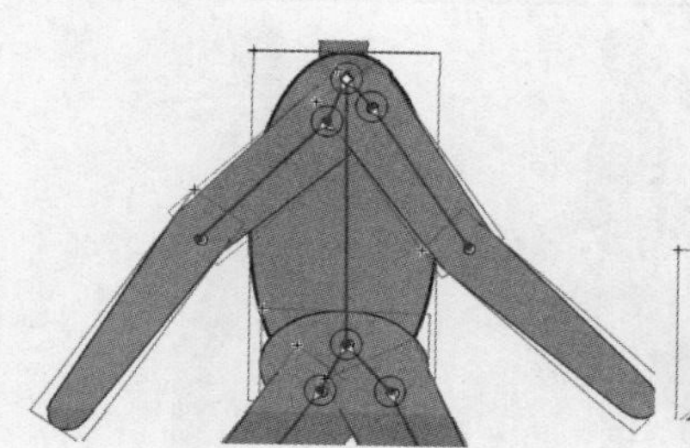

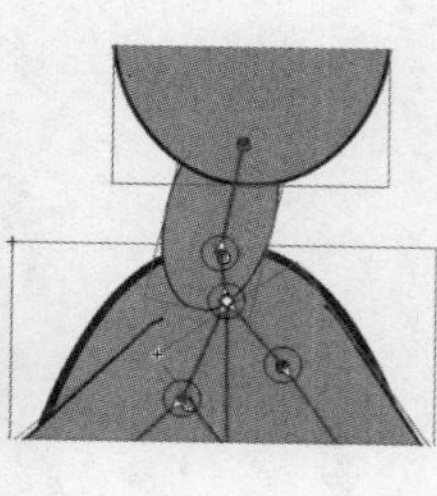

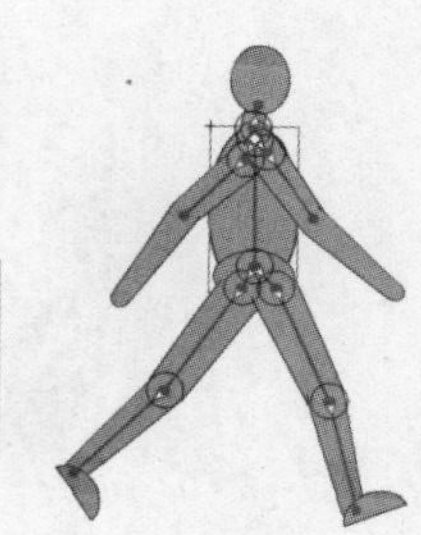

图 4-68　创建其他骨骼分支

步骤 ⑨ 新建一个图层，命名为“参考线”，并转换为引导层。使用线条工具绘制一条直线放置在脚底处，作为地面，人偶行走时不能越过此参考线；同样，在头部上方绘制一条参考线，作为人偶行走时的最高点，因为人物行走时是有高低起伏变化的，如图 4-69 所示。

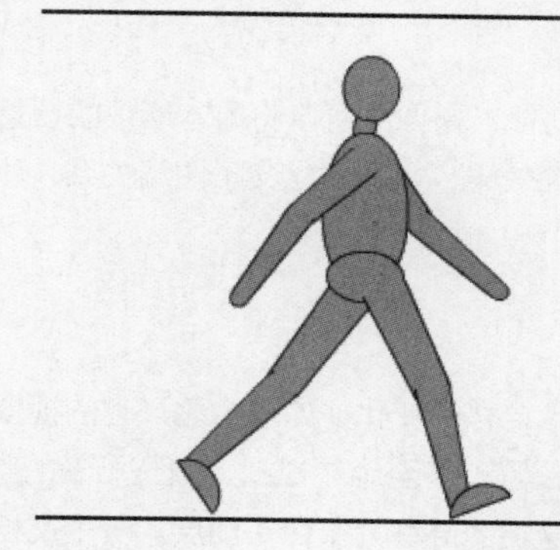

图 4-69　绘制参考线

步骤 ⑩ 调整骨骼，选择上身连接臂部的那根骨骼，在“属性”面板中勾选“固定”选项，因为它是不能被移动和旋转的。

步骤 ⑪ 调整骨架层第 1 帧的骨架姿势，作为人偶行走的起始姿势。

步骤 ⑫ 将时间轴延长至第 33 帧，分别在第 5、9、13 和 17 帧处调整骨架姿势，如图 4-70 所示。

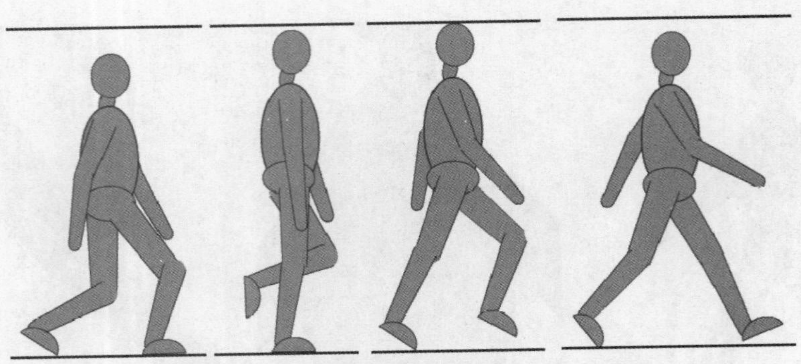

图 4-70 调整关键帧姿势

步骤⑬ 继续在第 21 帧、第 25 帧、第 29 帧处调整骨架姿势，并把第 1 帧复制到第 33 帧，然后在第 32 帧按“F6”键建立关键帧，删除第 33 帧。第 21、25、29 和 32 帧的姿势如图 4-71 所示。

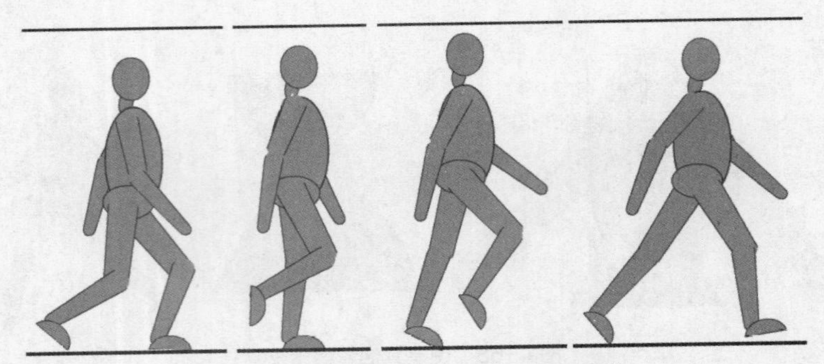

图 4-71 第 21、25、29、32 帧的姿势

步骤⑭ 播放动画，查看动画效果，如果有不合理或肢体错位的地方，可以随时调整姿势，直至动画完成。

4.5 摄像头与高级图层动画

摄像头和高级图层是 Aniamte CC 相比 Flash 新增的功能：摄像头可以将原本麻烦的场景经过缩放、平移等操作变得简单；高级图层可以在图层各对象之间添加景深效果，并且建立父子图层关系，让角色动画制作更加便利。

4.5.1 摄像头图层

在 Aniamte CC 中新增了摄像头，用于模拟镜头的推拉摇移等变化，如放大感兴趣的视图以获得近距离观看对象的效果，平移视图以将画面由一个位置移到另一个位置，甚至旋转视图、调整场景的整体色调等。

摄像头在 Animate CC 中是以专门的图层来承载的，这类图层称为摄像头图层。一个文档只允许有一个摄像头图层，且该图层只能建立于主时间轴中，不能在元件内部建立。建立摄像头图层后，看到的其他图层会像透过摄像头来看一样，可以在摄像头图层添加关键帧和补间，以便制作摄像头镜头变换的动画效果。

4.5.2 摄像头的操作与参数设置

对摄像头的基本操作有开启、关闭、平移、缩放、旋转、调色与锁定等。

1. 开启或关闭摄像头

单击时间轴上的“添加/删除摄像头”按钮，可开启或关闭摄像头，也可以单击工具栏中的摄像头工具，启用摄像头，如图 4-72 所示。

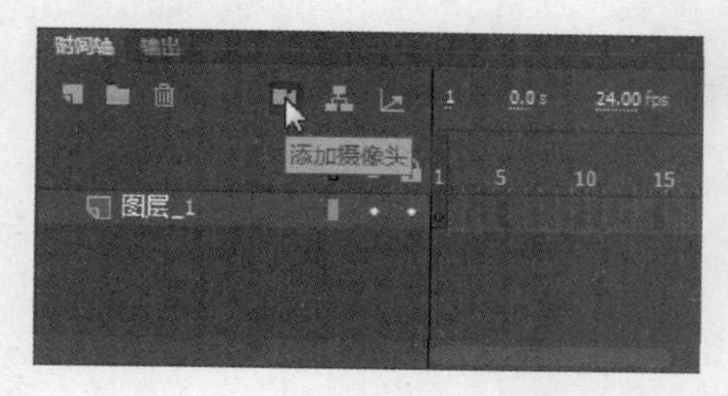

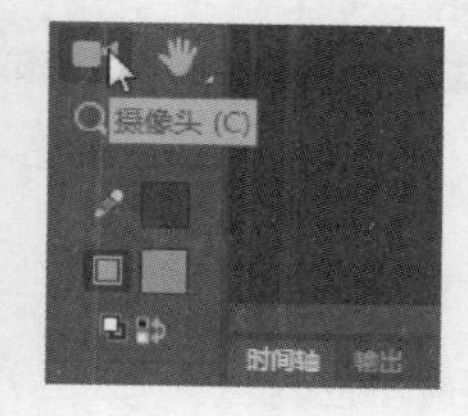

图 4-72 启用和关闭摄像头

启用摄像头后，Animate 会自动在时间轴上建立一个摄像头图层 Camera，其图标为，同时舞台边界的颜色将与摄像头图层颜色相同，屏幕上会显示一个摄像头的控件，用来操作摄像头，“属性”面板中会显示与摄像头有关的参数，如图 4-73 所示。

图 4-73 摄像头图层及其属性

2. 平移、缩放和旋转摄像头

对摄像头的操作主要包括以下几种。

● 平移摄像头：使用摄像头工具，在舞台范围内按住鼠标左键并拖曳鼠标，可以平移摄像头；也可以在“属性”面板中设置摄像头的 X 坐标和 Y 坐标的值，来精确移动摄像头。

● 缩放摄像头：使用屏幕上的摄像头控件可以缩放摄像头视图。选择缩放控件，将滑块向左滑动可缩小视图，向右滑动则可放大视图。将滑块拖至边缘后松开，滑块会回到中间，然后继续拖曳滑块可以实现持续缩放，如图 4-74 所示。

此外，也可以通过摄像头“属性”面板中的缩放值来精确地设置视图的缩放比例。

● 旋转摄像头：与缩放摄像头类似，使用屏幕上的摄像头控件，拖曳滑块可自由地旋转摄像头，或通过“属性”面板中的旋转值来精确地设置旋转的角度。

图 4-74　摄像头的缩小与放大

如果要返回摄像头的原始设置，可以在“属性”面板中单击各项参数中的“重置”按钮。

3. 对摄像头图层应用色调

使用摄像头图层可以对整个舞台进行调色，以使画面达到某种统一色调的效果，而无须对各个图层和对象分别操作。摄像头有两种调色的方式：一是应用“色调”；二是应用“调整颜色”。

● 应用“色调”相当于在整个舞台上覆盖了一层颜色，具体操作如下。

步骤 1 选择摄像头工具后，在其“属性”面板中勾选“色调”复选框，可启用“色调”功能，再取消“色调”复选框的勾选，则可以关闭“色调”功能。

步骤 2 修改红、绿、蓝 3 个色值，或直接单击色标选择需要设置的颜色，也可以修改“色调”的强度，如图 4-75 所示。

图 4-75　给摄像头应用色调效果

● 应用“调整颜色”，相当于调整整体舞台的亮度、对比度等颜色属性，具体操作如下。

步骤 1 选择摄像头工具后，在其“属性”面板中勾选“调整颜色”复选框，可启用“调整颜色”功能，再取消“调整颜色”复选框的勾选，则可关闭“调整颜色”功能。

步骤 2 修改当前帧的亮度、对比度、饱和度和色相值，如图 4-76 所示。

4. 将图层锁定至摄像头

默认情况下，当摄像头平移或缩放时，舞台上的所有对象都受到影响而同步平移或缩放，但某些情况下，如游戏时分数、时间或小地图的显示等，这些元素是固定在视图中的某个位置的，此时就应该将该图层与摄像头图层保持锁定，也就是将其连接至摄像头，使其总是和摄像头一起移动。具体操作方法如下。

图 4-76　应用调整颜色的滤镜

选中需要附加到摄像头的图层，单击附加摄像头图标栏中的点来将单个图层附加到摄像头，或者在图层“属性”对话框中勾选“连接至摄像头”复选框，如图 4-77 所示。启用“锁定”之后摄像头缩放时的效果如图 4-78 所示，画面其他元素都放大了，但文字没有放大，因为它的图层被锁定到摄像头了。

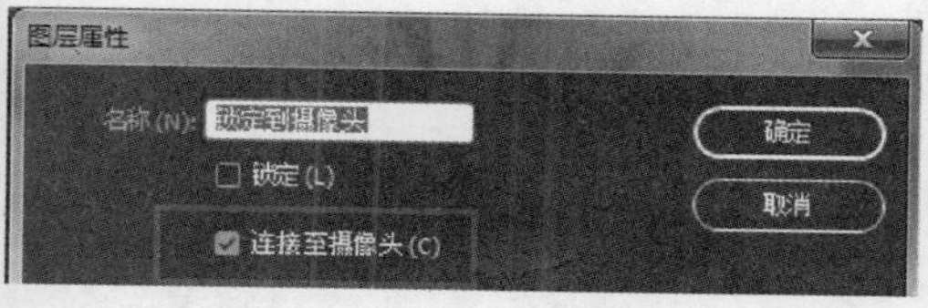

图 4-77　图层锁定到摄像头

图 4-78　锁定图层到摄像头的效果

4.5.3　摄像头动画

摄像头动画

启用摄像头的目的是为了做动画，让舞台视图能根据需要制作平移、缩放、硬切等常见的镜头动画效果。摄像头图层上也可以创建关键帧，可以像其他元件实例一样，给摄像头添加传统补间动画或补间动画，如在一个关键帧上设置好摄像头参数，在另一个关键帧上平移、缩放摄像头或应用色调效果，在两个关键帧之间建立补间就可以看到镜头的运动了。

◎ 应用案例：摄像头动画——武士

本例素材来源于 Adobe 官网，在已有素材的基础上，为其添加摄像头动画，使原本平淡的画面因为有了镜头的变化而变得更加生动、富有故事性。

步骤① 打开素材文件“武士.fla”，其时间轴已经包括了背景、武士等若干个图层，武士有一个由跪地到直立的动画，但整个舞台视图是没有变化的。本例不对这些图层做任何修改，可以全部锁定。图 4-79 所示为原始素材画面与时间轴。

图 4-79 案例原始素材与时间轴

步骤② 启用摄像头图层。

步骤③ 在摄像头图层第 15 帧创建关键帧，使用摄像头平移和缩放控件等方式，将视图放大至头部特写，如图 4-80 所示。

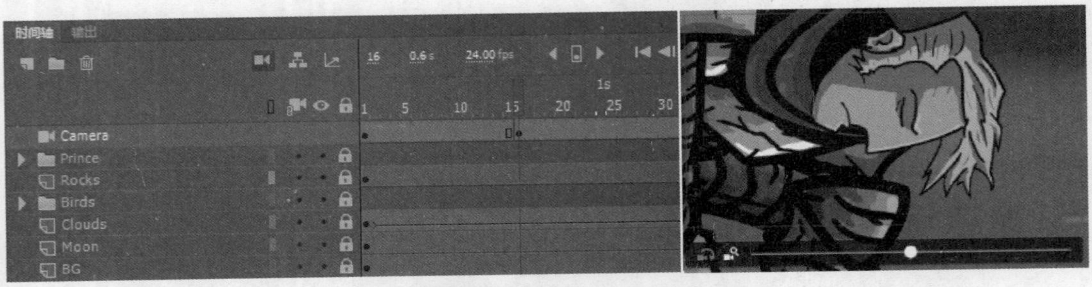

时间轴 输出
16 0.6 s 24.00 fps
1s
1 5 10 15 20 25 30
Camera
Prince
Rocks
Birds
Clouds
Moon
BG

图 4-80 创建关键帧缩放摄像头，特写头部

步骤④ 使用同样的方法，分别在第 50 帧缩小摄像头至显示全景，在第 100 帧放大摄像头显示剑锋和剑身，在第 125 帧平移摄像头至显示剑柄，然后在第 145 帧恢复至初始视图（可将第 1 帧复制过来），在第 220 帧将摄像头拉近至城堡，使其布满整个舞台。几个关键帧的舞台效果如图 4-81 和图 4-82 所示。

图 4-81 第 50、100、125 帧的画面效果

步骤⑤ 在第 100～125 帧建立传统补间，在第 145～220 帧建立传统补间，形成镜头平移和缩放的动画效果。

图 4-82　第 145、220 帧的画面效果

步骤 6 在第 200 帧创建关键帧，给第 220 帧的摄像头应用调整颜色滤镜，将亮度和饱和度均设置为-100，如图 4-83 所示，这样画面就会慢慢变暗至落幕。

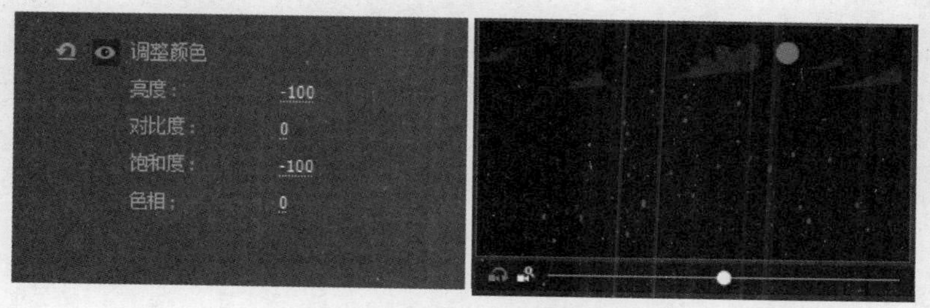

图 4-83　给最后一帧应用颜色滤镜

4.5.4　图层深度与动画

图层深度是 Animate CC 最新增加的功能，需启用高级图层才可以使用。所谓图层深度是指各图层相对于舞台的纵深感。因为 Animate CC 是一个二维动画软件，舞台上的所有图层及对象都处在同一个平面内，当摄像头移动或缩放时，它们的相对速度和位置是完全一样的。而利用摄像头及图层深度，可以模拟三维效果，使同一个平面内的对象具有纵深感，让画面效果更真实。因此，图层深度一般与摄像头动画结合起来使用。

单击时间轴上的按钮可以打开“图层深度”面板，如图 4-84 所示。

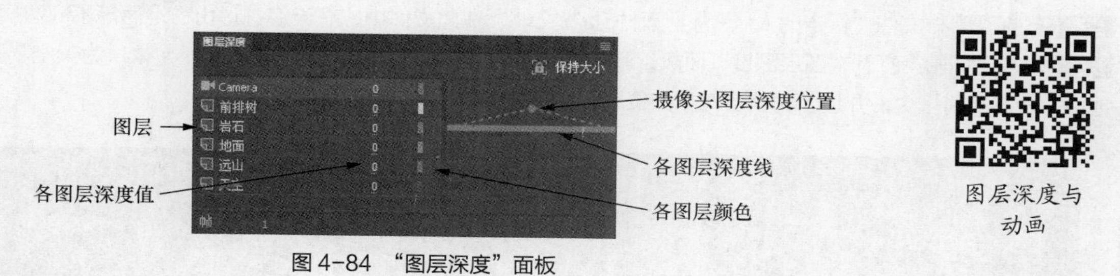

图 4-84　“图层深度”面板

1. 设置图层深度

在“图层深度”面板中可以设置各图层的深度值，方法有以下两种。

- 输入或拖曳各图层名称右边的深度值。
- 上下拖曳面板右侧各图层的深度线条，图层深度线条的颜色与图层颜色一致，深度线条的位置就是相对于舞台平面或摄像头的距离，位置越低，说明离镜头越远。

图 4-85 和图 4-86 所示为原始画面（各图层深度为 0）和调整各图层深度后的画面的比较（蓝色线框为舞

台边界）。

图 4-85　图层深度为 0 时的画面

图 4-86　调整各图层深度后的画面

2. 图层深度值与摄像头及运动速度的关系

当摄像头图层深度值为 0 时，其他图层深度值越接近摄像头图层深度值，表示该图层对象离摄像头越近；越远离摄像头图层深度值，表示该图层离摄像头越远。图层深度值越大，对象在摄像机视图中越小，在摄像头运动时它的运动速度就越慢；图层深度值越小，对象在摄像机视图中越大，在摄像头运动时它的运动速度就越快。当图层深度值远小于摄像机深度时，对象可能会显示在舞台外。

◎ 应用案例：利用图层深度制作具有景深的动画

本例在前面案例“行走的人偶”的基础上，为其添加摄像头和一个具有深度感的背景。

步骤① 打开素材文件“行走的人偶-背景素材.fla”文件，在此文件中，有天空、远山、地面等不同图层。

步骤② 在时间轴上打开“图层深度”面板，调整各图层的深度值，由远及近（由大到小）依次为天空、远山、地面、岩石和前排树，并适当调整各对象的位置，如图 4-87 所示。

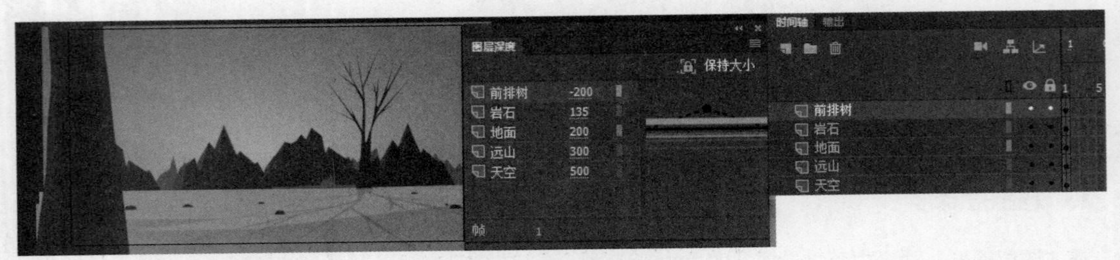

图 4-87　调整各图层的深度

步骤③ 新建一个图形元件，命名为“人偶”，打开前面案例中的文件“行走的人偶.fla”，将其中的骨架层拷贝到图形元件中。新建一图层，将人偶元件拖到舞台上，调整好位置和大小，如图 4-88 所示。

步骤④ 开启摄像机图层，并延续所有图层至第 128 帧。

图 4-88　将人偶元件拖到舞台上

步骤 ⑤ 在摄像机图层第 128 帧建立关键帧，移动摄像机，使场景相对地往左移。

步骤 ⑥ 给摄像机图层建立传统补间。

步骤 ⑦ 将天空和人偶图层锁定至摄像机图层。

步骤 ⑧ 测试动画，有必要的话再调整各对象的位置。最终效果和时间轴如图 4-89 所示。

图 4-89　行走的人偶效果

4.6 图层父子关系

图层父子关系是 Animate CC 新增加的功能，也属于高级图层功能，它是指将一个图层设置为另一个图层的父项，使一个图层/对象（父）控制另一个图层/对象（子）。除保留自己的属性外，子图层上的对象会继承父图层上对象的位置、旋转、缩放、倾斜和翻转属性。因此，在父项移动、旋转、缩放、倾斜或翻转时，子项会同时移动、旋转、缩放、倾斜或翻转。可以创建多个父子关系以创建层次结构。

图层父子关系

1. 建立图层父子关系

单击时间轴上的“显示/隐藏父级视图”按钮，各图层名称右侧会出现父子结构视图。默认情况下此视图只有图层的颜色头，各图层是完全独立的，如图 4-90 所示。

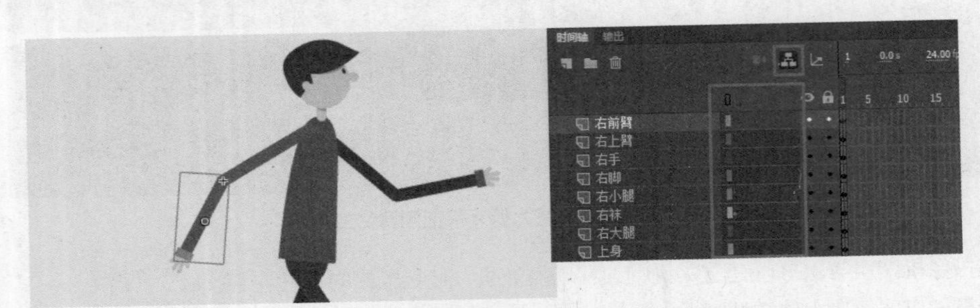

图 4-90 “显示/隐藏父级视图”按钮和父子结构视图

单击子图层颜色头或者图层名称旁边的水平矩形空间，并将其拖曳到另一个图层（它的父级图层）上，这样子图层颜色头通过一条曲线连接到了父图层颜色头，并且父图层在左、子图层在右。此外，还可以在任意图层上单击，然后从弹出的列表中选择其父级图层。图 4-91 所示为给前臂和上臂建立父子关系，前臂是子图层，上臂是父图层。

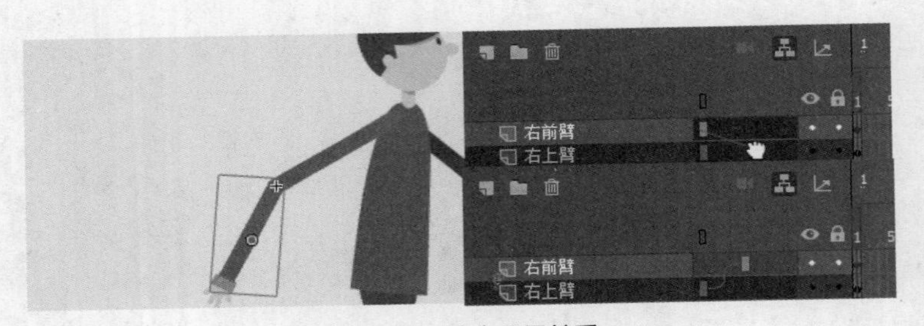

图 4-91 建立父子关系

图 4-92 所示所示为给一个卡通人偶建立的父子关系结构图。在此图中，躯干是所有身体部位的父项，大腿是腿的其他各个部分（如脚、小腿和脚踝）的父项，头是父项“颈部”的子项，躯干是颈部的父项。因此，只要将颈部移离身体，头部也会随之移动，旋转上臂，前臂也会跟着旋转，但旋转前臂，上臂是不会跟着旋转的，如图 4-93 所示。

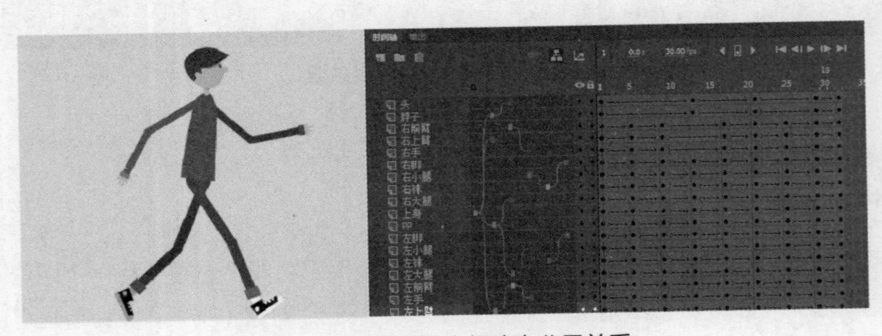

图 4-92 给卡通人偶建立父子关系

如果要移除父子关系或修改当前图层的父图层，可在父子视图上单击该图层，从弹出的菜单中选择“Remove Parent”（移除父级）或“Change Parent”（更改父级），如图 4-94 所示。

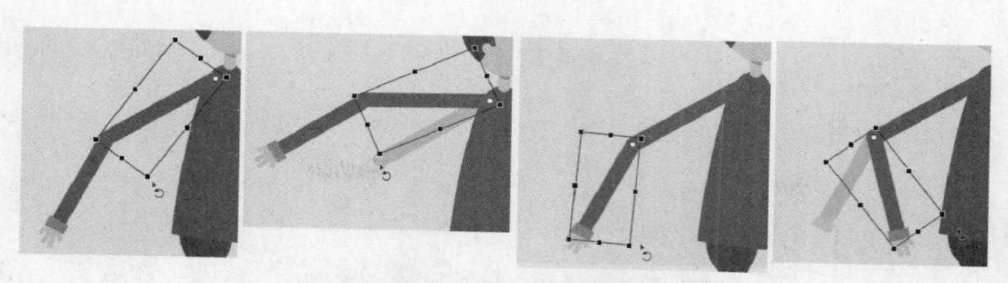

图 4-93　旋转上臂和旋转前臂的效果

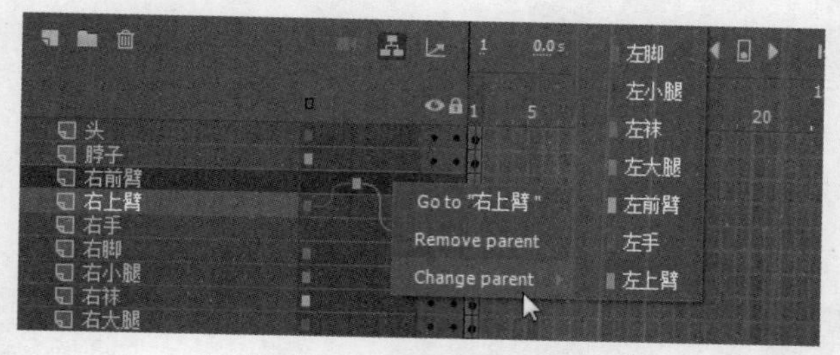

图 4-94　移除或更改父级

2. 图层父子关系的特点

从以上图层父子关系的描述可知，图层父子关系有以下特点。

- 子图层上的对象继承了父图层上对象的位置和旋转，当移动或旋转父项时，子项会同时移动或旋转。可以创建多个父子关系以创建层次结构。
- 父子关系视图层次结构中最左侧的颜色头表示父项。父子层次结构从左向右排列。

图层父子关系建立好后，就可以非常方便地制作对象联动的动画了，如人偶的动作、机械臂的运动等，类似于骨骼动画，只要建立两个关键帧并调整好姿势，建立补间后就会自动在其中插入姿势形成连贯的动作了。

◎ 应用案例：图层父子关系——忙碌的工地

本例在已有工地场景的基础上，通过设置图层父子关系的方式给原本静止的挖掘机制作一段动画，挖掘机先由舞台右侧移至中间，伸展动臂和连杆挖土，回缩后再返回至右侧。

步骤① 打开素材文件“忙碌的工地-素材.fla”，里面已有背景、云朵等图层，另有一个“挖掘机”的图层文件夹，里面包括挖掘机各部分的元件实例，如图 4-95 所示。

图 4-95　“忙碌的工地”素材及图层结构

步骤② 调整挖掘机各图层中元件实例的变形点到与上一级对象相接的位置，如图 4-96 所示。

步骤③ 设置挖掘机各图层的父子关系。根据结构特点，铲斗是最末端的部件，它连接到连杆 1，连杆 1 又连接到连杆 2，连杆 2 连接到动臂，动臂连接到车身，车身是最顶端的部件。所以，打开父子关系视图，将铲斗拖曳到连杆 1，连杆 1 拖曳到连杆 2，连杆 2 拖曳到动臂，动臂再拖曳到车身上，如图 4-97 所示。

图 4-96　调整挖掘机各部分实例的变形点

步骤 4 使用任意变形工具对各部分进行旋转，将挖掘机调整至初始状态，并将其移动至舞台右侧（只需用移动工具拖曳机身即可），如图 4-98 所示。

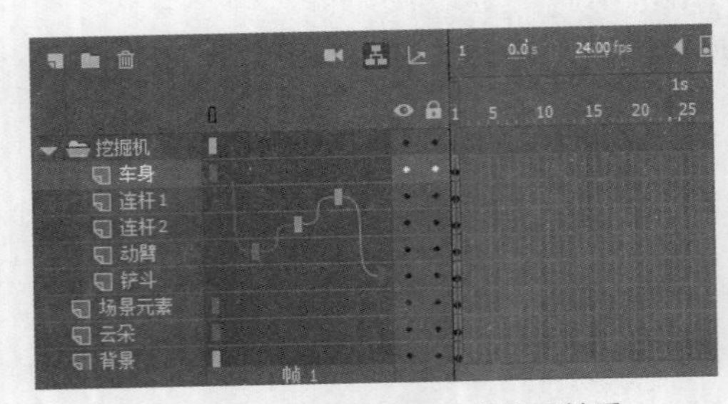

图 4-97　设置挖掘机图层的父子关系

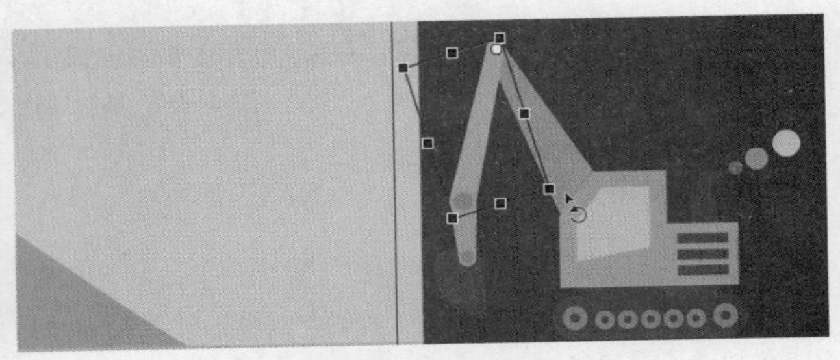

图 4-98　调整初始状态和位置

步骤 5 将所有图层延续至第 216 帧。

步骤 6 给挖掘机设置几个关键帧。在挖掘机各图层的第 72 帧处创建关键帧，移动车身至舞台中间，拖曳车身时其他部件是一起移动的，因为它们都是车身的子图层。

步骤 7 在第 96 帧处创建关键帧，使用变形工具旋转铲斗、连杆等部分，使挖掘机将铲斗伸远。继续在第 120 帧创建关键帧，旋转各部件，将连杆收回准备开挖，如图 4-99 所示。

图 4-99　在第 96、120 帧调整挖掘机的形态

步骤 8 在第 130 帧创建关键帧，继续调整，使铲斗有一个挖的动作，然后在第 131 帧单独给铲斗创建关键帧，并将铲斗元件实例交换为“铲斗 1”（原来为铲斗 2，铲斗 1 有装载物），如图 4-100 所示。

步骤 9 在第 150 帧创建关键帧，将装载的铲斗、连杆等完全收回来，并在最后一帧创建关键帧，将车身拖至舞台右侧，如图 4-101 所示。

步骤 10 给挖掘机所有图层都建立传统补间，这样挖掘机就完成了一次作业。

步骤 11 给云朵添加一个缓慢的移动动画，让画面更生动。

图 4-100　第 130 帧和第 131 帧效果

图 4-101　第 150 帧和最后一帧画面

4.7　图层效果

图层效果是 Animate CC 新增加的功能，属于高级图层功能，主要包括滤镜效果和色彩效果。滤镜效果和色彩效果以前仅适用于影片剪辑实例，现在可以通过选择所需的帧来将图层效果应用到单个或多个帧上，也可以通过选中整个图层将图层效果应用到图层的所有帧上，从而应用至该图层或帧内的所有内容，包括形状、绘制对象、图形元件等。此外，还可使用传统、形状和跨帧 IK 补间对图层效果进行补间动画制作。

1. 使用滤镜效果

要在关键帧上添加滤镜，先选择该帧，然后在“属性”面板中找到“滤镜”，单击“滤镜”下拉列表中的 图标，从中选择某种滤镜效果，包括投影、发光、模糊等常见效果，如图 4-102 所示。可以给图层添加多种滤镜效果，它们会出现在下方的滤镜堆栈中，每个滤镜都有一些参数调整，通过单击 图标可以删除滤镜，单击右边的设置按钮 ，可以对滤镜进行复制、粘贴、重置等操作。

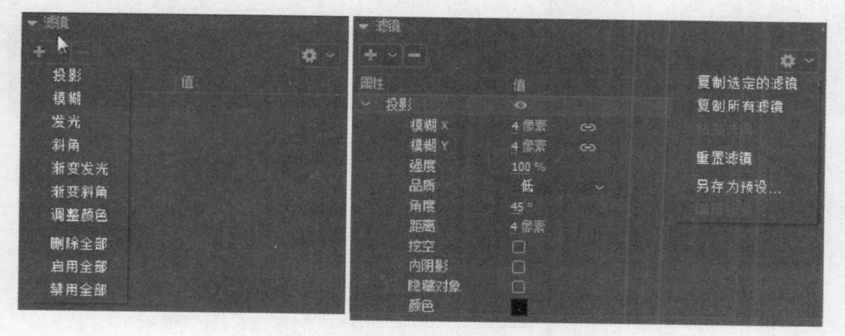

图层效果

图 4-102　添加与设置滤镜效果

图 4-103 所示为图层原始效果和添加了投影及斜角滤镜后的效果。

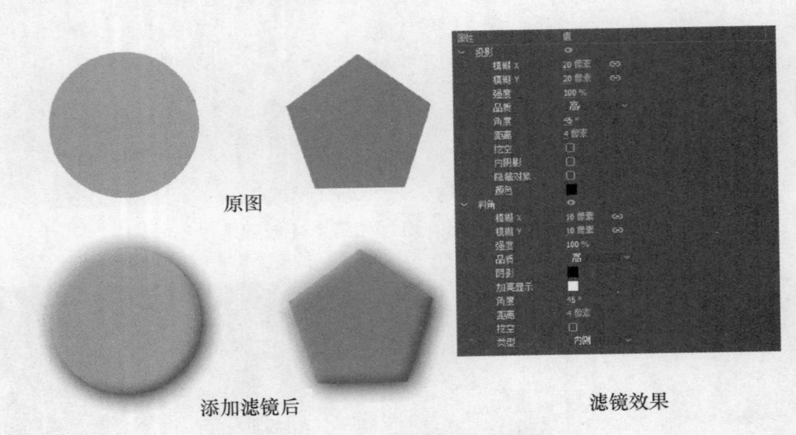

图 4-103　滤镜效果的应用

2. 使用色彩效果

要在某图层或关键帧上应用色彩效果，先选择该图层或关键帧，在“属性”面板中的“色彩效果”下拉列表中可以选择 4 种效果样式，分别为“亮度”“色调”“高级”和“Alpha”，与元件实例的色彩效果一样，在此不再细述。

◎ 应用案例：图层效果的应用——给人偶添加影子

本案例在前面案例“行走的人偶”的基础上，通过图层效果给人偶添加一个影子，并调整人偶的色调。

步骤① 打开案例文件“行走的人偶-图层深度.fla”。

步骤② 将“人偶”图层直接复制一层并拖至“人偶”图层的下方，命名为“人偶影子”。

步骤③ 选中“人偶影子”图层，先将对象垂直翻转一次，然后通过调整变形点和倾斜等方式，将人偶调整成影子的模样，如图 4-104 所示。

图 4-104　复制图层，垂直翻转和倾斜

步骤④ 选择“人偶影子”图层，在“属性”面板中为其添加一个“投影”滤镜，设置滤镜参数如图 4-105 所示，使人偶变成一个黑色稍透明略带模糊的影子。

步骤⑤ 在人偶层的最后一帧创建关键帧，在“属性”栏中设置其色彩效果“色调”，分别调整色调、红、绿、蓝 4 个参数，使其变成另一种颜色，然后给这段添加传统补间动画，效果如图 4-106 所示。

图 4-105　给影子添加投影滤镜

图 4-106　给帧应用颜色效果

步骤 6 保存文件。

4.8　小结与课后练习

◎ 小结

本单元通过文字讲解与案例示范的方式，介绍了 Animate CC 图层的基本使用、引导动画效果的制作、遮罩动画效果的制作、骨骼动画的制作、摄像头动画的制作、图层关系动画的制作等内容，这些都是能让基础动画蜕变成高级动画、让动画更炫目的重要方法。其中，摄像头、图层关系、图层深度和图层效果都是 Animate CC 区别于 Flash 新增加的功能，具有很强的实用性，相比于 Flash，为动画操作带来了非常大的便利。

◎ 课后练习

理论题

1. 如何新建与删除图层？如何显示与隐藏图层？如何锁定与解锁图层？如何改变图层顺序？
2. 如何添加引导层？引导层在导出的影片中会显示吗？
3. 一个引导层可以引导多个对象运动吗？
4. 什么叫遮罩层？如何建立遮罩层？
5. 遮罩层的颜色和透明度对遮罩效果有没有影响？
6. 遮罩层可以遮罩多个图层吗？
7. 有什么方法可以制作边缘模糊或半透明的遮罩效果？
8. 如何启用摄像头？如何变换摄像头（缩放、旋转、平移）？
9. 如何通过摄像头调整整个画面的色调？

10. 如何调整图层的深度？

11. 图层深度值与离摄像头的远近有什么关系？图层深度值与该图层对象在摄像头视角下的运动速度有什么关系？

12. 什么是图层父子关系？如何建立图层父子关系？

13. 什么叫图层效果？如何添加图层效果？

14. 如何给形状添加骨骼？如何给元件实例添加骨骼？

15. 如何改变骨架层的姿势并制作骨骼动画？

操作题

1. 使用引导动画的方法制作一个树叶或羽毛飘落的动画，参考效果如图 4-107 和图 4-108 所示。

图 4-107　飘落的树叶

图 4-108　飘落的羽毛

2. 使用遮罩的方法制作一些文字动画特效，参考效果如图 4-109 所示。

3. 使用遮罩的方法制作折扇从中间向两端展开再收拢的动画效果，参考效果如图 4-110 所示。

图 4-109　使用遮罩制作的文字特效

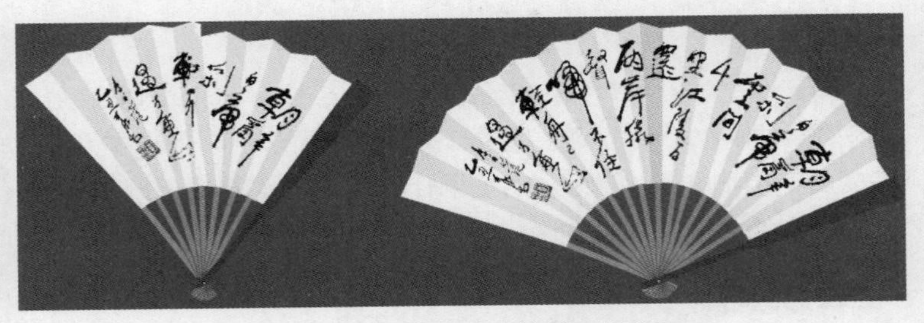

图 4-110　折扇由中间向两边展开的动画

4. 根据所给素材，使用骨骼图层或图层父子关系的方式，制作一个骷髅跳舞的动画，参考效果如图 4-111 所示。

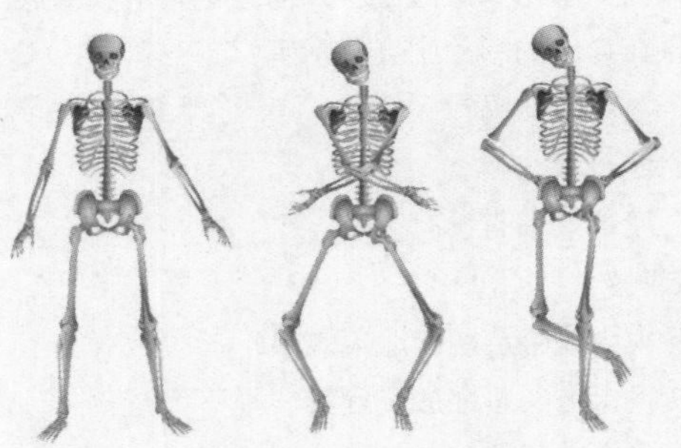

图 4-111　骷髅舞蹈动画

第 5 单元　音视频的应用

声音是动画的一个重要元素。本单元主要讲解如何在 Animate CC 中添加声音效果及播放视频，并设置声音与画面的同步方式及播放参数，这样就能让动画声、画俱全，更加形象生动、引人入胜。

本单元学习目标：

- 掌握导入声音和视频的方法（重点）
- 掌握声音同步方式的种类及设置（难点）
- 掌握视频组件引用外部视频的方法（难点）

5.1　声音的使用

声音几乎是动画影片不可或缺的一部分，它们要么独立播放，要么与动画保持同步播放，又或者存在于按钮中让交互变得更有趣，甚至可以通过脚本对外部声音进行调用和播放。所以，掌握 Animate 声音的应用，可以为动画带来更丰富的内容和体验。

Animate CC 允许通过两种方式来使用声音：一种是将声音导入至文件内；另一种则是使用脚本来调用外部的声音文件。本单元主要讲解如何将声音导入至文件内部并合理地应用，至于用脚本来调用外部声音，将在“第 6 单元　交互动画制作”中讲授脚本时有所涉及。

5.1.1　声音的导入与使用

声音的导入与编辑

1. 导入声音

要使用声音，一般需要将声音先导入至库中或舞台上，与导入位图一样，只需单击菜单“文件”→“导入”→“导入到舞台”或“导入到库”命令，选择需要导入的声音文件即可；也可以将声音文件由文件夹直接拖到 Animate 舞台上。不管使用哪种方式，导入的声音都会存放在库中，如图 5-1 所示。注意：如果声音文件比特率太高，有可能会导入失败。

2. 声音的格式

Animate CC 支持多种声音格式的导入，如常见的 MP3、WAV、WMA 等，也支持 AIF、FLAC 等格式。但要注意，WebGL 和 HTML5 Canvas 文档只支持 MP3 和 WAV 两种格式的声音文件。

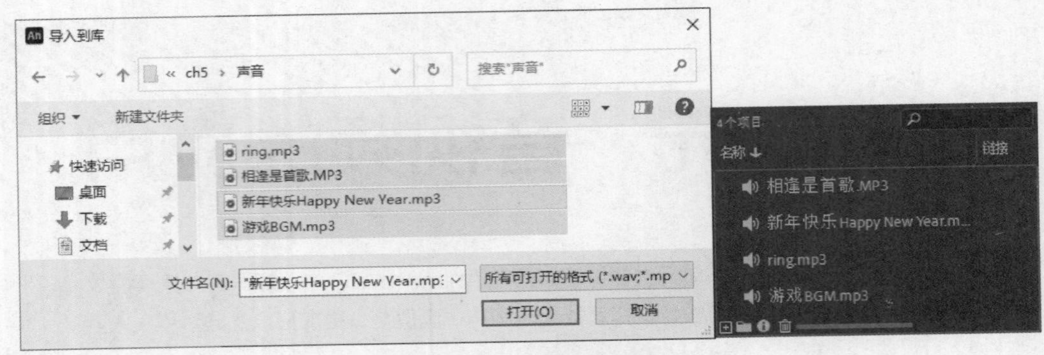

图 5-1　导入声音文件到库中

3. 将声音添加至时间轴

将声音导入文档后存放在库中，要将声音添加到时间轴，有以下两种方式。

- 一是将声音文件由库中拖至时间轴上的关键帧。
- 二是选择关键帧，在“属性”面板“声音”栏中“名称”右侧的下拉列表中，选择要添加的某个声音文件。这个列表显示了导入到库中的所有声音文件，如图 5-2 中的左图所示。

将声音文件放在关键帧上，关键帧及后面的普通帧会显示这个声音文件的波形，直到下一个关键帧或声音结束，如图 5-2 中的右图所示。

图 5-2　选择声音文件并将其添加到关键帧上

5.1.2　声音的效果设置与编辑

将声音文件放到时间轴上后，可以对声音进行适当的设置或编辑，使之更符合影片的需要。要编辑帧上的声音，应先选择该关键帧，在“属性”面板“声音”栏中“效果”选项的右侧，有一个声音效果的下拉列表，如图 5-3 中的左图所示，其中包括左、右声道和声音的淡入、淡出等基本效果。如果要手动设置这些效果，可以选择“自定义”选项或单击右侧的“编辑声音封套”按钮，会弹出“编辑封套”对话框，如图 5-3 所示。

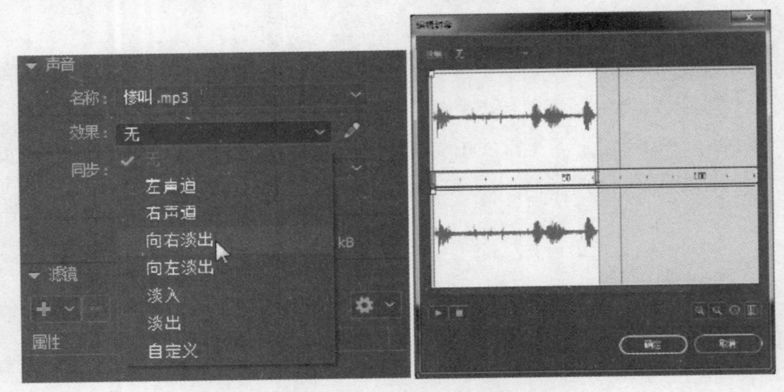

图 5-3　声音效果与编辑声音封套

声音效果包括以下几种。

- 无：不对声音文件应用效果。选中此选项将删除以前应用的效果。
- 左声道/右声道：只在左声道或右声道中播放声音。
- 从右淡出/从左淡出：会将声音从一个声道切换到另一个声道。
- 淡入：随着声音的播放逐渐增加音量。
- 淡出：随着声音的播放逐渐减小音量。
- 自定义：允许使用“编辑封套”功能创建自定义的声音淡入和淡出点。

在“编辑封套”对话框中有上、下两个完全一样的波形，表示左、右两个声道，声道上方各有一条直线，表示音量，上下拖曳直线左侧的小方块，可以调整左、右声音的音量大小，在直线上单击添加节点，可以改变这个位置的音量大小，如图 5-4 所示。在两个声道中间，有声音的起点和终点的设置，通过它们可以截取声音的入点和出点，即截取声音的某一段用于时间轴，如图 5-5 所示。

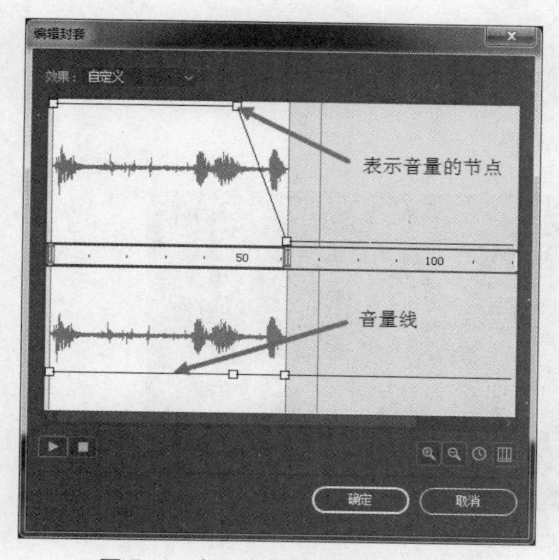

图 5-4　左、右声道音量的线和节点

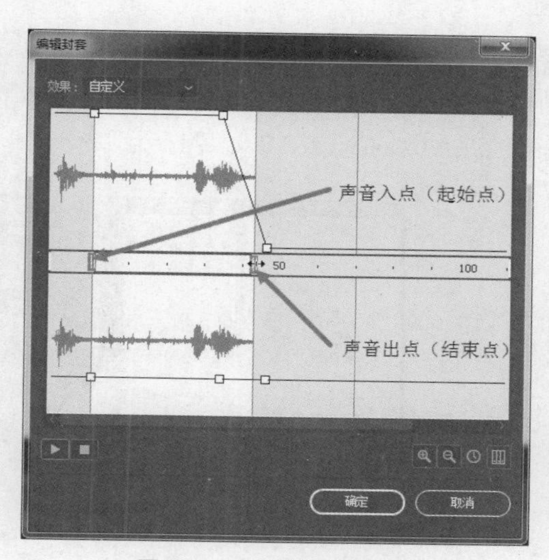

图 5-5　声音的入点和出点

5.1.3　声音的同步方式

声音的同步方式是指按什么样的方式来触发时间轴上声音的播放。Animate 中有两种声音类型：事件声音和流声音（数据流）。事件声音必须完全下载后才能开始播放，除非明确停止，否则它将一直连续播放；数据流在前几帧下载了足够的数据后就开始播放，它与时间轴是完全同步的。

要设置帧上声音的同步方式，可选中帧后，在“属性”面板“声音”栏中的“同步”下拉列表中选择一种同步类型。Animate 中一共有 4 种同步类型，分别是事件、开始、停止和数据流，如图 5-6 所示。

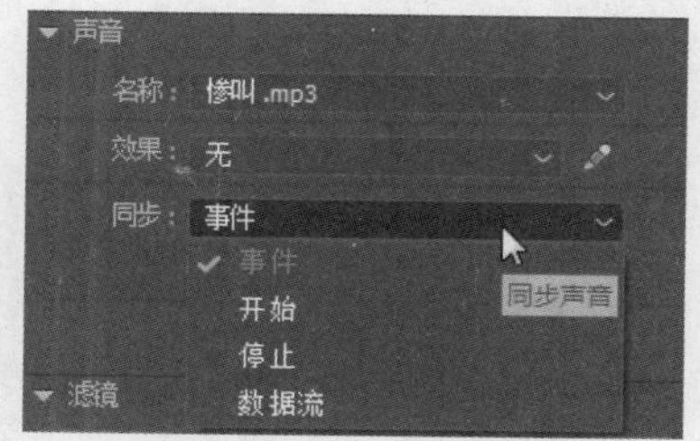

图 5-6　声音的同步类型

- 事件：将声音和播放当前帧这个事件的发生过程同步起来。当事件声音所在的关键帧播放时，事件声音就播放，并且将完整播放，而不管播放头在时间轴上的位置如何，即使文件停止播放了，声音也会继续播放。如果事件声音正在播放时声音被再次实例化（如用户再次单击按钮或播放头通过声音的开始关键帧），那么声音的第一个实例继续播放，而同一声音的另一个实例也会同时开始播放，这样就会造成声音的重叠。因此，在使用较长的声音时要记住这一点，以防导致意外的音频效果。事件声音一般可以用于循环播放，而无须与画面同步的背景声音或简短的音效。

- 开始：与“事件”选项的功能相近，但是如果声音已经在播放，则新声音实例就不会播放。
- 停止：使指定的声音静音。
- 数据流：以流的方式播放声音，Animate 会强制动画和音频流同步，即帧播放则声音播放，帧停止则声音也停止。如果 Animate 绘制动画帧的速度不够快，它就会跳过帧。例如，影片中人物讲话或做动作时的音效，都需要让声音与画面同步，因此要使用数据流这种同步方式。

此外，“属性”面板中对于声音的设置，还可以选择循环播放或重复播放的次数，当时间轴帧的长度大于声音的长度时，声音会被重复播放。

◎ 应用案例：声音的应用——给新年贺卡添加音效

此案例在原新年贺卡动画案例的基础上添加声音效果，使其更生动、有趣。

步骤❶ 打开在第 3 单元中完成的“新年贺卡动画.fla”文件，单击菜单“文件”→“转换为”→“ActionScrip 3.0”命令，如图 5-7 所示，将原来的 Canvas 文档转换为 ActionScrip 3.0 文档，以便添加音效，播放流畅。将转换后的 ActionScrip 3.0 文档另存为“新年贺卡动画-音效.fla”文件。

图 5-7 转换文档

步骤❷ 将素材文件“新年快乐 Happy New Year.mp3”导入库中。

步骤❸ 在时间轴上新建一图层，命名为“音效”。

步骤❹ 为“音效”图层第 1 帧添加声音。因为此声音是作为背景声音的，需要循环播放，所以将同步类型设置为“开始”，重复次数可多设几次，如图 5-8 所示。

图 5-8 添加音效

步骤⑤ 测试影片，发现声音开始的时候有一小段是静音的。选中“音效”图层中的帧，在“属性”面板上单击“效果”选项右边的“编辑声音封套”按钮，如图 5-9 所示。

步骤⑥ 在打开的“编辑封套”对话框中，将声音的起点拖到波形的起点处，并试听效果，如图 5-10 所示。

步骤⑦ 测试影片，完成背景音效的添加。

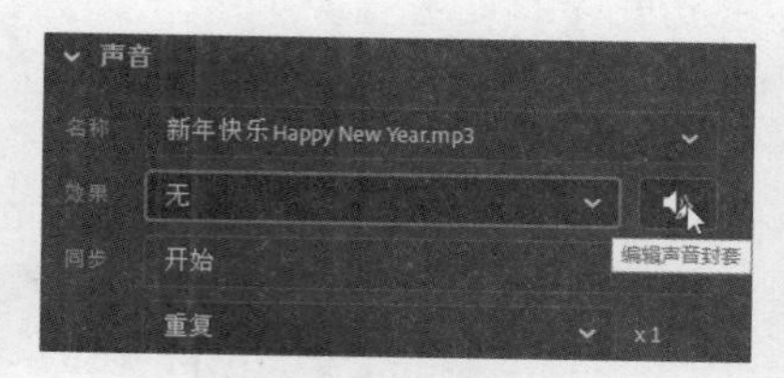

图 5-9 编辑声音封套

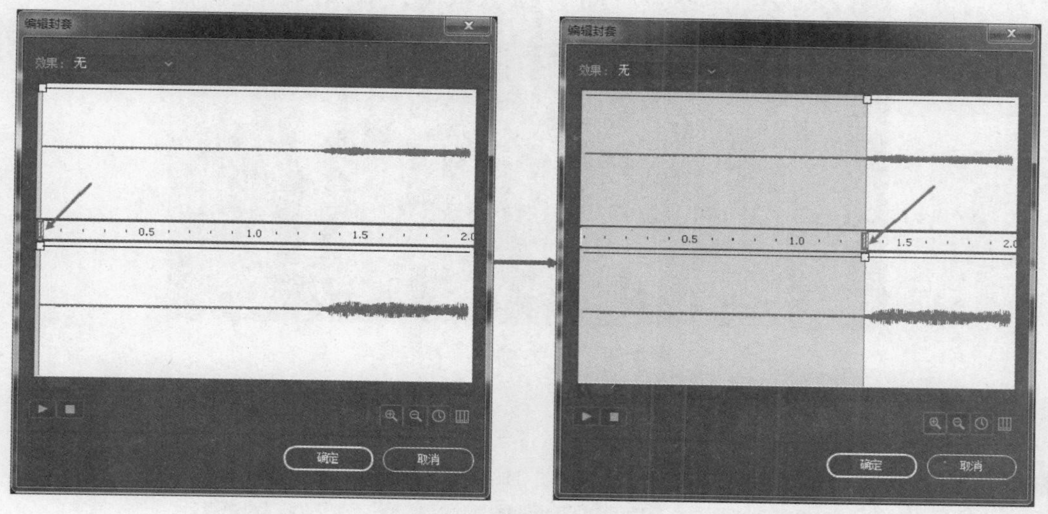

图 5-10 编辑声音起点

5.2 视频的应用

将视频直接作为动画元素出现在动画场景中的情况比较少见，一般在制作交互式多媒体作品时，将视频嵌入到时间轴中播放，或通过链接的方式调用外部视频使用组件来进行播放。

5.2.1 视频的导入与使用

视频的导入与使用

1. 支持的视频格式

Animate CC 支持当前主流的视频文件导入到文档中，这些视频格式包括 FLV、F4V、MP4、MOV 等（HTML5 Canvas 文档只支持 MP4），其他格式的影片则需要先转换为支持的格式，转换的方法建议使用 Adobe Media Encoder 应用程序，它可以将其他视频格式转换为 F4V、FLV 或 MP4。

2. 导入视频的方式

要将视频导入到 Animate 文档中，可单击菜单“文件”→“导入”→“导入视频”命令，弹出“导入视频”对话框，在该对话框中可设置导入视频的方式，如图 5-11 所示。

“导入视频”对话框中提供了以下几种不同的在 Animate 中使用视频的方法。

● 使用播放组件加载外部视频。

这种方法并不是真的将视频文件导入到 Animate 文档中，而是使用内置的 FLVPlayback 组件或者编写 ActionScript 脚本在运行的 SWF 文件中加载并播放外部（本地计算机上）FLV 或 F4V 文件，导入视频只是

Animate 对视频文件的引用。这种方法可以让视频文件独立于 Animate 文件和生成的 SWF 文件，使 SWF 文件比较小。而且由于视频文件独立于其他 Animate 内容，因此更新视频内容相对容易，无须重新发布 SWF 文件。这是当前在 Animate 中使用视频的最常见的方法。

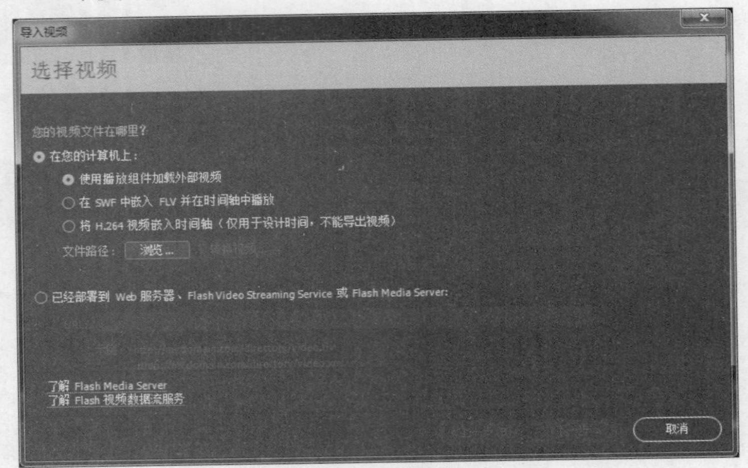

图 5-11　“导入视频”对话框

使用播放组件加载外部视频的步骤如下。

步骤 1 在“导入视频”对话框中勾选“使用播放组件加载外部视频”，如图 5-12 所示。

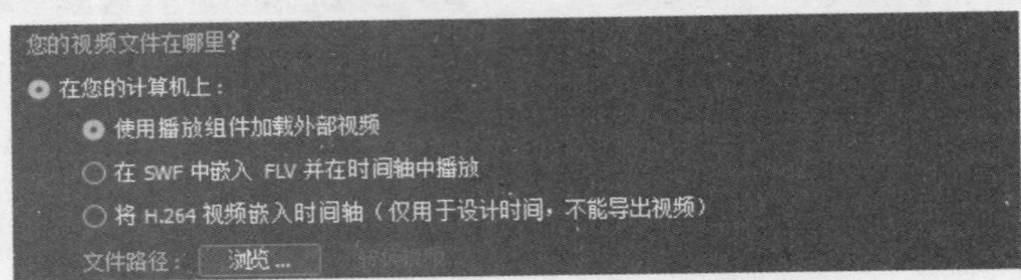

图 5-12　勾选“使用播放组件加载外部视频”

步骤 2 单击“浏览”按钮，在本地计算机上选择要导入的视频文件，然后单击“下一步”按钮。

步骤 3 设定视频播放器的外观。从“外观”下拉列表中选择内置的 FLVPlayback 组件外观之一，Animate 会将该外观复制到 FLA 文件所在的文件夹，如图 5-13 所示，然后单击“下一步”按钮。

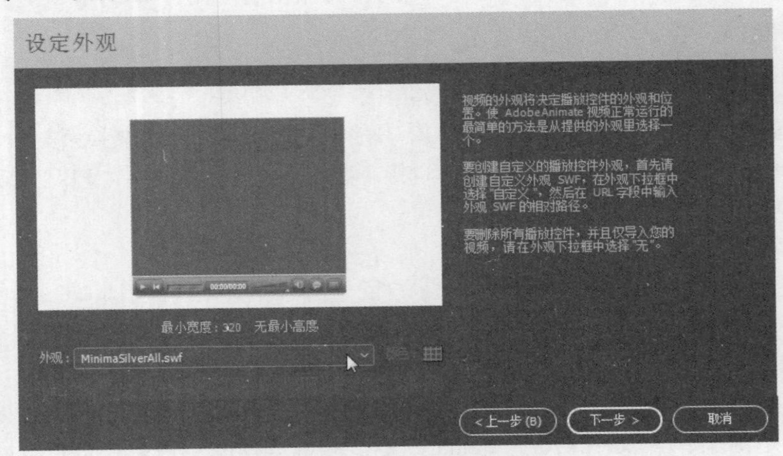

图 5-13　设定播放器的外观

步骤④ 出现“完成视频导入”的说明，直接单击“完成”按钮，舞台上会出现 FLVPlayback 视频组件，可以使用该组件在本地测试视频的播放。

步骤⑤ 创建完 Animate 文档后，可以直接在本地预览或发布 SWF、Web 页和视频文件。如果要在服务器上部署 SWF 文件和视频文件，需要将 SWF 文件、视频文件和 FLVPlayback 播放组件外观等文件上传至 Web 服务器。

直接在 Animate 文件中嵌入视频数据并在时间轴上播放。使用这种方式嵌入的视频被放置在时间轴中，视频会被分解为若干个视频帧，每个视频帧都由时间轴中的一帧表示。此方法因为会将所有视频文件数据都添加到 Animate 文件中，生成的 Animate 文件非常大，因此建议只用于小视频剪辑，如用于播放时间短于 10 秒的视频剪辑时效果最好。如果要播放时间较长的视频剪辑，可以使用其他两种方式。

在 Animate 文档中嵌入视频的操作步骤如下。

步骤① 在“导入视频”对话框中勾选“在 SWF 中嵌入 FLV 并在时间轴中播放”或“将 H.264 视频嵌入时间轴”，前一种支持 FLV，后一种支持 MP4，但后一种无法导出视频，如图 5-14 所示。

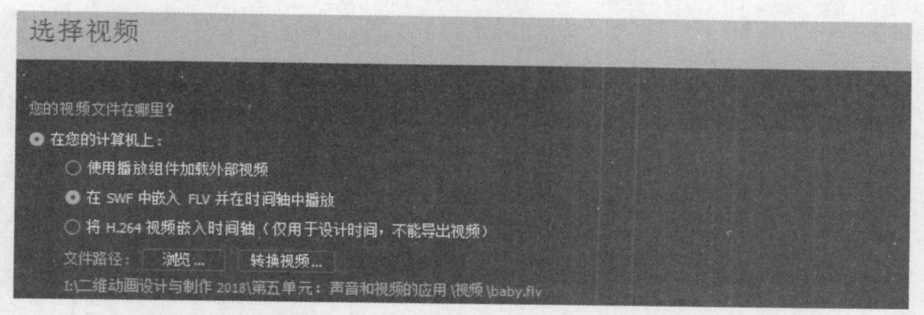

图 5-14 勾选“在 SWF 中嵌入 FLV 并在时间轴中播放”

步骤② 单击“浏览”按钮在本地计算机上选择要嵌入的视频文件，然后单击“下一步”按钮。

步骤③ 选择用于嵌入视频的元件类型。如图 5-15 所示，可以选择将视频直接嵌入至主时间轴上，也可以将其嵌入至影片剪辑或图形元件内的时间轴上。然后单击“下一步”按钮。

步骤④ 出现“完成视频导入”的说明，直接单击“完成”按钮，舞台上会出现嵌入的视频实例，同时时间轴上的帧会被嵌入到视频帧，并自动扩展。

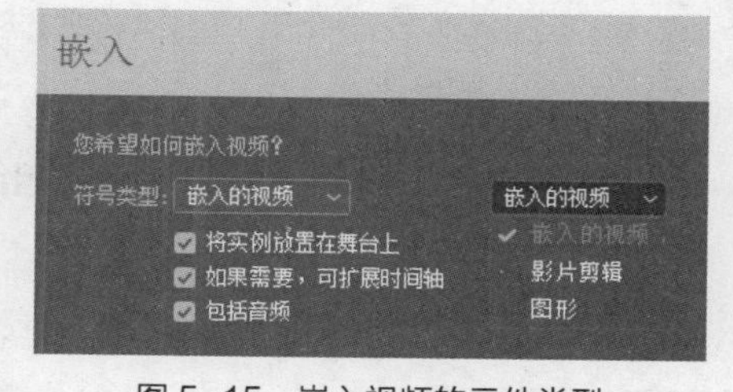

图 5-15 嵌入视频的元件类型

5.2.2 视频组件的使用

除了使用导入的方式将视频文件嵌入或引入至 Animate 文件外，也可以使用 Animate 内置的视频组件来播放外部视频，这个组件就是 FLVPlayback 组件。通过 FLVPlayback 组件，可以使 Animate 应用程序中包含一个视频播放器，以便播放通过 HTTP 渐进式下载的视频（FLV 或 F4V）文件，或者播放来自 Adobe Media Server（AMS）的 FLV 文件流。

要使用 FLVPlayback 组件，可单击菜单“窗口”→“组件”命令，在弹出的组件列表中有“User Interface”和“Video”两类（ActionScript 3.0 文档和 HTML Canvas 文档提供的组件不一样）。从“Video”类下选择“FLVPlayback”或“FLVPlayback 2.5”组件，将其拖至舞台上，如图 5-16 所示。

选择舞台上的 FLVPlayback 组件实例，单击“属性”面板中的“显示参数”按钮 显示参数 或单击菜单“窗口”→“组件参数”命令，可打开这个组件的参数面板，如图 5-17 所示。

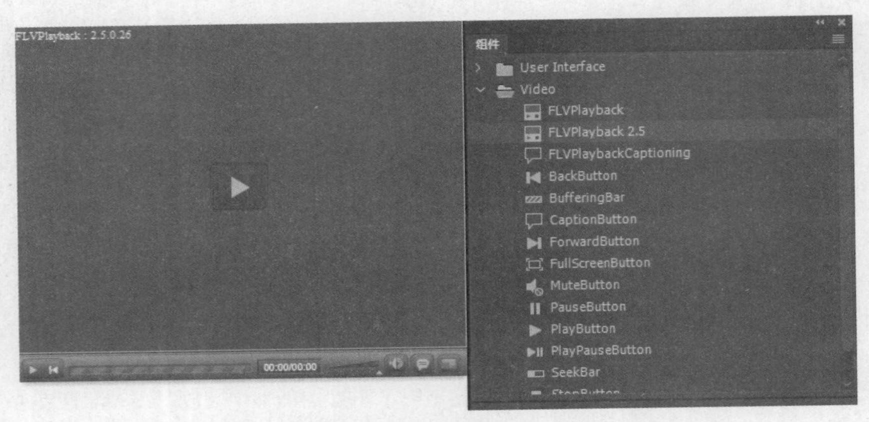

图 5-16　内置组件列表及 FLVPlayback 组件

其中主要的参数包括以下几个。

● autoPlay：即是否自动播放。其值如果设为 true，则视频在加载后立即播放；如果设为 false，则在加载第一帧后暂停。默认值为 true。

● Skin：即播放控制组件的外观。单击“ ”按钮可打开“选择外观”对话框，从中选择组件的外观并设置其颜色。外观一般包括播放、停止、前进、后退、进度条、音量等常见的视频控制元素。

● Source：要导入的视频文件源的路径。

● Volume：一个介于 0 到 1 之间的数字，表示要设置的音量与最大音量的比值。

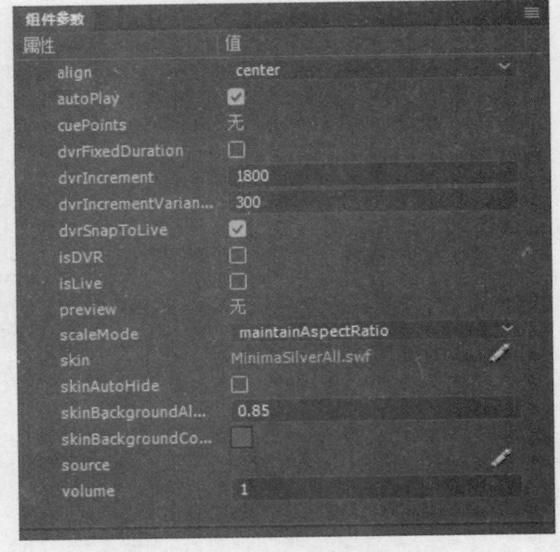

图 5-17　组件参数面板

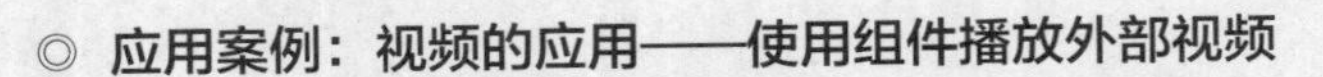

◎ 应用案例：视频的应用——使用组件播放外部视频

本例制作一个简易的视频播放界面，通过单击若干个按钮来播放指定的外部视频。

步骤① 新建文件，舞台大小为 1 200 像素 × 450 像素，背景颜色为黑色，保存为文件“简易播放器.fla”。

步骤② 将图层 1 重命名为“背景”，在其左侧和右侧分别绘制深蓝紫色的矩形作为导航栏和视频播放栏的背景，如图 5-18 所示。

图 5-18　绘制播放器背景

步骤③ 新建一个图层，命名为“按钮”，在其中绘制一个按钮元件，自行设计按钮的形状和颜色，参考效果如图 5-19 所示。

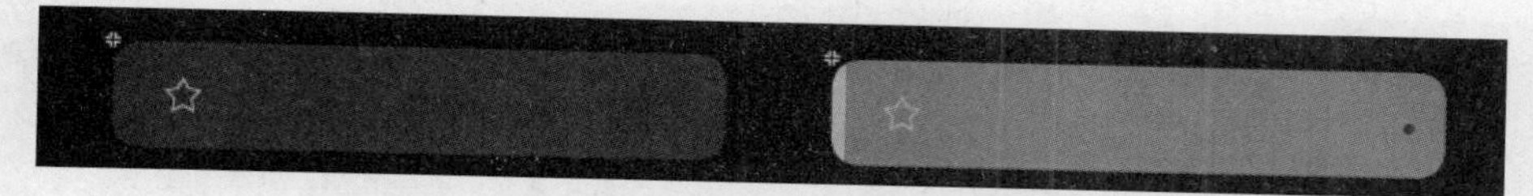

图 5-19 绘制的按钮弹起和鼠标指针移上时的效果

步骤 4 将舞台上的按钮实例复制 5 个，纵向排列至左侧导航栏，如图 5-20 所示。

图 5-20 复制按钮实例并排列好

步骤 5 给每个按钮设置实例名称，如 movBtn1、movBtn2，一直到 movBtn6，如图 5-21 所示。

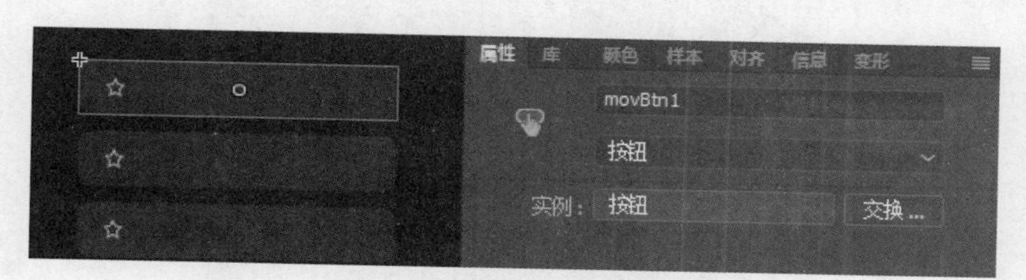

图 5-21 设置按钮实例名称

步骤 6 新建一个图层，命名为“文字”，在其中输入每个影片的名称，分别放置在 6 个按钮的上面，如图 5-22 所示。

图 5-22 在按钮上添加文字

步骤 7 将准备好的视频文件（本例准备的都是将前面的案例导出并转换后的视频，为 MP4 格式）放置在与本文件相同的文件夹内，以便调用。

步骤 8 新建一个图层，命名为“播放器”，单击菜单“窗口”→“组件”命令，在“组件”面板中选择“video”

下的“FLVPlayback 2.5”组件，将其拖入舞台右侧，并设置为与右侧面板一样的大小，如图 5-23 所示。

图 5-23　从组件列表中拖入 FLVPlayback 组件

步骤 ⑨ 选中 FLVPlayback 组件实例，在“属性”面板中设置实例名称，如“myvideo”。单击“显示参数”按钮，在“组件参数”面板中设置播放器的参数，如图 5-24 所示，主要包括播放器的皮肤、背景颜色。背景颜色的选择应与左侧导航背景颜色一致；皮肤外观选择“SkinOverAll.swf”，颜色与按钮颜色一致，测试时的效果如图 5-25 所示。

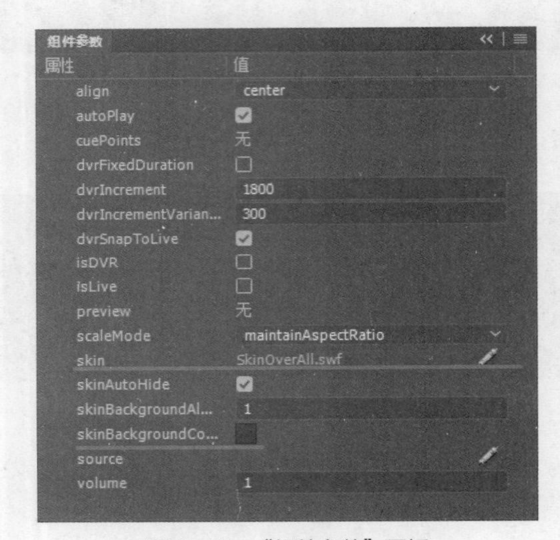

图 5-24　“组件参数”面板

图 5-25　播放器效果图

步骤 ⑩ 选中第一个按钮 movBtn1，单击菜单“窗口”→“代码片段”（软件界面中为“代码片断”）命令，在“代码片段”面板中选择“ActionScript”→“音频和视频”→“单击以设置视频源”命令，如图 5-26 所示。

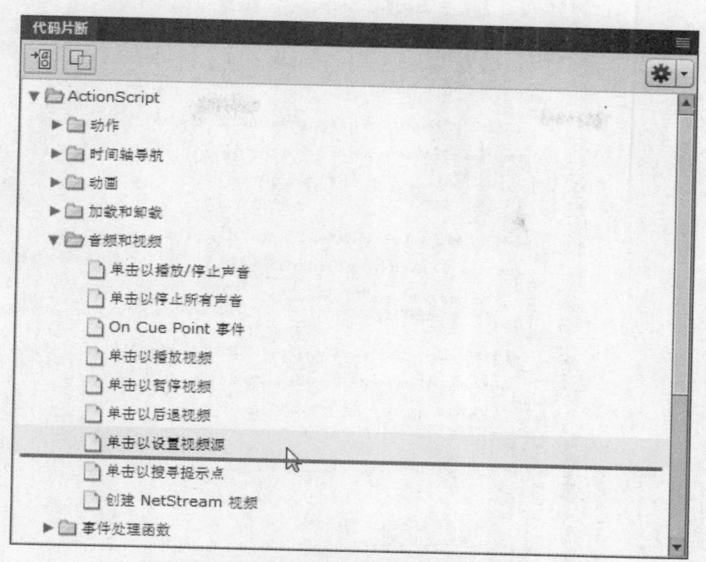

图 5-26　选中按钮后添加代码片段

步骤⑪ Animate 会自动新建一个“actions”图层并在第 1 帧插入代码，代码如图 5-27 所示。

```
1
2   /* 单击以设置视频源（需要 FLVPlayback）
3   单击此指定的元件实例会在指定的 FLVPlayback 组件实例中播放新的视频文件。此指定的 FLVPlayback 组件实例
4
5   说明:
6   1. 用您要播放新视频文件的 FLVPlayback 组件的实例名称替换以下 video_instance_name。
7   2. 用您要播放的新视频文件的 URL 替换以下"http://www.helpexamples.com/flash/video/water.flv"。保留
8   */
9
10  movBtn1.addEventListener(MouseEvent.CLICK, fl_ClickToSetSource_2);
11
12  function fl_ClickToSetSource_2(event:MouseEvent):void
13  {
14      video_instance_name.source = "http://www.helpexamples.com/flash/video/water.flv";
15  }
16
```

图 5-27　插入的代码

步骤⑫ 在此段代码中，“movBtn1”是按钮实例名称，“fl_ClickToSetSource_2”是方法名称，可自定义，本例改为“playMov1”，“video_instance_name”是播放器实例名称，需改为舞台上播放器的实例名称“myvideo”，绿色代码是视频的路径，需改为要播放的视频的路径，本例视频与源文件在同一个文件夹下，只需输入视频名称即可。此外，还需要让这个视频播放起来，所以在下面继续输入一行代码“myvideo.play();”，修改后的代码如图 5-28 所示。

```
movBtn1.addEventListener(MouseEvent.CLICK, playMov1);

function playMov1(event:MouseEvent):void
{
    myvideo.source = "行走的人偶-图层深度.mp4";
    myvideo.play();
}
```

图 5-28　修改后的代码

步骤⑬ 将上述代码复制并粘贴一份在“动作”面板中，只需将按钮实例的名称修改为“movBtn2”，方法修改为“playMov2”，视频路径修改为“蝴蝶飞到花丛中.mp4”，即可让第 2 个按钮播放另一个影片。按照同样的方式复制其他 4 段代码，依次修改好，如图 5-29 所示。

```
9
10    movBtn1.addEventListener(MouseEvent.CLICK, playMov1);
11
12    function playMov1(event:MouseEvent):void
13    {
14        myvideo.source = "行走的人偶-图层深度.mp4";
15        myvideo.play();
16    }
17
18    movBtn2.addEventListener(MouseEvent.CLICK, playMov2);
19
20    function playMov2(event:MouseEvent):void
21    {
22        myvideo.source = "蝴蝶飞到花丛中.mp4";
23        myvideo.play();
24    }
25
26    movBtn3.addEventListener(MouseEvent.CLICK, playMov3);
27
28    function playMov3(event:MouseEvent):void
29    {
30        myvideo.source = "忙碌的工地.mp4";
31        myvideo.play();
32    }
33
34    movBtn4.addEventListener(MouseEvent.CLICK, playMov4);
35
36    function playMov4(event:MouseEvent):void
37    {
38        myvideo.source = "新年贺卡动画.mp4";
39        myvideo.play();
40    }
41
42    movBtn5.addEventListener(MouseEvent.CLICK, playMov5);
43
44    function playMov5(event:MouseEvent):void
45    {
46        myvideo.source = "诗画卷轴.mp4";
47        myvideo.play();
48    }
49
50    movBtn6.addEventListener(MouseEvent.CLICK, playMov6);
51
52    function playMov6(event:MouseEvent):void
53    {
54        myvideo.source = "武士.mp4";
55        myvideo.play();
56    }
```

图 5-29　完整的代码

步骤⑭ 测试影片，最终效果如图 5-30～图 5-35 所示。

图 5-30　影片 1

图 5-31　影片 2

图 5-32　影片 3

图 5-33　影片 4

图 5-34　影片 5

图 5-35　影片 6

5.3 小结与课后练习

◎ 小结

本单元通过文字讲解与案例示范的方式，介绍了 Animate CC 中导入声音的方法和技巧，并学习了如何设置声音与画面的同步方式，以及如何导入或使用视频组件来播放外部视频。Animate CC 不是一个音视频编辑软件，它只能导入音视频文件，而且对所支持的文件格式也有严格的要求，如果对音视频文件有较高的编辑需求，则需要在其他专业软件如 Adobe Audition 和 Adobe Premiere 中编辑好后再导入 Animate CC。

◎ 课后练习

理论题

1. 列举 3 种以上可导入 Animate CC 的音频文件的格式。
2. 声音同步设置有哪 4 种类型？
3. “事件”声音同步方式有什么特点？“数据流”声音同步方式有什么特点？
4. 要在 Animate 中使用视频，主要有哪两种导入形式？
5. 如何通过播放组件播放外部视频？

操作题

为前面单元的练习题制作的动画添加音效。

第 6 单元　交互动画制作

在 Animate CC 中，可以通过给动画添加 ActionScript 3.0 或 JavaScript 脚本语言，对动画对象进行控制，进而创作出更富有交互体验的动画，如各类动画课件或小游戏都需要编写脚本。本单元主要介绍了 Animate CC 在 ActionScript 3.0 文档和 HTML5 Canvas 文档下编写脚本的方法及如何使用代码片段（软件界面中为“代码片断”）快速实现某种交互功能。

本单元学习目标：

- 了解文档类型与脚本类型的选择
- 掌握“动作”面板的结构及基本脚本的编写
- 掌握常用代码片段的释义及使用方法（重点、难点）

6.1　文档与脚本类型

Animate CC 既可以制作流畅的线性播放动画，也可以制作面向移动互联网应用的交互式动画。要制作交互式动画，就需要编写脚本代码。因为 Animate CC 支持面向不同平台的文档类型，所以脚本代码类型也不同。

平台、脚本与文档类型

6.1.1　ActionScript 3.0 平台与脚本

ActionScript 3.0 平台是面向 PC 端的创作平台，在此平台下主要发布传统的 SWF 动画，使用 FlashPlayer 播放器播放。该平台使用的是 ActionScript 3.0 脚本。ActionScript 是 Adobe Flash Player 和 Adobe AIR 运行时环境的编程语言，它在 Aniamte、Flex、AIR 内容和应用程序中实现交互性、数据处理及其他许多功能。ActionScript 3.0 的脚本编写功能优于 ActionScript 的早期版本，它可以方便地创建拥有大型数据集和面向对象的可重用代码库的高度复杂的应用程序。

要使用 ActionScript 3.0 脚本制作交互式动画，在 Aniamte CC 中创建文档时就应该选择平台类型为“ActionScript 3.0”，如图 6-1 所示。

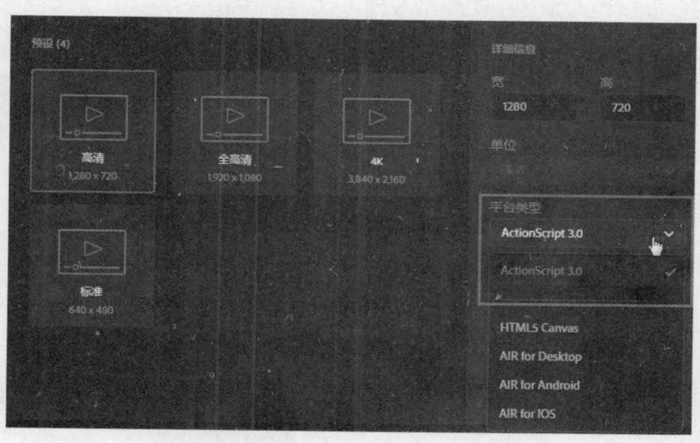

图 6-1　使用 ActionScript3.0 平台

6.1.2 HTML5 Canvas 文档与 JavaScript 脚本

HTML5 Canvas 文档是 Aniamte CC 支持互联网，特别是移动互联网环境的一种文档类型。HTML5 是目前非常火爆的新一代超文本标记语言。Canvas 是 HTML5 中的一个新元素，提供了多个 API，可以动态生成及渲染图形、图表、图像及动画，因此对创建丰富的交互性 HTML5 内容提供本地支持。所以，我们可以使用传统的 Animate 时间轴、工作区及工具来创建内容，然后 Animate 会自动通过 CreateJS 生成 HTML5 网页输出。

JavaScript 是一种基于对象（Object）和事件驱动（Event Driven）并具有安全性能的脚本语言，已经被广泛用于 Web 应用程序的开发，常用来为页面添加各式各样的动态功能，为用户提供更流畅、美观的浏览效果。通常，JavaScript 脚本是通过嵌入或调用在 HTML 中来实现自身功能的。CreateJS 是一套可以构建丰富交互体验的 HTML5 交互应用的 JavaScript 库，旨在降低 HTML5 项目的开发难度和成本，让开发者以熟悉的方式打造更具现代感的网络交互体验。CreateJS 中包含以下 5 款工具。

- EaselJS：用来处理 HTML5 的 canvas，用于 Sprites、动画、向量和位图的绘制，创建 HTML5 Canvas 上的交互体验（包含多点触控），同时提供 Flash 中的“显示列表”功能。
- TweenJS：用来处理 HTML5 的动画调整和 JavaScript 属性，是一个简单的用于制作类似于 Flash 中“补间动画”的引擎，可生成数字或非数字的连续变化效果。
- SoundJS：用来帮助简化处理与音频相关的 API，是一个音频播放引擎，能够根据浏览器的性能选择音频播放方式。将音频文件作为模块，可随时加载和卸载。
- PrloadJS：管理和协调程序加载项的类库，用于帮助简化网站资源预加载工作，无论加载内容是图形、视频、声音、JS 还是数据。
- ZOE：将 SWF 动画导出为 EaselJS 的 sprite 图的一种工具。

Animate CC 除了自动通过 CreateJS 生成 HTML5 网页输出外，也可以手动编写 JavaScript 代码为 HTML5 动画添加更加丰富的交互效果。

因为 ActionScript 3.0 脚本和基于 CreateJS 的 JavaScript 脚本的编写规则不尽相同，本书也不主要讲述脚本语言的语法知识和代码编写技巧，所以不对脚本编写做太深入的介绍，只以 ActionScript 3.0 为例，简单介绍一下基本脚本的编写及使用方法。

6.2 “动作”面板

不管是 ActionScript 3.0 还是 HTML5 Canvas 文档，如果要在影片中添加脚本，都要使用“动作”面板，在“动作”面板中直接输入脚本代码。单击菜单“窗口”→“动作”命令或按快捷键“F9”键，即可打开“动作”面板，如图 6-2 所示。

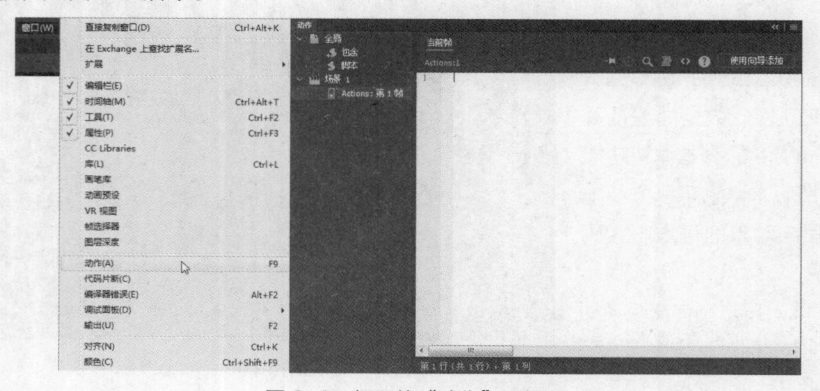

图 6-2 打开的“动作”面板

动作面板的使用

6.2.1 “动作”面板的结构

“动作”面板包含以下两个窗格。

- 左侧窗格为“脚本导航器”，它列出了 Animate 文档中的脚本位置，可以单击“脚本导航器”中的项目，在右侧的“脚本”窗格快速查看这些脚本。
- 右侧窗格为“脚本”窗格，用于键入与当前所选帧相关联的 ActionScript 或 JavaScript 代码。

在右侧的“脚本”窗格中，提供了一些功能用于辅助输入代码，如图 6-3 所示。

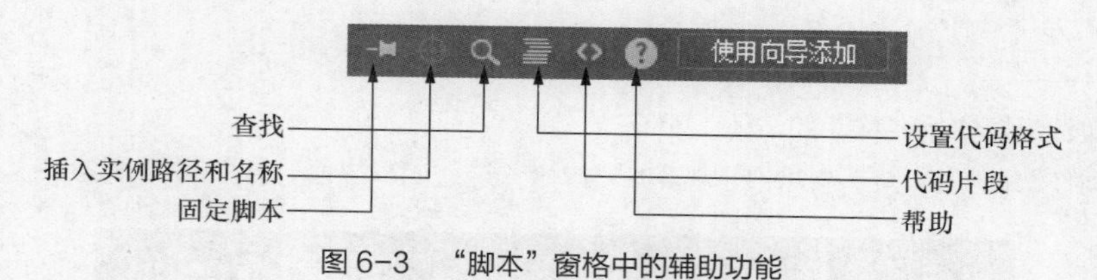

图 6-3 “脚本”窗格中的辅助功能

- 固定脚本：将脚本固定到“脚本”窗格中各个脚本的固定标签中，然后相应地移动它们。如果使用多个脚本，可以将脚本固定，以保留代码在“动作”面板中的打开位置，然后在各个打开的不同脚本中切换。
- 插入实例路径和名称：帮助设置脚本中某个动作的绝对或相对目标路径。
- 查找：查找并替换脚本中的文本。
- 设置代码格式：帮助设置代码格式，使代码符合基本格式规范，更易被看懂。
- 代码片段：打开“代码片段”面板，显示代码片段示例。
- 使用向导添加：单击此按钮可使用简单易用的向导添加动作，而无须编写代码。
- 帮助：显示“脚本”窗格中所选脚本元素的参考信息。例如，如果单击 import 语句，再单击“帮助”按钮，“帮助”面板中将显示 import 的参考信息。

6.2.2 代码注释

代码注释是代码中被脚本编译器忽略的部分。代码注释可解释代码的操作，让代码看上去更易理解，也可以暂时停用不想删除的代码。代码注释有两种形式，即注释行与注释块，如图 6-4 所示。

```
1
2   //通过在 Tick 事件中更新元件实例的旋转属性使其不断旋转。  ←—— 注释行
3   /*
4   说明:
5   1. 所编写代码的默认旋转方向为顺时针。                    注释块
6   2. 要将旋转方向更改为逆时针，将以下数字 10 更改为负值。
7   3. 要更改元件实例的旋转速度，将以下数字 10 更改为希望元件实例在每帧中的旋转度数。度数越高， 旋转越快。
8   4. 由于动画使用 Tick 事件，因此仅当播放头移动到新帧时动画才播放。动画播放速度也受文档帧频率的影响。
9   */
10
11  this.addEventListener("tick",fl_RotateContinuously.bind(this));
12
13  function fl_RotateContinuously(){
14      this.test_mc.rotation+=10;
15  }
```

图 6-4 注释行与注释块

- 注释行：通过在代码行的开头加上双斜杠“//”可对其进行注释。编译器将忽略双斜杠后面一行的所有文本。将光标置于行的前面，单击鼠标右键，在弹出的快捷菜单中选择“注释”命令或按“Ctrl+M”组合键可注释该行。
- 注释块：可以对若干行代码进行注释，方法是：在代码块的开头加上一个斜杠和一个星号“/*”，并在代码块的结尾加上一个星号和一个斜杠“*/”。选择需要注释的代码块，单击鼠标右键，在弹出的快捷菜单中选择“注释”命令或按“Ctrl+M”组合键可注释所选中的代码。

● 取消注释：将光标置于含有注释的代码行中，或者选择已注释的代码块。单击鼠标右键，在弹出的快捷菜单中选择“取消注释”命令，或按“Ctrl + Shift + M”组合键即可取消注释所选内容。

6.2.3 使用动作码向导

动作码向导是 Aniamte CC 新增加的功能，通过选择“动作”面板中的“使用向导添加”选项，不需要手动输入代码就可以将交互功能添加到 HTML5 组件中。要注意的是，只有 HTML5 Canvas 文档才支持动作码向导。

例如，要给舞台上的元件实例添加一个交互功能，为其添加超链接，即单击该实例就打开一个网页，使用动作码向导可以做如下操作。

步骤① 给元件实例设置实例名称，如“test_mc”。

步骤② 打开“动作”面板，单击“使用向导添加”按钮，进入向导界面，如图 6-5 所示。

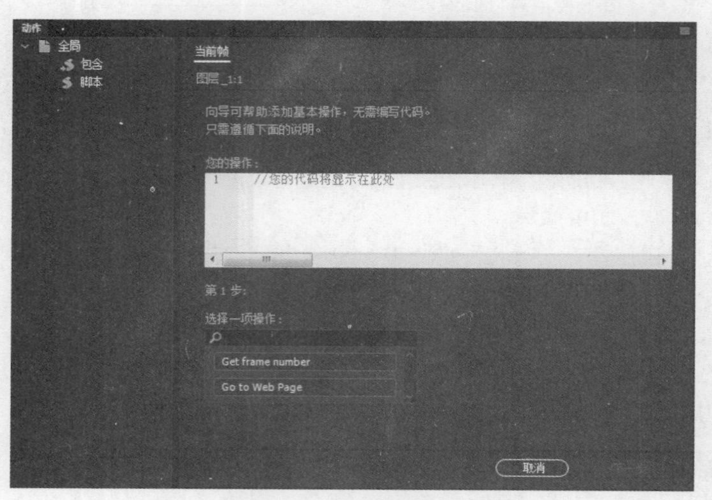

图 6-5 动作码向导界面

步骤③ 选择要执行的一项操作。本例选择“Go to Web Page”并单击，也可下拉滚动条或在上方的搜索栏中输入关键词查找需要的操作命令。代码会自动显示在“脚本”窗格中，如图 6-6 所示。然后单击“下一步”按钮。

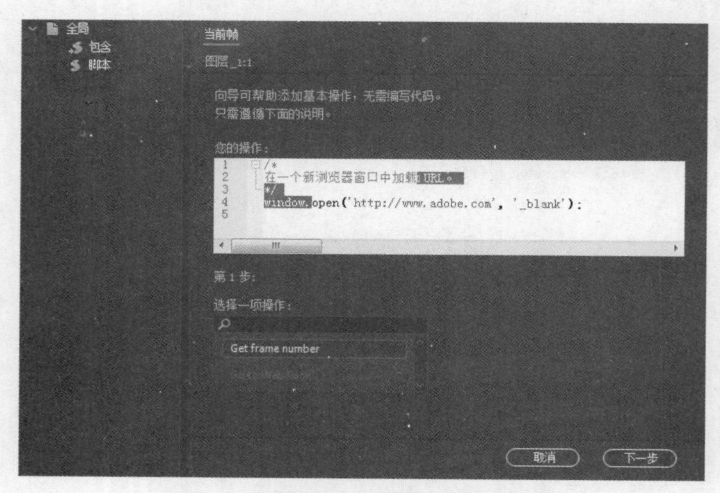

图 6-6 代码自动显示在“脚本”窗格中

步骤④ 选择触发事件。根据前面所选择的动作类型，该窗口中会列出一组触发器，主要是鼠标事件，如鼠标单击、鼠标双击、鼠标移开等，本例选择“On Mouse Click”即鼠标单击。继续选择一个要触发事件的对象，如本例前面命名好的“test_mc”，或是选择“当前选中的对象”。两项都选好后代码将自动添加，如图 6-7 所示。

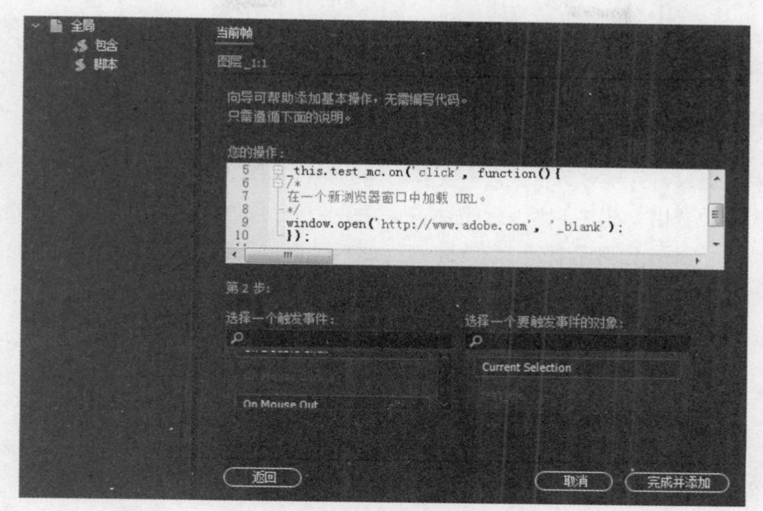

图 6-7 选择触发事件的方式及对象

步骤⑤ 单击“完成并添加”按钮即将代码添加到“脚本”窗格中，完成了此次的向导。

代码片段的使用

6.3 代码片段

6.3.1 代码片段的概念与类型

代码片段是 Animate CC 预置的一些功能代码，它允许用户直接在“脚本”窗口中添加大量模块化的脚本代码，而不需要任何 JavaScript 或 ActionScript 3.0 方面的知识，从而使得非编程人员能够很快就开始轻松地使用简单的 JavaScript 和 ActionScript 3.0。使用代码片段需打开“代码片段”面板，如图 6-8 所示。

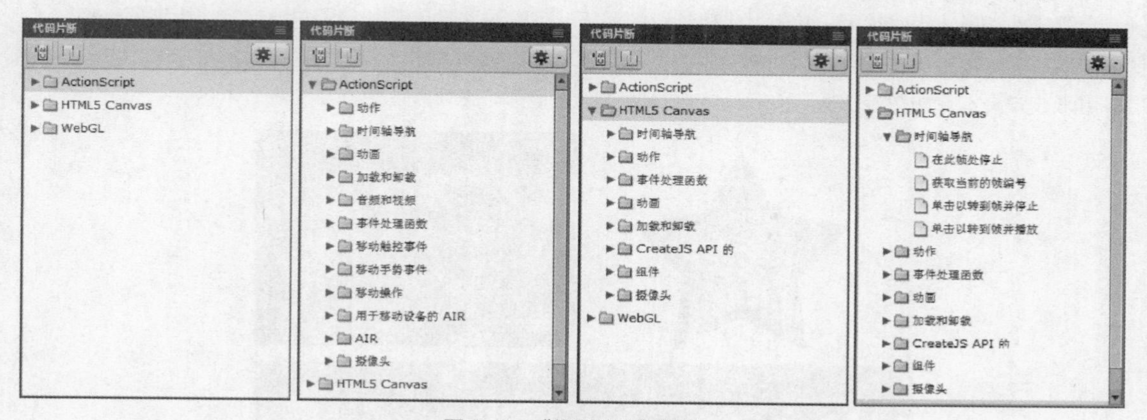

图 6-8 “代码片段”面板

代码片段主要有 3 类，分别是 ActionScript 类、HTML5 Canvas 类和 WebGL 类，对应于 3 种不同的文档类型，即每种文档类型只能使用对应的代码片段，如 ActionScript 文档就只能使用 ActionScript 类的代码片

段，而不能使用 HTML5 Canvas 类和 WebGL 类的代码片段。每种类型下面又根据不同的代码功能进行了分类，ActionScript 类下面就包括动作、时间轴导航、动画、加载和卸载、音频和视频等若干个子类，每个子类下面就是若干个代码片段了。

使用 Animate 附带的代码片段也是开始学习 JavaScript 或 ActionScript 3.0 的一种较好的方式。通过查看片段中的代码并遵循片段说明，便可以开始了解代码结构和词汇。

6.3.2 如何使用代码片段

使用代码片段前，建议首先要对舞台上具有交互功能的元件实例命名，如按钮、影片剪辑实例等，必须要有实例名称才能在脚本中调用。其次，因为代码只能放置在关键帧中，为了便于脚本的管理，建议专门建立一个“Actions”图层放置脚本。如果没有建立，Animate CC 会在插入代码片段时自动在其他图层之上添加一个“Actions”图层。

使用代码片段的步骤如下。

步骤① 选择舞台上的元件实例或时间轴中的帧。如果选择的对象不是元件实例，则应用该代码片段时，Animate 会将该对象转换为影片剪辑元件。如果选择的对象还没有实例名称，那么 Animate 会在应用代码片段时自动添加一个实例名称。

步骤② 在“代码片段”面板中，找到要应用的代码片段，要将代码添加到时间帧，有以下 3 种方式。

- 双击该代码片段。
- 单击“代码片段”面板左上角的“添加到当前帧”按钮。
- 单击“代码片段”面板左上角的“复制到剪贴板”按钮，然后在“动作”面板“脚本”窗格中粘贴该代码片段。

步骤③ 如果选择的是舞台上的对象，Animate 会将该代码片段添加到“动作”面板中包含所选对象的帧中；如果选择的是时间轴帧，Animate 会将代码片段只添加到那个帧中。

步骤④ 在“动作”面板中，查看新添加的代码并根据片段开头的注释说明替换任何必要的项。

6.3.3 应用代码片段

因为代码片段简单易用，非常适合非编程人员为影片添加简单的交互效果。下面以 HTML5 Canvas 类为例，介绍几种常用的代码片段，并通过代码片段的解释，了解一些常用函数和语句的编写。为了便于理解，我们提前准备了一段星形由左往右移动的动画，星形实例名称设置为“star_mc”，并建立了一个“Actions”图层，用来放置脚本，如图 6-9 所示。

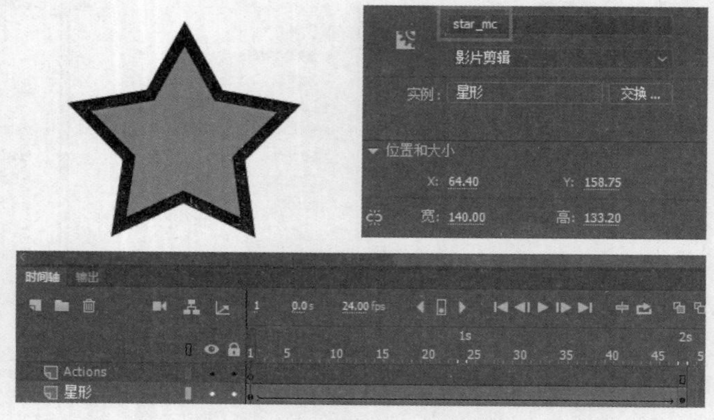

图 6-9 提前准备的小动画

1. 动作

动作一般是指触发某一个事件后影片执行的一个操作，如单击实例后链接到某个网址或停止播放某个影片剪辑等，也可以是在播放头进入包含该片段的帧时立即执行这个动作脚本。

步骤① 单击以转到 Web 页，即通过单击某个对象来打开某个网页。选中星形实例，然后双击“单击以转到Web 页”，将代码片段添加到“动作”面板中，如下所示。

```
this.star_mc.addEventListener("click", fl_ClickToGoToWebPage);

function fl_ClickToGoToWebPage() {
    window.open("http://www.ptpress.com.cn", "_blank");
}
```

代码说明：

star_mc 是星形实例的名称，fl_ClickToGoToWebPage 是自定义的函数名称，可以更改，但要与后面使用该函数的地方保持一致。http://www.ptpress.com.cn 是网址，要将其换成需要打开的网址，保留双引号。测试影片时单击星形，就会在浏览器中打开 http://www.ptpress.com.cn 这个网址。

步骤② 自定义鼠标光标，即在播放影片时将原始的箭头形鼠标光标换成所选中的图形，实际是让图形与原鼠标光标实时跟随，然后隐藏了原鼠标光标。这个功能广泛用于一些小游戏中。导入一个手形图像素材到文档中，将其转换为影片剪辑后指定实例名称，如 hand_mc，选中它然后双击“自定义鼠标光标”，将代码片段添加到“动作”面板中，代码如下。

```
stage.canvas.style.cursor = "none";//隐藏舞台上默认的鼠标光标
this.hand_mc.mouseEnabled = false;
this.addEventListener("tick", fl_CustomMouseCursor.bind(this));
function fl_CustomMouseCursor( ) {
    this.hand_mc.x = stage.mouseX;//让 hand_mc 的 x 和 y 坐标与系统中的鼠标坐标一致
    this.hand_mc.y = stage.mouseY;
}
```

步骤③ 播放与停止影片剪辑，即让选中的影片剪辑实例开始播放或停止播放。例如，在上例中的星形影片剪辑内部以形状补间的方式制作一个缩放动画，如果没有脚本控制，该星形在移动的同时进行缩放动画，并且是循环的。如果要在某个帧停止或播放这个星形的缩放动画，可以这样做：选中星形实例，打开“代码片段”面板，双击“动作”类型下的“停止影片剪辑”代码片段，将其添加到此帧上。代码只有一句，即 this.star_mc.stop( );。

代码说明：

Star_mc 是实例名称，stop( )是一个函数，即让 star_mc 实例停止播放。同样的道理，如果要让实例开始播放，可以双击“播放影片剪辑”代码片段，自动将代码 star_mc.play( )添加进“脚本”窗口。play( )和 stop( )都是脚本中最常用到的函数之一，即播放和停止。

步骤④ 单击以隐藏或显示对象，即通过单击对象，让对象本身或另一个对象显示或隐藏。例如，制作两个按钮实例放到舞台上，分别为实例命名为“show_star”和“hide_star”，如图 6-10 所示。

选中“隐藏”按钮，为其添加“单击以隐藏对象”代码片段，其代码如下。

```
this.hide_star.addEventListener("click", fl_ClickToHide.bind(this));
function fl_ClickToHide()
```

```
{
    this.hide_star.visible = false;
}
```

图 6-10　添加按钮实例并设置实例名称

代码说明：

visible 是一个属性名称，即“可见性”，其值为布尔值 true 或 flase。this.hide_star.visible = false 即将 hide_star 这个按钮实例隐藏，此处是要将星形隐藏，所以将代码改为“this.star_mc.visible=false”。

同样的道理，如果要通过单击“显示”按钮将星形显示，可将上面的代码复制一份，将代码中的 hide_star 改为 show_star，this.star_mc.visible=false 改为 this.star_mc.visible=true，同时将自定义函数 fl_ClickToHide 改为其他函数名称（注意前后的一致性）。

步骤 ⑤ 单击以定位对象，即通过单击某个对象，来设置该对象或另一个对象的位置。其基本代码语句如下。

```
this.show_star.x = 200;
this.show_star.y = 100;
```

.x 和.y 即对象的坐标属性，通过设置对象的 x 和 y 属性，就可以精确定位对象的位置。

2. 时间轴导航

“代码片段”面板内的时间轴导航是指在时间轴内实现播放、停止和跳转等一些功能，主要是一些基本函数的使用，具体介绍如下。

步骤 ① 在此帧处播放或停止，即 play()和 stop()。

步骤 ② 单击以转到某帧并播放（或停止），即跳转函数 gotoAndPlay()和 gotoAndStop()，它有 1 个参数，即跳转到的帧数，如 gotoAndStop（5），跳到时间轴第 5 帧并停止；如 gotoAndPlay（3），跳到时间轴第 3 帧并播放。

3. 事件处理函数

事件处理函数包括一些触发事件的函数，用于处理用户基本输入信息，如单击鼠标等操作。选择舞台上的实例，双击某一种事件处理代码片段，将代码添加到“脚本”窗口。事件处理函数主要有以下 4 种。

- Mouse Click 事件：鼠标单击事件，关键字为 click。
- Mouse Over 事件：鼠标经过事件，关键字为 mouseover。
- Mouse Out 事件：鼠标移出事件，关键字为 mouseout。
- Double Click 事件：鼠标双击事件，关键字为 dblclick。

事件处理的基本代码如下。

```
this.show_star.addEventListener("click", fl_MouseClickHandler.bind(this));
function fl_MouseClickHandler()
{
    // 开始您的自定义代码
}
```

将单击鼠标后需要执行的代码填充到函数里面，就可以完成一个事件处理了。

4. 动画

动画类的代码片段主要是给对象添加一些基本的变换动画，如移动、旋转、淡入淡出等。为了便于理解，在舞台上放置一个星形影片剪辑实例，其实例名为 star_mc。

步骤① 水平移动与垂直移动，即让对象水平或垂直移动若干个像素，代码如下。

```
this.star_mc.x += 100;
this.star_mc.y += 100;
```

可通过给按钮实例添加鼠标单击事件，来控制对象的位置。

步骤② 旋转一次，即让对象的角度变换一次，如 this.star_mc.rotation += 45;.rotation 是对象的一个属性，即角度。可通过给按钮实例添加鼠标单击事件，让对象角度不断地变换。

步骤③ 不断旋转，即让对象自身不断地旋转，其代码如下。

```
this.addEventListener("tick", fl_RotateContinuously.bind(this));
function fl_RotateContinuously(){
    this.star_mc.rotation+=10;
}
```

步骤④ 水平与垂直动画移动，与不断旋转类似，即让对象的 x 或 y 坐标不断地向一个方向变化，如不断增加或减少，以让对象动画移动，代码如下。

```
this.addEventListener("tick", fl_AnimateHorizontally.bind(this));
function fl_AnimateHorizontally()
{
    this.star_mc.x+=10;
    this.star_mc.y+=10;
}
```

步骤⑤ 淡入与淡出影片剪辑，让对象的透明度不断增大或减小，即产生淡入或淡出的效果。其代码如下。这里主要用到了对象的 alpha 属性，即透明度。

```
var star_mc_FadeInCbk = fl_FadeSymbolIn.bind(this);
this.addEventListener('tick', star_mc_FadeInCbk);
this.star_mc.alpha = 0;//将透明度设置为 0，即完全透明
function fl_FadeSymbolIn()
{
    this.star_mc.alpha += 0.01; //让透明度不断增大，即由透明过渡到不透明
    if(this.star_mc.alpha >= 1) //如果透明度大于或等于 1，就移除帧听器
    {
        this.removeEventListener('tick', star_mc_FadeInCbk);
```

```
    }
}
```

5. 加载和卸载

加载与卸载类的代码片段主要用于加载或卸载库中的元件或图像，其基本代码如下。

```
this.show_star.addEventListener('click', LoadImageFromLibrary.bind(this));
function LoadImageFromLibrary()
{
    var libImage = new lib.MyImage();
    this.addChild(libImage);//将定义的实例添加到舞台上
}
```

代码说明：

这里的加载和卸载主要用到了 addChild()和 removeChild()函数，其参数为库中链接导出的一个实例，addChild()即将实例添加到舞台上，removeChild()为从舞台上删除对应的实例。

6. CreateJS API

CreateJS API 中提供了一些使用 CreateJS 引擎绘制对象或制作动画的代码片段。

- lineTo：从一个位置到另一个位置绘制线条。
- arcTo：绘制圆弧。
- quadraticCurveTo：绘制二次曲线。
- bezierCurveTo：绘制贝塞尔曲线。
- beginLinearGradientStroke：绘制渐变线条。
- drawRect：绘制一个矩形。
- drawRoundRect：绘制一个圆角矩形。
- drawCircle：绘制一个圆形。
- 线性渐变：绘制一个线性渐变的矩形。
- 径向渐变：绘制一个径向渐变的圆形。
- drawEllipse：绘制一个椭圆。
- drawPolyStar：绘制一个星形。

使用以上代码片段绘制的图形如图 6-11 所示。

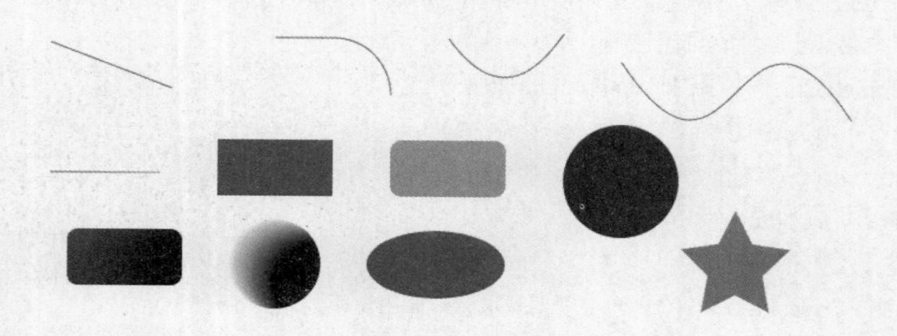

图 6-11　使用 CreateJS API 代码片段绘制的图形

- 使用代码进行补间：使用缓动弹出效果对指定对象进行补间动画。

7. 摄像头

这一组代码片段可对摄像头图层进行简单的控制，包括以下几种。

- 获取或设置摄像头的位置。
- 设置摄像头缩放或添加缩放动画。
- 设置摄像头平移动画。
- 添加摄像头旋转动画。
- 将摄像头附加到对象。
- 重置摄像头效果。

可将以上代码片段直接在帧上运行或通过鼠标单击事件运行，如通过单击按钮来旋转或平移摄像头等。

“代码片段”面板下的 ActionScript 类下有更多的代码片段，其用法与 HTML5 Canvas 类下的基本一样，只是在一些编写规则方面有一些差异，可自行尝试了解。

◎应用案例：控制气球移动

此案例使用 ActionScript 3.0 脚本来控制一个气球，使其能上下左右移动，并能控制其速度。这种控制方式经常用于小游戏中。

步骤① 新建一个 ActionScript 3.0 文档，舞台大小为 800 像素 × 600 像素，背景颜色为#006633，保存文件为“控制气球移动.fla”。

步骤② 导入素材文件“背景.jpg”和“热气球素材.ai”到库中，导入气球的时候注意设置为将图层转换为“单一的 Animate 图层”。

步骤③ 将图层 1 命名为“背景”，将库中的背景位图拖入舞台，如图 6-12 所示。

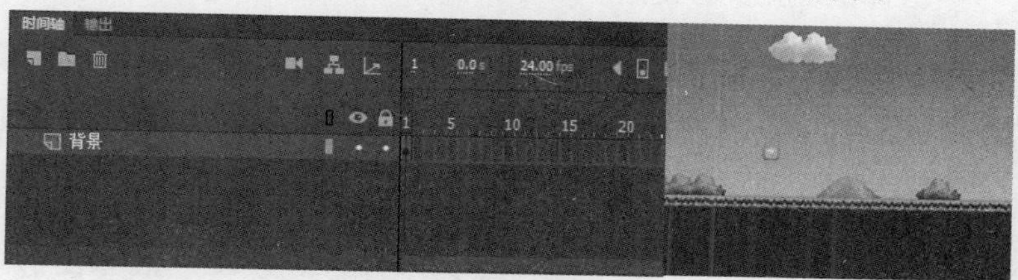

图 6-12　设置背景图

步骤④ 新建图层，命名为“气球”，将库中的热气球元件拖入舞台，调整好大小，如图 6-13 所示。

图 6-13　放入热气球元件实例

步骤⑤ 继续新建图层，命名为“按钮”，在此图层上绘制 4 个按钮，分别用于加速、减速、确认和重置。按钮效果自主设计，也可参考图 6-14 所示的按钮效果。

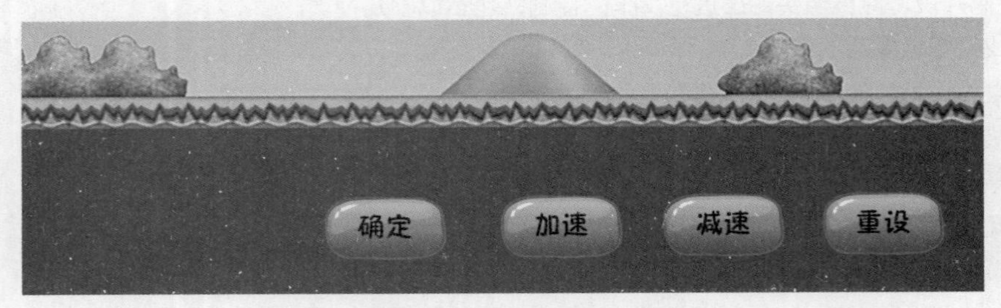

图 6-14　按钮效果参考

步骤⑥ 新建一个图层，命名为“文字”，使用文字工具输入两个白色的静态文本，用于提示用户的操作，如图 6-15 所示。

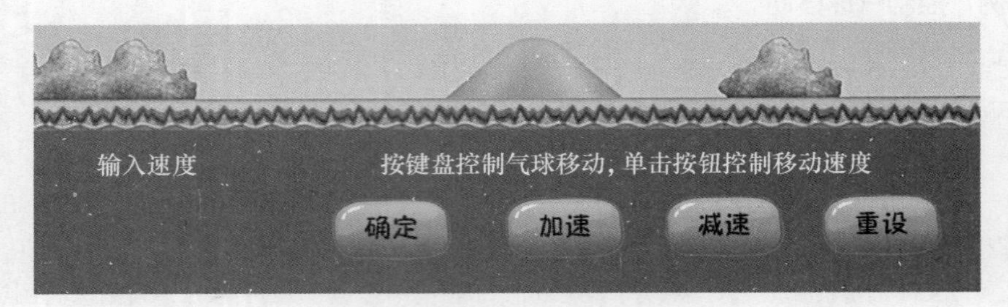

图 6-15　输入静态显示的文字

步骤⑦ 继续放置一输入文本框，用于输入速度，如图 6-16 所示。

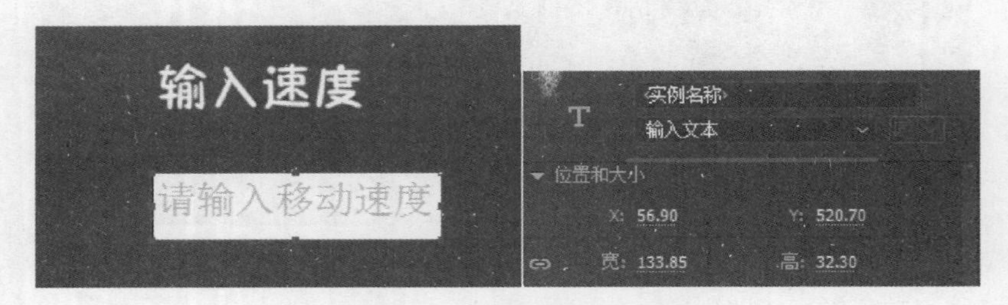

图 6-16　添加速度输入框

步骤⑧ 将元素准备好之后，要使脚本控制这些元素，需要先给它们设置实例名称，分别给气球、4 个按钮、输入框设置实例名，如 balloon_mc、speedUp_btn、speedDown_btn、ok_btn、reset_btn、speed_txt。（注意：如果气球是图形元件，则要先将其转换为影片剪辑元件，因为图形元件没有实例名称。）

步骤⑨ 打开“动作”面板和代码片段，先给气球添加可键盘控制的代码。选中气球，双击代码片段中 ActionScript 下“动画”中的“用键盘移动对象”，将代码填入“动作”窗口，图 6-17 所示为部分代码。

步骤⑩ 通过查看代码可知，当前移动速度是每按一次方向键移动 5 像素。建议设置一个变量来保存这个速度，所以在前面添加一句代码 var speed:number=10;，并把原代码中的 5 改为 speed，即将移动速度都设为 10，如图 6-18 所示。此时测试影片，可用键盘中的方向键来移动气球，每按一次移动 10 像素。

步骤⑪ 通过输入框来输入速度。选中“确定”按钮，为其添加 ActionScript 3.0 代码片段“事件处理函数”类中的“Mouse Click 事件”，代码如图 6-19 所示。

```
1
2  /*用键盘箭头移动
3  允许用键盘箭头移动指定的元件实例。
4
5  说明:
6  1. 要增加或减少移动量，用您希望每次按键时元件实例移动的像素数替换下面的数字 5。
7  注意，数字 5 在以下代码中出现了四次。
8  */
9
10 var upPressed:Boolean = false;
11 var downPressed:Boolean = false;
12 var leftPressed:Boolean = false;
13 var rightPressed:Boolean = false;
14
15 balloon_mc.addEventListener(Event.ENTER_FRAME, fl_MoveInDirectionOfKey);
16 stage.addEventListener(KeyboardEvent.KEY_DOWN, fl_SetKeyPressed);
17 stage.addEventListener(KeyboardEvent.KEY_UP, fl_UnsetKeyPressed);
18
19 function fl_MoveInDirectionOfKey(event:Event)
20 {
21     if (upPressed)
22     {
23         balloon_mc.y -= 5;
24     }
25     if (downPressed)
26     {
27         balloon_mc.y += 5;
28     }
29     if (leftPressed)
30     {
31         balloon_mc.x -= 5;
32     }
33     if (rightPressed)
34     {
35         balloon_mc.x += 5;
36     }
37 }
```

图 6-17　添加键盘移动对象的代码片段

```
var speed:Number=10;
var upPressed:Boolean = false;
var downPressed:Boolean = false;
var leftPressed:Boolean = false;
var rightPressed:Boolean = false;

balloon_mc.addEventListener(Event.ENTER_FRAME, fl_MoveInDirectionOfKey);
stage.addEventListener(KeyboardEvent.KEY_DOWN, fl_SetKeyPressed);
stage.addEventListener(KeyboardEvent.KEY_UP, fl_UnsetKeyPressed);

function fl_MoveInDirectionOfKey(event:Event)
{
    if (upPressed)
    {
        balloon_mc.y -= speed;
    }
    if (downPressed)
    {
        balloon_mc.y += speed;
    }
    if (leftPressed)
    {
        balloon_mc.x -= speed;
    }
    if (rightPressed)
    {
        balloon_mc.x += speed;
    }
}
```

图 6-18　将速度设置为一个变量

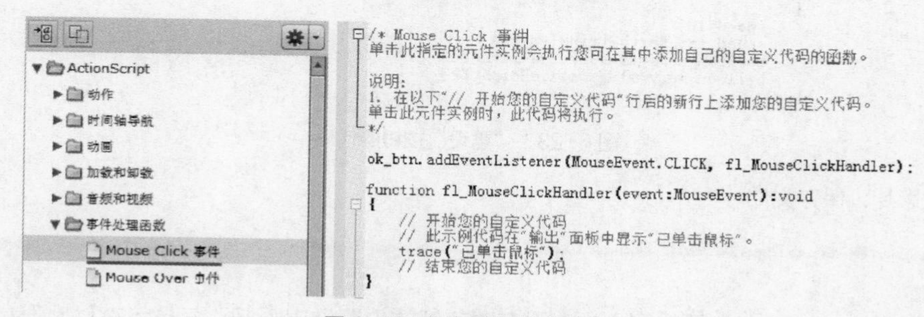

图 6-19　添加鼠标单击事件

步骤⑫ 将 function 函数内的代码删除，替换成自定义代码，输入 speed=int(speed_txt.text);，即将输入框内的文字转换为整数后赋给 speed 变量，如图 6-20 所示。

```
ok_btn.addEventListener(MouseEvent.CLICK, fl_MouseClickHandler);

function fl_MouseClickHandler(event:MouseEvent):void
{
    speed=int(speed_txt.text);

}
```

图 6-20　添加自定义代码

步骤 13 继续给“加速”和“减速”按钮添加功能。选中“加速”按钮，为其添加 ActionScript 代码片段“事件处理函数”类中的“Mouse Click 事件”，在 function 函数内添加自定义代码，如图 6-21 所示。

```
speedUp_btn.addEventListener(MouseEvent.CLICK, fl_MouseClickHandler_2);

function fl_MouseClickHandler_2(event:MouseEvent):void
{
    speed+=10;
    speed_txt.text=String(speed);
}
```

图 6-21　给“加速”按钮添加鼠标单击事件和自定义代码

speed+=10；是指每按一次加速按钮，speed 都增加 10。

speed_txt.text=String(speed)；是指将 speed 变量的值转换成字符串赋给文本框，这样文本框中就会显示当前的速度值。

步骤 14 按同样的方法给“减速”按钮添加 Mouse Click 事件和自定义代码，如图 6-22 所示。

```
speedDown_btn.addEventListener(MouseEvent.CLICK, fl_MouseClickHandler_4);

function fl_MouseClickHandler_4(event:MouseEvent):void
{
    speed-=10;
    speed_txt.text=String(speed);
}
```

图 6-22　给“减速”按钮添加鼠标单击事件和自定义代码

步骤 15 再给“重设”按钮添加功能代码。重设就是将气球的位置和速度设为默认值。但前面并没有设置位置的初始值，所以补充添加如下代码。

```
balloon_mc.x=stage.stageWidth/2;
balloon_mc.y=stage.stageHeight/2;
```

stage.stageWidth 和 stage.stageHeight 是舞台的宽和高，这两句是指将气球坐标初始值置于舞台中心。

步骤 16 选中“重设”按钮，为其添加 Mouse Click 事件和自定义代码，如图 6-23 所示。

```
reset_btn.addEventListener(MouseEvent.CLICK, fl_MouseClickHandler_5);

function fl_MouseClickHandler_5(event:MouseEvent):void
{
    speed=10;
    speed_txt.text=String(speed);
    balloon_mc.x=stage.stageWidth/2;
    balloon_mc.y=stage.stageHeight/2;
}
```

图 6-23　“重设”按钮的代码

步骤 17 测试影片，保存文件。

在上面的案例中，没有对气球的位置做出限制，气球会被移出舞台。如果只想让气球在舞台范围内移动，如果移到舞台边缘就不能移了或者移出舞台后从另一面再移进来，应该如何添加代码呢？

使用 if 语句来判断气球的位置。

6.4 小结与课后练习

◎ 小结

脚本的编写是制作交互动画的难点，除了专业的编程人员外，一般的设计人员都对代码感到头疼。所以本单元没有介绍复杂难懂的类、语法、函数等程序设计知识，只讲了如何使用代码片段给动画添加基本的脚本代码，这对于基本的交互效果是足够的。建议读者对代码片段中的代码进行分析，理解其含义，这样就可以自己编写更加复杂一点的交互功能的脚本了。

◎ 课后练习

理论题

1. 如何添加代码注释？
2. 如何使用代码片段给动画添加脚本代码？
3. 一个元件实例的常用属性包括哪些？

操作题

1. 制作一个简易的倒计时程序和抽奖程序，参考效果如图 6-24 所示。

图 6-24　简单的倒计时器程序和抽奖程序

2. 在控制气球移动的案例中，气球可能被移出舞台，请尝试对代码进行补充，使气球只能限定在舞台上移动，或者从一边移出舞台后马上从另一边再移出来。

第 7 单元　动画基础知识与运动规律

要制作一个成功的动画作品，必须具备熟练的软件操作能力，但只熟悉软件操作还不够，因为动画是一门综合性的艺术表达形式，是一个专业的学科，所以还要求制作者能掌握一定的动画制作原理和动画规律，来完成更高层次、更精美的动画。本单元主要介绍动画基础知识和基本动画运动规律，学习这些有助于将动画制作得更加生动、形象，符合视觉规律。

本单元学习目标：

- 了解动画的基本常识
- 理解动画的构图、透视、镜头语言及其应用
- 掌握基本的人物运动规律和常见的自然现象运动规律

7.1　动画基础知识

本小节主要介绍动画的基本原理、专业术语、常见的动画构图方式，以及动画镜头景别的类型等基础知识。学习这些知识，有助于更生动地设计动画画面，为具体的动画制作打下理论基础。

7.1.1　动画常识

动画常识主要是指动画形成的基本原理、动画的常用术语及传统动画与计算机动画的特点对比。

1. 动画原理

动画就是能够“动”起来的画，其基本原理就是利用人类眼睛的“视觉暂留”特性，使一张张静止的画面连续播放，从而形成动态的画面效果。人的视觉是在眼睛的视网膜中成像后反射到大脑神经形成的，对于静态的物体，我们可以清晰地辨认，可是当物体开始运动，速度超过我们视力的反应速度时，我们的视觉中就会出现残留现象，科学上称为“视觉暂留”，上一个影像的残留还没有消失，下一个画面又进入视觉，循环反复，人就会感觉到物体的运动，人们利用这一特性，创造了动画片。在定格的纸上绘制形象、动作，在后一张纸上重复或画下一个动作，再快速播放。

在很多年以前，人类就尝试利用“视觉暂留”效应来记录画面了。例如，公元前 1600 年，埃及法老为伊西斯女神建造了一个神庙，这个神庙有 110 根柱子，每根柱子上都画着女神连续变换的动作图。骑士或战车的驾驶者经过这些柱子时看到的女神就好像动了起来。图 7-1 所示为临摹的埃及女神草图。

古希腊人有时在罐子上画上一系列连贯运动的人物，转动罐子时就会产生人物在罐子上运动的感觉，如图 7-2 所示。我国早期的动画片“九色鹿”，正是以我国文化瑰宝敦煌壁画为原型制作的。

图 7-1 临摹的埃及女神草图

走马灯（最早是作为玩具）也是一个利用“视觉暂留”效应让画面动起来的案例。将画有系列图画的长纸片插在有缝的圆盘上，转动圆盘，透过缝隙就能看到运动的画面，如图 7-3 所示。

图 7-2 临摹的古希腊罐子图

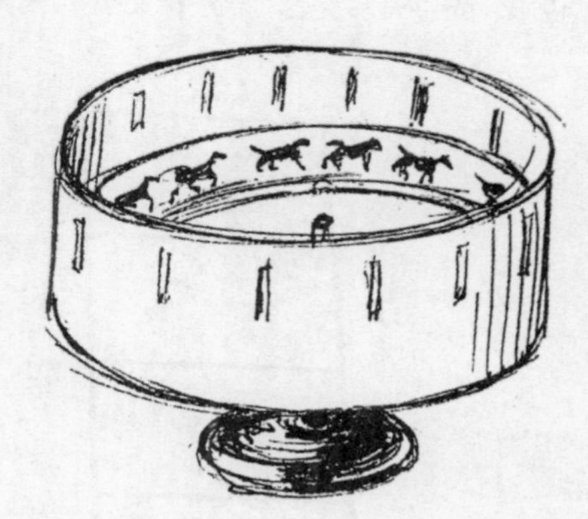

图 7-3 走马灯临摹图

通过“视觉残留”这一特点，利用人视觉的错觉，动画师像变魔法一样在我们的面前把原来静态的图画变活了，这就是最初动画的产生。

2. 动画的常用术语

了解常用的动画术语是学习创作二维动画的基础。下面，我们对一些最基本和常见的术语进行解释。

- 帧（格）：动画片中的各种鲜活形象，不像其他影片那样，用胶片直接拍摄客观物体的运动过程，而是通过对物体运动进行观察、分析、研究，用各种表现手法一张张地画出来，这一张画面就是一帧，然后通过连续放映这些帧，使之在银幕上活动起来。
- 时间：动画是一个过程，它必定具有时间属性。这里所谓的“时间”，是指动画中物体完成某一动作所需的时间长度。在相同的播放速度下，这一动作所需的时间越长，其需要的帧数就越多；动作所需的时间越短，其需要的帧数就越少。所以要让动作变慢，就要让时间变长，增加帧数；要让动作变快，就要让时间变短，减少帧数。
- 空间：所谓“空间”，一般是指动画片中的活动对象在画面上的活动范围和位置，也包括一个动作的幅度及活动对象在每一张画面之间的距离。动画设计人员在设计动作时，为了取得更鲜明、更强烈的视觉效果，往往会把动作的幅度处理得比真人动作的幅度要夸张一些。
- 速度：“速度”即物体在运动过程中的快慢。在动画中，速度一般指运动幅度与完成这段运动所用时间的比值。在通过相同的距离时，运动越快的物体所用的时间越短，运动越慢的物体所用的时间就越长。
- 节奏：在日常生活中，一切物体的运动都是充满节奏感的。动作的节奏如果处理不当，就像讲话时该

快的地方没有快，该慢的地方反而快了，该停顿的地方没有停，不该停的地方反而停了一样，使人感到别扭。因此，处理好动作的节奏对于加强动画片的表现力是很重要的。一般说来，动画片的节奏比其他类型影片的节奏要快一些，动画片动作的节奏也要求比生活中动作的节奏要夸张一些。

造成节奏感的主要因素是速度的变化，即“快速”“慢速”及“停顿”的交替使用，不同的速度变化会产生不同的节奏感，例如：

A. 停止—慢速—快速，或快速—慢速—停止，这种渐快或渐慢的速度变化造成动作的节奏感比较柔和。

B. 快速—突然停止，或快速—突然停止—快速，这种突然性的速度变化造成动作的节奏感比较强烈。

C. 慢速—快速—突然停止，这种由慢渐快而又突然停止的速度变化可以造成一种突然性的节奏感。

动作的节奏是为体现剧情和塑造任务服务的，因此，我们在处理动作的节奏时，要考虑影片的风格，不能脱离具体角色的身份和性格，也不能脱离每个镜头的剧情和人物在特定情景下的特定动作要求。

● 故事板：也叫分镜头设计，它是动画片构架故事的方式，即未来影片形象化的呈现方式，如图 7-4 所示。故事板的内容包括镜头外部动作方向、视点、视距、视觉的演变关系；镜头内部画面设计，即时间、景别、构图、色彩、光影关系及运动轨迹；文字描述，即时间、动作、音效、镜头转换方式及拍摄技巧等。

图 7-4 动画片的故事板

● 造型板：也叫造型设计，它是动画片制作的演员形象，所以要求提供完整形象的各种元素：各种角度的转面图、比例图、结构图、服饰道具分解及细节说明图像等，如图 7-5 所示。

图 7-5 角色造型设定

● 原画与中间画（动画）：原画是指动画创作中一个场景动作的起始与终点的画面，换句话来说是指物体在运动过程中的关键动作，在电脑设计中也称为关键帧。而中间画是指在两个原画之间，按照角色的标准造型、规定的动作范围、张数及运动规律，表示其变化过程的画面，所以中间画是用来填补原画与原画之间的过程的动作画面，如图 7-6 所示。

图 7-6　原画与中间画

3. 传统动画与计算机动画的比较

传统动画是由美术动画电影传统的制作方法移植而来的制作形式。它利用人眼的“视觉暂留”现象，将一张张逐渐变化并能清楚地反映一个连续动态过程的静止画面，经过摄像机逐张逐帧地拍摄、编辑，再通过电视的播放系统，使之在屏幕上活动起来。传统动画有着一系列的制作工序，它首先要将动画镜头中每一个动作的关键及转折部分设计出来，也就是要先画出原画，根据原画再画出中间画，即动画，然后还需要经过一张张地描线、上色，逐张逐帧地拍摄、录制等过程。

传统动画比较大的优点是它的表现力较强，常用于表现一些质地柔软、动作杂乱、无规律、形状发生变化的物体动态。通过长时间的不断完善，传统动画已形成了一套完好的体系，包含制作流程、分工、市场运作，甚至电视播出的动画系列片长度和集数都已经标准化。它能够完成许多杂乱、高难度的动画，只要人们能够幻想到的它都能够完成。传统动画有着多样的美术风格，特别是大场面、大制作的片子，用传统动画能够塑造出恢宏的画面，表现细腻的美术效果。

然而，传统动画也有着它难以克服的缺点。

- 工作量巨大。一部 10 分钟的普通动画短片，就需要几千张画面。一部 120 分钟的动画长片，则需要 10 万多张画面。而这些繁重而又复杂的绘制任务，往往不是一个动画工作者在短时间内能够完成的。
- 工序复杂。一部完整的传统动画片，需要经过编剧、导演、美术设计、设计稿件、原画、动画、绘景、描线、上色、校队、摄影、剪辑、作曲、拟音、对白配音、音乐录音、混合录音、洗印等十几道工序的分工合作和密切配合才能顺利完成，如图 7-7 所示。可见传统动画片的制作离不开对工匠精神的执着追求。

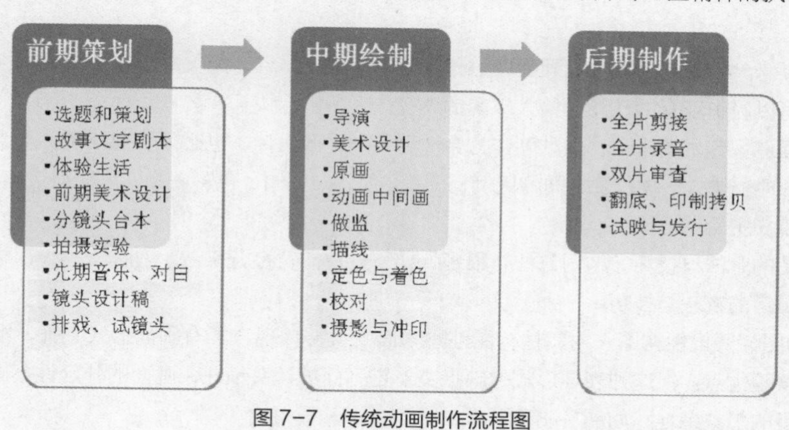

图 7-7　传统动画制作流程图

利用 Animate 等软件工具制作的动画就是计算机动画，计算机动画与传统动画相比，其工作量大大减少、工序大为简化。计算机动画有以下特点。

● 计算机动画是动画的新兴制作方式，它将音乐、声效、动画有机结合在一起，从而制作出高品质的动画效果。

● 由于计算机的参与，动画制作的工艺简化，制作环节明显减少，不需要通过胶片和冲印就能预览到结果、检查出问题，对于不妥的地方可以随时在计算机上进行修改，既方便又节省了工作时间，大大降低了制作成本。

● 动画制作人员可以将创建的造型、背景画面保存在图库中，日后可以随时使用。

不过，完全依靠计算机来完成动画制作的全部工序还是比较困难的。目前，计算机在二维动画制作中可用于代替传统动画制作中重复性强、工作量太大的部分，但不能代替制作人员的创造性劳动部分，如计算机还不能根据剧本自动生成关键帧，并且对于创造的关键帧之间的复杂中间帧，还需要动画制作人员来调整。

Animate 作为一个广泛使用的二维动画制作软件，相对于传统动画制作方式，其优点包括以下几个。

● 易于操作，制作成本低。Animate 的友好界面、简略易懂的操作，使初学者简化了冗杂而绵长的学习进程。不管是初学者还是高手，都能够使用 Animate 软件，发挥无限的创造力，制作精彩、细腻的动画。使用 Animate 制作动画并不需要太大的硬件投入，只需要一台一般的个人电脑和几个相关的软件，这与传统动画中巨大、杂乱的专业设备投入相比十分经济划算。

● 制作周期短。较之传统手绘动画，Animate 的许多元件能够重复使用，更有意义的是，计算机能够依照人们的目的自动生成具有特殊作用的动画。Animate 动画的出现不但使得动画制作摆脱了繁复的手工操作程序，节约了人力、物力，而且使得创作进程更直观化，并大大提高了创作的速度。

● 动画不失真。Animate 可以方便地绘制矢量图。矢量图是运用数字方法计算出来的图形，没有分辨率，所以 Animate 中的画面不管是放大、缩小还是旋转都不会变形失真。

● 易于广泛传播。Animate 在多方面降低了动画制作难度并支持脚本语言，能够完成特别的、随机的动画。矢量图的动画播放文件体积小，播放时使用流式传输，便于网络传播。

当然，使用 Animate 制作动画也有其局限性，如在制作较为复杂的人物动画时很费力，为了保证动作的统一和自然，必须一张一张地绘制，类似于传统动画。另外，由于 Animate 动画矢量绘图的局限性，在绘制写实、精细风格的角色或场景时它就力不从心了，矢量绘图的过渡色比较生硬、单一，很难画出柔和的接近真实效果的图像。

7.1.2 动画中的构图与透视

构图与透视应该是所有视觉艺术类课程绕不开的内容，在动画制作中也是如此。

1. 构图

（1）构图的概念。构图是指把构成画面各部分的元素组成、结合、配置并形成一个具有视觉均衡美感的画面。合理的构图可以吸引观众的注意，给人以美的感受。

构图属于平面造型艺术的术语，但动画作为会“动”的平面设计，也必须讲究构图。动画构图是指在一定的画面空间内，合理安排人、物、景之间的比例、位置、质地、明暗、色彩关系，以获得最佳的画面形式效果，并能更好地传达镜头主旨。

（2）动画构图的方法与技巧。构图方法有很多，如三分法、黄金分割法、对称法等，初学者可以使用一些易掌握、不容易出错的方法与技巧。

● 封闭性构图与开放性构图。封闭性构图注重画面的直接体现，具有画面形式感强、视觉流畅、符合受众习惯及画面完整等优点。但这种表现形式的缺点主要是画面被镜头锁住，画面的外延性不够，没有足够的张力去引发观众更多的想象余地，如图 7-8 所示。

开放性构图不再把画面构图框架看成与外界没有联系的界限，整个画面注重与画外空间的联系。开放性构图主要强调画面的连续性，但并不是将所有的动作和场景一并在镜头中表现出来。单幅画面会出现一些不完整、不统一的现象，但是能通过空间观念的变化，使观众意识到画外空间的存在，并在其头脑中产生想象的画面。

开放性构图的优点主要是突破了镜头的限制，形成镜头外的画面外延，给观众留下想象的空间，使联想与想象有效地弥补了画面本身表现力的不足，如图 7-9 所示。

图 7-8　封闭性构图：《千与千寻》/日本/吉卜力

图 7-9　开放性构图：《千与千寻》/日本/吉卜力

● 对称构图。对称一般分为左右对称和上下对称两种方式，即在镜头的左右或者上下放置两种类似的物体作为呼应。对称的技法常用于表现平静、庄重、肃穆的画面，给人一种平稳的感觉，如图 7-10 所示。

● 对比构图：对比包含了很多方面，如大小上的对比、疏密上的对比、形状上的对比、方向上的对比等，如图 7-11 和图 7-12 所示。对比的目的是为了拉开物体间和空间的差异，塑造物体的特性，烘托出画面的主体。

图 7-10　对称构图：《千与千寻》/日本/吉卜力

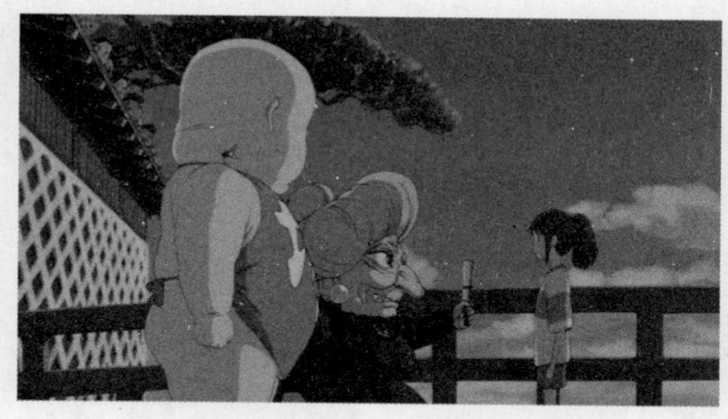

图 7-11　大小对比构图：《千与千寻》/日本/吉卜力

图 7-12　色彩对比构图：《千与千寻》/日本/吉卜力

● 三分法构图：三分法构图是指把画面水平或垂直分三份，每一分中心都可放置主体形态，如图 7-13 和图 7-14 所示，这种构图适用于多形态平行焦点的主体，也可表现大空间、小对象，也可反相选择。这种画面构图表现鲜明、构图简练。

● 九宫格（井字形）构图。九宫格是在画面水平方向和垂直方向分别绘制两条线，使画面平均分成 9 块，形成一个井字形的结构，在中心块上 4 个角的点，用任意一点的位置来安排主体位置，如图 7-15 和图 7-16 所示。

图 7-13　水平三分法构图：《千与千寻》/日本/吉卜力

图 7-14　垂直三分法构图：《千与千寻》/日本/吉卜力

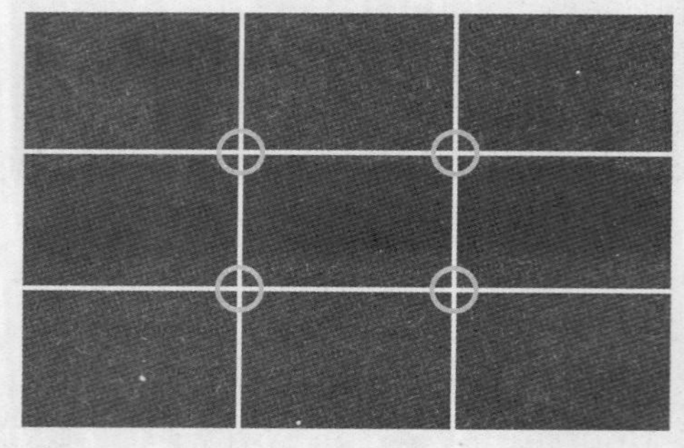

图 7-15　九宫格

图 7-16　九宫格构图：《千与千寻》/日本/吉卜力

当然，构图方法与技巧远不止以上这些，实际应用的时候也不必太纠结于构图的各种概念、分类等，应把注意力放在要通过画面表达什么、如何表达上，根据自己想突出表达的画面区域范围来进行构图。

2. 透视

"透视"（perspective）一词源于拉丁文"perspclre"（看透），是指通过透明的平面观察所看到的物体状态，绘出景物形象的轮廓，即根据光学、几何学的原理，将三维空间的景物描绘到二维空间的过程。观察景物时，由于距离和位置的不同，物体的形态会发生改变，产生近大远小、近长远短、近实远虚的变化规律，此外由于空气对光线的阻隔，物体在远近、明暗、色彩等方面会产生不同的变化。图 7-17 所示为使用透视画法前后的效果图。

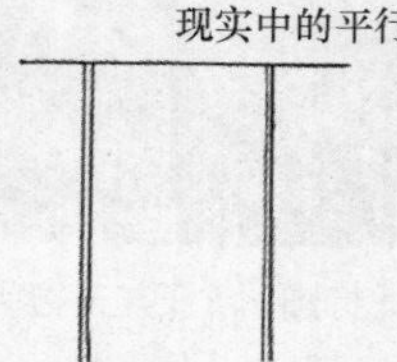

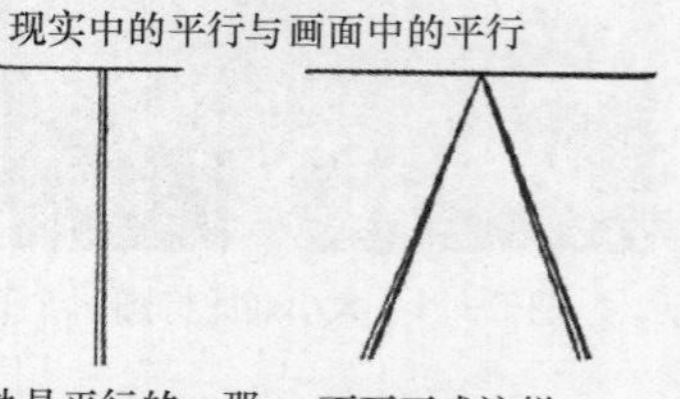

图 7-17　透视画法前后效果

（1）与透视有关的基本术语。

- 视点与视距：视点就是观察者眼睛的位置；视距就是观察者的视点到画面的距离。
- 视平线：视平线就是与画者眼睛平行的水平线。视平线随眼睛视线的高低而变化，它总是与视线平齐，如图 7-18 所示。

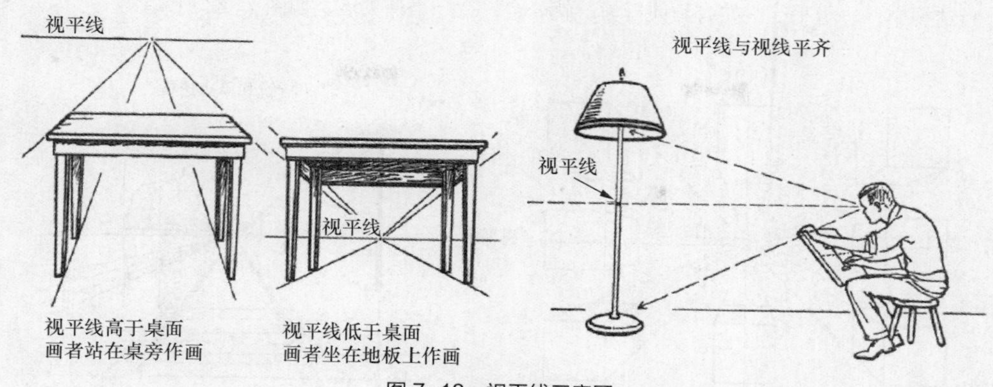

图 7-18　视平线示意图

● 地平线：当我们朝远方望去，在天地相交或水天相接的地方有一条明显的分界线，这条线就叫地平线，如图 7-19 和图 7-20 所示。

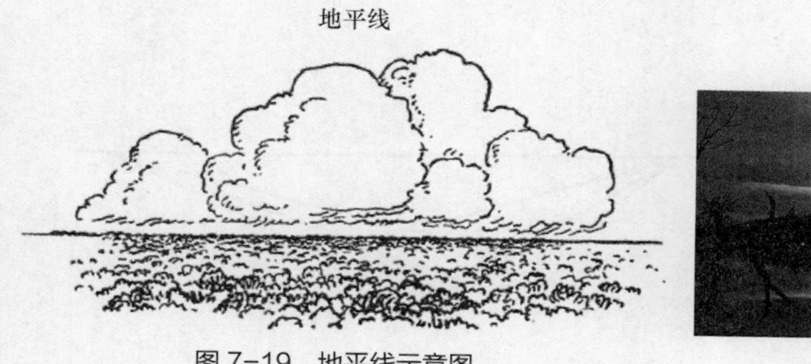

图 7-19　地平线示意图

图 7-20　照片中的地平线

● 消失点（灭点）：当我们沿着铁路线去看两条铁轨、沿着公路线去看两边排列整齐的树木时，两条平行的铁轨或两排树木连线相交于很远很远的某一点，这个点在透视图中称为消失点，也叫灭点。消失点就是物体的纵向延伸线与视平线相交的点，如图 7-21 所示。

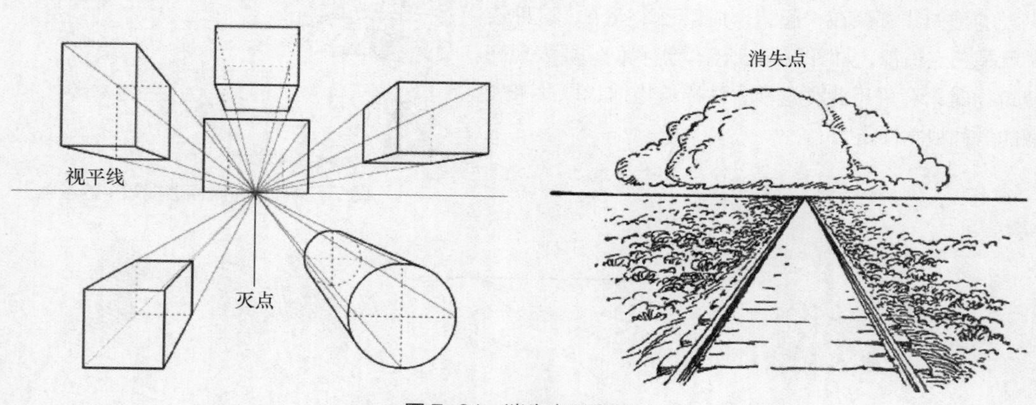

图 7-21　消失点示意图

（2）透视的表现方法。透视的表现方法也叫透视的类型，包括线性透视和自然透视，这里主要讲线性透视。它主要包括一点透视、两点透视和三点透视 3 种。

● 一点透视：也称为单点透视、平行透视，是指一个物体上垂直于视平线的纵向延伸线都汇集于一个灭点。在一点透视中，一组平行线如有延伸行为，就一定只有一个消失点，如图 7-22 所示。

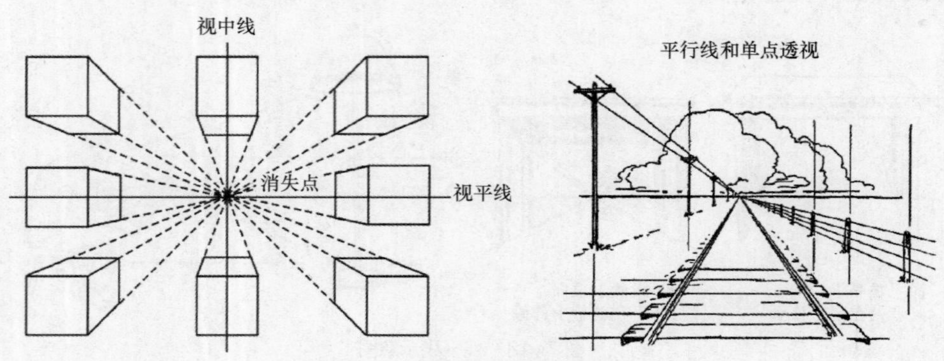

图 7-22　一点透视示意图

用一点透视法可以很好地表现出远近关系。它常用来表现笔直的街道或原野、大海等空旷的场景。

● 两点透视：也称为成角透视，是指一个物体平行于视平线的纵向延伸线按不同方向分别汇集于两个灭点，如图 7-23 和图 7-24 所示。

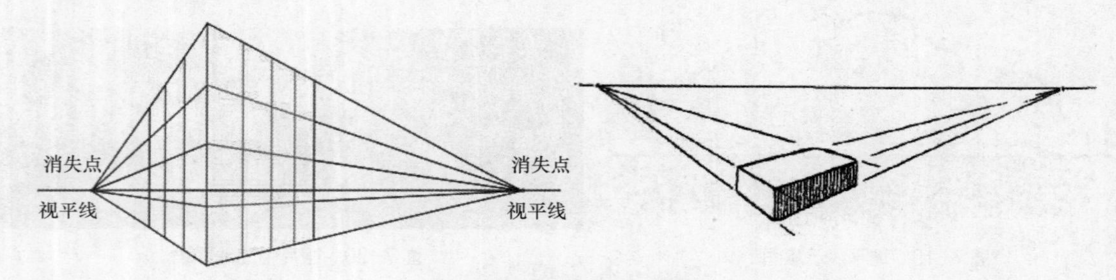

图 7-23　两点透视示意图

● 三点透视：在两点透视的基础上，所有垂直于地平线的纵线的延伸线都聚在一起，形成第三个灭点，这种透视关系就是三点透视，如图 7-25 所示。当我们需要表现高大的建筑物时，会采用此类透视方法描绘物体，以此来表现画面的一种视觉冲击力。

图 7-24　带有两点透视效果的漫画

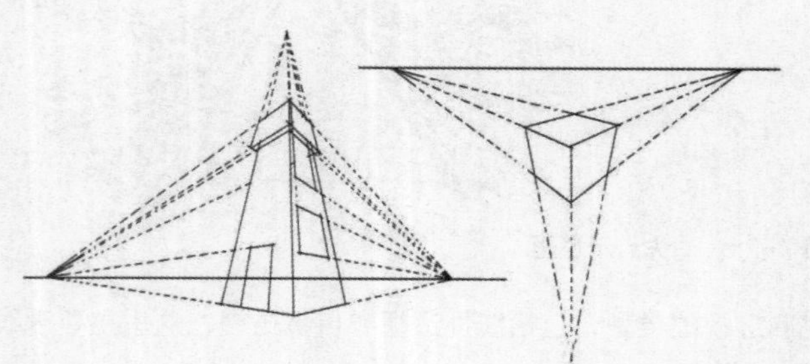

图 7-25　三点透视示意图

7.1.3 镜头语言与镜头应用

动画也是电影（视）的一个分支，需要用到电影镜头的表现方式和技巧，因此了解电影镜头语言是很有必要的。本节讲解关于镜头语言的几个重要术语。

1. 蒙太奇

“蒙太奇”源自法语“montage”，是剪接的意思。蒙太奇就是把一系列在不同地点、不同时间、不同距离、不同角度拍摄的镜头有机地组接起来的手段。当不同的镜头组接在一起时，往往会产生各个镜头单独存在时所不具有的含义。

2. 景别

景别是指由于摄影机（绘画者）与被摄体（景物）的距离不同或镜头焦距的长短不同，而造成被摄体（景物）在画面中所呈现出的范围大小的区别。根据范围大小的不同，景别可具体划分为远景、全景、中景、近景、特写 5 种，如图 7-26 所示。

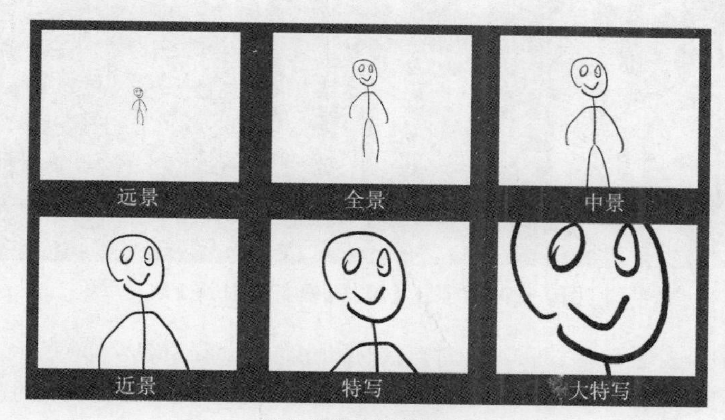

图 7-26　景别示意图

● 远景：远景一般用来表现远离摄影机的环境全貌，展示人物及其周围广阔的空间环境、自然景色和群众活动大场面的镜头画面。它相当于从较远的距离观看景物和人物，视野宽广，能包容广大的空间，人物较小，背景占主要地位，画面给人以整体感，细部却不甚清晰，如图 7-27 所示。远景通常用于介绍环境、抒发情感。

图 7-27　远景

● 全景：全景一般摄取人物全身或场景全貌，如图 7-28 所示，可以表现人物之间、人与环境之间的关系。全景在叙事、抒情和阐述人物与环境的关系的功能上，起到了独特的作用。

图 7-28　全景：《魔发奇缘》/美国/迪士尼

● 中景：中景是表现成年人膝盖以上部分或场景局部的画面，如图 7-29 所示，但一般不正好卡在膝盖部位，因为卡在关节部位是摄像构图中所忌讳的。中景和全景相比，包容景物的范围有所缩小，环境处于次要地位，重点在于表现人物的上身动作。中景画面为叙事性的景别。

图 7-29　中景：《魔发奇缘》/美国/迪士尼

● 近景：近景一般是表现成年人胸部以上部分或物体局部的画面，如图 7-30 所示。近景的屏幕形象是近距离观察人物的体现，所以近景能看清人物的细微动作，也是人物之间进行感情交流的景别。近景着重表现人物的面部表情，传达人物的内心世界，是刻画人物性格最有力的景别。

● 特写：特写仅仅在景框中包含人物面部的局部，或突出某一拍摄对象的局部，如图 7-30 所示。特写镜头能细微地表现人物的面部表情，刻画人物，表现复杂的人物关系和人物的内心活动；也能够很好地表现对象的线条、质感、色彩等特征。

图 7-30　近景：《魔发奇缘》/美国/迪士尼

● 大特写：大特写是特写镜头中表现力更强烈的一种方式，景框中只包含人物面部的局部，如嘴、眼、耳、鼻等，它能产生强烈的视觉效果，如图 7-31 所示。

图 7-31 特写与大特写：《魔发奇缘》/美国/迪士尼

3. 镜头的拍摄方式

镜头的拍摄方式即镜头的拍摄方法与运动方式，包括以下几种。

（1）固定镜头。摄像机不移动位置拍摄的镜头就是固定镜头。根据相对于拍摄对象的高低，固定镜头可分为平拍、仰拍和俯拍 3 种。

● 平拍：平拍角度接近人眼的平视，画面平稳，影片中比较常见。

● 仰拍：即仰角拍摄，指摄像机镜头视轴偏向视平线上方的拍摄方法，如图 7-32 所示，常用来突出对象的强势。

● 俯拍：指摄像机镜头视轴偏向视平线下方的拍摄方法，如图 7-33 所示，常用于宏观地展现环境和场合的整体面貌。

图 7-32 仰拍

图 7-33 俯拍

（2）运动镜头。摄影机在运动过程中拍摄的镜头叫运动镜头，也叫移动镜头。常用的运动镜头类型有推镜、拉镜、摇镜、移镜、跟镜、升降、航拍等。

● 推镜：指被摄体不动，通过摄像机向被摄主体方向推进，或变动镜头焦距使镜头向前运动进行拍摄，景别由远及近，取景范围由大变小。

● 拉镜：指被摄体不动，将摄像机逐渐远离被摄主体，或变动镜头焦距使镜头向后运动进行拍摄，景别由近及远，取景范围由小变大。

● 摇镜：指摄像机位置不动，机身依托于三角架或其他固定设备进行上下、左右或旋转等运动，使观众如同在原地环顾、打量周围的人或事。

● 移镜：又称移动拍摄，广义上来讲，运动拍摄的各种方式都为移动拍摄，但狭义上一般指将摄像机置于运载工具上，沿水平面移动拍摄。

● 跟镜：又称跟拍，是摄像机跟随运动着的被摄对象拍摄的方式。

● 升降：摄像机借助升降装置等一边升降一边拍摄的方式叫升降拍摄，用这种方法拍摄到的画面称为升降镜头。

● 航拍：摄影师在航空器（飞机、气球、飞艇）上，在高空拍摄。由于其视点与普通的视点差异极大，所以可以给观者带来不同凡响的感受，具有广阔的表现力，常用于风景拍摄和大场景拍摄。现在广泛使用遥控飞行器进行航拍，如图 7-34 所示。

图 7-34 航拍

（3）主观镜头与客观镜头。

● 主观镜头：以剧中人物的视点所拍摄的画面称为主观镜头，它将摄像角度和角色眼睛的位置统一起来，以突出角色的主观感受。

● 客观镜头：即中立镜头，指摄像机采用大多数人在拍摄现场所共有的视点拍摄的镜头。动画作品中大多数镜头都采用客观镜头。

（4）空镜头。空镜头是指影片中进行自然景物或场面描写而不出现人物的镜头，又称景物镜头，常用以介绍环境背景、交代时间空间、推进故事情节、表达作者态度，在影片中能够产生见景生情、情景交融、渲染意境、烘托气氛、引起联想等的艺术效果。

（5）切镜。切镜是转换镜头的统称，任何一个镜头的剪接，都是一次切镜。切镜有硬切、淡化（包括淡入淡出两种）、溶化、转场特技等方式。

● 硬切：指一个画面直接切换到下一个画面，无任何转场效果。

● 淡入：指画面由无逐渐增至正常的过程。

● 淡出：指画面由正常逐渐减弱直至消失的过程。

● 溶化：指前一个画面还未完全消失，下一个画面已逐渐显示的过程。

● 转场特技：使用某种转换效果进行切换，如平推、缩放、旋转画面等。

● 定格：指影像处于静止的状态。一般片段都以定格结束，由动变静。

7.2 动画的运动规律

动画最关键的是以绘画的方式让它“动”起来。要“动”得好，掌握好动画运动规律非常重要。学好动画运动规律，能使动画更加真实、生动、丰富。动画表现物体的运动规律既要以客观物体的运动规律为基础，又有它自己的特点，而不是简单地模拟。

7.2.1 动画的基本力学原理

物体的运动都是因为受到了力的作用。物体在运动过程中会受到各种反作用力的影响和制约，其运动状态会发生各种各样的变化。所以，动画作为表现动作的艺术，只有遵循力学原理、符合自然规律，才能得到观众视觉上的认可。但动画的动作在遵循力学原理的同时，只有将物理性运动的动势加以发挥，才能表现动画特有的效果。

1. 力的表现，关节传导

通常，我们把动物或者人体看成一组由许多简单部分通过关节连接在一起的一个灵活的整体。在设计人物动作时，力通常是通过活动的关节传递的。例如，在动画中用折线表现手臂以达到更有弹性的弯曲效果，如图 7-35 所示。

图 7-35 手臂摆动时的关节变化

当一根绳子缚住放在光滑地面上的木棒的一端，从右边与木棒成直角拉动绳子时，在它的重心未与绳子成为直线之前，整根木棒不会朝绳子方向移动而是原地转动，直到它的纵轴和绳子成为一条直线时才会开始移动，如图 7-36 所示。

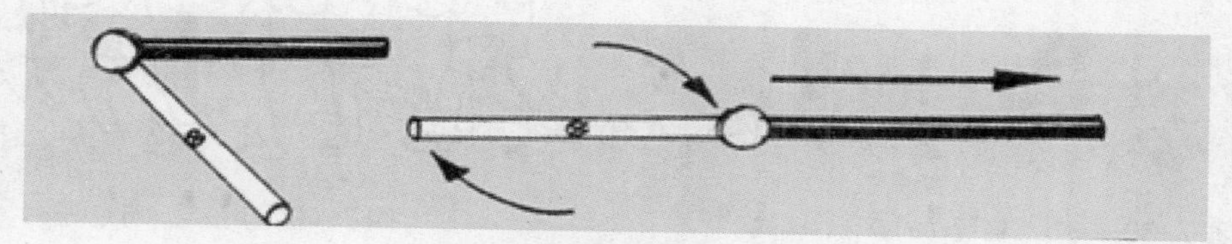

图 7-36 关节传导力的体现

图 7-37 所示为悬挂的两节木棒摇晃时的形态变化。

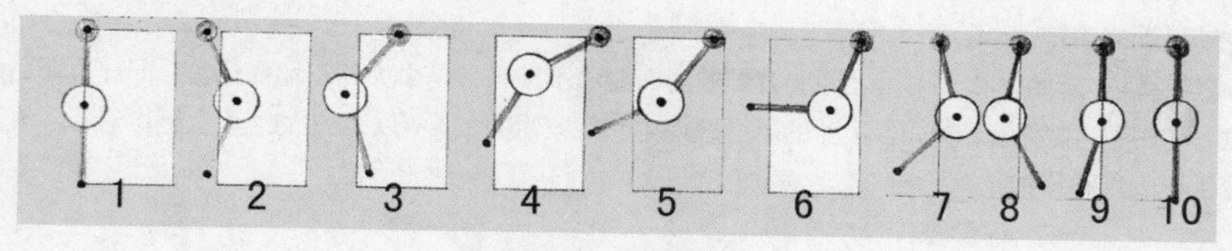

图 7-37 摇晃的木棒

图 7-38 所示为手动摇摆的 3 节木棒。

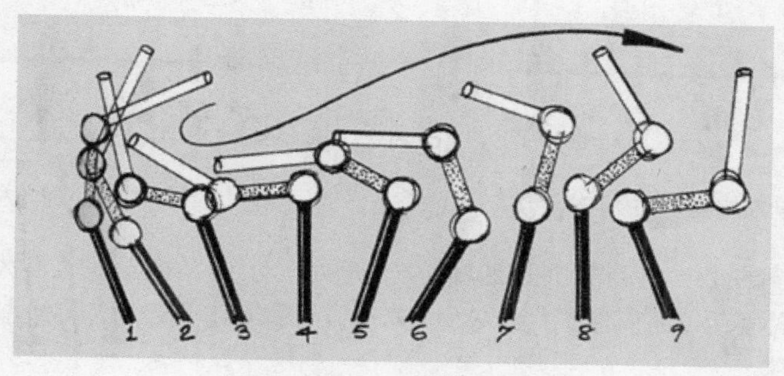

图 7-38 3 节木棒摇摆

2. 匀速、加速与减速

动画中，速度与3个基本要素有关，即距离、时间和帧数。

● 距离：即动作的大小幅度，前后两个关键帧画面之间的空间距离，距离远，动作的速度就快，反之，动作的速度就慢。

● 时间：即动作执行所需的时间长短。

● 帧数：即前后两个关键帧之间帧的多少，与时间长短对应，帧数多则时间长、速度慢，帧数少则时间短、速度快。

动画以24帧/秒计算，物体运动速度快，占用的帧数就少，物体运动速度慢，占用的帧数相对就多。

运动物体是受力的支配的，同一个物体受力大，它的运动速度就快；受力小，它的运动速度就慢。既然速度有快慢之分，当然就有快慢之间的转换和变化，即匀速、加速和减速。

● 匀速运动：起始帧和结束帧之间所有帧的画面距离相同，并且所用的时间也相等，如行驶中的飞机和火车。在绘制匀速运动的对象时，每一帧画面之间的距离应是相等的，如图7-39和图7-40所示。

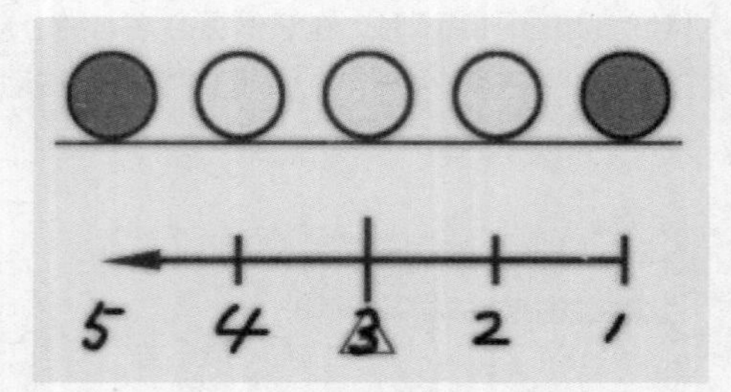

图7-39　向左匀速运动的小球

图7-40　小孩匀速行走

● 加速运动：起始帧和结束帧之间所有帧的画面距离不相等，是由小到大地变化着，即速度由慢到快，是加速度，如图7-41所示。例如，汽车启动的瞬间，在动作的启动阶段，为了强调画面效果、表现动作力度，往往用加速运动来表现。

● 减速运动：起始帧和结束帧之间所有帧的画面距离不相等，是由大到小地变化着，即速度是由快到慢，是减速度，如图7-42所示。例如，滚动的球受摩擦力和空气阻力的影响，滚动的速度会逐渐衰减，直至为零。常用减速手段表现动作的结束阶段。

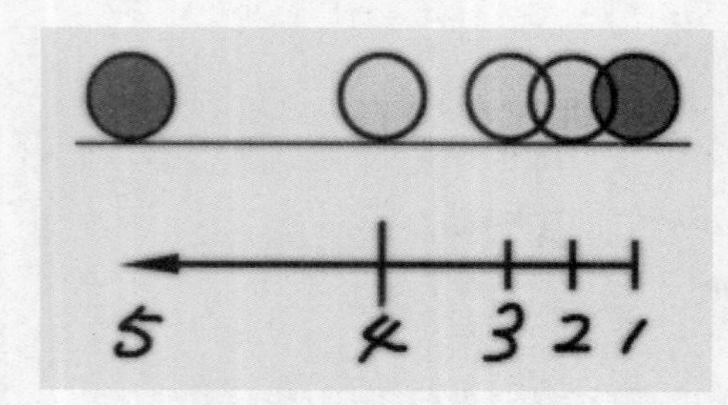

图7-41　向左加速运动的小球

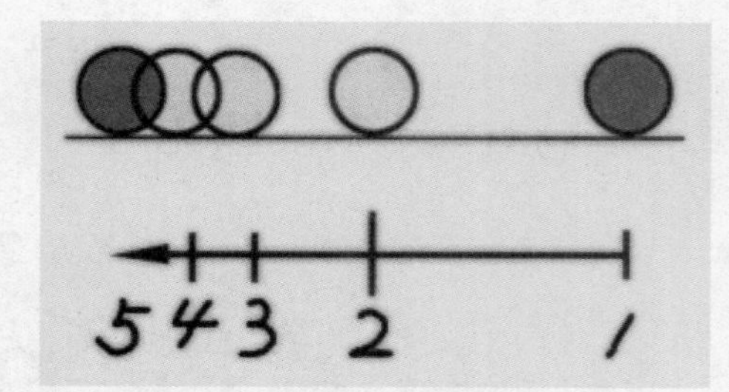

图7-42　小球向左减速运动

有运动就有时间节奏的变化，就要用加减速度的方法来处理动作，匀速运动大多数情况存在于理论状态，所以动画中的运动一般都要运用加减速度，复杂动画也一样。图7-43所示为钟摆从左往右摆动的动画，其速度变化是先加速，再减速。

3. 自由落体、抛物线和反弹

在日常生活中，速度变化的体现随处可见，其中最常见、最易理解的有自由落体、抛物线和反弹。

- 自由落体：指在重力作用下降落的物体在单位时间内移动的距离逐渐加大，是加速运动。
- 抛物线：上升阶段速度越来越慢，是减速运动；下落阶段速度越来越快，是加速运动，如图 7-44 所示。
- 反弹：物体遇到障碍后，会向相反的方向弹回。

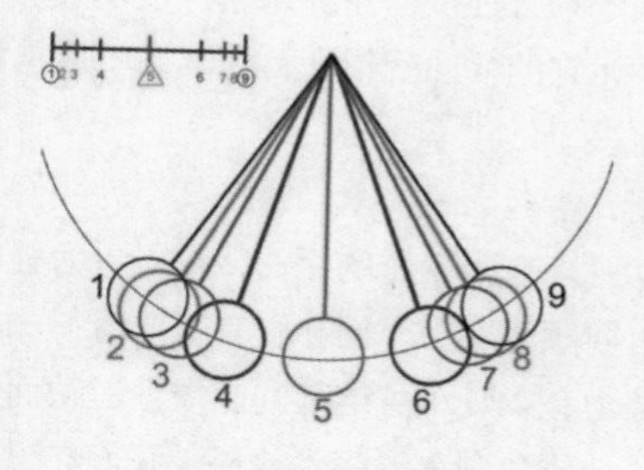

图 7-43　钟摆摆动

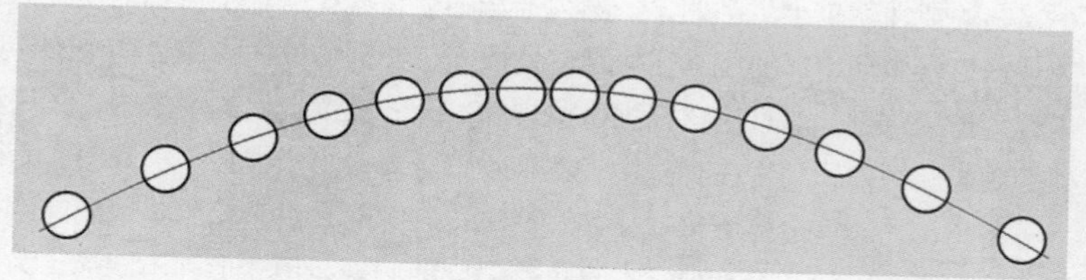

图 7-44　抛物线运动

7.2.2　一般运动规律

1. 弹性运动

物体在受到力的作用时，它的形态和体积会发生改变，这种改变，在物理学中称为“形变”。物体在发生形变时，会产生弹力，形变消失时，弹力也随之消失。例如，弹跳的球、启动或急停瞬间的汽车等，都会发生形变，虽然用肉眼不一定观察得到，但在动画中我们可以根据剧情或影片风格的需要，运用夸张变形的手法，表现其弹性运动。

弹球的例子经常被用来解释弹性动画“压缩与伸展”的道理，即球下落时伸展，与地面碰撞时压平然后在弧线中返回到其正常形状，如图 7-45 所示。

- 当球下落时，它的速度在增加，画面距离变大，同时球形被拉长伸展。
- 当球接触地面时，它受到冲车的挤压，球形被挤压成椭圆形。
- 当球反弹上升时，它的速度变慢，画面距离变小，同时球形由伸展恢复到正常。

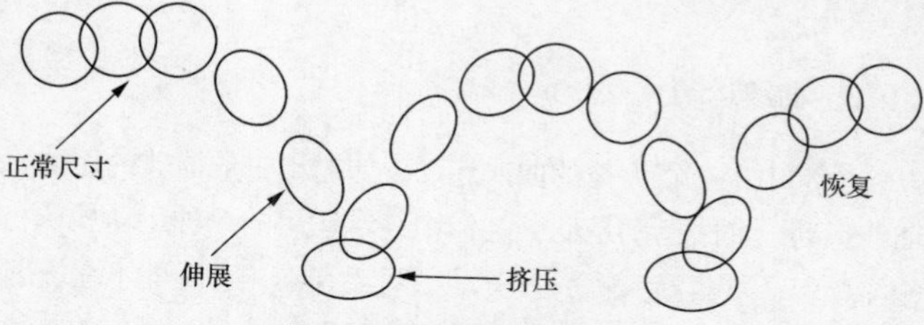

图 7-45　弹球的基本运动

其他物体在表现跳跃动作的时候，也可以使用弹性运动的方式来表现其形态，如图 7-46 中的青蛙和图 7-47 中的卡通角色。

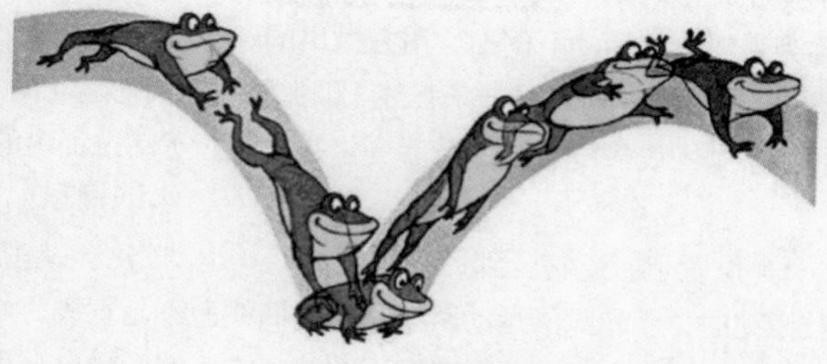

图 7-46　跳跃的青蛙

图 7-47　跳跃的卡通角色

2. 惯性

如果一个物体不受到任何力的作用，它将保持静止状态或匀速直线运动状态，而且任何物体都具有一种保持它原来的静止状态或匀速直线运动状态的性质，这种性质就是惯性。

在日常生活中，表现物体惯性的现象是经常可以遇到的。例如，站在汽车里的乘客，当汽车突然向前开动时，身体会向后倾倒，这是因为汽车已经开始前进，而乘客由于惯性还要保持静止状态；当行驶中的汽车突然停止时，乘客的身体又会向前倾倒，这是由于汽车已经停止前进，而乘客由于惯性还要保持原来的速度前进。

惯性是有大小的，惯性的大小是由物体的质量决定的。物体的质量越大，它的惯性就越大；物体的质量越小，它的惯性就越小。例如，一辆大卡车的惯性就比一辆小汽车的惯性大得多。

在日常生活中，要经常注意观察、研究、分析惯性在物体运动中的作用，掌握它的规律，并将其作为我们设计动作的依据，而且应该根据这些规律，充分发挥自己的想象力，运用动画片夸张变形的手法，取得更为强烈的效果。例如，动物在奔跑中突然停步，身体会由于惯性向前倾斜，有时要顺势翻一个筋斗，有时要滑行一小段距离，才能完全停下来。又如，汽车急刹车时，由于轮胎与地面的摩擦力，以及车身继续向前惯性运动而造成的挤压力，轮胎会变形，车身也略微向前倾斜，但变形并不明显，为了造成急刹车的强烈效果，我们在设计动画时，不仅要夸张地表现轮胎变形的幅度，还要夸张地表现车身变形的幅度，并且要让汽车向前滑行一小段距离，才完全停下来，恢复到正常状态，如图 7-48 所示。

图 7-48　汽车急刹车时的惯性运动效果

3. 曲线运动

生活中存在着大量的曲线运动，如抛出去的篮球的运动、鸟类翅膀的扇动、旗帜的飘扬等，都是最简单的曲线运动。曲线运动是动画制作中经常运用的一种运动规律，应用极为广泛，从小草、树叶、流水、篝火到旗帜、横幅，甚至是人物秀发、动物羽毛等，几乎无处不在。因此动画中曲线效果的表现十分重要，它能使人物或动物的动作及自然形态的运动产生柔和、圆滑、优美的韵律感，并能帮助我们表现各种细长、轻薄、柔软及富有韧性和弹性的物体质感。

在制作曲线动画时，就要理解曲线运动的规律。曲线运动基本具有 S 形轨迹、尾部跟随和受外力影响明显等特征。动画动作中的曲线运动，大致可归纳为 3 种类型：弧形运动、波形运动和 S 形运动。

（1）弧形运动。如果物体的运动路线为弧线，就称为弧形曲线运动。例如，用力抛出的球，由于受到重力及空气阻力的作用，被迫不断改变其运动方向，它不是沿一条直线，而是沿一条弧线（即抛物线）向前运动的。

表现弧线曲线（抛物线）运动的方法很简单，只要注意抛物线弧度大小的前后变化并掌握好运动过程中的加减速度即可，如图 7-49 所示。

另一种弧形曲线运动是指某些物体的一端固定在一个位置上，当它受到力的作用时，其运动路线也是弧形的曲线。例如，人的四肢的一端是固定的，因此四肢摆动时，手和脚的运动路线呈弧形曲线而不是直线，如图 7-50 所示。又如，韧性较好的草或细长的树枝在被风吹拂时，会呈现弧形曲线运动，其本身的形状也会呈

S 形曲线变化，如图 7-51 所示。

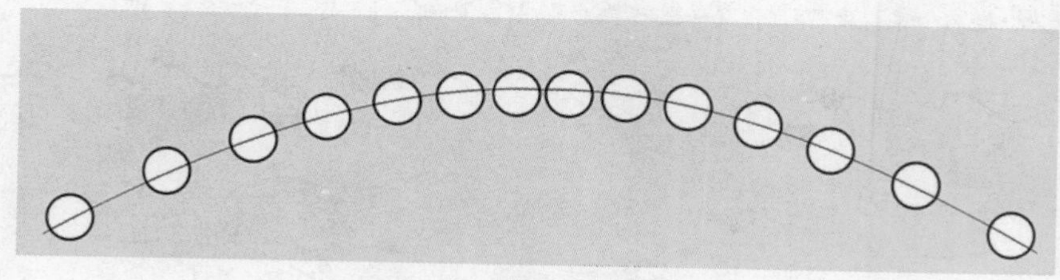

图 7-49　抛物线的弧形运动

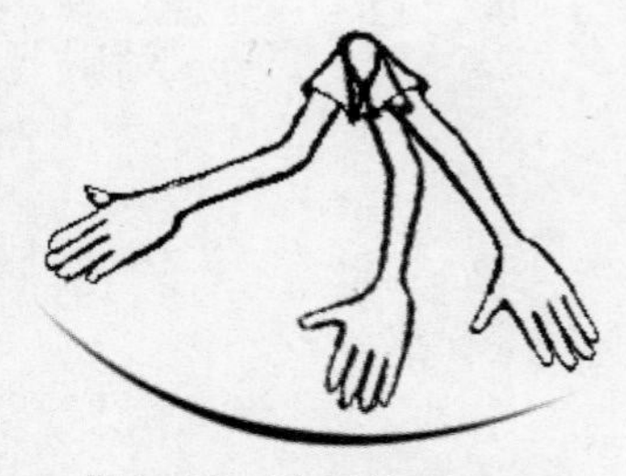

图 7-50　手臂的摆动轨迹

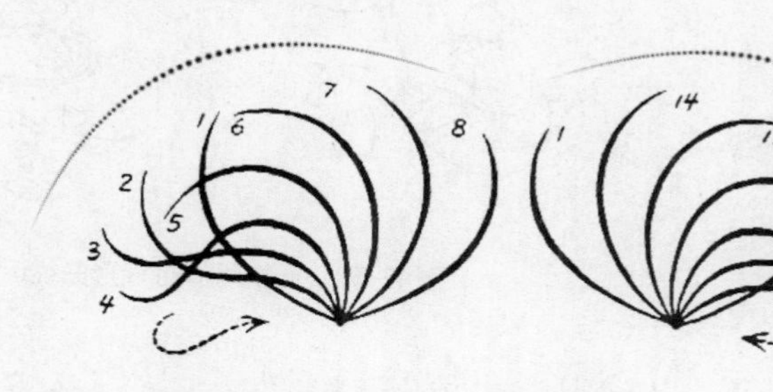

图 7-51　小草的摆动轨迹

（2）波形运动。比较柔软的物体受到力的作用，如果其运动路线呈波形就称为波形曲线运动。例如，将柔软的物体的一端固定在一个位置上，当它受到力的作用时，其运动规律就是顺着力的方向，从固定的一端渐渐推移到另一端，形成一浪接一浪的波形曲线运动。这种运动可以想象成有一个球体在这个柔软的物体上做直线推动。例如，海浪、旗杆上飘扬的旗子、女孩随风飞扬的头发、袅袅生起的炊烟等，都可以用波形运动来体现，如图 7-52 所示。

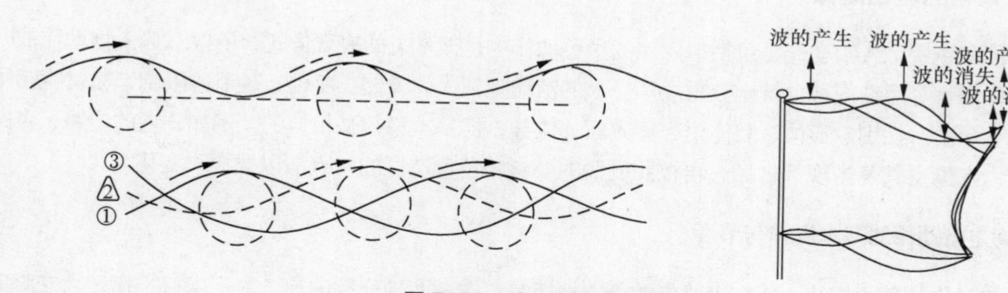

图 7-52　波形运动示意图

在表现波形曲线运动时，必须注意顺着力的方向，一波接一波地顺序推进，不可中途改变。同时，还应注意速度的变化，使动作顺畅平滑，造成有节奏的韵律感，波形的大小也应有所变化，才不至于显得呆板。此外，细长的物体在进行波形运动时，其尾端质点的运动路线往往是 S 形曲线，而不是弧形曲线，如小草的摆动。

（3）S 形运动。表现柔软而又有韧性的物体，主动力在一个点上，依靠自身或外力的作用，使力量从一端过渡到另一端，这种运动就呈现为 S 形曲线运动。S 形曲线常有以下两种表现方式。

● 物体本身在运动中呈 S 形。最典型的 S 曲线运动，是动物的长尾巴（如松鼠、马、狮子等）在甩动时所呈现的运动。尾巴甩过去，是一个 S 形；甩过来，又是一个相反的 S 形。当尾巴来回摆动时，正反两个 S 形就连接成了一个 8 字形的运动路线，如图 7-53 所示。

● 物体尾端质点的运动路线呈 S 形。这可以理解成是曲线运动中由身体带动的最激烈的一种状态，如鸟类翅膀的扇动、羽毛的摆动等，如图 7-54 所示。

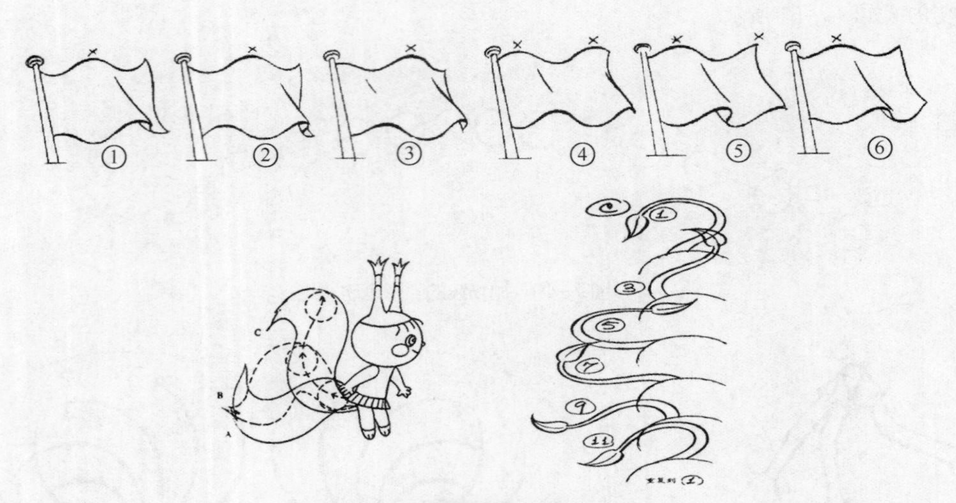

图 7-53 动物尾部的 S 形曲线运动

图 7-54 尾部运动路线呈 S 形

7.2.3 人物的运动规律

在动画的角色中，人物动作（包括拟人化的角色动作）是很常见的表现形式，所以掌握人物动作的一些运动轨迹、肢体语言等运动规律也就十分重要了。人的活动受到人体骨骼、肌肉、关节的限制，日常生活中的一些动作虽然有年龄、性别、形体、肢体语言等方面的差异，但基本规律是相似的。例如，人的走路、奔跑、跳跃等，都可以在懂得其基本规律之后，再按照剧情的要求和角色造型的特点加以发挥和变化。

1. 人物走路动作的基本规律与节奏

（1）走路动作的基本规律。人在走路中的基本规律是：左右两脚交替向前，为了求得平衡，当左脚向前迈步时左手向后摆动，右脚向前迈步时右手向后摆动。在走的过程中，头的高低形成波浪式运动，当脚迈开时头的位置略低，当一脚直立另一脚提起将要迈出时，头的位置略高。走路分解动作如图 7-55 所示。

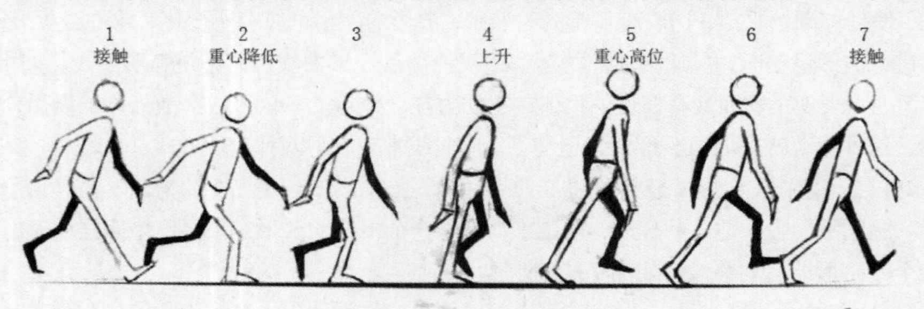

图 7-55 走路动作分解图

在走路的过程中，脚踝与地面呈弧形运动线，弧形运动线的高低幅度，与走路时的神态和情绪有很大关系，如图 7-56 所示。

图 7-56　头部和脚踝的弧形运动

如果是一些细腻的人物动作，可能还需要表现走路时某个关节的运动规律，如走路时脚踝、脚掌的变化，如图 7-57 所示。

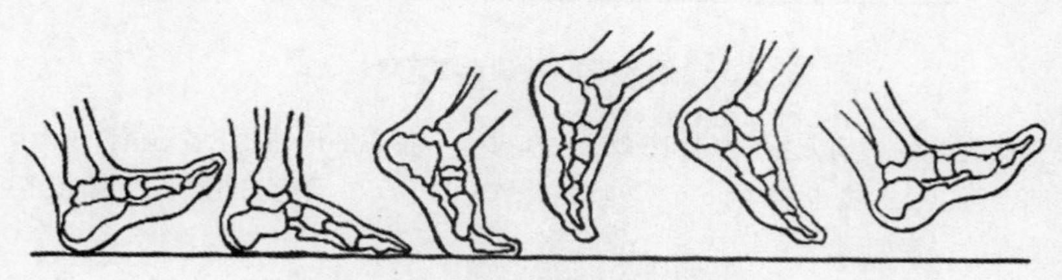

图 7-57　走路时脚踝脚掌的运动规律

以上表现的是侧面行走的动作，限于篇幅，对人物正面、背面、俯视等其他角度的行走动作不一一描述，请参考图 7-58～图 7-60。

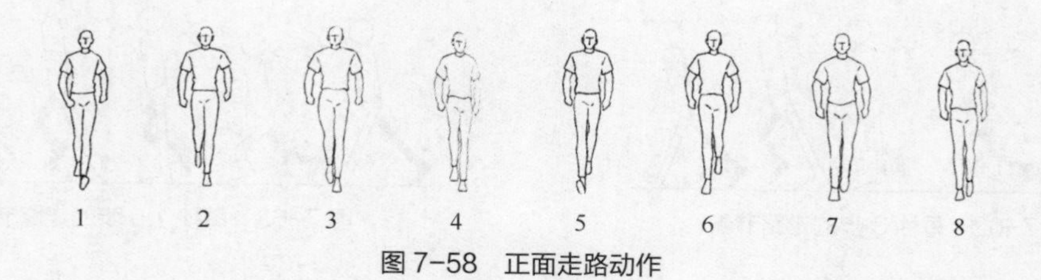

图 7-58　正面走路动作

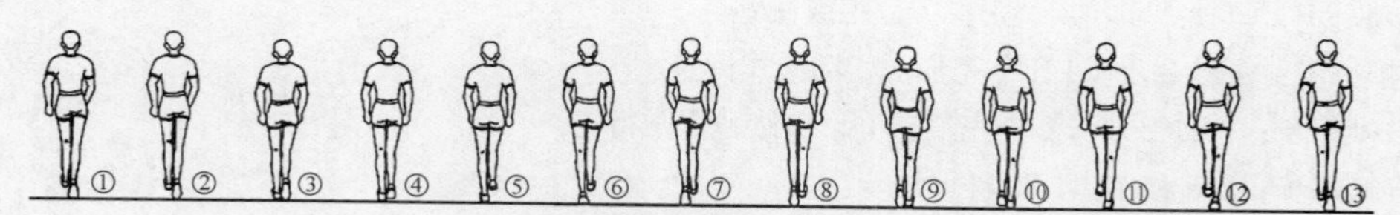

图 7-59　背面走路动作

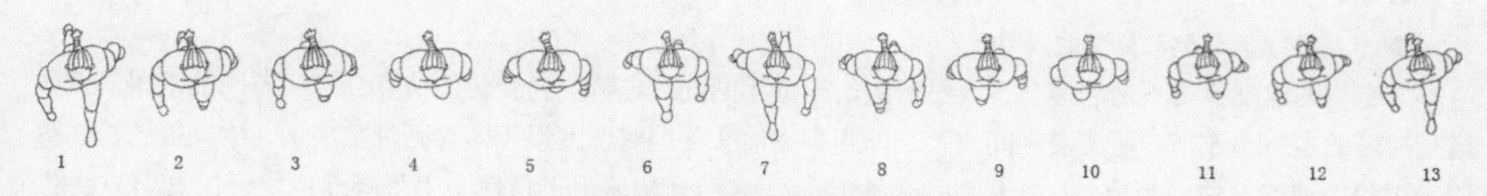

图 7-60　人物的俯视行走动作

（2）走路运动的基本节奏。人走路的动作一般来说是 1 秒产生一个完整步，总的帧数是 24 帧，每一个画面以两帧处理，那么一个完整步需要 12（帧）个画面，这种处理方法通常被称为“一拍二”，如图 7-61 所示。

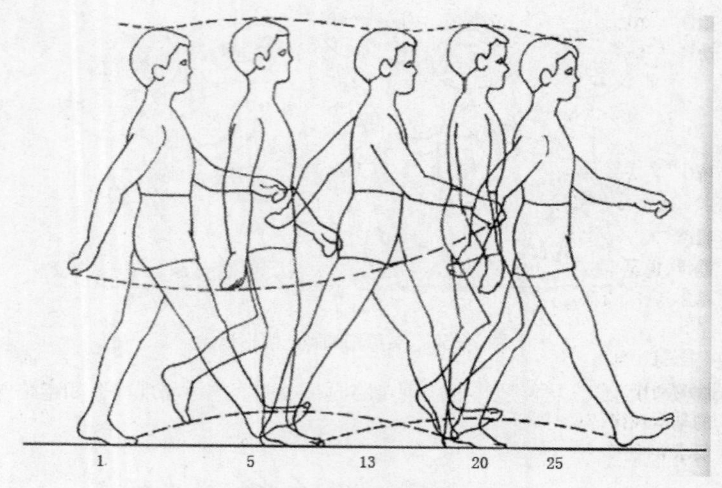

图 7-61　中速走路节奏

如果是稍快一点的走路，可以让人物走 16 帧一个完步，一拍二的话需要 8 个画面，如图 7-62 所示。如果是稍慢一点的走路，可以让人物走 32 帧一个完步，如图 7-63 所示。除了 32 帧、24 帧和 16 帧的常见走路节奏外，其他行走节奏的设定如下。

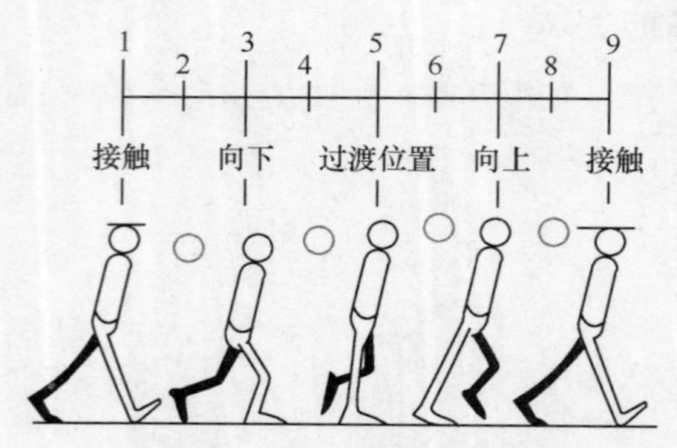

图 7-62　每秒 3 步的走路节奏

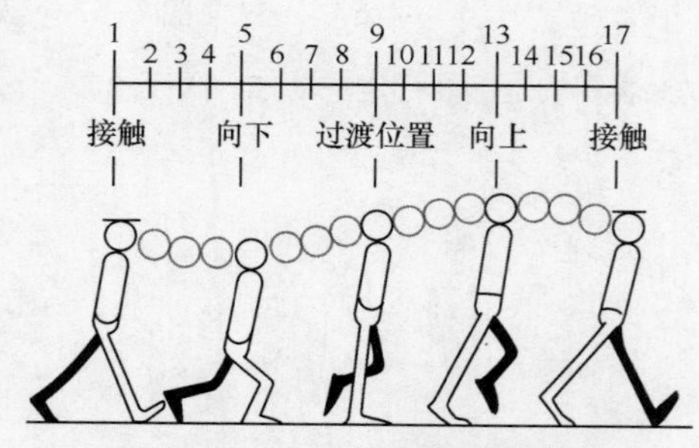

图 7-63　每秒 1.5 步的走路节奏

- 4 帧每步：每秒 6 步（3 个完步），飞跑。
- 6 帧每步：每秒 4 步（2 个完步），跑或快跑。
- 8 帧每步：每秒 3 步（1.5 个完步），动漫式行走。
- 12 帧每步：每秒 2 步（1 个完整步），自然地正常行走。
- 16 帧每步：2/3 秒 1 步，恬静地漫步。
- 20 帧每步：接近一秒一步，老者或疲惫的人行走。
- 24 帧每步：一秒一步，非常缓慢地走。
- 32 帧每步：老态龙钟地挪动。

人走路的速度节奏不是匀速、一成不变的，根据不同的对象特点，变化的节奏会产生不同的效果。例如，描写较轻的走路动作是“两头慢中间快”，即当脚离地和落地时速度慢（即动画帧数多），中间提腿、屈膝、跨步过程的速度要快、距离较大（即动画帧数少）。这种画法适用于角色蹑手蹑脚地走路、怕发出声响的情形，如图 7-64 和图 7-65 所示。描写较重的走路动作是“两头快中间慢”，即跨步的那只脚，脚尖离地收腿和脚跟落地的距离较大（动画张数少），而中间过程距离较小（动画张数略多）。这种画法适用于精神抖擞地走正步时步伐稳重有力的情形，如图 7-66 和图 7-67 所示。

图 7-64　较轻的走路

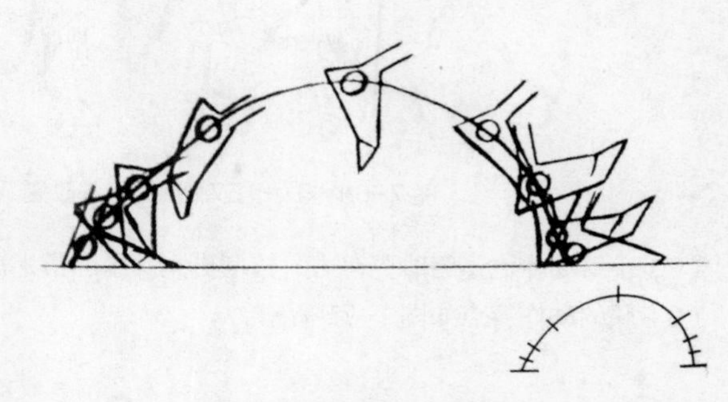

图 7-65　两头慢中间快的走路

图 7-66　较重的走路

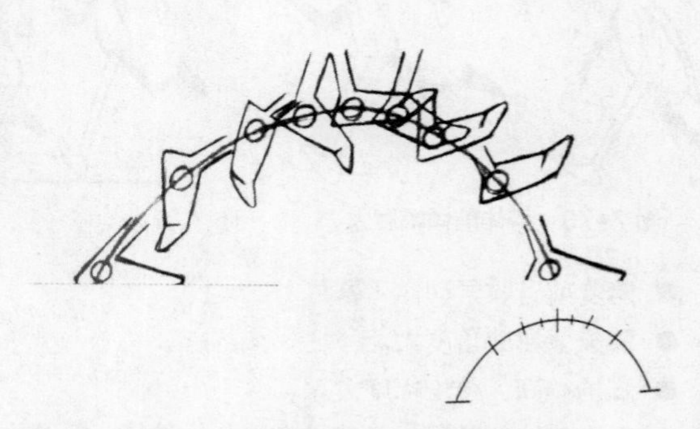

图 7-67　两头快中间慢的走路

2. 人物跑步动作的基本规律

人物的跑步动作与行走动作有相类似的地方，也有区别，跑步动作本身速度快，动画张数比走路少一半左右。人物跑步动作的基本规律是：身体重心前倾，两手自然握拳，手臂略呈弯曲状，两臂配合双脚的跨步前后摆动，双脚跨步幅度较大，脚抬得较高，身体前进时的波浪式运动曲线比走路时更大，如图 7-68 所示。

图 7-68　基本跑步动作

跑和走的本质区别在于：走的时候，总有一只脚是着地的，如图 7-56 所示；而跑的时候，有一个双脚离地的过程，如图 7-69 所示。只要把握住了这个区别，就可以让人物跑起来。

跑步动作的特点如下。

（1）身体前倾幅度大。跑步时身体重心的前倾幅度比走路时大，如图 7-70 所示。

图 7-69　6 号图双脚离地，并改变 7 号脚的位置，人物就能跑起来

（2）手臂动作比走路时更有力、幅度更大。手通常半握拳，手臂通常屈曲。

（3）腿的动作特点如图 7-71 所示。

图 7-70　身体前倾幅度大

图 7-71　人物跑步时腿的动作特点

- 跨步前有收紧动作（蓄势）。
- 膝关节屈曲角度大。
- 脚抬得高，跨步幅度大。
- 双脚着地的过程，靠单脚支撑身体重量，靠蹬推动身体重心移动。

（4）小女孩跑步的动作幅度小，一般设定 8 格跑（拍两格），在一个循环动作中有一张双脚离地的画面，如图 7-72 所示。

图 7-72　小女孩跑步节奏的特点

（5）男人跑步的动作幅度大，一般设定 11 格跑（拍一格），在一个循环动作中有两次双脚离地的画面，如图 7-73 所示的第 1 帧和第 3 帧。

图 7-73　男人跑步节奏的特点

7.2.4 自然现象的运动规律

1. 风

空气流动便形成风，风是日常生活中常见的一种自然现象，是无色无形的气流，我们是无法辨认风的形态的，但是可以借助被风吹动的各种物体的运动来表现风，如被风吹动的头发、红旗等，也可以画一些实际上并不存在的流线来表现运动速度比较快的风。动画片中常用3种基本方法来表现风，即轨迹线表现法、速度流线表现法、曲线运动表现法。

（1）轨迹线表现法。质地轻薄的物体被风吹起后，沿着一定的线路飘动，从而产生风的效果，如随风飘荡的羽毛、被风吹飞的纸张和树叶等。画这些过程时，首先要设计出它们飘动的轨迹线，然后根据时间与速度在轨迹线上定出每张画的位置及关键帧，最后加上中间画即可，如图7-74和图7-75所示。

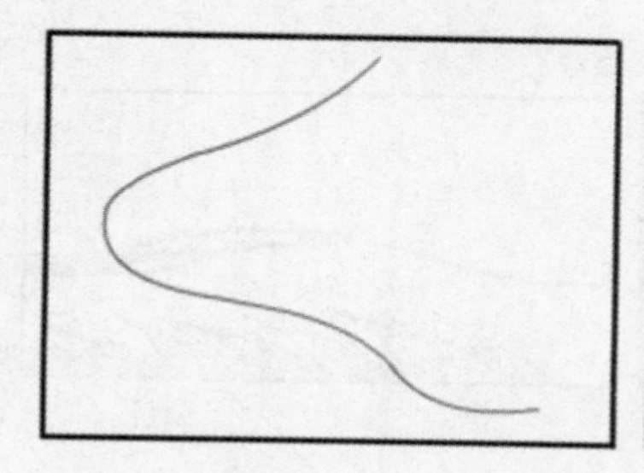
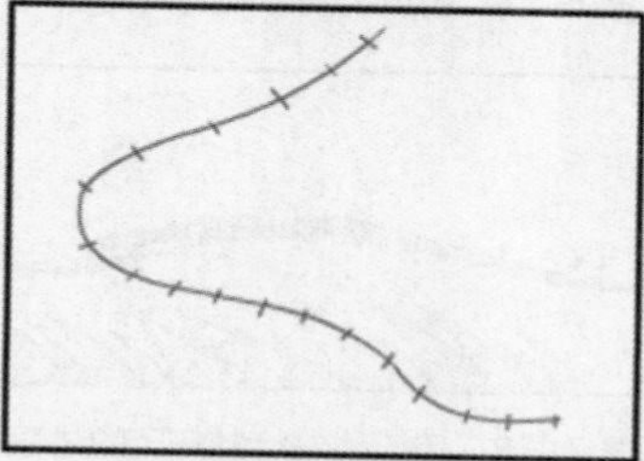
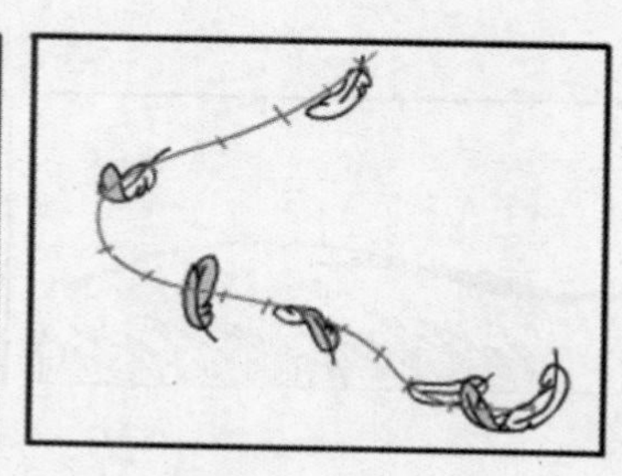

图7-74 用轨迹线表现风吹羽毛

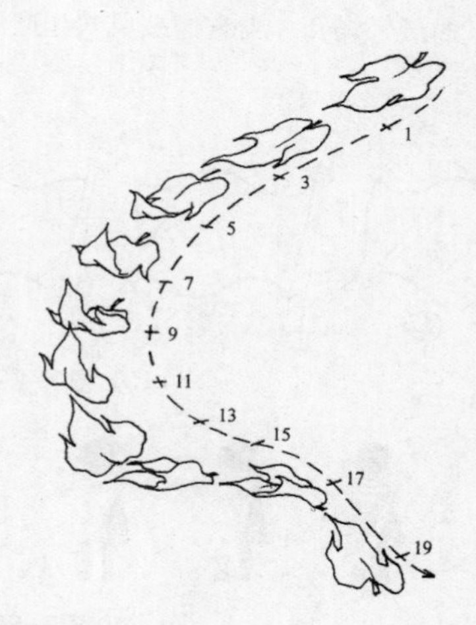

图7-75 用轨迹线表现树叶的飘动

（2）流线表现法。对于旋风、龙卷风及风力较强、风速较大的风，仅仅通过这些被风冲击着的物体的运动来间接表现是不够的，一般还要用流线来直接表现风的运动，把风形象化。

流线表现法是指按照气流的运动方向和速度，绘制疏密不等、虚实结合的流线。有时根据需要，在流线范围内，再画上被风卷起跟着气流一起运动的沙石、树叶等物体，它们随着气流运动，以加强风的气势，造成飞沙走石、风雪弥漫的效果。

旋风和狂风都可以用速度流线画法绘制，具体如图7-76～图7-78所示，可用长短、疏密不一的线条按照风的运动轨迹画出原画和动画以表现风势。

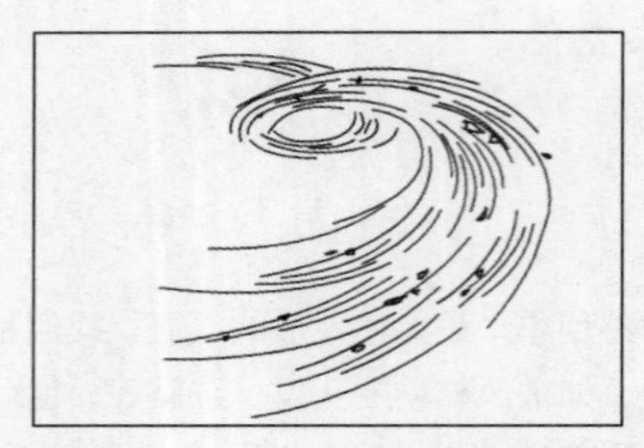

图 7-76　用流线表现的风

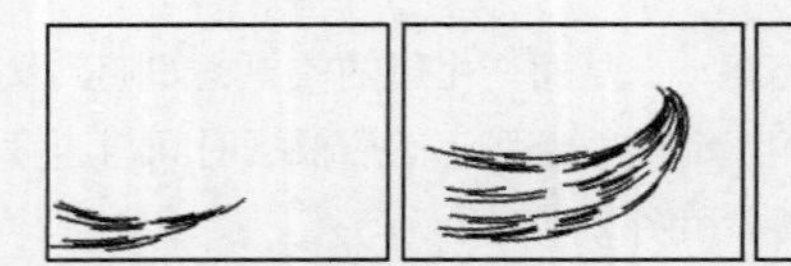

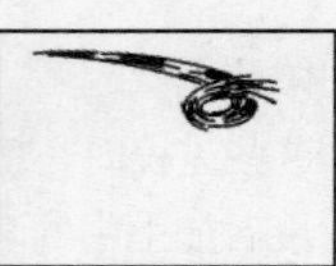

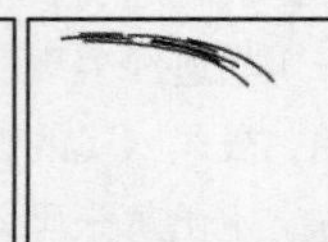

图 7-77　用流线法绘制旋风的过程

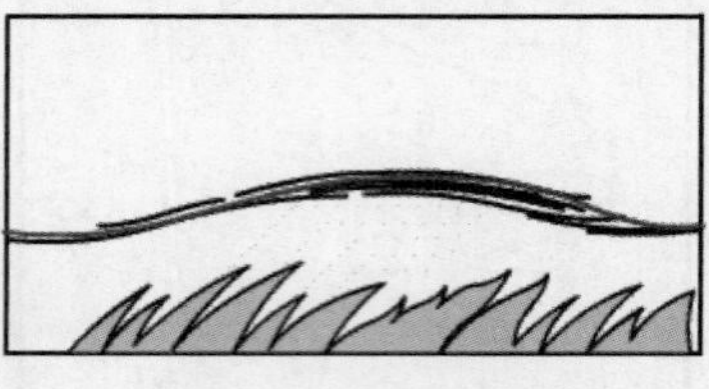

图 7-78　用流线法绘制狂风的过程

（3）曲线运动表现法。凡是一端固定在一定位置的轻薄物体，如女孩的长发、套在旗杆上的红旗、窗帘等，都是表现风的最好媒介，当它们被风吹起迎风飘荡时，可以通过这些物体的曲线运动来表现，如图 7-79～图 7-81 所示。

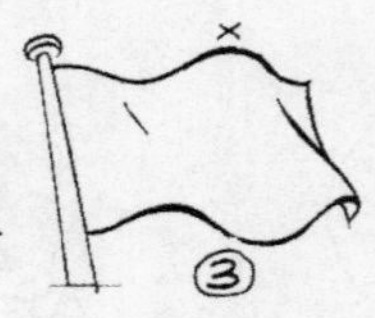
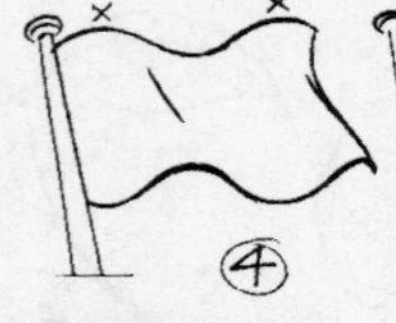
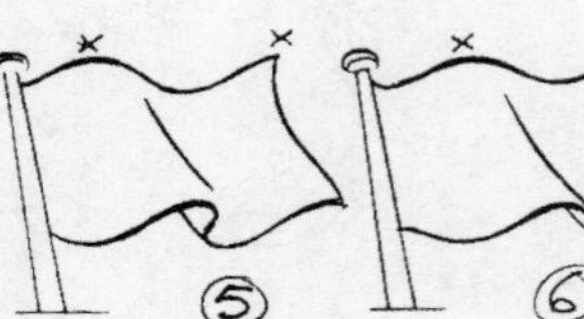

图 7-79　用旗帜的曲线运动来表现风

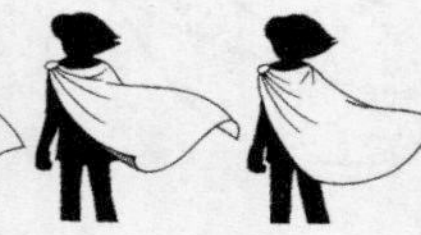

图 7-80　用披风的曲线运动来表现风

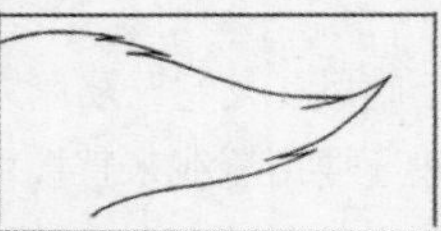

图 7-81　用头发的曲线运动来表现风

2. 烟

在动画片中表现烟，大体上可分为两类：一类是浓烟；一类是轻烟。它们的区别如下。

① 形状上，浓烟的造型多为絮团状，用色较深；轻烟的造型多为带状和线状，用透明色或比较浅的颜色。

② 变化上，浓烟的密度较大，它的形态变化较少，消失得比较慢；轻烟的密度较小，体态轻盈，变化较多，消失得比较快。

（1）浓烟。浓烟包括烟囱里冒出来的浓烟、火车头里冒出的黑烟或排出的蒸汽、房屋燃烧时的滚滚浓烟等。浓烟的密度较大，形态变化较少，大团大团地冲向空中，也可以逐渐延长，尾部可以从整体中分裂成无数小块，然后渐渐消失。绘制时，可以将其视为大小不一的球状，如图 7-82 和图 7-83 所示。

图 7-82　浓烟的表现方法

图 7-83　烟囱冒出的浓烟

（2）轻烟。轻烟包括烟斗、蚊香或香炉里所冒出的缕缕青烟、打枪冒出气体等，如图 7-84 和图 7-85 所示。轻烟的密度较小，随着空气的流动其形态变化较多，容易消失。画轻烟飘浮动作时，应当注意形态的上升、延长和弯曲的曲线的运动变化，动作缓慢、柔和，尾端逐渐变宽变薄，随即分离消失。

图 7-84　表现轻烟的几种形态

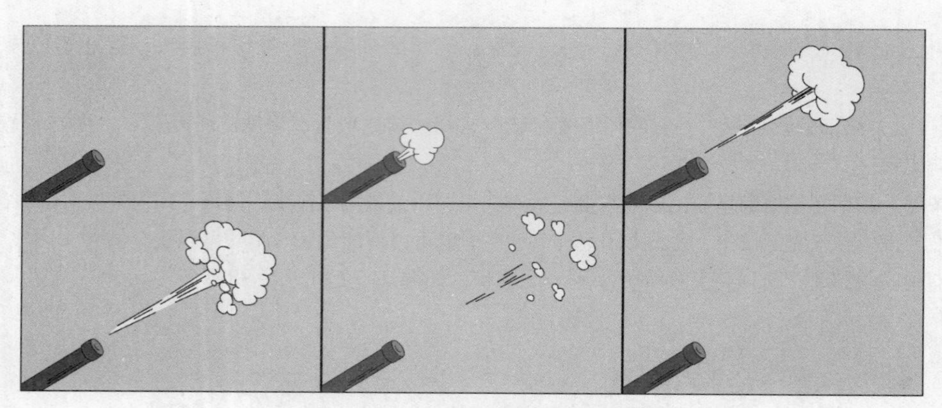

图 7-85　枪发出子弹后的轻烟变化

3. 雷（闪）电

在动画片中，雷（闪）电常以两种形式出现：一是在背景上直接画出闪电的形状，我们称之为有形闪电；二是不出现闪电的形状而由不同明度的画面组合而成，我们称之为无形闪电。这两种闪电通常结合起来应用。

（1）有形闪电。有形闪电需要绘制出闪电的形状，可分为树根型和图案型两种。闪电从出现到消失全过程约 7 张画面，如图 7-86 和图 7-87 所示。

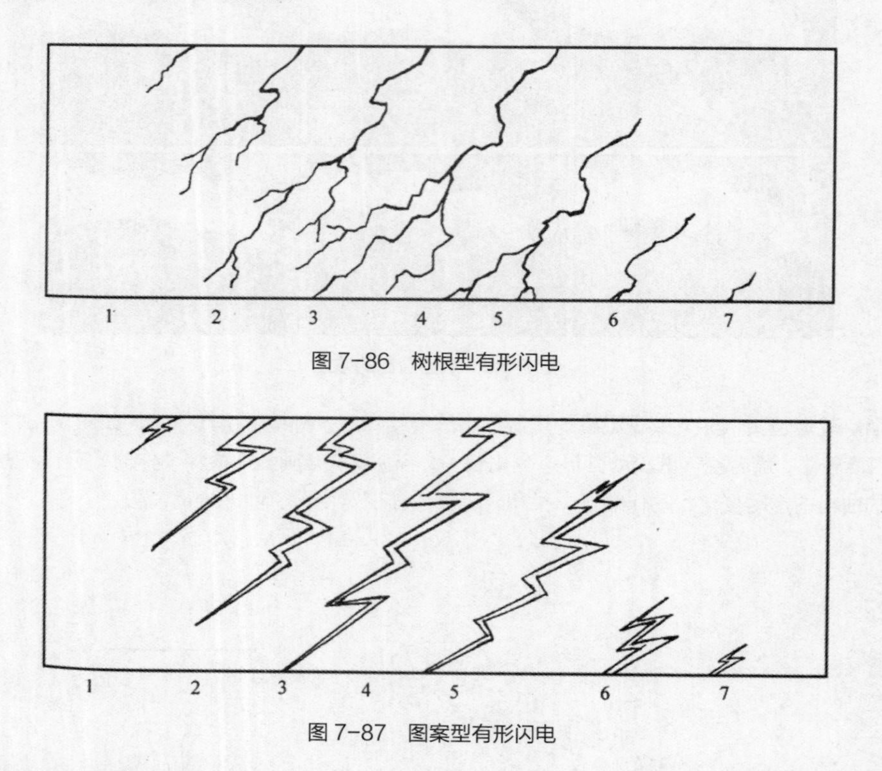

图 7-86　树根型有形闪电

图 7-87　图案型有形闪电

树根型的闪光带，是先有一个“主干”，然后再长出很多“树根”的造型。闪光带大体的方向性明确。“主干”和“树根”分界的部分面积最大、时间最长。

图案型的闪光带，虽造型和树根型的闪光带有所差别，但其绘制和拍摄的方法是相同的。图案型的闪光带在绘制中要注意其疏密和大小的变化。

（2）无形闪电。无形闪电是通过闪电时急剧变化的光线对景物的影响，即场景的明暗，来表现闪电的效果的。制作无形闪电动画时，首先要准备好雨中夜景、闪电照亮的背景、全白和全黑 4 张画面，按照雨中夜景、闪电照亮的背景、全白、闪电照亮的背景、全黑、闪电照亮的背景、雨中夜景的次序进行拍摄，就可完成一次闪电的过程。通常在动画片中会在第一次闪电之后，相隔七八帧再来一次闪电，这样处理会使人感到更加完整，如图 7-88 和图 7-89 所示。

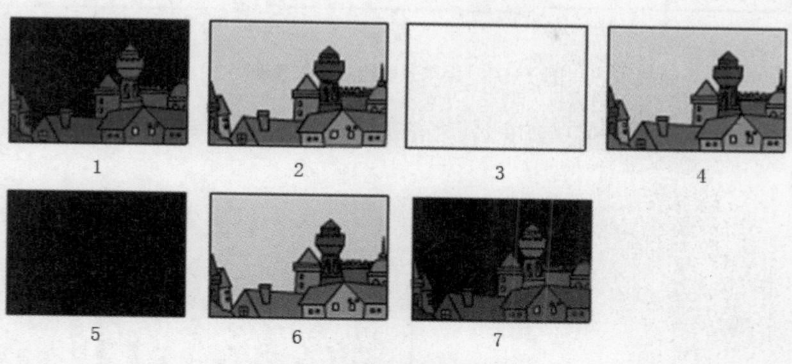

图 7-88　无形闪电的表现过程

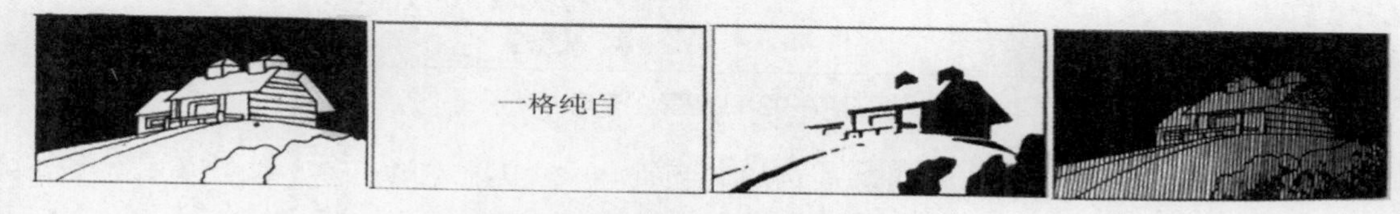

图 7-89　无形闪电的另一种表现方式

4. 雨

下雨是常见的自然现象，在动画片中一般采用长短不等、方向一致的直线来绘制，如图 7-90 所示。绘制时注意疏密不要太均匀，它可以是匀速运动。

为了表达动画镜头的深度，可把雨分成近、中、远 3 个层次来表现，如图 7-91 所示。

图 7-90　雨的表现方式

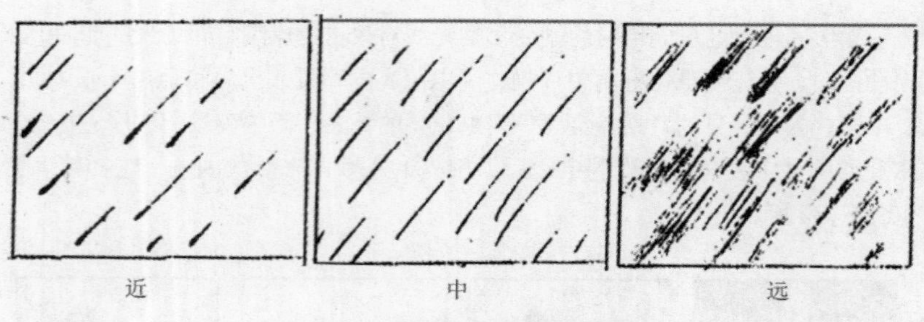

图 7-91　采用分层绘制法来表现雨

第 1 层是离我们最近的雨点，可用粗短的线，稍绘出带水滴的形状，每张动画之间距离较大，运动速度快，如图 7-92 所示。

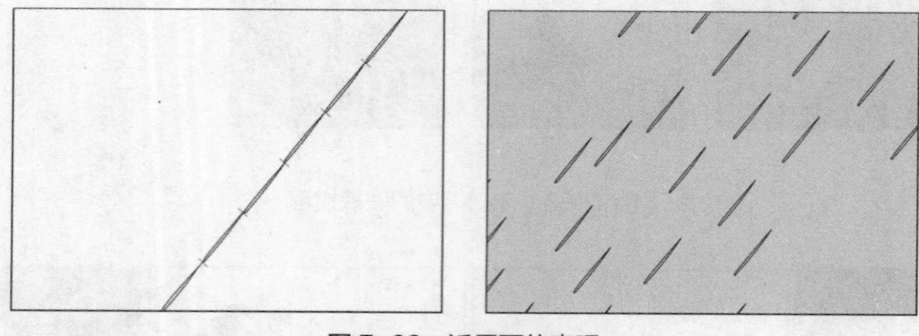

图 7-92　近层雨的表现

第 2 层可用粗细适中且较长的直线表现，每张动画之间的距离也比前层稍近一些，速度中等，如图 7-93 所示。

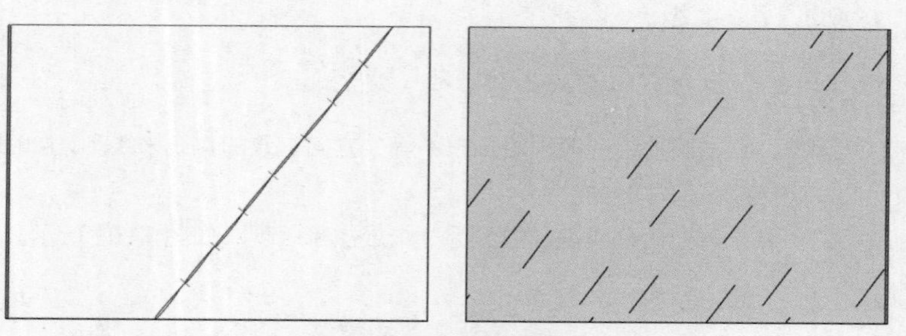

图 7-93　中层雨的表现

第 3 层可画细而密的直线，形成片状，每张动画之间的距离比中层更近，速度较慢，不要过于均匀，如图 7-94 所示。

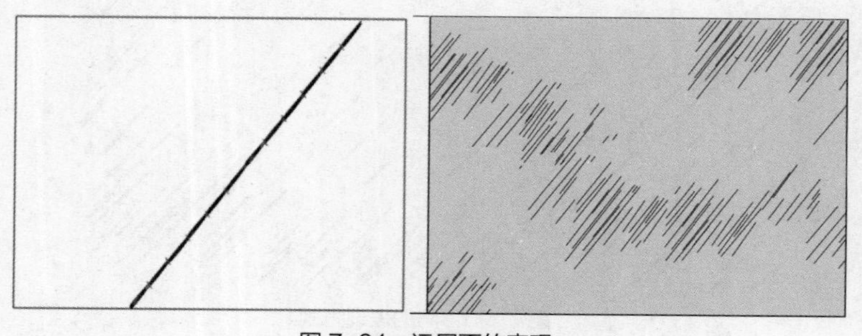

图 7-94　远层雨的表现

3 层雨合起来后的效果如图 7-95 所示。

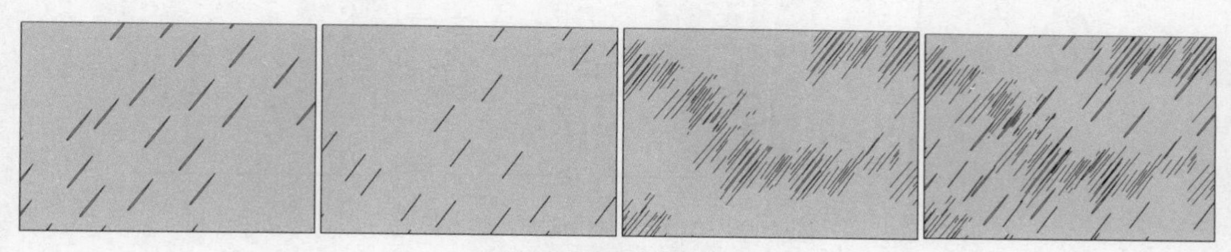

图 7-95　3 层合并后的雨

5. 水

水的画面在动画片中很常见，它的面貌是多种多样的，既有小小的水滴，又有大江大河的水浪，其运动也是多姿多彩的。但不管如何变化，水的运动都是由 7 种基本运动形态组成的，即分离、聚集、推进、S 形变化、曲线运动、发散变化、波浪形运动，如图 7-96 所示。下面介绍几种常见的水的形态变化的表示方法。

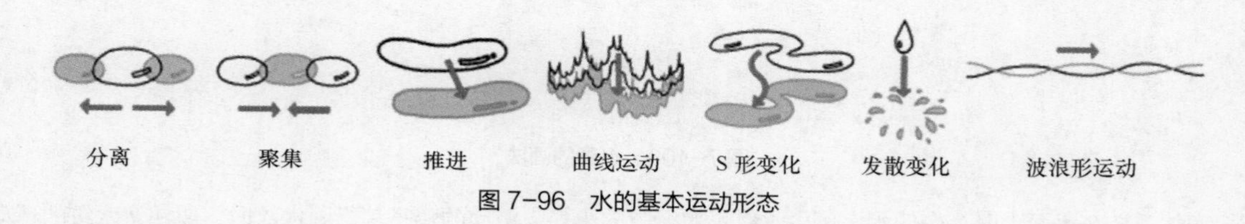

图 7-96　水的基本运动形态

（1）水滴水花。水有表面张力，因此，一滴水必须积聚到一定程度，才会滴落下来。它的运动规律是：积聚、拉长、分离、收缩，然后再积聚、拉长、分离、收缩。一般来说，积聚的速度比较慢，动作小，画的张数比较多；反之，分离和收缩的速度比较快，动作大，画的张数则比较少。图 7-97 所示为水滴从水龙头上滴落的过程。

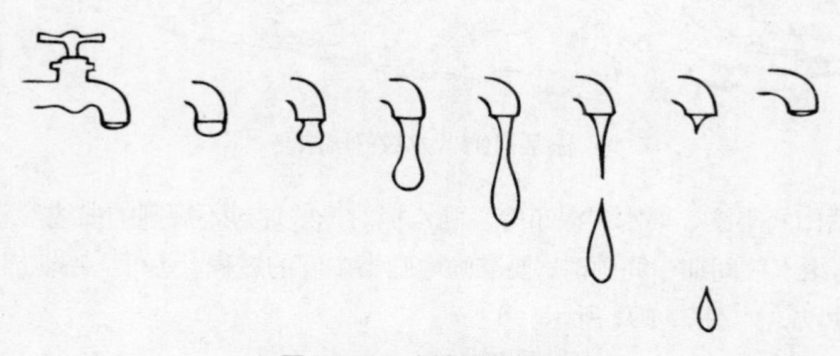

图 7-97　水滴滴落的过程

滴落的水滴遇到撞击时，会激起水花。水花溅起后，向四周扩散、降落。水花溅起时，会从一个中心飞溅而出并向四周飞去，每一个水花、水滴都要运动在从中心发射出来的抛物线上，如图 7-98 和图 7-99 所示。

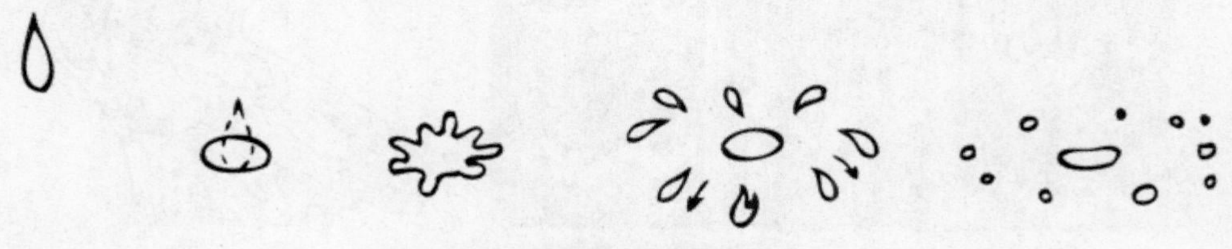

图 7-98　水滴落到地面时溅起的水花

图 7-99　水滴落到水面时溅起的水花

（2）水圈与水纹。平静的水面上落入一个物体，就会出现一圈圈的水纹，称之为水圈。水圈从中心出现向外围逐渐推出，之后慢慢消失，如图 7-100 所示。

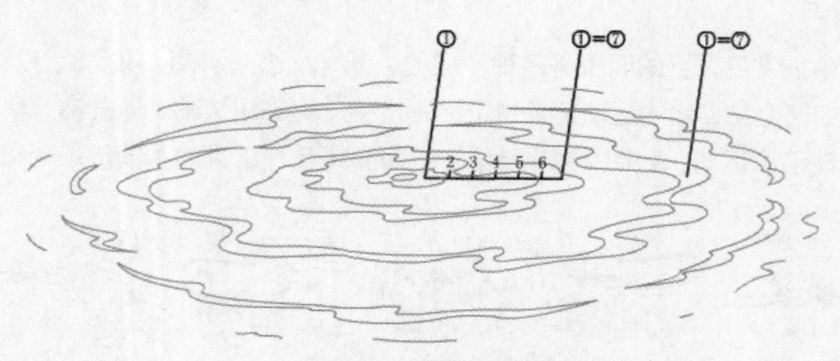

图 7-100　水圈的画法

物体浮游在水面上时，会使水面产生水纹，如行驶的小船、游动的鸭子等。画水纹时，要注意水纹的运动方向与物体的运动方向相反，速度不能太快，水纹逐渐向外扩展，如图 7-101 所示。

图 7-101　水纹的画法

（3）水流。水流包括山间小溪、渠水、瀑布等。画水流时一般通过不规则的曲线形水纹来表现流水，要注意水纹造型的变化，在两组水纹间加中间画时，要准确地画出中间的过程，还可适当地加上一些小水纹或线条，这样画出的水流就比较生动，如图 7-102 所示。

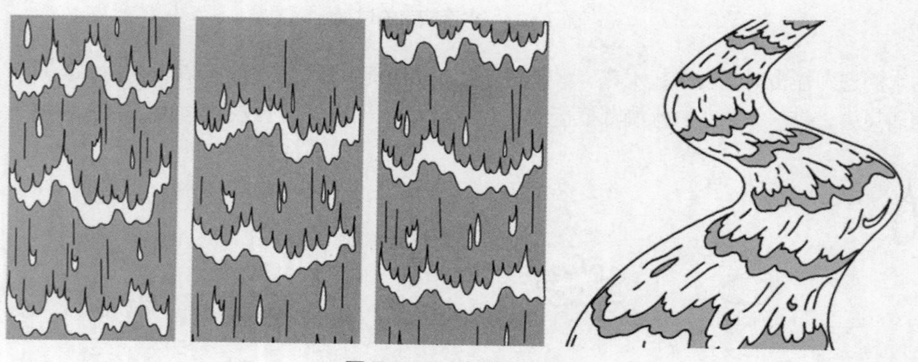

图 7-102　水流的画法

（4）水浪。水浪属于波浪形运动，它从一个位置逐渐向另一个位置或形态推进，从而产生动感，如图 7-103 所示。

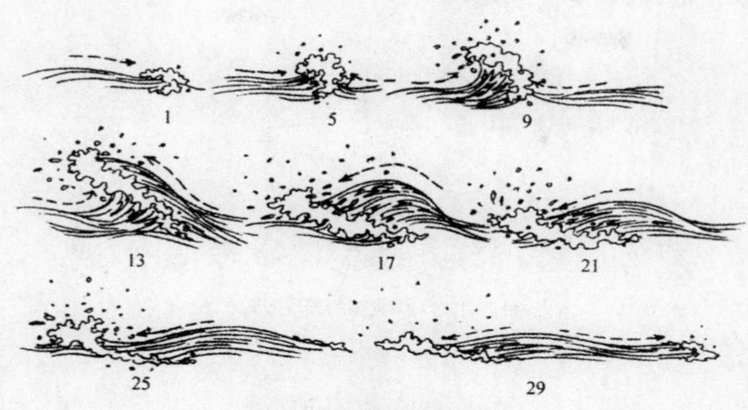

图 7-103　水浪的画法

6. 火

火也是动画片中常用的一种自然现象，它是可燃物燃烧时发出的光焰。无论是大火还是小火苗的运动，都可以用 7 种基本动态来概括，即扩大、缩小、上升、下收、摇摆、分离和消失，如图 7-104 所示。

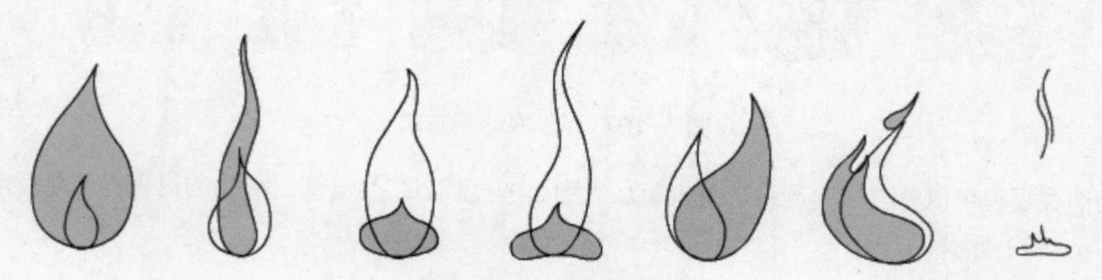

图 7-104　火的运动形态

小火有油灯和蜡烛火苗等。小火苗的动作特点是跳跃、多变。在表现这类小火苗运动时，可以一张一张地直接画，不加中间画或少加中间画，一般以 10～15 张画面做循环动画，也可拍摄成不规则循环，以增加小火的多变性，如图 7-105 所示。

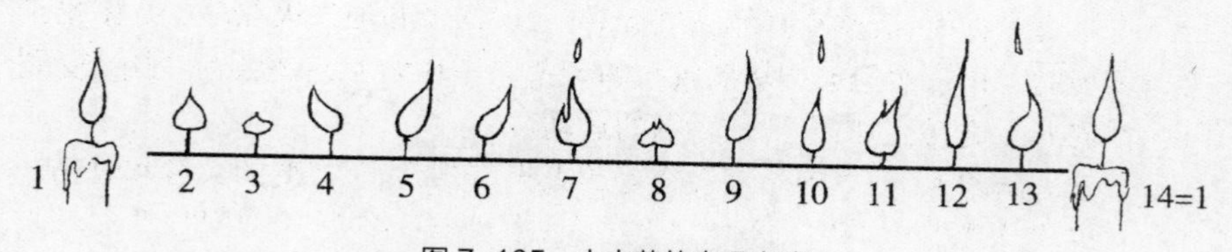

图 7-105　小火苗的表现方式

中火有柴火和炉火等。它实际上是由几个小火苗组合而成的，如图 7-106 所示，表现方法与小火苗基本相同，只是动作相对比小火苗稳定，速度也就略慢，在每张原画之间各加 1～3 张中间画。

在表现大火时，要注意处理好整体与局部的关系：整体的动作速度要略慢一些，局部（小火苗）的动作速度要略快一些；还要注意每组小火苗的动作变化（扩张、收缩、摇晃、上升、下收、分离、消失等）及速度，如图 7-107 所示。同时，无论是原画还是动画，都要符合曲线运动的规律。

图 7-106 中火苗的表现方式

图 7-107 大火的表现方式

火苗的消失过程可以分 3 段来画：一是火苗从大到小的过程；二是分离、缩小的过程；三是冒烟、消失的过程，如图 7-108 所示。

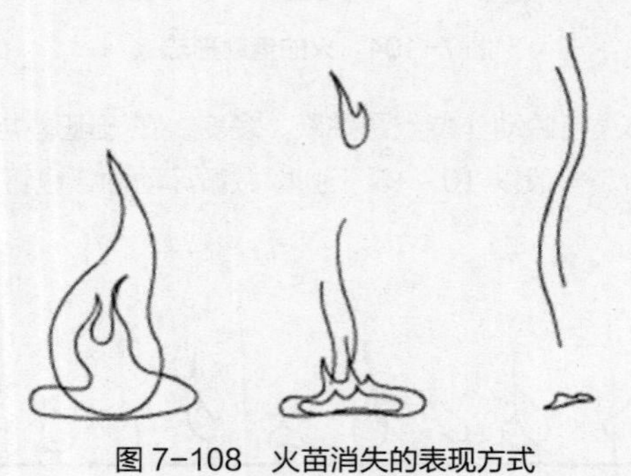

图 7-108 火苗消失的表现方式

7.3 小结与课后练习

◎ 小结

本单元介绍了一些动画常识、动画构图与透视等基础知识，也通过案例分析的方式学习了动画的基本力学原理、人物的基本运动规律和常见自然现象的运动规律。如果说本单元之前的内容是学习如何让对象“动”起来，那么本单元则是教会了大家如何让对象“动”得更好看、更自然。所以，学习本单元的内容有助于将动画制作得更加生动、形象，让学习者的动画制作水平进入一个更高的层次。

◎ 课后练习

理论题

1. 动画能“动”起来的基本原理是利用了人类眼睛的什么特性？
2. 简单解释一下帧、时间、速度和空间（距离）的关系。
3. 透视有哪几种形式？
4. 镜头景别有哪几种类型？
5. 镜头运动方式有哪几种类型？
6. 在逐帧动画中如何表现对象的加速、匀速与减速？
7. 曲线运动有哪几种形式？

操作题

绘制一个简单的场景，为其添加风、雨、雷电等自然动画效果，参考效果如图 7-109 所示。

图 7-109　给场景添加了自然动画

第 8 单元　文档的导出与发布

不同的平台对播放的动画格式有不同的要求，本单元主要介绍了如何将制作好的动画源文件导出为不同格式的文档，并设置发布参数，将其发布到不同的平台上。

本单元学习目标：

- 了解不同平台下适用的文档格式
- 掌握发布 ActionScript 3.0 文档、HTML5 Canvas 文档和 WebGL 文档的方法
- 掌握导出 SWF 文件、图像、SVG 文件的方法

8.1　跨平台应用

Animate CC 支持在多种平台上导出和发布文档，同一段时间轴动画，可以发布到不同的平台上，避免重复制作。

8.1.1　Animate CC 支持（适用）的平台

Animate CC 支持目前主流的客户端平台，包括普通的 PC 端平台、移动互联网平台（如 iOS 和 Android）等。

1. PC 端平台

Animate CC 从 Flash 时代开始就支持普通 PC，使用 Flash Player 播放器可以方便地播放导出的 SWF 文件，SWF 文件也可以直接嵌入到网页中，在浏览器中播放。要导出 SWF 文件，可以选择创建 ActionScript 3.0 文档，并在发布时选择 SWF 文件格式。

2. 移动互联网平台

Flash 之所以更名为 Animate，一个很重要的原因是移动端平台已放弃了对 SWF 的支持，更多的平台选择使用 HTML5 制作动画，所以 Animate CC 支持导出 HTML5 动画，所采用的方案就是创建和发布 HTML Canvas 文档。

HTML5 Canvas 文档是 Animate 中新增的一种文档类型，它对创建有图稿、图形及动画等丰富的交互性 HTML5 内容提供本地支持。这意味着可以使用传统的 Animate 时间轴、工作区及工具来创建内容，并生成 HTML5 文件进行输出。粗略地讲，在 Animate 中，文档和发布选项会经过预设以便生成并输出 HTML5 文件。

Canvas 是 HTML5 中的一个新元素，它提供了多个 API，可以动态生成及渲染图形、图表、图像及动画。

HTML5 的 Canvas API 提供二维绘制能力，它的出现使得 HTML5 平台更为强大。如今的大多数操作系统和浏览器都支持这些功能。Animate 利用 Canvas API 发布到 HTML5。它可以将舞台上创建的对象无缝地转换成 Canvas 的对应项。Animate 中的功能与 Canvas 中的 API 是一一对应的，因此允许我们将复杂的内容发布到 HTML5。

Animate CC 集成了 CreateJS，后者支持通过 HTML5 开放的 Web 技术创建丰富的交互性内容。Animate CC 可以为舞台上创建的内容（包括位图、矢量图、形状、声音、补间等）生成 HTML 和 JavaScript 代码。其输出可以在支持 HTML5 Canvas 的任何设备或浏览器上进行。

所以，要发布能在移动客户端上运行的动画或应用，应该在 Aniamte CC 中创建和发布 HTML5 Canvas 文档。

3. WebGL 文档

WebGL 是一个无须额外插件就可以在任何兼容浏览器中显示 3D 图形的开放 Web 标准。在 Animate CC 中，针对 WebGL 新增了一种文档类型，这样用户就可以使用熟悉的“时间轴”“工作区”和“工具”及其他功能创建 WebGL 文件类型并发布 WebGL 内容。发布的 WebG 内容可以嵌入到其他的 HTML 元素中并与页面的其他部分实现合成。

要使用 Animate CC 制作具有 3D 图形和动画效果的影片，可选择创建和发布 WebGL 文档。在最新版的 Animate CC 中，WebGL 文档的类型称为 WebGL-glTF，并且有标准型和扩展型两种。

8.1.2 不同平台文档的转换

为了将文档发布到不同的平台，Animate CC 支持将当前文档转换为任何其他文档类型，如 ActionScript 3.0 文档可以转换为 HTML5 Canvas 文档和 WebGL 文档，HTML5 Canvas 文档也可以转换为 ActionScript 3.0 文档。单击菜单“文件”→“转换为”命令，选择所需的文档类型，如图 8-1 所示。

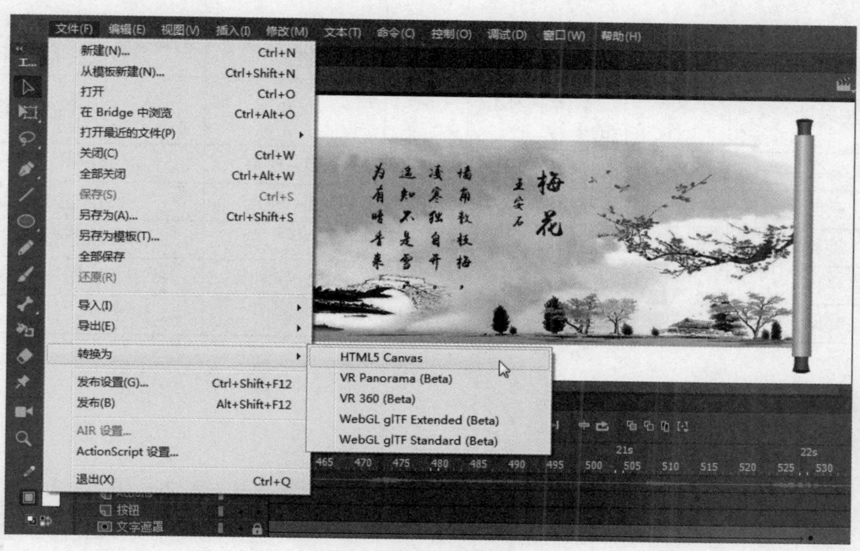

图 8-1 转换文档命令

因为文档格式不同，Animate CC 在不同文档下可使用的功能也有部分差异，所以转换后的文档与原文档的效果也存在一些差异，有些效果无法迁移，对于无法迁移的内容，Animate CC 会将其转换为受支持的默认类型，表 8-1 是将 ActionScript 3.0 文档转换为 HTML5 Canvas 文档时，内容迁移至 HTML5 文档类型的效果。

表 8-1　　ActionScript 3.0 文档转换为 HTML5 Canvas 文档后部分效果的变化

功能	ActionScript 3.0 文档效果	HTML5 画布效果
描边样式	细线	默认为实色
	虚线	默认为实色
	点线	默认为实色
	锯齿	默认为实色
	点刻	默认为实色
	影线	默认为实色
文本	静态	转换为动态文本
	输入	转换为动态文本
	字体嵌入	将被删除
	字母间距	将被删除并设置为 0
	自动字距调整	将被删除
	消除锯齿	将被删除
	可选择	将被删除
	渲染为 Html	将被删除
	边框	将被删除
	上标	将被删除
	下标	将被删除
	边距	将被删除
	两端对齐	默认为左对齐
	行类型	不支持多行，将更改为无换行的多行
	文本链接	将被删除
视频	视频	将被删除
3D	旋转	将被删除
	平移	将被删除
	补间	将被删除

功能	ActionScript 3.0 文档效果	HTML5 画布效果
混合模式	图层	将被删除
	变暗	将被删除
	正片叠底	将被删除
	变亮	将被删除
	滤色	将被删除
	叠加	将被删除
	强光	将被删除
	减去	将被删除
	差值	将被删除
	反色	将被删除
	Alpha	将被删除
	擦除	将被删除
滤镜	斜面	将被删除
	渐变发光	将被删除
	渐变斜面	将被删除
	投影	品质-高等和中等都将默认为低等 挖空-将被删除 内阴影-将被删除
	发光	品质-高等和中等都将默认为低等 挖空-将被删除 内发光-将被删除
声音	格式	仅支持 MP3 和 WAV
	效果	将被删除
	同步-开始	将被删除并默认为事件
	同步-停止	将被删除并默认为事件
	流	将被删除并默认为事件
脚本	ActionScript	将在“动作”面板上进行注释

8.2 发布设置

Animate CC 可以建立与发布适用于不同平台的文档，不同的文档其发布设置也不尽相同。单击菜单“文件”→“发布设置”命令，或按“Ctrl+Shift+F12”组合键，可以弹出各文档类型下的“发布设置”对话框。

文档导出与发布

8.2.1 发布 ActionScript 3.0 文档

在 ActionScript 3.0 文档类型下打开的“发布设置”对话框，其中主要包括发布的文档格式及其参数，如图 8-2 所示。下面是对其主要参数的介绍。

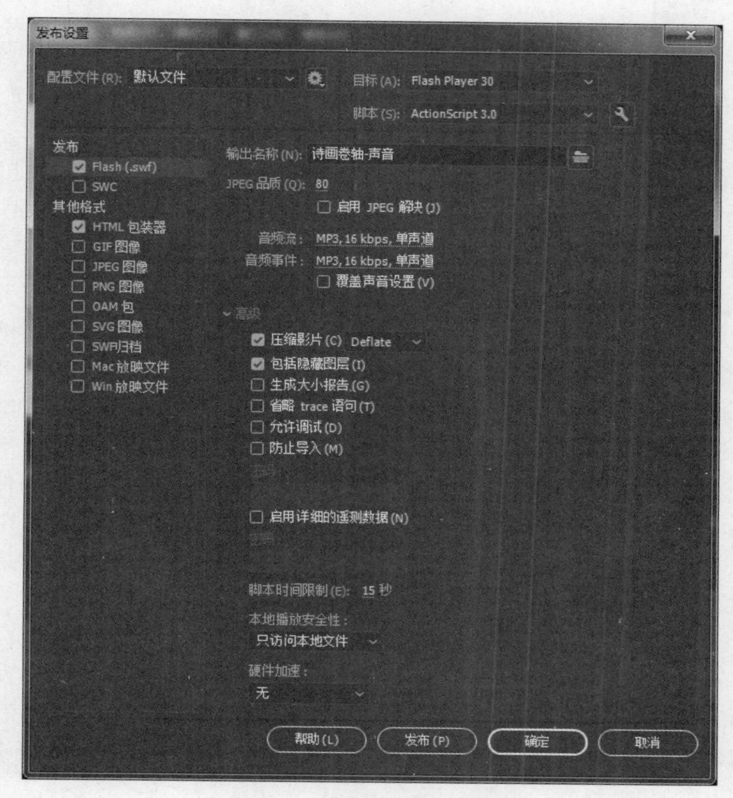

图 8-2 “发布设置”对话框

（1）目标、脚本。设置播放 SWF 文件的 Flash Player 播放器及脚本的版本，其中脚本只支持 ActionScript 3.0。

（2）Flash(.swf)。ActionScript 3.0 文档默认发布的文件格式是 SWF，它将时间轴内的所有内容集合在一起，可直接在 PC 机上使用 Flash Player 播放器或在浏览器内借助 Flash Player ActiveX 插件进行播放，但不适合在移动客户端播放。发布 SWF 格式的主要参数如下。

● 输出名称：设置发布的 SWF 文件的路径与名称。

● JEPG 品质：通过调整“JPEG 品质”的值来控制影片中位图的压缩程度。图像品质越低，生成的文件就越小；图像品质越高，生成的文件就越大。值为 100 时图像品质最佳，压缩比最小。若要使高度压缩的 JPEG 图像显得更加平滑，可以选择“启用 JPEG 解块”复选框。此选项可减少由于 JPEG 压缩导致的典型失真，但也可能使一些 JPEG 图像丢失少量细节。

● 音频流和音频事件：可以设置数据流和事件音频的采样率和压缩程度。单击右边的链接可打开“声音设置”对话框，如图 8-3 所示，可设置音频压缩的类型，以及比特率和品质。

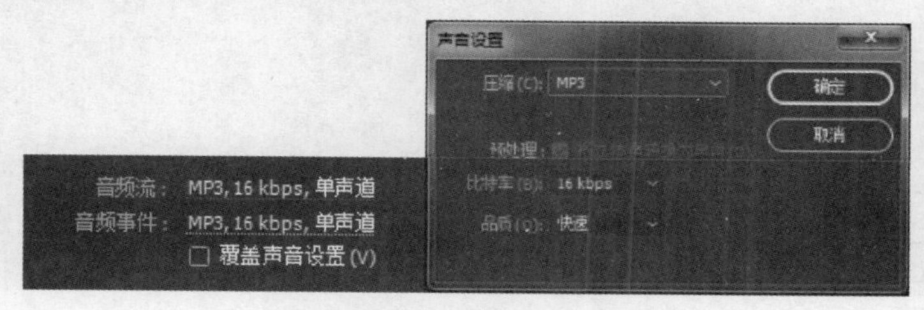

图 8-3 “声音设置”对话框

● 压缩影片：用于压缩 SWF 文件以减小文件大小和缩短下载时间，有 Deflate 和 LZMA 两种压缩模式，一般建议选择 LZMA，它的压缩效率更高。

● 防止导入：防止其他人导入 SWF 文件并将其转换回 FLA 文档。可使用密码来保护 Animate SWF 文件。

● 本地播放安全性：从“本地播放安全性”的弹出菜单中，选择要使用的 Animate 安全模型。其中，“只访问本地文件”允许已发布的 SWF 文件与本地系统上的文件和资源交互，但不能与网络上的文件和资源交互。“只访问网络文件”允许已发布的 SWF 文件与网络上的文件和资源交互，但不能与本地系统上的文件和资源交互。

（3）HTML 包装器。选择“HTML 包装器”复选框可以在发布 SWF 文件的同时生成一个 HTML 文档，并将 SWF 文件嵌入到 HTML 文档中。可以给这个 HTML 包装器设置一些参数，“发布”命令会根据 HTML 包装器的参数自动生成 HTML 文档。

（4）GIF 图像。将影片发布为 GIF 格式图像，可设置图像尺寸和形式（动画或静态图像）。

（5）JPEG 图像和 PNG 图像。将影片发布为 JPEG 和 PNG 图像，可设置图像的尺寸和品质。

（6）OAM 包。将 ActionScript、WebGL 或 HTML5 Canvas 中的 Animate 内容导出为带动画小组件的 OAM (.oam) 文件，这种文件可以直接放在 Dreamweaver、Muse 和 InDesign 中。

（7）SVG 图像。将影片发布为 SVG 图像。SVG 是一种使用 XML 标记语言描述的可伸缩矢量图形。

（8）SWF 归档。SWF 归档是 Animate 引入的一种新的发布格式，它可将 Animate 中不同的图层作为独立的 SWF 进行打包，然后再导入 Adobe After Effects 等其他软件中。生成的归档文件是一个 ZIP 文件，它将所有图层的 SWF 文件合并到一个单独的 ZIP 文件中。

（9）放映文件。放映文件是同时将发布的 SWF 和 Flash Player 整合在一起的 Animate 文件，可以像普通应用程序那样播放，无须额外的 Web 浏览器、Flash Player 插件或 Adobe AIR。选择“发布设置”对话框左列的“Win 放映文件”和“Mac 放映文件”复选框，可发布相应的文件，其中 MAC 放映文件的扩展名是 app，Win 放映文件的扩展名是 exe，它们都比 SWF 大很多，因为其中嵌入了 Flash Player 播放器。

8.2.2 发布 HTML5 Canvas 文档

在 HTML5 Canvas 文档类型下打开的“发布设置”对话框，可以设置发布的文件格式及其参数，如图 8-4 所示。

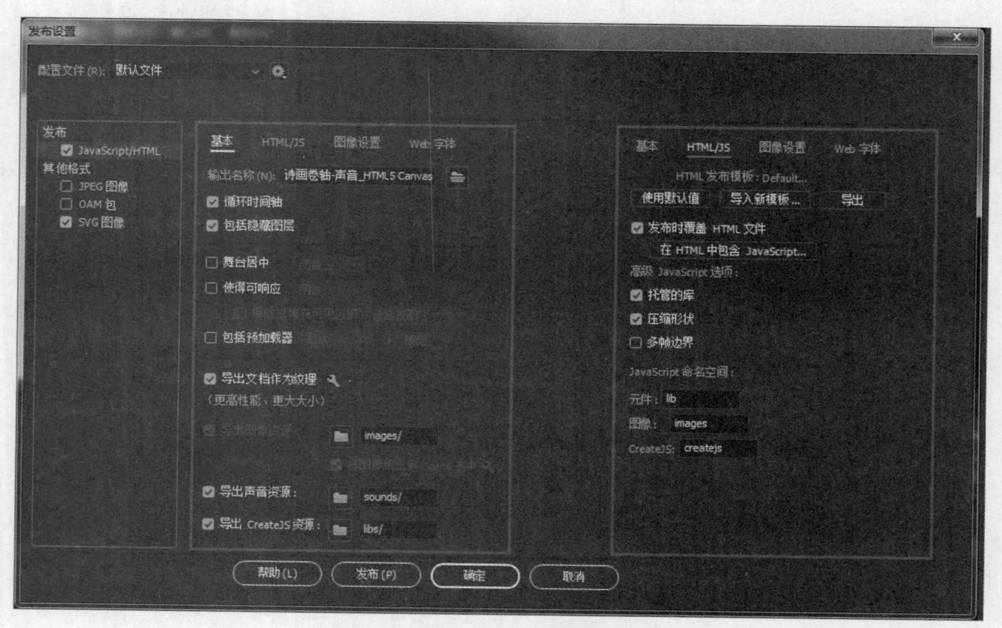

图 8-4　HTML5 Canvas 文档发布设置

在左侧“发布”类型中默认选择“JavaScript/HTML”复选框，这是 HTML Canvas 文档指定的导出格式。在右侧可对发布参数进行设置，主要包括基本参数、HTML/JS 参数、图像设置和 Web 字体设置等。

（1）基本参数。

- 输出名称：选择文件发布的路径和名称。
- 循环时间轴：如果选中，则时间轴循环；如果未选中，则在播放到结尾时时间轴停止。
- 包括隐藏图层：如果未选中，则不会将隐藏图层包含在输出中。
- 舞台居中：允许用户选择将舞台“水平居中”“垂直居中”或“同时居中”。默认情况下，HTML 画布/舞台显示在浏览器窗口的中间。
- 使得可响应：允许用户选择动画是否应响应高度、宽度或这两者的变化，并根据不同的比例因子调整所发布输出的大小，即响应式输出。宽度、高度或两者选项确保整个内容会根据画布的大小按比例缩小，因此即使是在小屏幕上查看（如移动设备或平板电脑），内容也都可见。如果屏幕大小大于创作的舞台大小，画布将以原始大小显示。
- 包括预加载器：预加载器是在加载呈现动画所需的脚本和资源时以动画 GIF 格式显示的一个可视指示符。此选项允许用户选择是使用默认的预加载器还是从文档库中自行选择预加载器。资源加载之后，预加载器即隐藏，而显示真正的动画。
- 导出文档作为纹理：将动画导出为纹理贴图集，以便在其他设计软件如 Unity 中使用。下文的“图像设置”中有具体的设置。
- 导出图像资源：供放入和从中引用图像资源的文件夹。默认会将图像资源发布到与输出 HTML 文件同目录下的 Images 子目录内，可手动更改目录，也可单击前面的文件夹图标以取消导出目录，这样会将图像资源直接导出到输出文件的根目录中。
- 将图像组合到 Sprite 表中：选择该选项可将所有图像资源合并到一个 Sprite 表中。
- 导出声音资源：供放入和从中引用文档中声音资源的文件夹。
- 导出 CreateJS 资源：供放入和从中引用 CreateJS 库的文件夹。

（2）HTML/JS 参数。HTML/J 参数主要包括对 HTML 发布模板的选择与设置。发布的 HTML5 输出主要 HTML 文件和 JS 文件。

- HTML 文件：包含 Canvas 元素中所有形状、对象及图稿的定义。在将 Animate 转换为包含交互元素的 HTML5 和相应的 JavaScript 文件时，它也调用 CreateJS 命名空间。
- JavaScript 文件：包含动画所有交互元素的专用定义和代码。在 JavaScript 文件中还定义了所有补间类型的代码。

（3）图像设置。选择导出图像的类型及参数设置。Animate CC 最新版添加了“导出文档作为纹理”的选项，这种方式需要更高的机器性能，导出的图像效果也更好，还可以将导出图像组合到 Sprite 表中。两项都能对图像进行格式、品质和大小的设置，如图 8-5 所示。

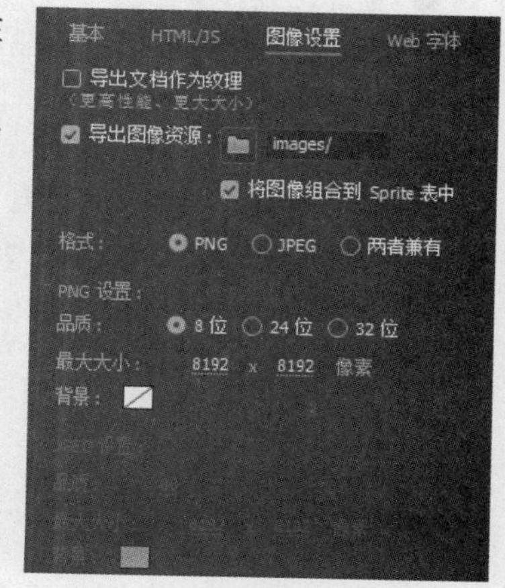

图 8-5　图像设置参数

（4）将图像组合到 Sprite 表中。Sprite 表又称为“精灵表单”，是一个位图图像文件，包含一些平铺网格排列方式的小型图形。它就是将原本导出的若干张图像整合编译到一个单独的图像文件中，这样 Animate 和其他应用程序只需加载单个文件即可使用这些图形。在游戏开发等性能尤为重要的环境中，这种加载效率十分有用。图 8-6 所示为生成的一个 Sprite 表。

此外，在库中的元件上或舞台的实例上单击鼠标右键，也可从快捷菜单中选择“生成 Sprite 表”命令，如图 8-7 所示。

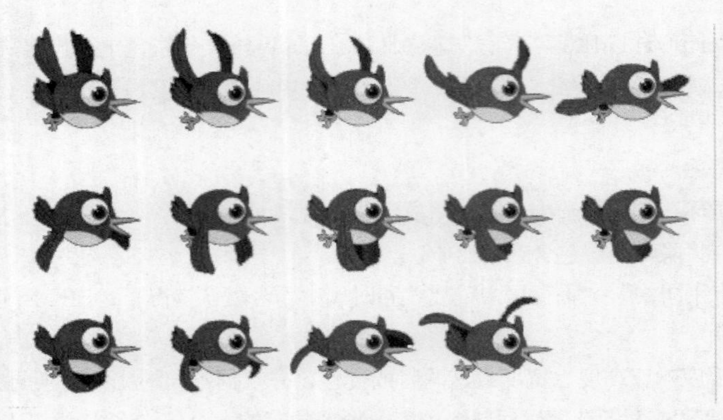

图 8-6　生成的 Sprite 表

图 8-7　生成 Sprite 表

8.2.3　发布 WebGL 文档

要发布 WebGL 文件，原创建的文档就必须是 WebGL 类型的文档，其“发布设置”对话框如图 8-8 所示。

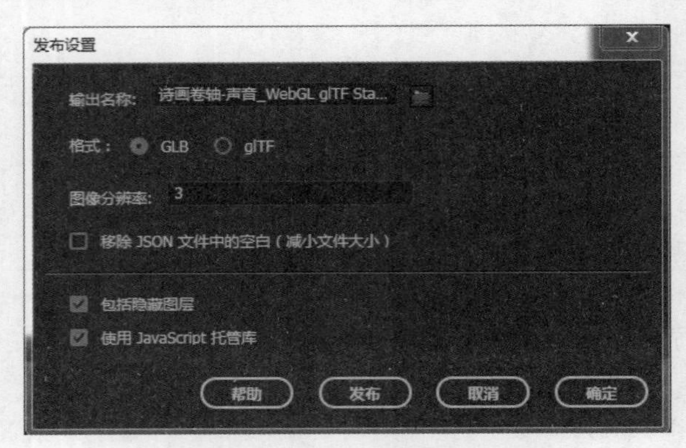

图 8-8　WebGL 文档发布设置

发布的 WebGL 输出包含以下文件。

● HTML 包装器文件：它包括调用资源及初始化 WebGL 渲染器的运行时。该文件默认命名为 <FLA_name>.html，可以在“输出名称”中设置输出的路径和文件名称。

● JavaScript 文件（WebGL Runtime）：显示 WebGL 中发布的内容。发布在 WebGL 文档的“libs/”文件夹中。该文件命名为 flwebgl-<version>. min.js。HTML 包装器利用此 JS 文件渲染 WebGL 内容。

● 纹理图谱：存储所有（形状）颜色值，包括舞台上的位图实例。

在各类型文档的“发布设置”对话框中，底部的 4 个按钮 帮助(L) 发布(P) 确定 取消 是一致的，其中“确定”按钮用于保存当前的发布设置，但不会发布文件。单击“发布”按钮才会使用当前的设置参数来发布文件。此外，单击菜单“文件”→“发布”命令或按“Alt+Shift+F12”组合键，也能直接发布文件。

8.3　导出

发布一般是指文档完全做好之后将其完整地输出来，可选择不同的格式和参数输出。而导出是指将影片中的部分（也可以是全部）内容生成图片、声音或视频等不同的类型和格式，它的可设置参数较少。单击菜单“文件”→“导出”命令，可选择导出不同的文件类型，如图 8-9 所示。

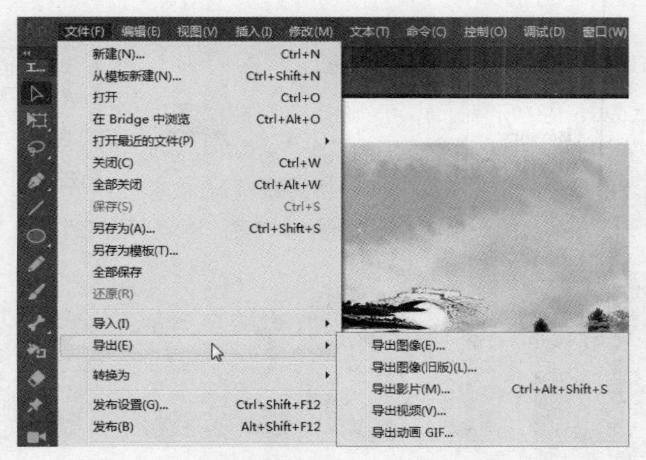

图 8-9　菜单“文件”→“导出”命令

8.3.1　导出 SWF 文件

单击菜单“文件”→“导出”→“导出影片”命令，或按“Ctrl+Alt+Shift+S”组合键，可以将当前影片时间轴内容导出为 SWF 文件。

8.3.2　导出图像

1. 导出单个静态图像

单击菜单“文件”→“导出”→“导出图像”命令，可弹出“导出图像”对话框，可设置导出图像的格式（GIF、JPEG 或 PNG）及对应的图像大小、品质、透明背景等参数，如图 8-10 所示。此种导出一次只能导出当前帧的静态图像而不是整个时间轴。

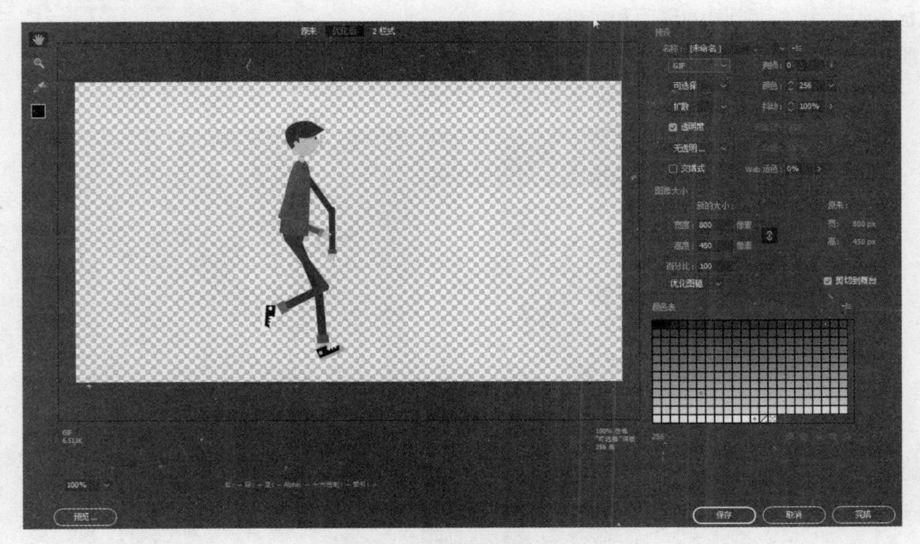

图 8-10　导出图像

此外，还有一个“导出图像（旧版）”选项，也可以将当前帧导出为不同类型的静态图像格式，但是无法设置图像参数。

2. 导出图片序列

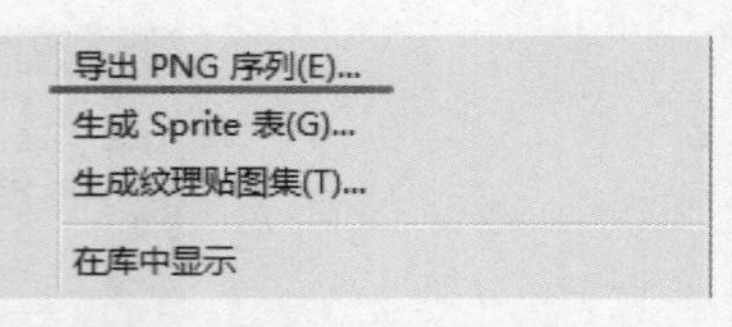

图 8-11 “导出 PNG 序列”命令

如果要导出某段影片或剪辑内的所有画面，可以选择将其导出为图片序列，方法是在该元件或实例上单击鼠标右键，在弹出的快捷菜单中选择“导出 PNG 序列”命令，如图 8-11 所示，这样该元件中的每一帧会创建一个带编号的图像文件，形成序列。图 8-12 所示为将一个具有时间轴动画的元件导出 PNG 序列后得到的文件。

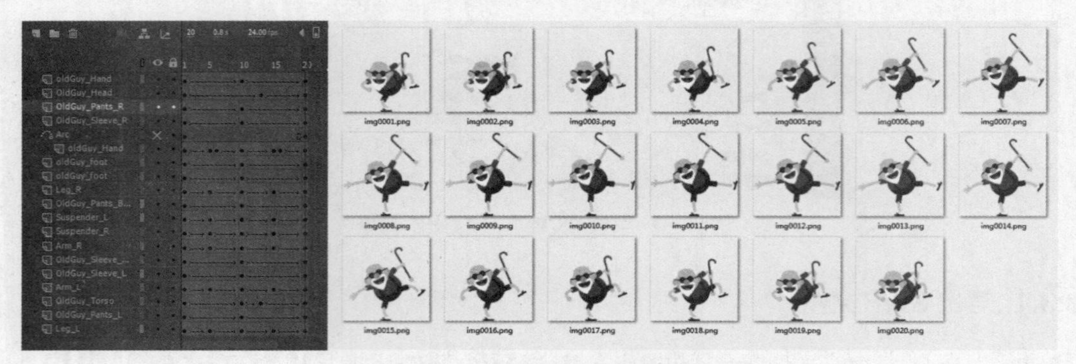

图 8-12 导出的 PNG 序列文件

3. 导出动态图像

动态图像常见的格式是 GIF，单击菜单“文件”→“导出”→“导出动画 GIF”命令，可打开“导出图像”对话框，将当前时间轴内容导出为一个 GIF 动画，如图 8-13 所示。

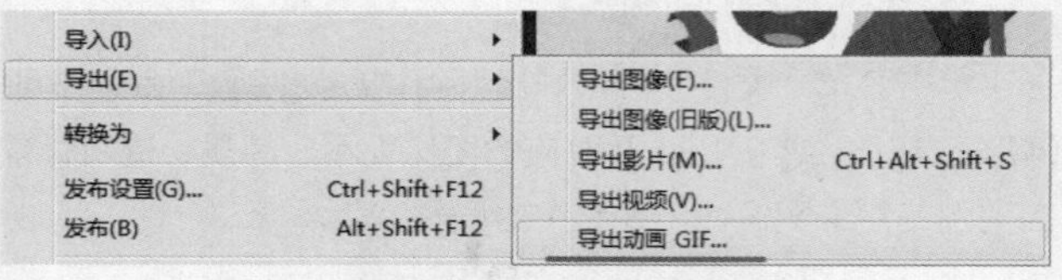

图 8-13 导出 GIF 动画

此时的“导出图像”对话框与前面导出静态图像的对话框差不多，区别在于文件格式只能是 GIF，且下方多了一个“动画”的选项和控件，如图 8-14 所示。单击“预览”按钮可在浏览器中查看 GIF 动画效果，单击“保存”按钮可导出 GIF 动画。

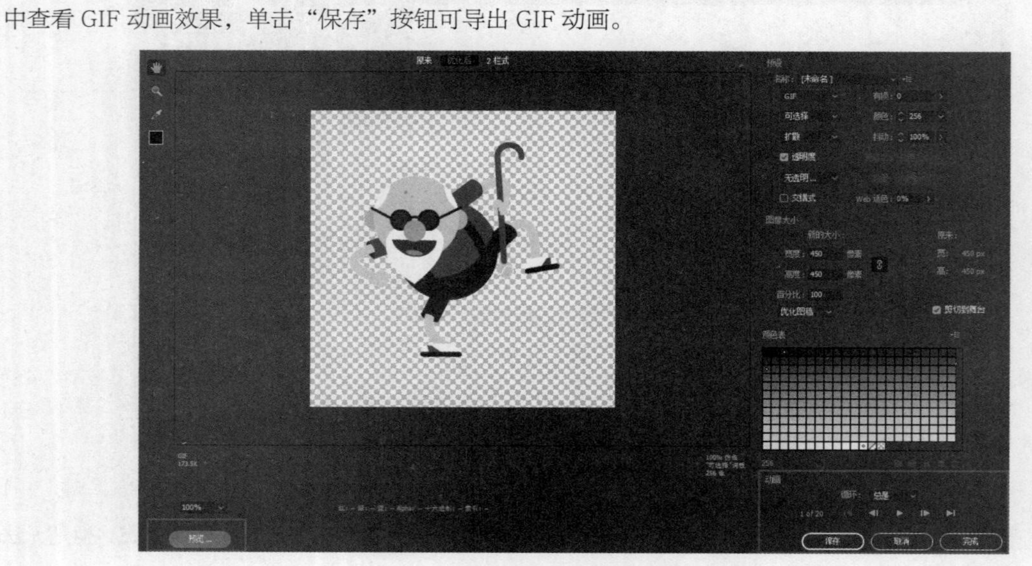

图 8-14 导出 GIF 动画

8.3.3 导出 SVG 文件

SVG（可伸缩矢量图）是用于描述二维图像的一种 XML 标记语言，它完全基于 XML，对开发人员和其他这样的用户来说具有诸多优势。SVG 文件以压缩格式提供分辨率无关的 HiDPI 图形，可用于 Web、印刷及移动设备。可以使用 CSS 来设置 SVG 的样式，对脚本与动画的支持使得 SVG 成为 Web 平台不可分割的一部分。

某些常见的 Web 图像格式如 GIF、JPEG 及 PNG，都是位图格式，体积都比较大且通常分辨率较低。而 SVG 格式则允许按矢量形状、文本和滤镜效果来描述图形，即使在屏幕上放大 SVG 图像的视图，也不会损失锐度、细节或清晰度。而且 SVG 文件体积小，不仅可以在 Web 上，还可以在手持设备上提供高品质的图形。此外，SVG 对文本和颜色的支持非常出众，它可以确保使用者看到的图像和在舞台上显示的一样。

单击菜单“文件”→“导出”→“导出图像（旧版）”命令，可选择保存 SVG 类型的图形，也可以在发布设置时选择“SVG 图像”复选框进行发布，两种方式的发布参数是一样的，如图 8-15 所示。

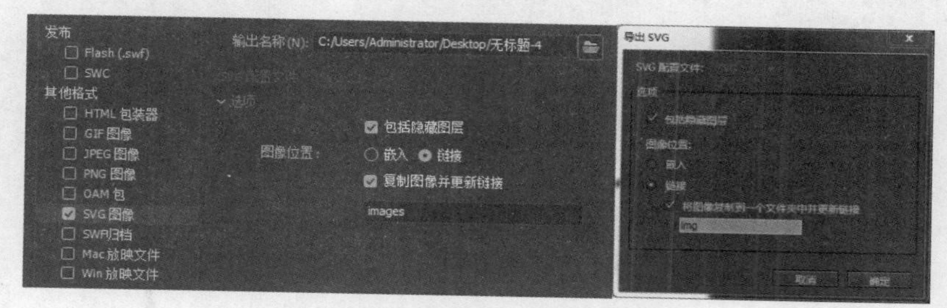

图 8-15 导出或发布 SVG 图像

8.3.4 导出视频

单击 Animate CC 菜单“文件”→“导出”→“导出视频/媒体”命令，可以将补间、元件和图形导出为 MOV 格式的高清视频，如图 8-16 所示。

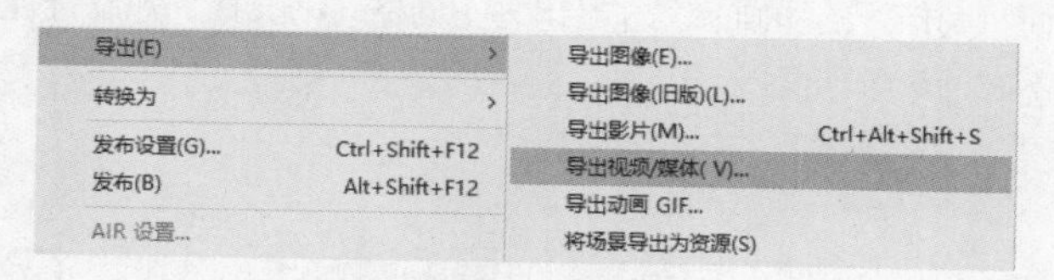

图 8-16 导出视频

弹出的“导出视频”对话框如图 8-17 所示，可选择导出整个影片或某个场景，也可指定作为视频导出起点的开始时间，并生成指定视频的持续时间。通过这几种方式，可以将动画的任何部分导出为视频。

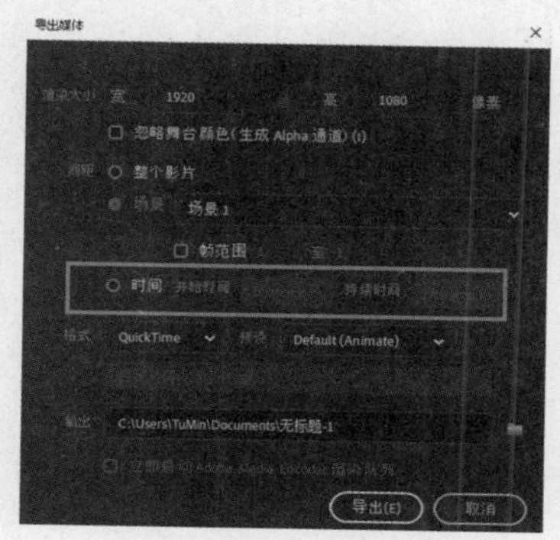

图 8-17 “导出视频”对话框

在此对话框中可以设置导出视频的位置和文件名称，以及视频的宽、高。默认情况下，通过 Animate 只能导出为 QuickTime 影片（.MOV）文件，这要求安装最新版本的 QuickTime Player。但是可以选择“在 Adobe Media Encoder 中转换视频”复选框，因为 Animate 已经集成了 Adobe Media Encoder，它可以将 MOV 文件转换为各种其他格式，如 MP4 和 FLV 等。图 8-18 所示为在 Adobe Media Encoder 程序中转换视频的窗口。

图 8-18 Adobe Media Encoder 转换视频格式

8.4 小结与课后练习

◎ 小结

本单元主要介绍了如何将制作好的动画源文件导出为不同格式的文档，并设置发布参数，将其发布到不同的平台上，以让动画适应不同的场景和设备。

◎ 课后练习

理论题

1. 在 Animate CC 中如果要发布为在手机上使用的影片，应该使用哪种文档类型？
2. 如何将一个 ActionScript 3.0 文档转换为 HTML5 Canvas 文档？
3. ActionScript 3.0 文档转换为 HTML5 Canvas 文档后，原文档内的脚本代码会保留吗？
4. 通过哪些方式可以缩小发布后的影片数据量大小？
5. 如何将元件生成 Sprite 表和 PNG 序列？
6. 如何将影片导出为图像、视频或 GIF 动画？

操作题

1. 尝试将某个 Animate CC 文档发布为 SWF 格式的动画。
2. 尝试将某个 Animate CC 文档发布为 HTML5 和 JavaScript 格式的动画。
3. 尝试将某个 Animate CC 文档导出为视频格式文件或 GIF 格式文件。

第 9 单元　综合项目制作

学习完之后 Animate CC 各方面的功能，就可以制作一些简单的项目了。本单元设计了 5 个综合项目，各项目都涵盖了图形绘制、基本动画制作、交互控制等实践内容，每个项目又细分为若干个任务。建议读者在完成这些项目的基础上继续完善或深化，举一反三地进行适当的拓展训练。

本单元学习目标：

- 熟综合训练图形的绘制
- 综合训练基本动画的制作
- 综合训练给影片添加简单的交互功能

9.1　项目 1：场景动画——夜空

本项目制作一个夜空的场景，场景中包括天空、湖面、树木、房子等静态对象，也有星星、飞鸟等动画对象，构成一幅宁静而又有生机的夜空画面。

◎ 任务 1：场景绘制

步骤① 新建 ActionScript 3.0 文档，舞台大小为 1 280 像素 × 720 像素，保存为文件“夜空.fla”。

步骤② 将图层 1 重命名为“背景”，使用矩形工具绘制与舞台相同大小的矩形，为矩形上半部分填充蓝色到深蓝色的径向渐变，为矩形下半部分填充蓝色到深蓝色的线性渐变，形成湖面与夜空相接的效果，如图 9-1 所示。

图 9-1　绘制夜空背景

步骤③ 新建一图层，命名为“草地”，使用铅笔工具或钢笔工具，绘制一块形状比较随意的绿色图形作为草地，如图 9-2 所示。

图 9-2　绘制草地

步骤④ 继续新建一图层，命名为“月亮”，使用椭圆工具结合渐变填充，绘制一个银蓝色的月亮图形，如图 9-3 所示。

图 9-3　绘制月亮

步骤⑤ 新建两个图层“树”和“房子”，导入素材文件“夜空素材.swf”到库中，里面包含了一棵树和一栋房子的图形，将其拖到对应的图层中，调整好大小，如图 9-4 所示。

图 9-4　导入素材并放置在舞台中

步骤⑥ 使用基本绘图工具给树和房子绘制一些阴影，然后在房子前面绘制一些栅栏，复制树的图形到其他位置并调整大小，将房子稍微调暗一些，效果如图 9-5 所示。

图 9-5 场景静态对象的最终效果

◎ 任务 2：补间形状——闪闪繁星

步骤 1 在时间轴顶部新建一个图层，为其命名为“星星”或其他名字。锁定其他图层，以防误操作。

步骤 2 选择多边形工具，绘制一颗四角星形，填充颜色为白色，无笔触，在“星星”图层上绘制一颗小星星，如图 9-6 所示。

步骤 3 选中小星星形状并按“F8”键，将其转换为一个影片剪辑元件，命名为“星星闪烁”，如图 9-7 所示。

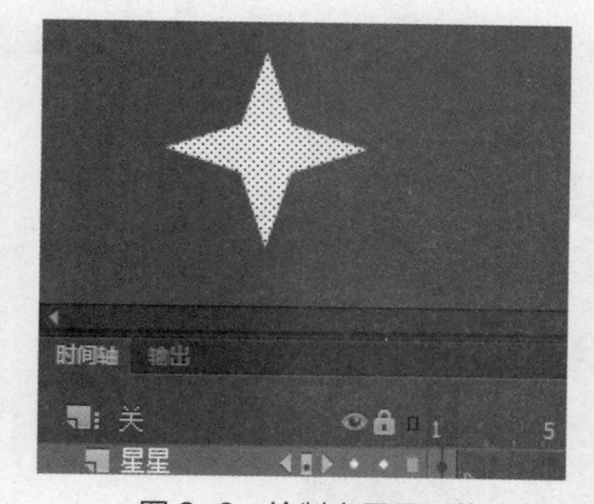

图 9-6 绘制小星星形状

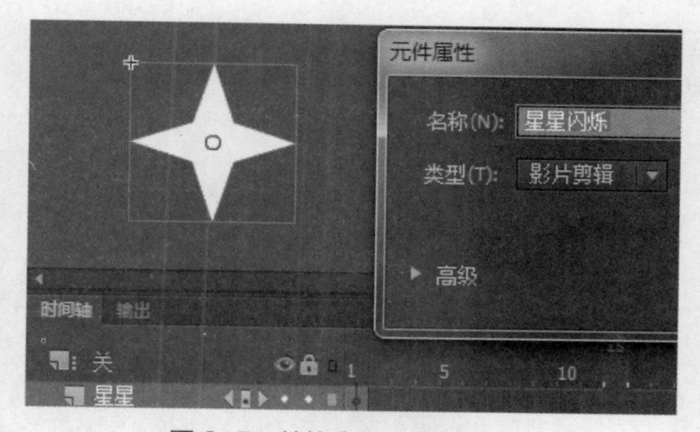

图 9-7 转换为影片剪辑元件

步骤 4 双击小星星实例，进入此元件内部进行编辑。

步骤 5 为小星星做一个补间形状，假设小星星闪烁一次是由小变大再变小，不断循环，循环一次是 15 帧。分别在第 8 帧和第 15 帧按“F6”键建立关键帧，并且将第 8 帧的小星星形状调大一点（以星形中心为变形中心等比例放大），如图 9-8 所示。

步骤 6 选择第 1 帧到第 8 帧之间的任何一帧，单击菜单“插入”→“创建补间形状”命令，或单击鼠标右键，在弹出的快捷菜单中选择“创建补间形状”命令。用同样的方法在第 8 帧到第 15 帧创建补间形状。这样，就一共创建了两段补间，分别是第 1～8 帧小星星由小变大，第 8～15 帧小星星由大变小恢复，如图 9-9 所示。

步骤 7 按“Ctrl+Enter”组合键测试动画效果。

步骤 8 单击返回箭头或“场景 1” 场景 1 星星闪烁 ，返回到舞台主时间轴上。

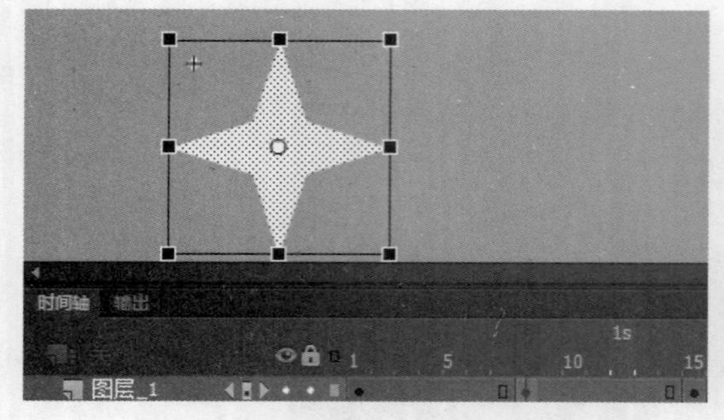

图 9-8　建立关键帧并调整元件实例

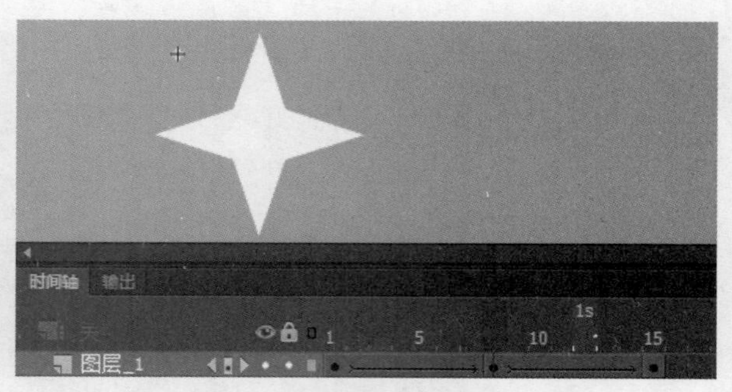

图 9-9　连续创建两段补间形状动画

步骤 9 为了给星星实例增加一些光晕，可以在“属性”栏中为其添加一个发光的滤镜效果，模糊设置为 8 像素，品质选“高”，颜色为白色，如图 9-10 所示。

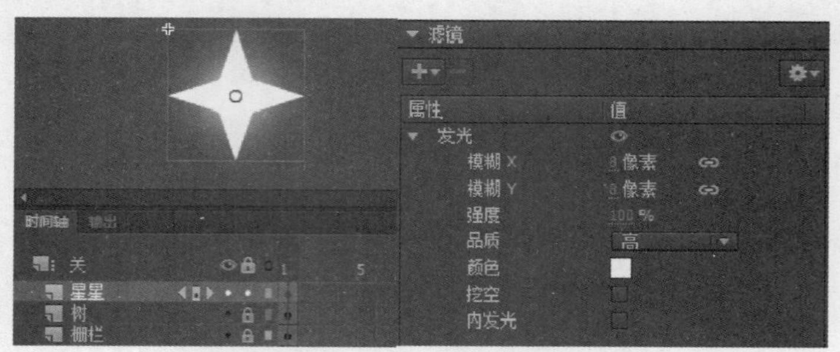

图 9-10　为实例添加发光滤镜效果

步骤 10 在舞台上多复制几个星星实例，放置在夜空中不同的位置并调整其角度和大小，使场景看上去更随意、自然，保存文件并导出 SWF 格式文件，最终效果如图 9-11 所示。

图 9-11　星星闪烁的最终效果

◎ 任务 3：补间形状——小鸟翅膀

步骤 1 新建一图层，命名为“小鸟”。

步骤 2 单击菜单“插入”→“新建元件”命令，创建一个新的影片剪辑元件，命名为“小鸟”。

步骤 3 进入小鸟元件的内部，再添加两个图层，现在一共有 3 个图层，分别命名为“左翅膀”“右翅膀”和“鸟身”，如图 9-12 所示。

步骤 4 使用矢量画笔工具，设置好笔触的大小和颜色，选择宽度设置为，在“鸟身”图层

中绘制小鸟的身体图形，并将其锁定以防误操作。

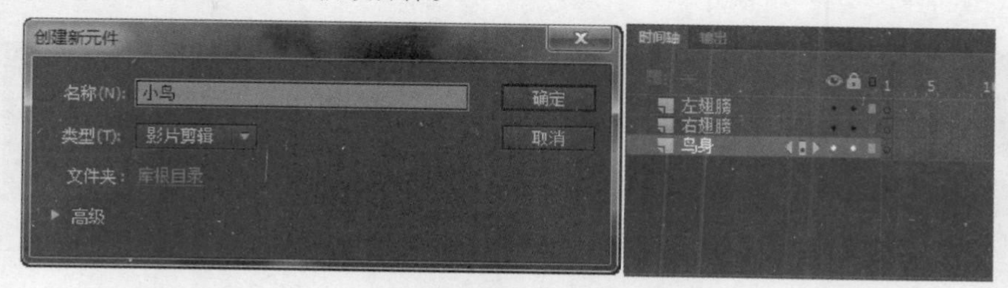

图 9-12　新建小鸟元件并添加图层

步骤⑤ 在“左翅膀”图层中使用线条工具绘制直线并拉伸，得到一个翅膀图形，填充颜色并取消笔触，如图 9-13 所示。

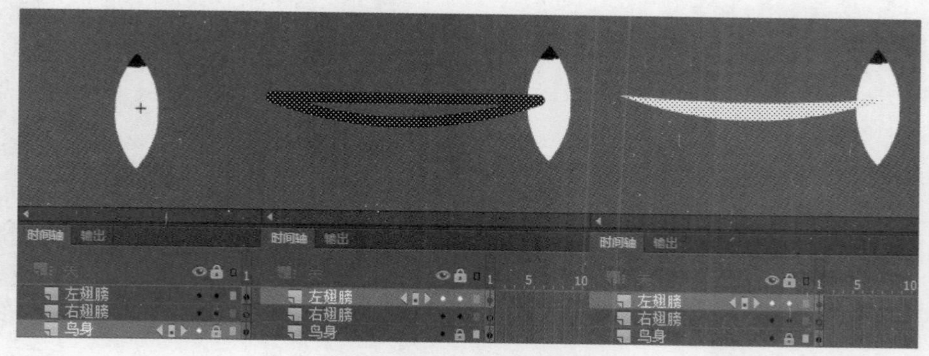

图 9-13　绘制鸟身和左翅膀

步骤⑥ 给左翅膀制作动画。假设翅膀扇动一次要 1 秒，即 12 帧（当前帧频为 12 帧/秒），在所有图层第 12 帧处按“F5”键创建普通帧（即将画面延长至 12 帧），然后将左翅膀第 1 个关键帧移动复制到第 12 帧，如图 9-14 所示。

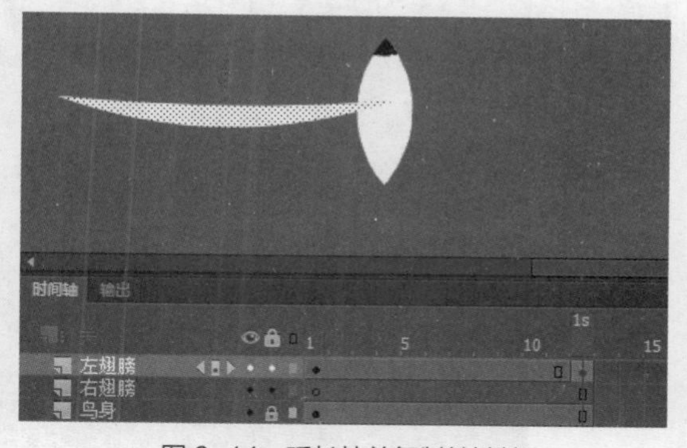

图 9-14　延长帧并复制关键帧

步骤⑦ 依次在左翅膀的第 5 帧、第 7 帧、第 9 帧创建关键帧并使用选择工具通过拖曳边缘的方式调整翅膀的形态，如图 9-15 所示。

步骤⑧ 选择左翅膀第 1 帧至第 11 帧，为其创建一个补间形状，就完成了左翅膀动画。

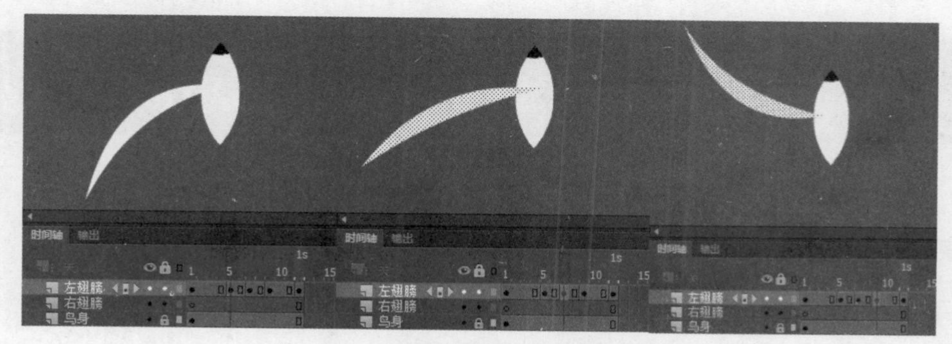

图 9-15　在左翅膀创建关键帧并调整翅膀形态

步骤 9 选择“左翅膀”图层的所有帧，将其移动复制到“右翅膀”图层，如图 9-16 所示。

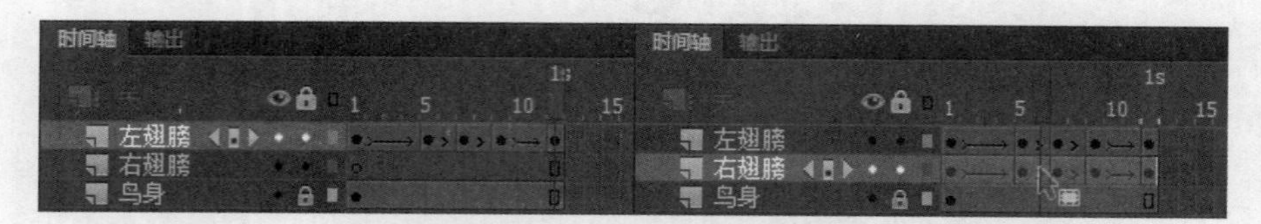

图 9-16 在左翅膀创建补间形状并移动复制到右翅膀

步骤 10 保持“右翅膀”图层的所有帧被选中，将“左翅膀”图层锁定以防误操作。单击绘图纸外观中的“编辑多个帧”按钮，标记所有帧范围，按“Ctrl+A”组合键选中所有对象，如图 9-17 所示。

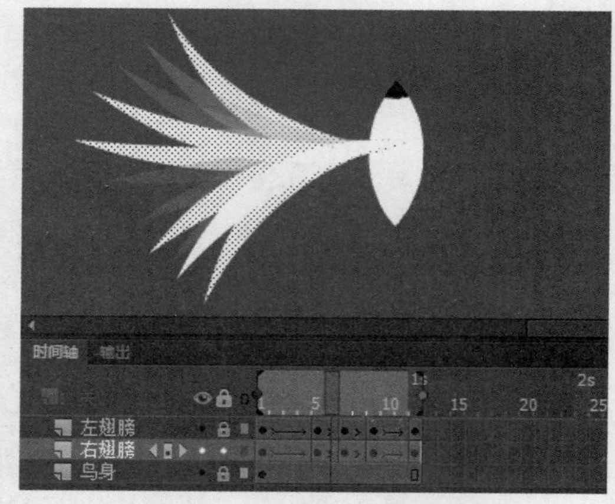

图 9-17 选中并编辑“右翅膀”图层的所有帧

步骤 11 单击“变形”面板底部的“水平翻转”按钮，将“右翅膀”图层的所有帧水平翻转一次，并调整其位置到身体右侧，如图 9-18 所示。

步骤 12 拖曳播放头检查一下翅膀扇动的动画效果，如有不满意之处适当调整。

步骤 13 返回到舞台主时间轴上，将小鸟元件从库中拖到时间轴“小鸟”图层上，放在场景合适的位置并适当调整其角度，测试动画效果。小鸟翅膀扇动效果如图 9-19 所示。

图 9-18 翻转“右翅膀”图层的所有帧

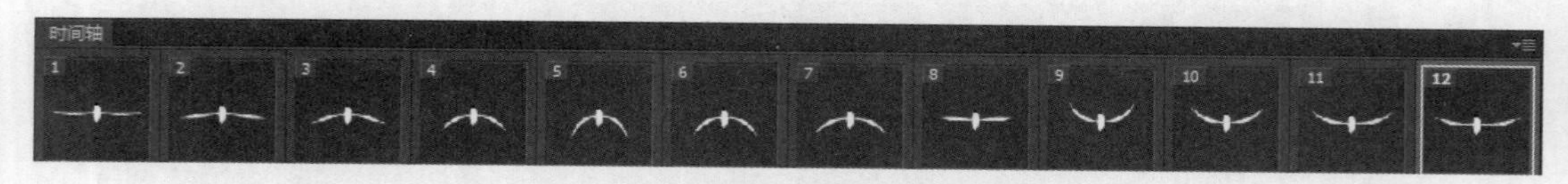

图 9-19 小鸟翅膀扇动效果

◎ 任务 4：传统补间——小鸟飞翔

步骤 1 完成上一任务后，小鸟的翅膀已经可以扇动了，但还是在原地运动，接下来为小鸟制作一段飞翔的动画。

步骤② 选择小鸟元件实例，按“F8”键将其转换成一个名称为“小鸟飞翔”的影片剪辑元件，如图 9-20 所示。

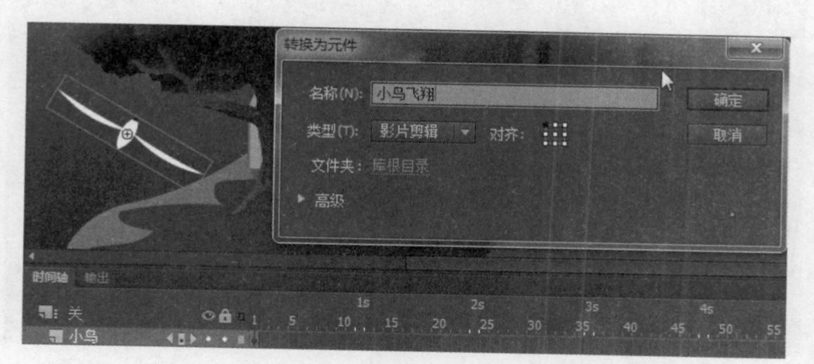

图 9-20　将小鸟元件实例再转换为影片剪辑元件

步骤③ 双击小鸟飞翔实例，进入其元件内部。

步骤④ 调整小鸟飞翔的起始位置，将其放在舞台外面，如放置在左下角。

步骤⑤ 在第 60 帧处按“F6”键建立关键帧，调整小鸟飞翔的结束位置，如放置在舞台右上角，表示小鸟飞出舞台。这样就确定了小鸟飞翔的起始关键帧和结束关键帧，即起始位置和结束位置，如图 9-21 所示。

图 9-21　小鸟飞翔的起始帧和结束帧的调整

步骤⑥ 选择第 1 帧至 60 帧中的某帧，单击鼠标右键，在弹出的快捷菜单中选择“创建传统补间”命令，或者单击菜单“插入”→“创建传统补间”命令，即可让小鸟从舞台左下角飞到右上角，如图 9-22 所示。此时播放时间轴，只能看见小鸟是平移的，无法看见翅膀的扇动。按“Ctrl+Enter”组合键测试影片，可以看到小鸟完整的飞翔效果。

图 9-22　给小鸟建立传统补间动画

步骤⑦ 此时只能看到一只小鸟在飞翔，如果要呈现一群小鸟的飞翔效果，可返回到舞台根时间轴上，多复制几个小鸟飞翔的实例，甚至可以适当改变它们的大小和角度。最终画面效果如图 9-23 所示。

图 9-23　复制小鸟飞翔实例

9.2　项目 2：展示动画——诗画卷轴

本例制作一个诗画卷轴的动画，随着卷轴的展开，一幅水墨画逐渐显示，然后古诗句依次呈现，美轮美奂。

◎ 任务 1：绘制卷轴

步骤 1 新建 ActionScript 3.0 文档，舞台大小为 1 000 像素 × 500 像素，保存为“诗画卷轴.fla”文件。

步骤 2 先绘制一个卷轴。在舞台上绘制一个长条形矩形，填充柱形表面的金色渐变，如图 9-24 所示。

步骤 3 继续在矩形顶部绘制一个小一点的矩形作为卷轴露出来的轴心，并将上端的两个节点往外移动，形成一个倒梯形，然后使用选择工具将顶端的线和两腰的线拉成弧线。

步骤 4 将梯形设置一个中间深灰两端黑的渐变填充，再在顶部绘制一条弧线分割刚才的梯形，将上部分填充为黑色。轴心的绘制过程如图 9-25 所示。

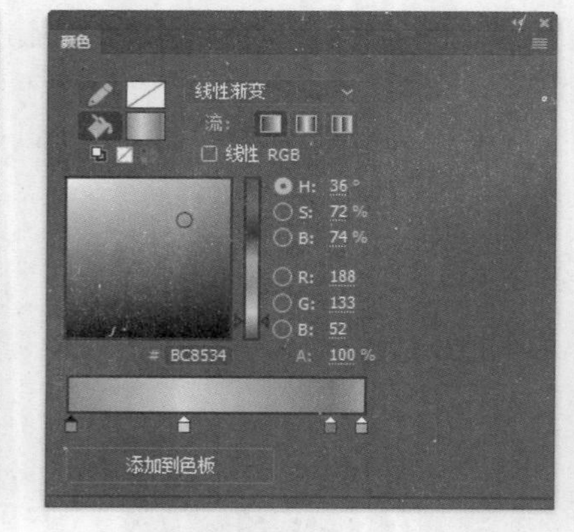

图 9-24　绘制卷轴

图 9-25　卷轴轴心的绘制过程

步骤 5 把上面绘制的轴心复制一份并垂直翻转后移至卷轴的底部，将整个卷轴选中后转换成图形元件，命名为“卷轴”，如图 9-26 所示。

步骤 6 将卷轴所在的图层命名为“卷轴左”，并直接复制该图层，将新图层命名为“卷轴右”，将左右两卷轴并列放置在舞台中间，如图 9-27 所示。

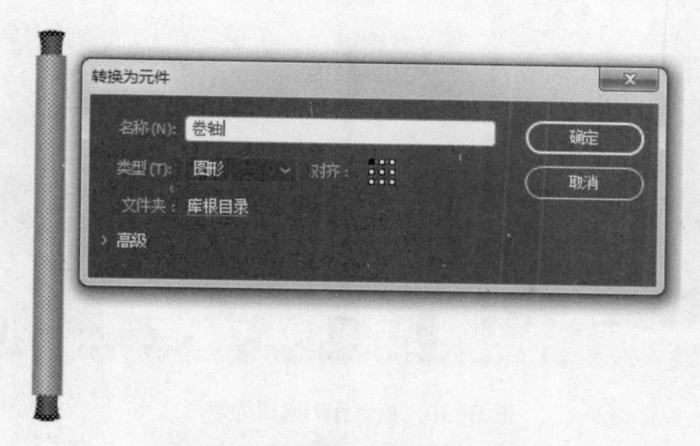

图 9-26　将卷轴转换为图形元件

步骤 7 新建一图层，命名为“背景”，放置在最底部，在其中导入“素材”文件夹下的图片“背景画.jpg”，并与舞台居中对齐，如图 9-28 所示。

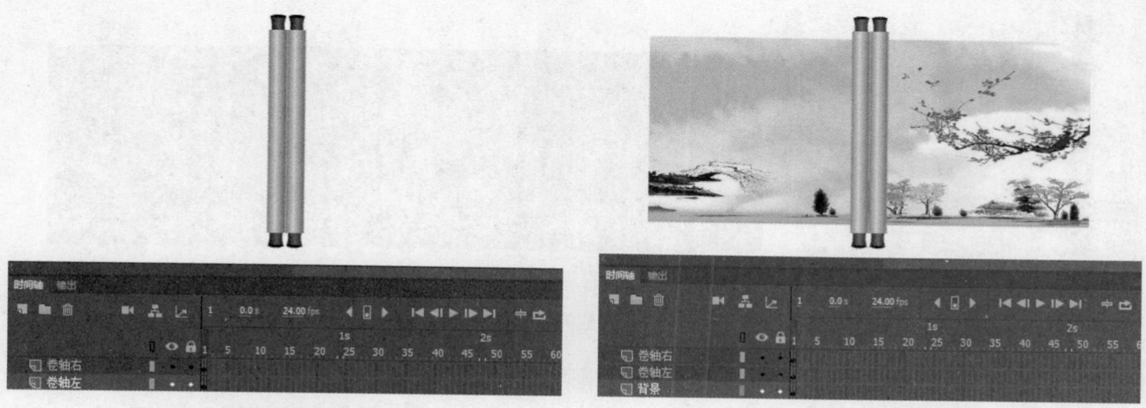

图 9-27　复制卷轴并调整位置

图 9-28　导入背景图

◎ 任务 2：制作动画

步骤 1 给左右卷轴分别做展开的动画。将所有图层延续到第 72 帧，在卷轴左的第 10 帧和第 72 帧建立关键帧，在第 72 帧将其移动到背景画的左边缘，然后在第 10 帧和第 72 帧之间建立传统补间。按同样的方法给右边的卷轴做向右移动的动画。此时时间轴如图 9-29 所示。

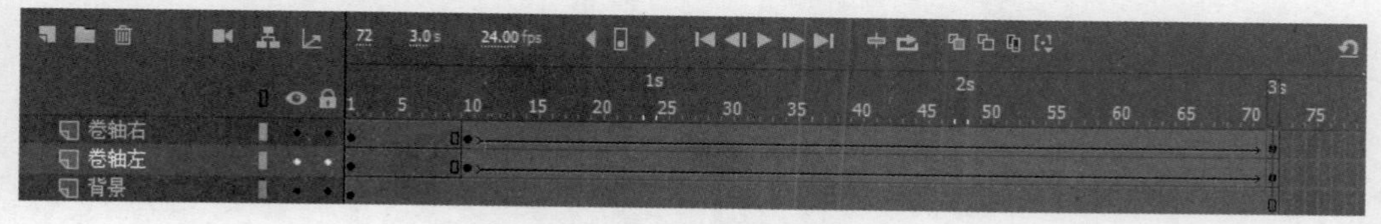

图 9-29　给左右卷轴做展开的动画

步骤 2 给背景画添加遮罩效果。在背景层上方添加一个新的图层，命名为“遮罩”，在其上绘制一个较窄的矩形，颜色不限，高度要比背景画稍高，放置在背景画的正中间，并将其转换为图形元件，如图 9-30 所示。为便于观察，可将卷轴层先隐藏起来。

步骤 3 在“遮罩”层的第 10 帧和第 72 帧建立关键帧，在第 72 帧将矩形拉至与背景画等宽，然后建立传统补间动画。

图 9-30　绘制作为遮罩的矩形

步骤④ 将该图层设置为遮罩层，这样背景画自动成为被遮罩层，在卷轴展开的同时，背景画也会徐徐出现，如图 9-31 所示。为了让动画效果更好，可以将 3 层补间的缓动都设为“Ease In Out”类型下的“Cubic”效果，形成由慢到快再变慢的展开效果。

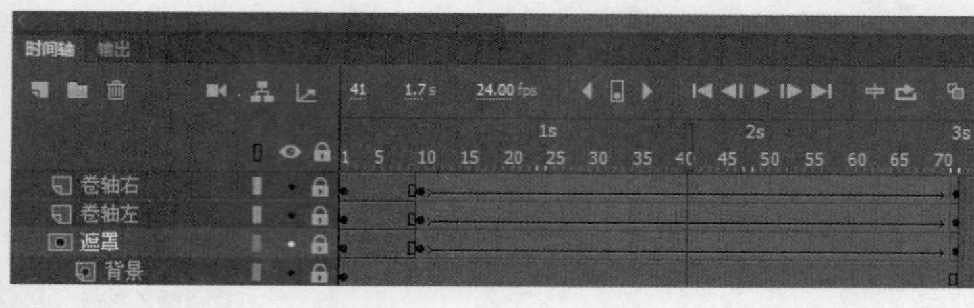

图 9-31　完成的卷轴展开效果

步骤⑤ 背景画出现后稍停留一段时间再出现诗句，所以继续延长所有图层至第 300 帧。

步骤⑥ 在所有图层上面再新建一个图层，命名为“诗句”，在其上输入王安石的绝句“咏梅　王安石　墙角数枝梅，凌寒独自开。遥知不是雪，为有暗香来。”文字纵向排列，调整好大小，颜色为黑色。由于 Animate 对于纵向排列的汉字无法设置中文字体，所以先将这些文字的“消除锯齿”形式设置为“位图文本[无消除锯齿]”，再选择某种书法字体，并将所有文字打散，效果如图 9-32 所示。

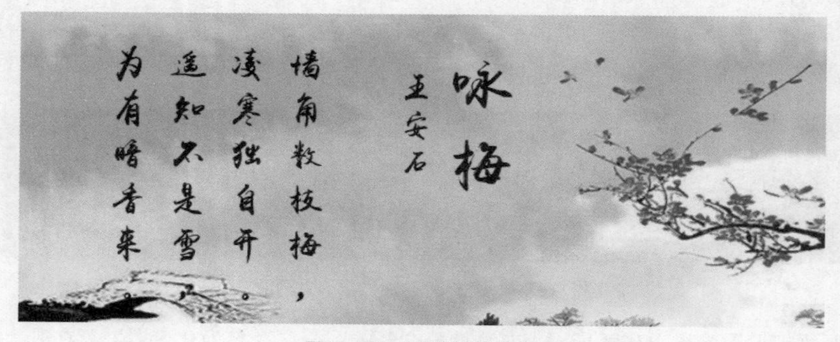

图 9-32　设置诗句文字

步骤⑦ 由于诗句是在卷轴展开之后才出现的，所以将诗句第 1 帧拖曳（移动）到第 85 帧。

步骤⑧ 给诗句制作出现的动画，同样使用遮罩的形式，让每列文字从右至左依次显示出来。

步骤⑨ 在诗句图层上新建一图层，命名为“文字遮罩”，在第 85 帧创建关键帧，将库中的“遮罩”元件拖至舞台，这个元件是之前做背景画的遮罩时绘制的一个矩形，可以重复利用。将此矩形放置在诗词的右侧，并将其变形点移至右边缘。

步骤⑩ 在第 300 帧创建关键帧，将矩形遮罩往左水平缩放，直至能完全覆盖住诗句，然后将这个过程建立传统补间，如图 9-33 所示。

图 9-33 给遮罩制作补间动画

步骤⑪ 将“文字遮罩”层转换为遮罩层，测试文字出现的效果，根据情况及时调整。

步骤⑫ 继续制作诗句消失及卷轴收拢的动画。诗句出现后应该停留几秒钟再消失，所以在文字遮罩层的第 360 帧创建关键帧，并将所有图层延续到第 460 帧。

步骤⑬ 在文字遮罩层的第 400 帧创建关键帧，从第 360 帧到第 400 帧，给遮罩做一段由宽变窄的动画，方法同前面由窄变宽是一样的。这是一个诗句消失的过程。

步骤⑭ 从第 400 帧到第 460 帧，给卷轴做由两端向中间收拢的动画，并完成背景画遮罩由宽向中间变窄的过程，方法同前面一样。为了避免太多调整，可以采用复制关键帧的方式，如把左右卷轴和背景画遮罩 3 层的第 10 帧直接复制到第 460 帧（选中第 10 帧后按住“Alt”键拖曳至第 460 帧）。

步骤⑮ 时间轴后半部分的最终效果如图 9-34 所示。

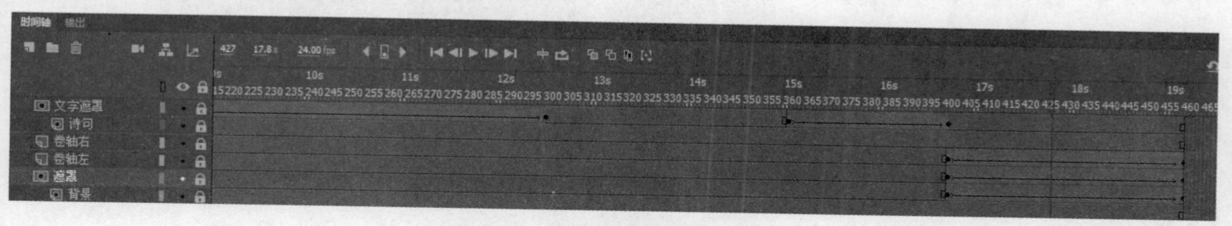

图 9-34 时间轴后半部分的效果

◎ 任务 3：添加音效和交互

继续在任务 2 完成的基础上，为“诗画卷轴”添加背景音乐、诗朗诵等声音效果，并且通过一个按钮来控制动画（画卷先不展开，单击按钮后才开始播放）。

步骤① 打开文件“诗画卷轴.fla”。

步骤② 导入声音素材“按钮声.wav”“背景音乐.wav”“卷轴展开声音.wav”“梅花.wav”和一个图片素材“按钮.png”到库中。

步骤③ 将所有图层第一帧往后挪一帧，这样第一帧就变成空白关键帧了。

步骤④ 新建一个图层，命名为“按钮”，将库中的“按钮”图片拖入舞台，并将其转换为一个按钮元件，在“属性”面板中将舞台上的实例命名为“Play_btn”，如图 9-35 所示。

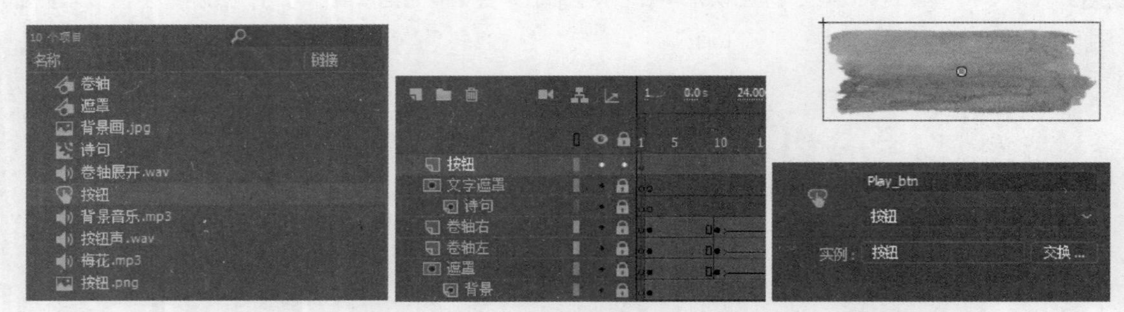

图 9-35　将“按钮”图片导入库中并拖至舞台转换成按钮元件实例，并给实例命名

步骤⑤ 双击此按钮进入元件内部进行编辑。新建一图层，在图形上添加文字“梅花”，如图 9-36 所示。

图 9-36　添加按钮文字

步骤⑥ 在文字层的“指针经过”帧按“F6”键建立关键帧，将文字颜色调整为红色。

步骤⑦ 在两个层的“按下”帧建立关键帧，选中文字和按钮图形，向右移 3 个单位再向下移 3 个单位（按方向键）形成“按钮”被单击的移动效果，如图 9-37 所示。

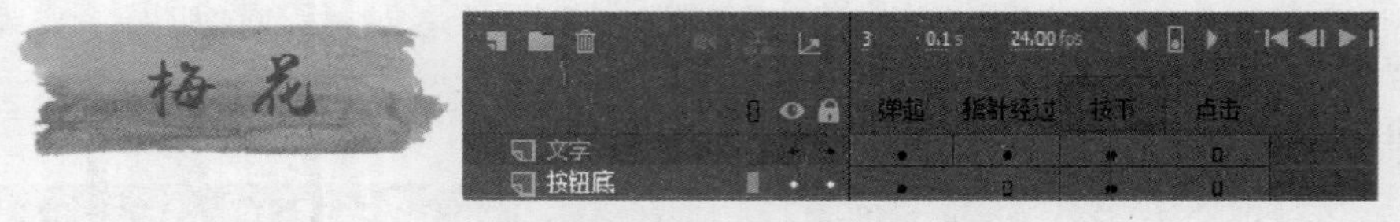

图 9-37　设置按钮单击效果

步骤⑧ 新建一图层，在“按下”帧建立关键帧，将库中的声音素材“按钮声.wav”拖至舞台，设置声音同步方式为“事件”。

步骤⑨ 返回“场景 1”，在“按钮”层的第 2 帧按“F7”键建立一个空白关键帧，这样按钮只在第 1 帧有显示。

步骤⑩ 选中舞台上的按钮实例，单击菜单“窗口”→“代码片段（软件界面中为“代码片断”）”命令，在“代码片段”窗口中展开“Action Script”→“时间轴导航”，双击“单击以转到帧并播放”，再双击“在此帧处停止”，如图 9-38 所示。

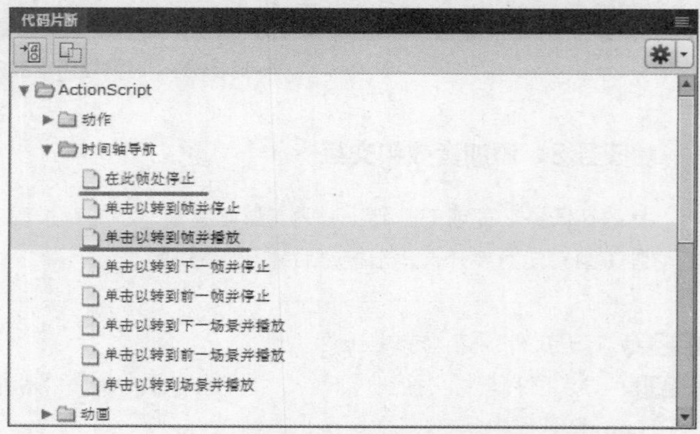

图 9-38　选中按钮实例后双击代码片段

步骤⑪ 这样，时间轴上会自动新建一个名为“Actions”的图层，同时会打开“动作”面板，

图层第 1 帧自动插入了代码，如图 9-39 所示。

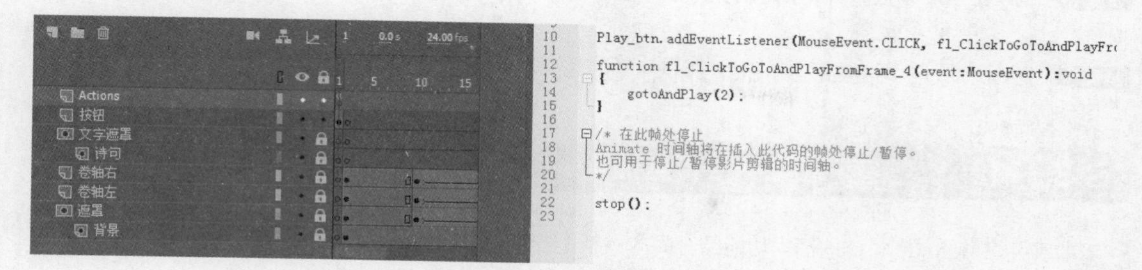

图 9-39　在“脚本”窗口中自动插入代码

步骤 ⑫ 把代码中“gotoAndPlay（5）”中的“5”改为“2”，意思是跳到第 2 帧并播放。“stop()”的意思是在当前帧停止。这样第 1 帧是停止的，单击按钮，就可以跳转到第 2 帧并播放。

步骤 ⑬ 新建一图层，命名为“声音”，这一层用来添加音效。在第 10 帧建立关键帧，将库中的“卷轴展开.wav”拖入舞台，并将其同步方式改为“数据流”，因为声音要与卷轴的展开同步。

步骤 ⑭ 在第 70 帧建立关键帧，把库中的“背景音乐.mp3”拖入舞台，将其同步方式设为“事件”，因为背景音乐无须与画面同步。

步骤 ⑮ 通过试听可知，背景音乐前面有一段是静音的，因此，在“属性”面板中单击“编辑声音封套”按钮，在弹出的“编辑封套”对话框中将声音的入点调至波形起始处。然后为其设置一个淡入的效果，如图 9-40 所示。

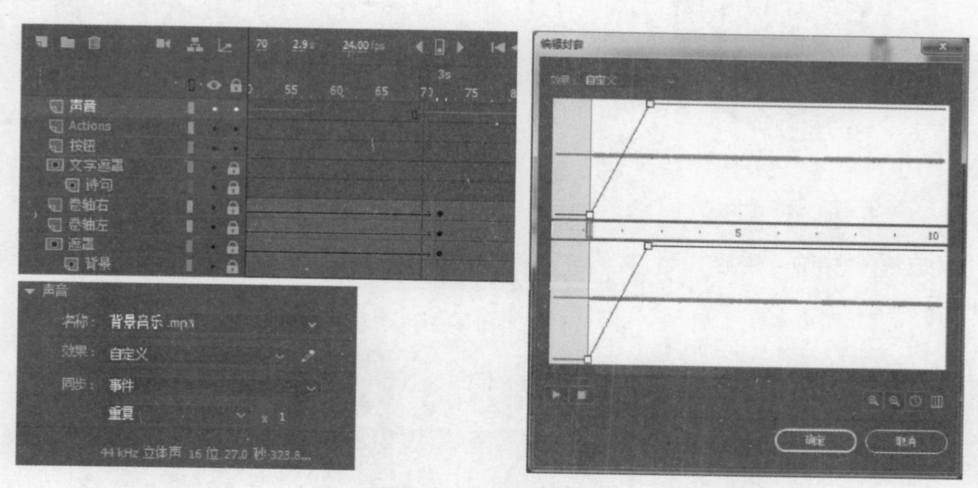

图 9-40　设置背景音乐

步骤 ⑯ 继续在第 85 帧建立关键帧，将库中的“梅花.mp3”拖入舞台，这是朗诵声音，需要与画面同步，所以设置声音同步方式为“数据流”，重复次数为 1，如图 9-41 所示。

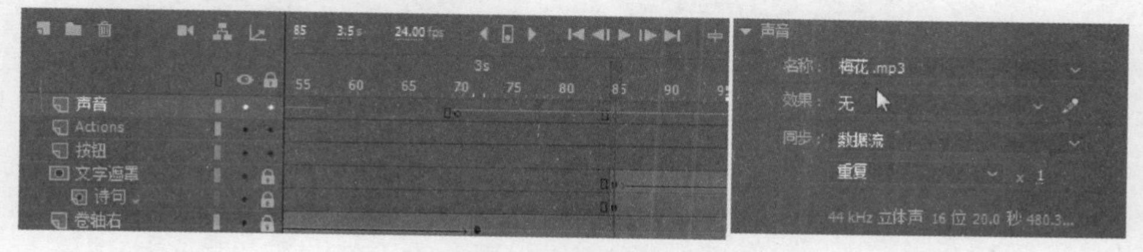

图 9-41　设置朗诵声音

步骤⑰ 继续在604帧插入关键帧，再将“卷轴展开.wav”拖入舞台，这是卷轴收拢时的音效，同步方式为“数据流”。

步骤⑱ 测试影片，根据音画同步情况，调整声音的起终帧，保存文件。

9.3 项目3：交互动画——转盘抽奖

本项目将Animate CC的基本功能结合脚本，制作一个简单的抽奖程序。

◎ 任务1：绘制元素

步骤① 新建HTML5 Canvas文档，舞台大小为500像素×500像素，保存为文件“转盘抽奖.fla”。

步骤② 先绘制转盘图形。将图层1重命名为“转盘”，借助辅助线使用椭圆工具绘制一个带轮廓的正圆，如图9-42所示。

步骤③ 再绘制一个没有轮廓的同心圆，并且绘制一条直线穿过圆心，如图9-43所示。

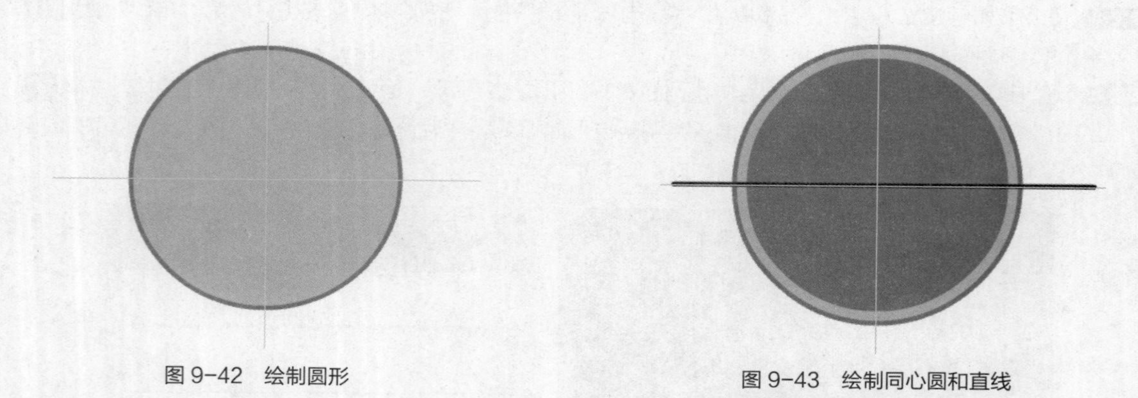

图9-42　绘制圆形　　　图9-43　绘制同心圆和直线

步骤④ 选中直线，使用任意变形工具将其变形中心调整到圆心处，然后在“变形”面板中设置其旋转45°，如图9-44所示。

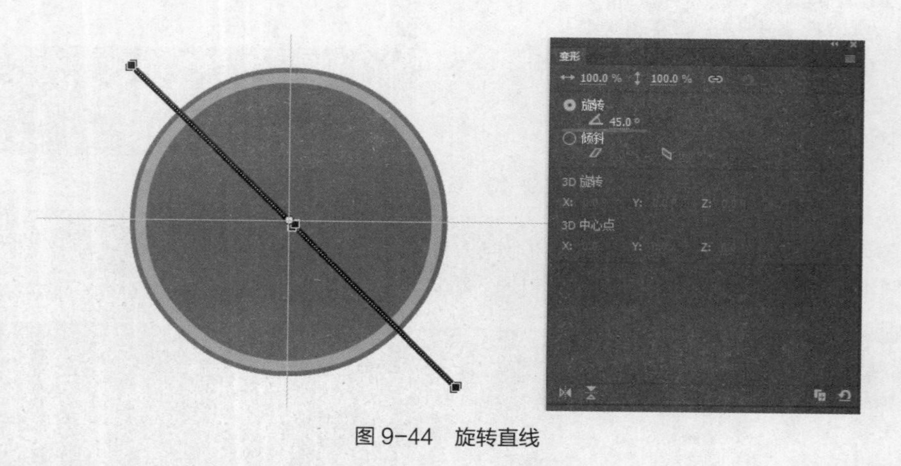

图9-44　旋转直线

步骤⑤ 继续单击3次“变形”面板右下角的“重制选区和变形”按钮，复制另外3条直线，如图9-45所示。这样线条就将圆形分成了8等份，形成了8个扇形。

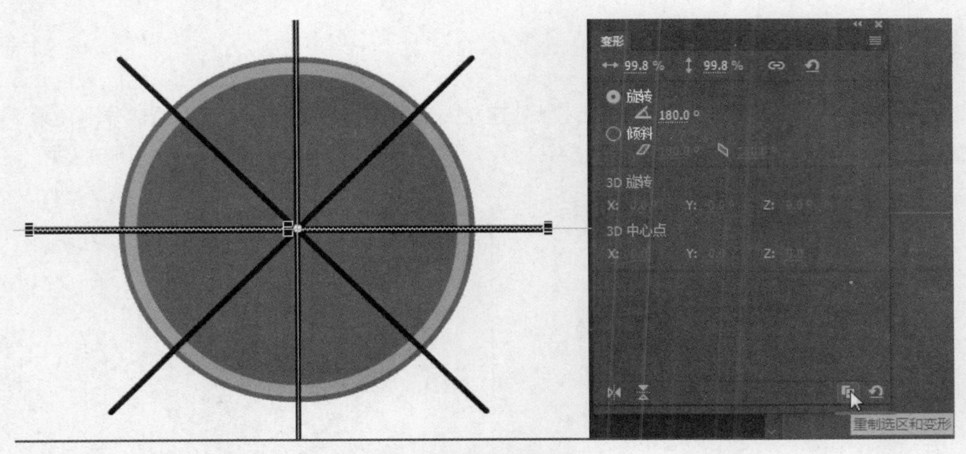

图 9-45　变换复制直线

步骤⑥ 每隔一个扇形就将颜色设为上一个圆形的颜色，然后将直线删掉，效果如图 9-46 所示。

步骤⑦ 在每个扇形上输入奖次的文字或图形，参考效果如图 9-47 所示。

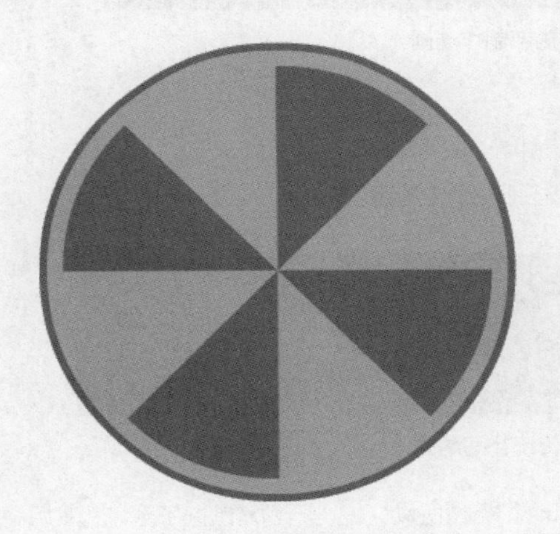

图 9-46　删除直线

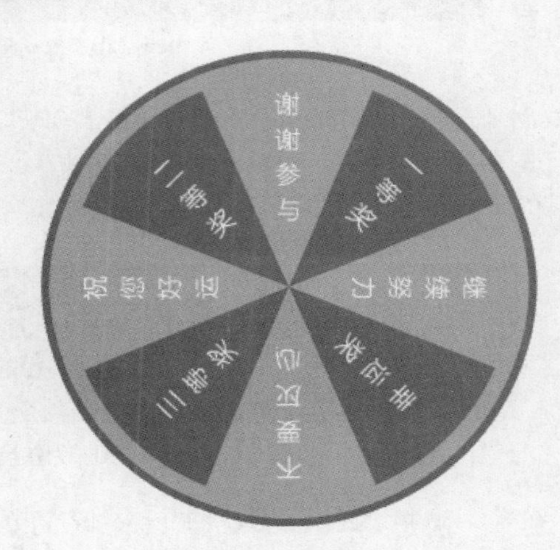

图 9-47　添加文字

步骤⑧ 将上面所有对象选中后转换为影片剪辑元件，命名为“转盘”，并将舞台上的实例名设为“disc”。

步骤⑨ 新建一图层，命名为“指针按钮”，绘制一个简单的指针图形，并将其转换为按钮元件，命名为“指针按钮”，并设置实例名为“btn”，如图 9-48 所示，放置在转盘的中心位置。这样抽奖转盘所需的元件就准备好了。

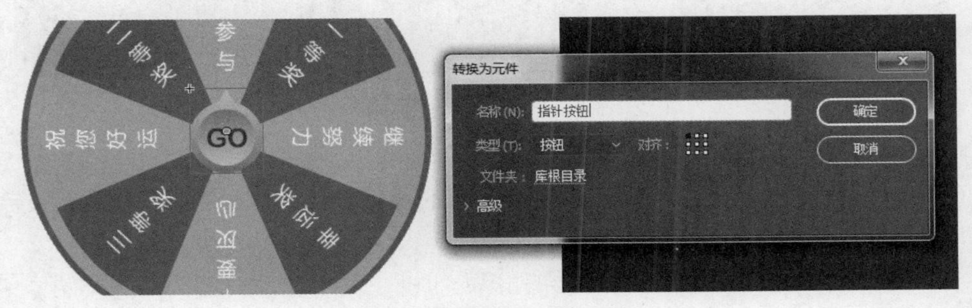

图 9-48　绘制按钮，转换元件

◎ 任务 2：制作动画

步骤① 双击转盘实例，进入元件内部，在第 2 帧处建立关键帧，将转盘旋转 45°，同样分别在第 3 帧和第 8 帧之间建立关键帧，将转盘在前一帧的基础上旋转 45°，即每一帧都指向了不同的奖次，时间轴如图 9-49 所示。

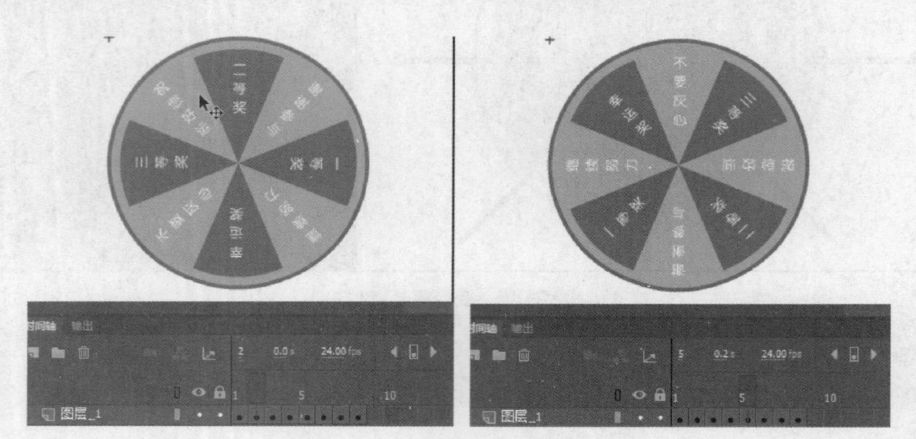

图 9-49　在转盘元件内部制作动画

步骤② 返回根时间轴，将所有图层延长至第 120 帧。

步骤③ 选择“转盘”图层，然后分别在第 30 帧、第 90 帧和第 120 帧处建立关键帧。

步骤④ 在第 0~30 帧、第 30~90 帧、第 90~120 帧这 3 段分别创建传统补间动画，如图 9-50 所示。

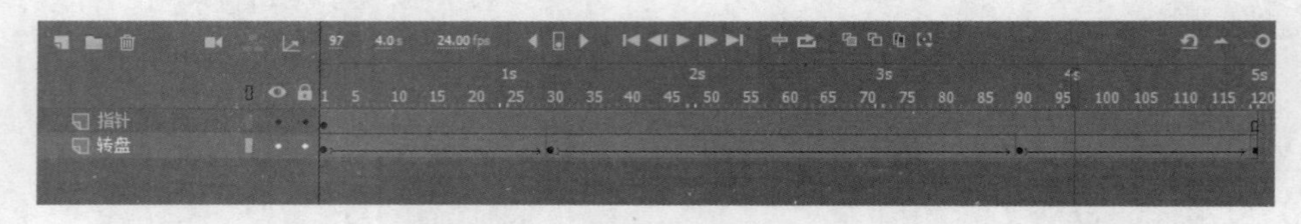

图 9-50　为转盘添加传统补间动画

步骤⑤ 在第 0~30 帧设置补间缓动为“Ease In”下的“Circ”类型缓动，这是一个加速的缓动，然后将这段旋转设置为顺时针旋转 1 圈，如图 9-51 所示。

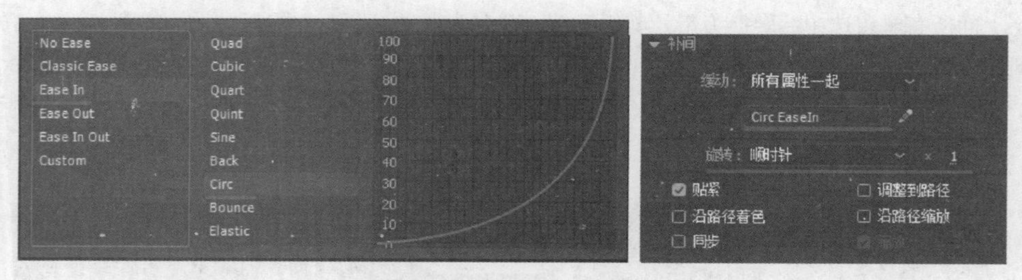

图 9-51　设置缓动和旋转

步骤⑥ 按同样的方法，在第 30～90 帧设置缓动为 0，顺时针旋转 5 圈，在第 90～120 帧设置缓动为“Ease Out”下的“Circ”，顺时针旋转 1 圈。此时播放时间轴，转盘是由慢到快启动再匀速旋转 5 圈最后由快到慢停止的动画过程。

步骤⑦ 双击按钮实例进入其元件内部，为其添加一个简单的单击动画，即鼠标指针经过时按钮稍变大，按下后恢复原状，如图 9-52 所示。

图 9-52 设置按钮单击效果

◎ 任务 3：添加交互

步骤① 返回根时间轴，新建一图层，命名为“Actions”，用来放置脚本。

步骤② 在第 1 帧打开“代码片段”面板，双击“HTML Canvas”类下“时间轴导航”内的“在此帧处停止”代码片段。

步骤③ 在第 1 帧处选中按钮实例，在“代码片段”面板中为其添加一个“Mouse Click 事件”的代码，并用自定义代码“this.gotoAndPlay(1);”代替 function 函数下的代码，即单击按钮后让时间轴跳到第 2 帧（注意：在“HTML Canvas”文档类型下，第 1 帧编号为 0）并播放。此时第 1 帧代码如图 9-53 所示。

```
this.stop();


this.btn.addEventListener("click", fl_MouseClickHandler.bind(this));
function fl_MouseClickHandler()
{
    this.gotoAndPlay(1);
}
```

图 9-53 添加代码片段

步骤④ 在“代码”层第 60 帧建立关键帧，在“脚本”窗口中输入以下代码。

```
this.disc.gotoAndStop(parseInt(Math.random()*8));
```

即在第 60 帧让转盘实例跳到 1~8 随机的一帧上并停止。

步骤⑤ 双击转盘实例进入元件内部，新建一图层，在第 1 帧输入代码“this.stop();”，即让转盘本身开始时停止在一个固定的角度。

步骤⑥ 测试文件，保存文件并发布，完成项目。

如果从本地文件系统运行的同时具有位图和按钮的内容，一些浏览器可能会生成本地安全性错误。本项目发布后在 IE 浏览器中允许 ActiveX 控件后可以运行，但在 Chrome 浏览器下则按钮无法单击。

9.4 项目 4：时尚画册

本项目使用 Animate CC 的基本动画制作和简单脚本制作一个时尚感强烈的画册。

◎ 任务 1：绘制界面元素

步骤① 新建 ActionScript 3.0 文档，舞台大小为 800 像素×600 像素，保存为文件“时尚画册.fla”。

步骤② 将图层 1 重命名为“背景”，使用矩形工具绘制一个与舞台等大的矩形，并填充红色到深红的径向渐变，如图 9-54 所示。

图 9-54 绘制红色渐变背景

步骤③ 新建一图层，命名为“边框”，使用矩形工具绘制一白色边框，作为画册的画框，大小为 700 像素×400 像素，边框粗细约为 5 像素，如图 9-55 所示。

图 9-55 绘制画框

步骤④ 新建一图层，命名为“文字”，使用文本工具输入“时尚画册”4 个字，放置在舞台顶部。

步骤⑤ 再新建两个图层，分别命名为“按钮 1”和“按钮 2”，放置在舞台底部，按钮效果自行设计，可参考图 9-56。

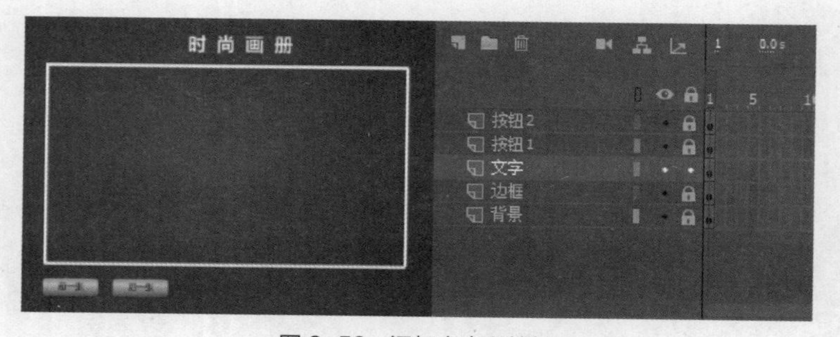

图 9-56 添加文字和按钮

◎ 任务 2：制作各元素动画

步骤① 将所有图层延长至第 75 帧。

步骤② 制作背景动画。在“背景”层第 20 帧处建立关键帧，在第 1 帧将背景图形填充为黑色，然后在第 1~20 帧创建形状补间，即给背景制作了一个由黑淡入的动画效果，时间轴如图 9-57 所示。（也可以将背景图形转换为元件，使用传统补间或补间动画的方式制作背景的淡入效果。）

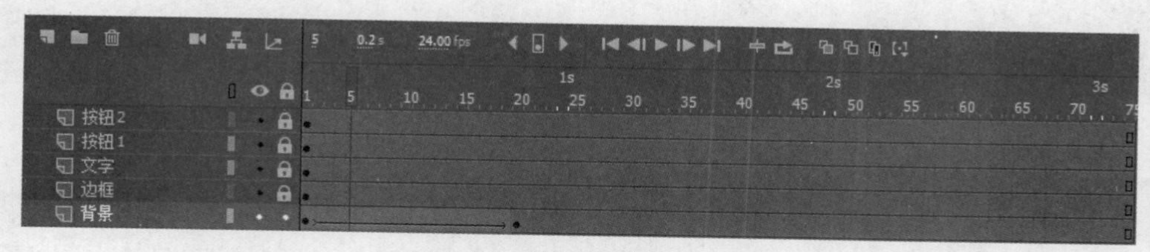

图 9-57 给背景添加形状补间

步骤③ 给边框制作动画。将“边框”层的第 1 帧移动到第 21 帧，然后在第 30 帧处建立关键帧，使用补间形状的方式给第 21～30 帧制作淡入的动画，时间轴如图 9-58 所示。

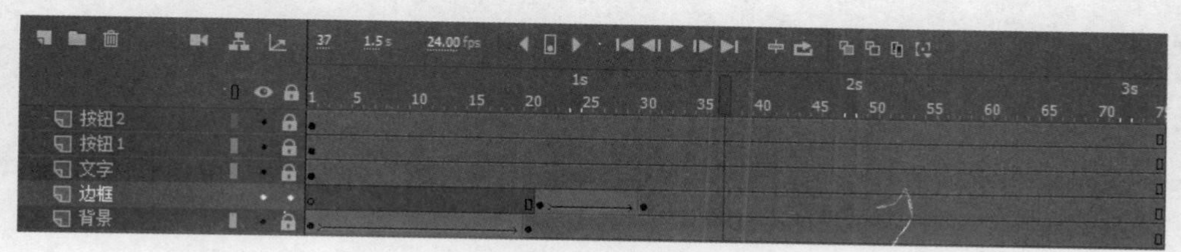

图 9-58 给边框添加淡入动画

步骤④ 给文字添加动画。将文字转换为影片剪辑元件，进入元件内部进行编辑，先将其打散一次，形成 4 个单独的字，选中后在其上单击鼠标右键，在弹出的快捷菜单中选择“分散到图层”命令，即将 4 个文字分别放在单独的层，然后删除原图层 1，如图 9-59 所示。

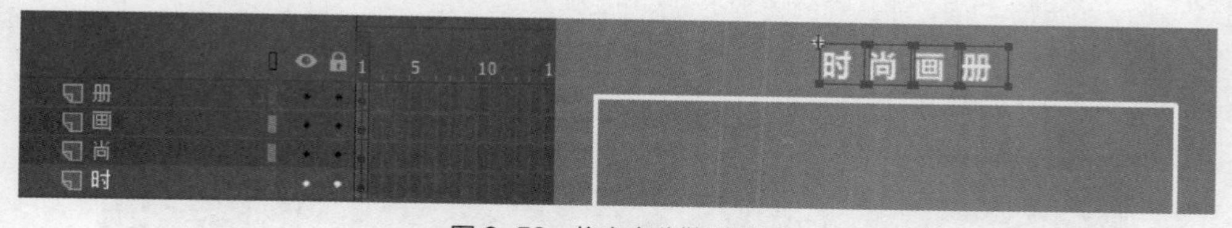

图 9-59 将文字分散到图层

步骤⑤ 将各文字稍微调整一下角度，如图 9-60 所示。

图 9-60 调整文字角度

步骤⑥ 将各文字图层延长至第 50 帧，并且添加补间动画，然后将第 1 帧复制到第 50 帧。再在第 1~50 帧中的某一帧将各文字向另一方向稍微旋转一点，形成文字微微摆动的动画效果，如图 9-61 所示。

步骤⑦ 返回到根时间轴，将“文字”图层第 1 帧移到第 50 帧，在第 60、63 帧处分别建立关键帧，然后将第 50 帧文字向上移出舞台，在第 60 帧将文字稍向下移动一点，然后给这两段分别建立传统补间，即给文字制作下落然后稍反弹的动画效果，如图 9-62 所示。

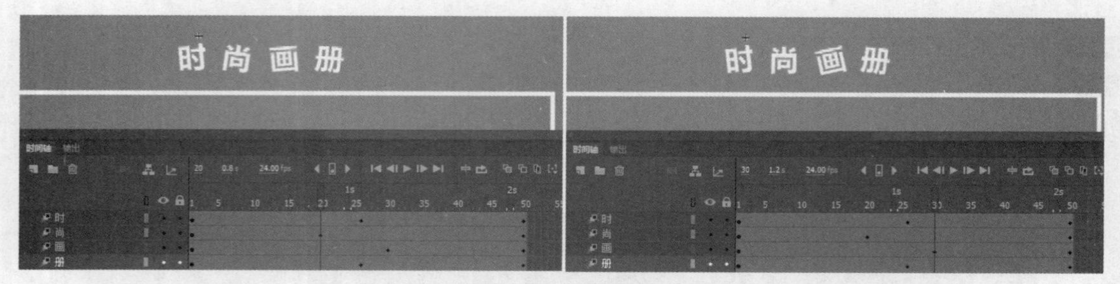

图 9-61　为文字添加摆动动画效果

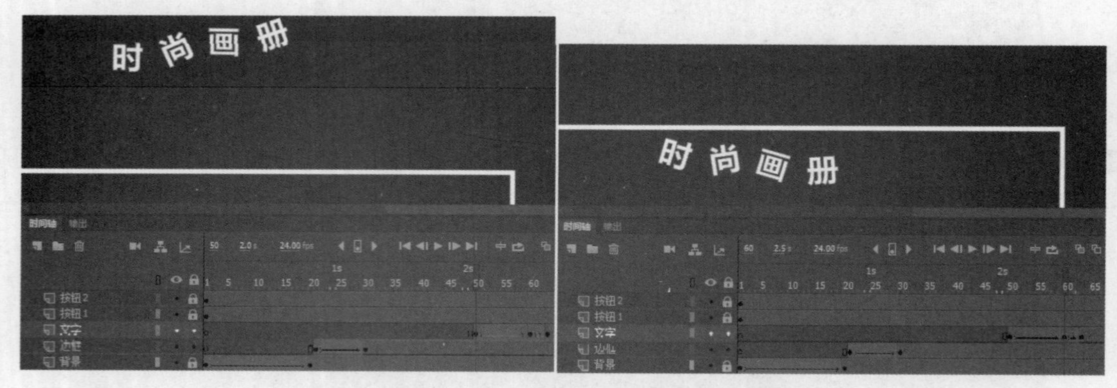

图 9-62　给文字添加下落、反弹的传统补间动画

步骤 8 为文字动画添加缓动，下落过程是加速的，缓动值是-100，反弹过程是减速的，缓动值是 100，如图 9-63 所示。

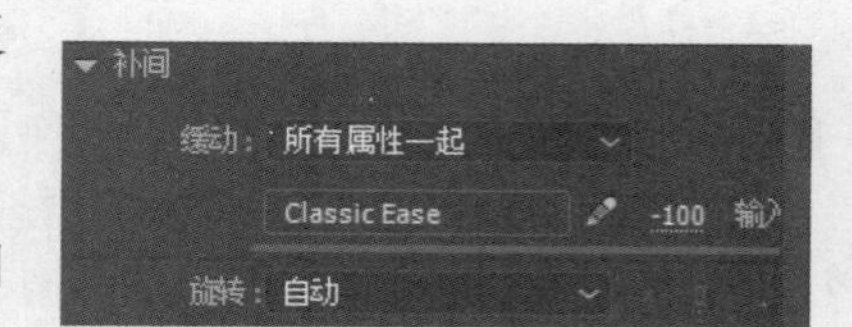

图 9-63　设置文字动画的缓动

步骤 9 继续给按钮制作动画。选中两个按钮，分别为其设置实例名称，如“前一张”为“pre_btn”，“后一张”为“next_btn”。然后分别给两个按钮制作一个进入动画，如从舞台底部外飞入并反弹回去一点，具体效果自行设计，可使用传统补间或补间动画的方式。图 9-64 所示是使用传统补间制作的按钮依次从舞台外面由左向右飞入并反弹回一点点的动画时间轴。

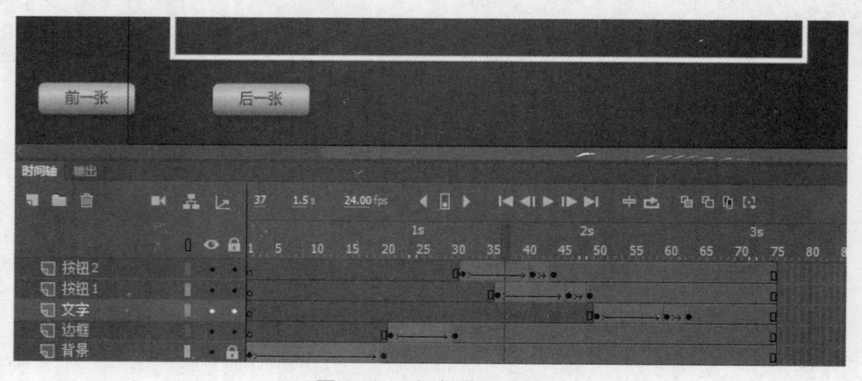

图 9-64　添加按钮动画

步骤 10 新建元件，命名为“插画集”，进入元件编辑，导入“素材”文件夹中的 10 张插画到时间轴上。这些插画会堆积在同一帧上，选中这些插画，在其上单击鼠标右键，在弹出的快捷菜单中选择“分布到关键帧”命

令，这样这 10 张插画就会依次分布到时间轴的 10 个关键帧上，然后把第 1 帧空白帧删除，如图 9-65 所示。

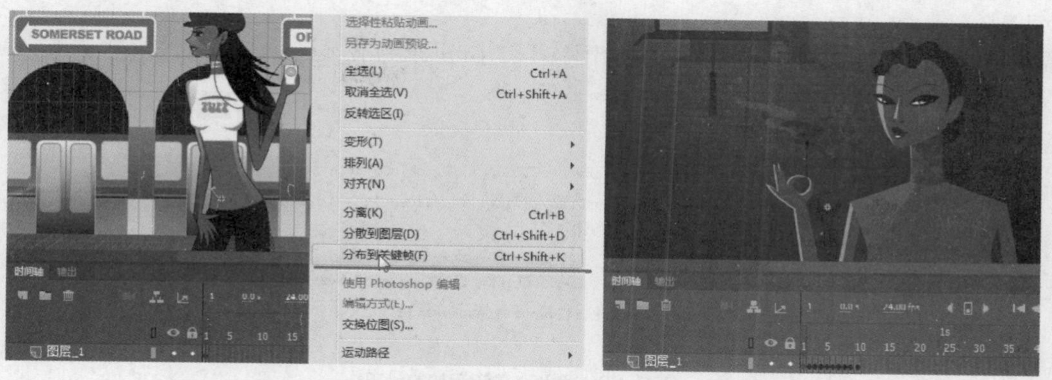

图 9-65　将 10 张插画分布到关键帧并删除第 1 帧空白帧

步骤⑪ 返回根时间轴，新建图层，命名为“插画集”，将其放在“边框”层的下面。在第 63 帧处建立关键帧，将库中的“插画集”元件拖入舞台，将其实例名设为“imgs_mc”，并为其制作一个淡入的传统补间动画（第 63～75 帧），时间轴如图 9-66 所示。

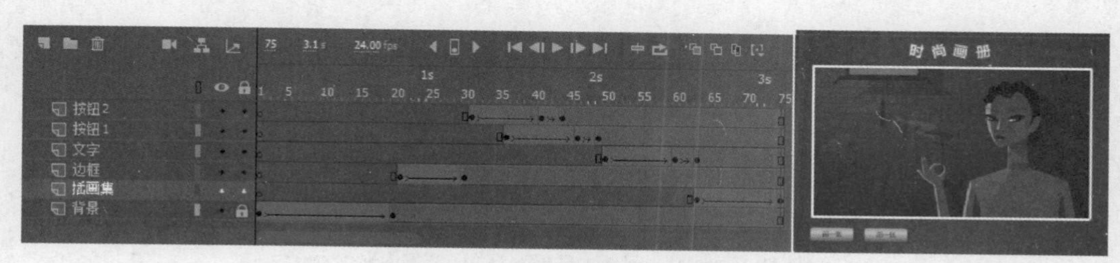

图 9-66　给插画集制作进入动画

◎ 任务 3：添加交互

步骤① 双击插画集实例进入其元件内部，在第 1 帧处输入代码“stop();”，目的是让插画停止在第 1 张，否则它会不断地快速播放。

步骤② 返回根时间轴，新建图层，命名为“Actions”，用于放置代码。在第 75 帧（最后一帧）处建立关键帧。

步骤③ 打开“动作”窗口和“代码片段”面板，在第 75 帧处输入代码“stop();”（也可以双击“代码片段”面板中的“时间轴导航”→“在此帧处停止”）。

步骤④ 选中“前一张”按钮，选择“代码片段”面板中的“时间轴导航”→“单击以转到前一帧并停止”，代码如图 9-67 所示。

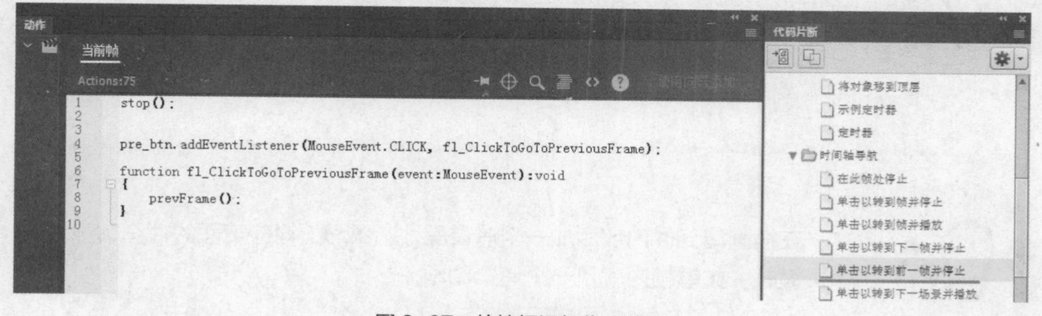


```
stop();


pre_btn.addEventListener(MouseEvent.CLICK, fl_ClickToGoToPreviousFrame);

function fl_ClickToGoToPreviousFrame(event:MouseEvent):void
{
    prevFrame();
}
```

图 9-67　给按钮添加代码片段

步骤⑤ prevFrame()是一个函数，意思是转到前一帧并停止。但我们是要插画集跳到前一帧并停止，所以把这一句的改为“imgs.preFrame();”。

步骤⑥ 按同样的方法给“后一张”按钮也添加代码片段“单击以转到下一帧并停止”，并修改“nextFrame();”为“imgs.nextFrame();”，完成后的代码如图 9-68 所示。

```
1   stop();
2
3   pre_btn.addEventListener(MouseEvent.CLICK, fl_ClickToGoToPreviousFrame);
4
5   function fl_ClickToGoToPreviousFrame(Event: MouseEvent): void {
6       imgs_mc.prevFrame();
7   }
8
9
10  next_btn.addEventListener(MouseEvent.CLICK, fl_ClickToGoToNextFrame);
11
12  function fl_ClickToGoToNextFrame(Event: MouseEvent): void {
13      imgs_mc.nextFrame();
14  }
```

图 9-68　给两个按钮添加的代码

步骤⑦ 此时单击按钮可以将插画集切换到上一张或下一张，但是如果到了最后一张再单击“后一张”就不会再切换了，同样处在第一张再单击“前一张”也不会再切换了。如果要循环地切换，需要做一个判断。

步骤⑧ 在“脚本”窗口中补充图 9-69 所示的代码。

```
1   stop();
2   var i: int = 1; //定义变量，用于记录当前显示的帧编号
3   pre_btn.addEventListener(MouseEvent.CLICK, fl_ClickToGoToPreviousFrame);
4
5   function fl_ClickToGoToPreviousFrame(Event: MouseEvent): void {
6       i--; //每按一次前一张，i就减1
7       imgs_mc.prevFrame();
8       if (i < 1) { //如果i<1，
9           imgs_mc.gotoAndStop(10); //imgs_mc实例（也就是插画集）就转到第10帧并停止
10          i = 10; //让i等于10，即等于最后一帧的编号
11      }
12  }
13
14
15  next_btn.addEventListener(MouseEvent.CLICK, fl_ClickToGoToNextFrame);
16
17  function fl_ClickToGoToNextFrame(Event: MouseEvent): void {
18      i++; //每按一次后一张，i就加1
19      imgs_mc.nextFrame();
20      if (i > 10) { //如果i>10
21          imgs_mc.gotoAndStop(1); //imgs_mc实例就转到第1帧并停止
22          i = 1; //让i等于1，即等于第一帧的编号
23      }
24  }
```

图 9-69　最终完善的代码

步骤⑨ 测试效果，保存文件。

上面项目中插画是直接切换呈现的，如果要让效果更好一点，可以为其设计一个切换效果，如使用遮罩的方式让其呈现。具体怎么做呢？大家可以尝试一下。

在插画集元件内部添加一个遮罩层，遮罩层上对应下面的插画帧都有一个关键帧，关键帧内就是一个遮罩动画。

9.5 项目 5：Web 广告动画

本项目制作一个城市宣传的 Web 广告，广告开始时只显示左上角一小块，将鼠标指针移上去后，动画开始播放并显示完整，然后停止，单击右上角的“关闭”按钮，则返回初始状态。

◎ 任务 1：绘制元素

步骤① 新建 HTML5 Canvas 文档，舞台大小为 1 200 像素×400 像素，无背景颜色，保存为“Web 广告.fla”文件。

步骤② 将图层 1 重命名为“背景”，绘制一个与舞台等大的矩形作为影片背景，颜色设为#00CCFF。

步骤③ 新建图层，命名为“山脉”，用对象绘制的形式在背景上再绘制一个波浪起伏的高山，如图 9-70 所示。

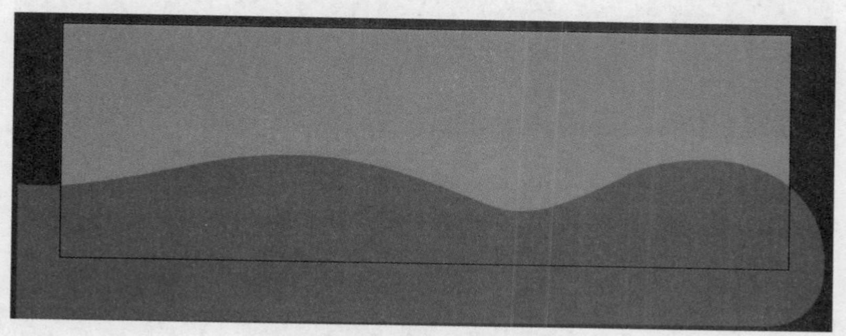

图 9-70　绘制的背景与山脉

步骤④ 新建图层，命名为“湖面与山峰”，绘制一矩形作为湖面，并绘制若干个填充渐变颜色的山峰图形，采用对象绘制的模式，以便独立操作，效果如图 9-71 所示。

图 9-71　绘制湖面与山峰

步骤⑤ 继续在湖面上绘制一些波纹，如图 9-72 所示。

图 9-72　绘制湖面波纹

步骤⑥ 将“湖面与山峰”图层中的所有对象选中，将其转换为图形元件，命名为“湖面与山峰”。

步骤⑦ 继续新建一个图层，命名为“城市地标”，导入素材文件“城市地标.ai”到此图层中。里面包含了 5 个地标建筑的图形，调整各自的大小和位置，如图 9-73 所示。

图 9-73　导入的地标建筑图形

步骤⑧ 继续新建一图层，命名为“云朵”，在舞台上绘制一云朵图形，再复制若干朵并调整其位置和大小。因为云朵要制作整体移动的动画，所以在舞台外也复制了一些，如图 9-74 所示。

图 9-74　绘制云朵

步骤⑨ 新建一图层，命名为“飞机”，导入素材文件“飞机.ai”。

步骤⑩ 新建图层，输入文字，效果和时间轴如图 9-75 所示。

图 9-75　绘制好的元素及时间轴

◎ 任务 2：制作动画

步骤① 将所有图层延续到第 60 帧。

步骤② 制作湖面和山峰的动画。选择该图层，双击元件实例进入元件内部编辑，将内容全部选中，在其上单击鼠标右键，在弹出的快捷菜单中选择“分散到图层”命令。

步骤③ 为湖面与山峰添加传统补间，因为元素较多，一一手动转换为元件再来做动画比较麻烦，可以让其自动转换为元件。将所有对象图层延长到第 60 帧，选中所有对象后为其添加传统补间动画，Animate CC 会提示将所有对象转换为元件，如图 9-76 所示。

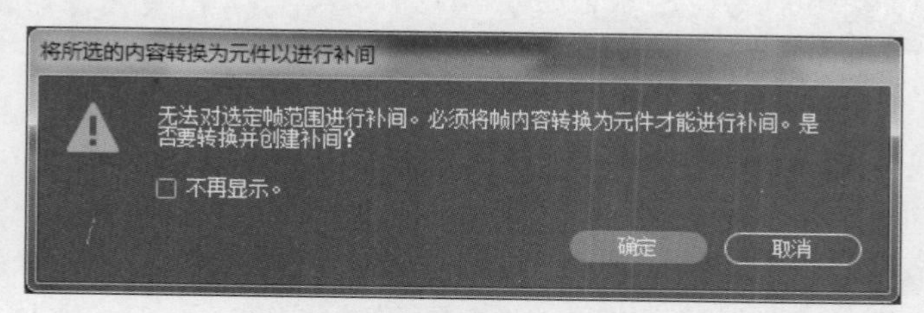

图 9-76　为对象添加传统补间动画

步骤④ 单击“确定”按钮后各对象自动转换为图形元件，元件名为“补间 1”“补间 2”等，并创建了传统补间，时间轴和库如图 9-77 所示。

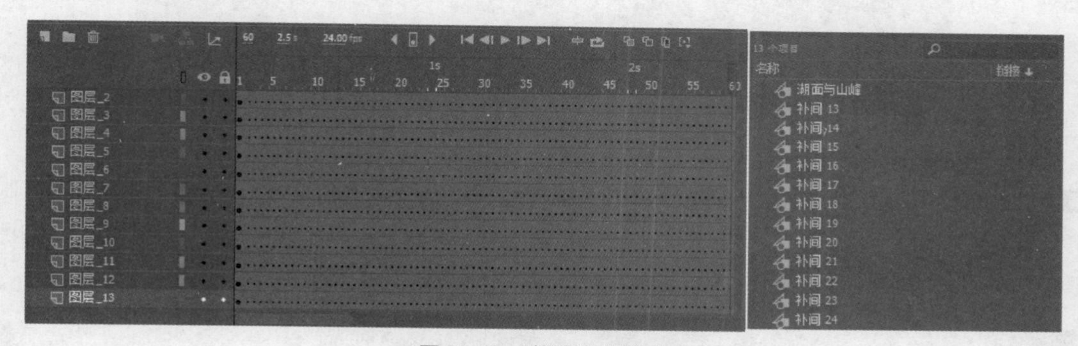

图 9-77　时间轴和元件库

步骤⑤ 给各图层重命名，因为只有一个关键帧，所以传统补间显示成了虚线，在所有图层的第 40 帧处建立关键帧，传统补间正常显示。第 40 帧是湖面和山峰运动结束后的位置，接下来调整各对象起始的时间和位置。

步骤⑥ 动画效果是湖面和山峰依次从舞台下方向上移动出现，波纹缩放出现，将湖面和山峰的起始位置移至舞台下方，并且将其实例的第 1 帧往后拖曳，第 40 帧往前拖曳，改变其出现在舞台上的时间。完成后的时间轴如图 9-78 所示。

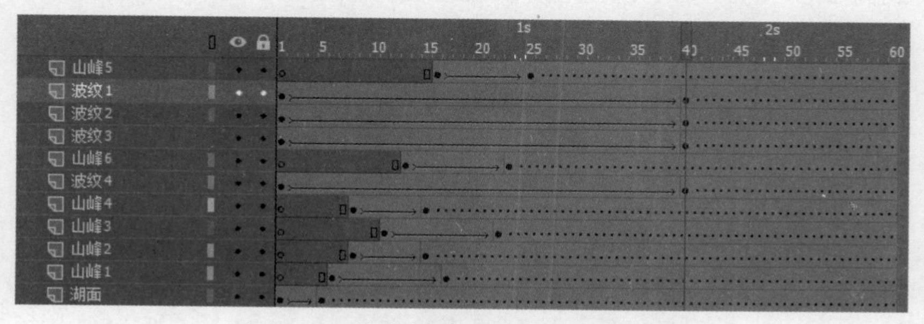

图 9-78　依次为湖面和山峰制作移动动画

步骤⑦ 改变波纹的出现时间，为其制作由小变大的出现动画，时间轴如图 9-79 所示。

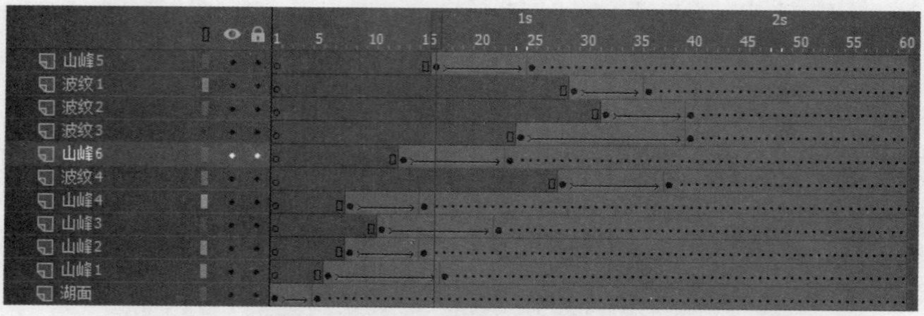

图 9-79　湖面和山峰元件的最终时间轴

步骤⑧ 返回根时间轴，选中“城市地标”图层，将其对象全部选中并转换为图形元件“城市地标”，双击元件进入其部分编辑。

步骤⑨ 与湖面和山峰对象的动画制作方法类似，将各地标图形分散到各图层，然后分别建立传统补间，改变其动画开始和停止的时间，为各地标图形制作由小到大再稍缩小的弹性动画效果，时间轴如图 9-80 所示。

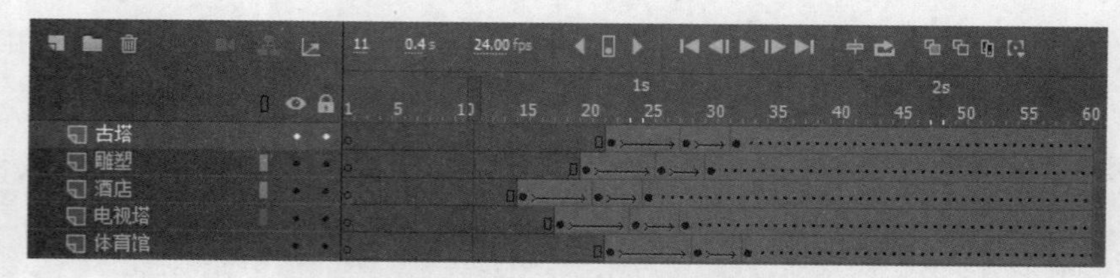

图 9-80　城市地标各元素的动画时间轴

步骤⑩ 返回根时间轴，选择所有云朵对象，转换为图形元件，再转换为影片剪辑，在影片剪辑内为其制作一个由右向左缓慢移动的动画，长度大概有 800 帧，要注意第一帧画面和最后一帧画面的衔接，如图 9-81 所示。

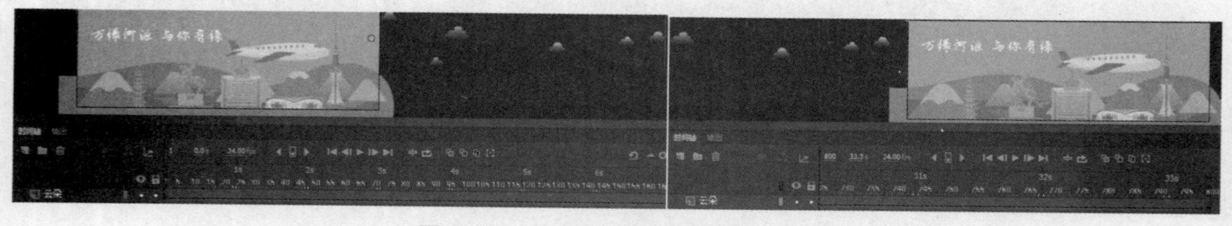

图 9-81　给云朵制作缓慢移动的动画

步骤⑪ 返回根时间轴，为飞机制作一段从左往右移动出舞台再回到初始位置的动画。此时根时间轴如图 9-82 所示。

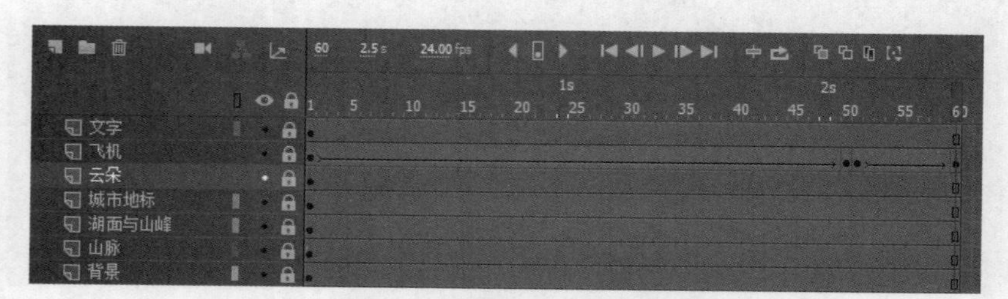

图 9-82　动画完成后的时间轴

◎ 任务 3：添加交互

步骤① 新建一图层，命名为“遮罩”，使用矩形工具在舞台左上角绘制一个约宽 300 像素 × 高 250 像素的矩形，并将该层设置为遮罩层，其他所有图层移动至遮罩层下，使之成为被遮罩层，如图 9-83 所示。

图 9-83 绘制矩形并将其设置为遮罩层

步骤② 为遮罩层制作动画，在第 10 帧和第 60 帧处建立关键帧，然后在第 10 帧将遮罩矩形缩放至覆盖整个舞台，继续在第 50 帧处建立关键帧，在第 1 ~ 10 帧、10 ~ 50 帧、50 ~ 60 帧分别建立补间形状动画，形成遮罩矩形先由小到大，稍静止后再由大到小的动画效果，时间轴如图 9-84 所示。

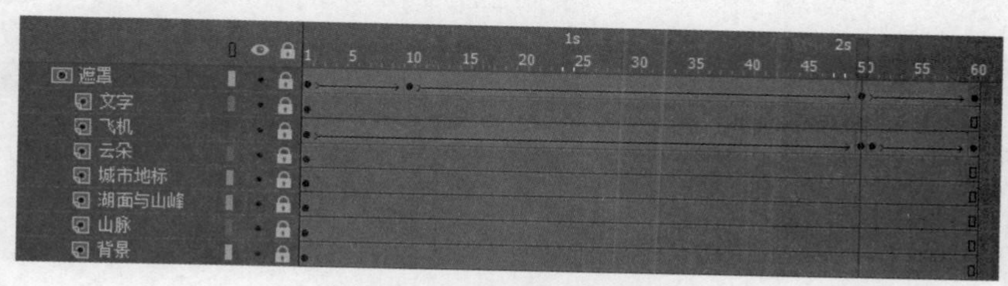

图 9-84 为遮罩添加动画效果

步骤③ 新建一图层，命名为“按钮”，使用矩形工具绘制一个与遮罩矩形相同大小的矩形，将其转换为按钮元件，命名为“启动”，并将其“弹起”帧移动到“点击”帧，形成一个隐藏式的按钮，如图 9-85 所示。

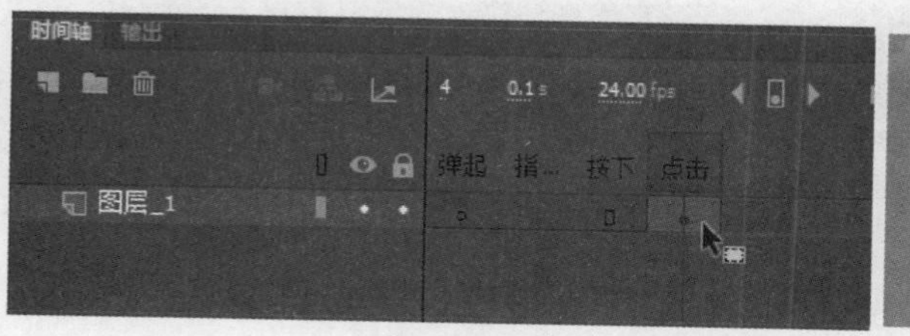

图 9-85 建立一个隐藏式的按钮元件

步骤④ 在第 50 帧处建立关键帧，输入文字“关闭”，将其转换为一个按钮元件（元件内部注意设置点击区域），命名为“关闭”。

步骤⑤ 在“按钮”图层第 2 帧按“F7”键建立空白关键帧，使“启动”按钮只在第 1 帧显示，同样在第 51 帧处建立空白关键帧，使“关闭”按钮只在第 50 帧显示，如图 9-86 所示。

步骤⑥ 分别将“启动”按钮和“关闭”按钮实例名称设置为“start_btn”“close_btn”。

步骤⑦ 新建一图层，命名为“Actions”，用于放置脚本。

步骤⑧ 选择“脚本”层第 1 帧，打开“动作”窗口，启用“使用向导添加”，在“选择一项操作”列表下选择“Stop”，右侧要应用的对象选择“This timeline”，如图 9-87 所示。

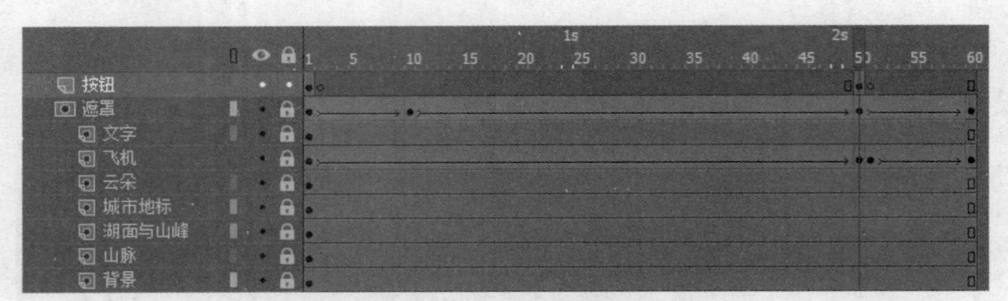

图 9-86　设置按钮的显示帧

图 9-87　启用向导添加代码

步骤 9 选择一个触发事件“With this frame”，完成后的代码如图 9-88 所示。

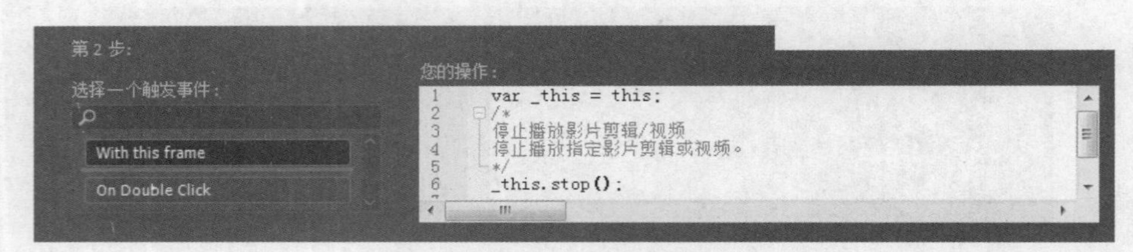

图 9-88　所添加的代码

步骤 10 继续使用向导添加代码。第 1 步选择“Play”，操作的对象是“This timeline”；第 2 步触发事件为“On Mouse Over”，要触发事件的对象是“start_btn”，如图 9-89 所示。

图 9-89　继续添加代码

步骤 11 此时“动作”窗口代码如图 9-90 所示。

```
1   var _this = this;
2   _this.stop();
3
4   /*
5   将鼠标指针悬停在指定元件实例上将执行相应函数。
6   '3'  是事件应被触发的次数。
7   */
8   stage.enableMouseOver(3);
9   _this.start_btn.on('mouseover', function () {
10
11      _this.play();
12  });
```

图 9-90　添加的代码

步骤⑫ 此时如果测试影片，则影片开始时是静止的，鼠标指针移上去开始播放动画。

步骤⑬ 在“脚本”层第 50 帧处建立关键帧，在此帧用同样的方式添加代码，先让影片停止下来，然后通过对“关闭”按钮“close_btn”添加鼠标点击事件，使影片继续播放返回到起始帧（即遮罩缩小到初始状态）。其代码如图 9-91 所示。

```
1    var _this = this;
2
3    _this.stop();
4
5
6    _this.close_btn.on('click', function(){
7
8    _this.play();
9    });
```

图 9-91　给“关闭”按钮添加的代码

步骤⑭ 测试影片，保存文件。

9.6　小结与课后练习

◎ 小结

本单元通过 5 个简单的项目，综合训练了 Animate CC 各方面的功能，算是对本书内容的总结。Animate CC 虽然功能强大、使用方便，但其毕竟只是一个软件、一个工具，要想制作出精彩的二维动画，首先，需要加强艺术修养，特别是美术基础、绘画功底；其次，如果是制作交互动画，则需要继续学习脚本编程；最后，动画制作离不开创意、创新，应打开思维，有意识地培养自己的创新能力，这对于提升自己的动画制作水平也是非常有帮助的。

◎ 课后练习

操作题

1. 制作一个海洋环境保护的宣传短片。
2. 制作一个简单的教学课件或游戏。